Grundzüge der Botanik

Von

Alfred Nikl

Siebente, neubearbeitete Auflage 1969
mit 128 Abbildungen im Text und 10 Tafeln

2., unveränderter Nachdruck 1972

Franz Deuticke, Wien
Hölder-Pichler-Tempsky, Wien
Leykam, Pädagogischer Verlag, Graz

Mit Erlaß des Bundesministeriums für Unterricht vom 22. Oktober 1968, Zl. 82.280-V/1/68 als Lehrbuch zum Unterrichtsgebrauch für die 5. Klasse der allgemeinbildenden höheren Schulen zugelassen.

ISBN 3 7005 8005 3

Druck: Paul Gerin, Wien II

Inhalt

Einleitung

Botanik ist die Wissenschaft von den Pflanzen. Man unterscheidet mehrere Teilgebiete. Jenen Forschungszweig, der sich mit der genauen Beschreibung und Benennung sowie mit der Feststellung der Abstammungs- und Verwandtschaftsverhältnisse, wie schließlich mit der Einordnung der Pflanzen in ein bestimmtes System beschäftigt, nennt man **Systematik**[1]).

Die **Pflanzenphysiologie**[2]) untersucht die Lebensvorgänge der Pflanzen sowie die Leistungen der Organe und versucht sie hauptsächlich chemisch und physikalisch zu erklären.

Die **Morphologie**[3]) oder Gestaltlehre beschäftigt sich mit der Gestalt und dem Bau der Pflanzenteile und deckt vor allem durch vergleichende Betrachtungsweise die verschiedenen Formen auf, die die einzelnen Organe annehmen können und arbeitet dabei oft in Verbindung mit der **Anatomie**[4]), die den inneren Bau untersucht. Den mikroskopischen Feinbau der Gewebe erforscht die **Histologie**[5]).

Jede Pflanze besiedelt einen bestimmten Standort, dem sie angepaßt ist. Die dort herrschenden Beziehungen zur unbelebten und belebten Umwelt haben einen bestimmenden Einfluß auf die Lebensführung. Mit diesen Umweltbeziehungen beschäftigt sich die **Ökologie**[6]).

Die **Pflanzengeographie** oder Geobotanik stellt die Verbreitung der Pflanzen fest und untersucht die Ursachen ihrer Verteilung.

Die Botanik ist wie die Zoologie ein Teil der Lehre von den Lebewesen, der **Biologie**[7]).

---

1) *systema,* ein aus mehreren Teilen bestehendes Ganzes.
2) *physis,* Natur; *logos,* Wissenschaft.
3) *morphe,* Gestalt.
4) *anatemneïn,* zergliedern.
5) *histos,* Gewebe.
6) *oikos* Haus.
7) *bios,* Leben; *logos,* Wissenschaft.

Die Zelle, das Grundelement des Lebens

Die Kennzeichen des Lebens

Woran erkennt man, daß etwas lebt, wodurch unterscheidet sich das lebende Wesen vom unbelebten Ding?

Wir wollen zur Kenntnis nehmen, daß die Lebewesen prinzipiell aus denselben Elementen aufgebaut sind wie die unbelebte Natur. Dabei bestehen alle Elemente aus Atomen, die sich hauptsächlich nur durch die verschiedene Anzahl ihrer Teilchen unterscheiden, so daß es z. B. möglich ist, durch Entfernen bestimmter Teilchen ein Atom in ein solches eines anderen Elementes umzuwandeln. Wir sehen also, wie hier die Unterschiede verschwimmen, und trotzdem ist es uns aus dem täglichen Leben klar, daß man das lebende Wesen an bestimmten Erscheinungen von einem Ding unterscheiden kann.

Wir denken an **Bewegung.** Es ist richtig, daß Bewegung eine weitverbreitete Lebenserscheinung ist, doch nicht alle Lebewesen sind immer deutlich beweglich, es gibt auch Ruhezustände, in denen das Leben aber doch weitergeht. Stellen wir uns nur ein Getreidekorn oder einen anderen Samen oder eine Schmetterlingspuppe vor. Ein Lebewesen muß also nicht immer Bewegung zeigen, andererseits ist nicht alles, was sich bewegt, lebendig. So kann man in einem Gemisch von Öl und Seife kleine Klümpchen erzielen, die sich, ähnlich wie die einfachsten Tiere, die Wechseltierchen, fortbewegen. Doch sie leben nicht, denn sie zeigen die übrigen Kennzeichen des Lebens nicht, und ihre Bewegungen beruhen auf rein physikalischen Vorgängen.

Wenn wir meinen, daß **Wachstum** ein Kennzeichen des Lebens ist, so ist dies richtig, doch müssen wir vorsichtig sein, weil in gewisser Hinsicht auch Kristalle etwas Ähnliches zeigen. So wird zum Beispiel ein Salzkristall in der verdunstenden, übersättigten Salzlösung durch Anlagerung gleicher Teilchen immer größer, er wächst. Das Wachstum der Lebewesen ist mit Veränderungen des Organismus verbunden, die nach bestimmten Gesetzmäßigkeiten ablaufen und in ihrer Gesamtheit als **Entwicklung** bezeichnet werden. Einer bestimmten Entwicklungsphase entspricht die **Fortpflanzung.**

Ein typisches Kennzeichen des Lebens ist die **Reizbarkeit.** Wir verstehen darunter die Erscheinung, daß ein lebender Körper auf bestimmte Umwelteinwirkungen in besonderer Weise reagiert. Schneide ich etwa ein Stück ab, so wird vielleicht Bewegung, Wundverschluß oder Neubildung des verlorenen Teiles erfolgen. Bringe ich einen Samen in Feuchtigkeit und Wärme, so beginnt der Keimling zu treiben.

Alles Leben ist gekennzeichnet durch einen **Stoffwechsel.** Das heißt, jedes Lebewesen muß bestimmte Stoffe von außen aufnehmen, diese werden im Innern irgendwie verarbeitet und umgesetzt, dafür entstehen bei den Lebensprozessen wieder Stoffe, die unbrauchbar oder schädlich sind und daher ausgeschieden werden müssen. Dieser Stoffwechsel kann allerdings manchmal, vor allem bei gewissen Ruhezuständen, derart eingeschränkt sein, daß er kaum nachweisbar ist.

Leben ist immer an einzelne Individuen geknüpft, und diese sind nicht nur durch die erwähnten Lebensvorgänge gekennzeichnet, sondern vor allem auch durch ein bestimmtes **Baugefüge.** Schneidet man zum Beispiel ein dünnes Stückchen aus einem Pflanzenteil heraus und betrachtet es unter dem Mikroskop[1]), so sieht man deutlich, daß es aus lauter kleinen Kämmerchen zusammengesetzt ist (s. Abb. 42).

Als im 17. Jahrhundert nach der Erfindung des Mikroskops Robert Hooke bei der Untersuchung des Flaschenkorkes diese Kämmerchen entdeckte, verglich er diese von festen Hüllen umgebenen Gebilde mit den Zellen der Bienenwaben und nannte sie **Zellen.** Man fand Zellen bei allen Pflanzen, und zwar in jedem ihrer Teile. Aber nicht nur bei den Pflanzen, sondern auch bei allen Tieren konnte man schließlich Zellen, diese kleinsten Bausteine aller lebenden Körper, nachweisen, wenn es auch hier etwas schwieriger war, weil sie nicht so deutlich durch feste Hüllen voneinander abgegrenzt sind wie bei den Pflanzen.

Heute wissen wir: Alle Lebewesen sind aus einer größeren oder kleineren Anzahl von Zellen aufgebaut, im äußersten Fall bestehen sie nur aus einer einzigen Zelle, wir nennen sie dann Einzeller.

Der Einzeller zeigt alle Kennzeichen des Lebens, aber auch bei den vielzelligen Lebewesen sind die Lebenserscheinungen an die Tätigkeiten der Zellen gebunden. Die Zelle ist die letzte lebensfähige Einheit, sie läßt sich nicht weiter zerlegen, ohne daß das Leben zerstört wird. Zellstücke gehen meist nach kurzer Zeit zugrunde. Die Zelle erweist sich demnach als Grundelement des Lebens, und wir wollen sie genauer untersuchen.

---

[1]) Z. B. dünnes Scheibchen Flaschenkork ohne Wasser, Holundermark in Jodlösung, oder ein mittels Pinzette von einem der fleischigen „Schalenblätter“ der Küchenzwiebel abgelöstes Stückchen des durchsichtigen Oberhäutchens in Wasser, schließlich etwas Fruchtfleisch von Schneebeere oder Liguster ebenfalls in einem Tropfen Wasser.

Bei dem Begriff Zelle denkt man heute nicht mehr so sehr an die deutlich durch Wände abgegrenzten Kämmerchen, als vielmehr an deren lebenden Inhalt, der auch, wie z. B. bei tierischen Zellen, eine **Zellwand** entbehren kann. Diesen Zellinhalt oder Zelleib, der der eigentliche Träger des Lebens ist, bezeichnet man als **Protoplasma**[1]) (Protoplast). In diesem läßt sich meist ein besonderes Körperchen, der **Zellkern,** nachweisen.

Die Zellen können von verschiedenster Gestalt, kugelig, würfelig, prismatisch oder faserförmig sein. Ihre durchschnittliche Größe liegt zwischen Hundertstel- bis Zehntelmillimeter.

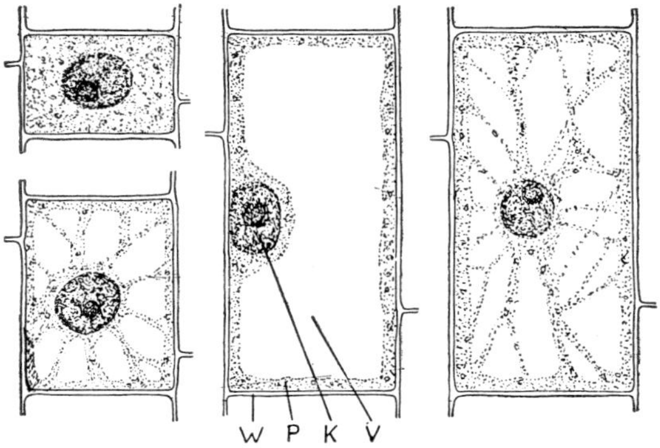

Abb. 1. Die Zelle.

W Zellwand,
P Protoplasma,
K Zellkern,
V Zellsaftraum.

Die Größe der Zellen gibt man meist in Mikron (= 0,001 mm = 1 μ) an. Die kleinsten bekannten Zellen findet man bei den Bakterien, von manchmal nur wenigen Zehntelmikron. Zu den größten Zellen gehören manche faserförmige Bastzellen, welche mehrere Zentimeter lang werden können.

Durch die Kleinheit haben die Zellen eine verhältnismäßig große Oberfläche, und das ist für die Lebensvorgänge von besonderer Bedeutung, denn dadurch ist ein reger Stoffaustausch gewährleistet.

Der lebende Inhalt der Zellen

Betrachtet man den Inhalt einer Zelle (Abb. 1), etwa aus dem Sproßende einer Samenpflanze, so fällt ein runder Körper besonders auf, der **Zellkern** (Kern, Nukleus[2]). Die feinkörnige, schleimige Masse zwischen Kern und Zellwand bezeichnet man streng genommen als Zytoplasma oder kurz als **Plasma.** In letzterem findet man auch die **Farbstoffträger.** Der Zellkern, das Plasma mit seinen submikroskopischen Gebilden (Membranen, Ribosomen, Mitochondrien) und die Farbstoffträger sind die lebenden Bestandteile der Pflanzenzelle,

[1]) *protos* (gr.) erst; *plasma* (gr.) das Gebildete.
[2]) *nucleus* (lat.) Kern.

sie bilden zusammen das **Protoplasma** (den Protoplasten), den lebenden Zelleib. Bei Blaualgen und Bakterien kommt jedoch kein echter Zellkern vor. Im Protoplasma der Bakterien, Blaualgen, Pilze und der Tiere fehlen die Farbstoffträger. Dafür gibt es in Tierzellen in der Nähe des Kernes kleine lebende Körner, die **Zentralkörperchen,** die auch in den Zellen mancher niederer Pflanzen vorkommen.

Das Protoplasma stellt meist eine zähe, schleimige Flüssigkeit von äußerst komplizierter chemischer Zusammensetzung dar. Es ist ein organisiertes Gemenge verschiedenster Verbindungen, in welchem die kohlenstoffhaltigen, vor allem Eiweiß (über die Hälfte der Trockensubstanz), Kohlenhydrate, Fette und fettartige Lipoide nebst vielen anderen die wichtigsten sind. Besonders groß ist der Gehalt an Wasser (durchschnittlich 60 bis 90%). Salze sind immer vorhanden.

Dem hohen Wassergehalt und dem Gehalt an Eiweißstoffen (Proteinen) verdankt das Protoplasma seine eigenartige Beschaffenheit. Nimmt man verschiedene Flüssigkeiten und läßt sie durch ein engmaschiges Filter fließen, so kann man folgendes beobachten: Filtriert man schmutziges Flußwasser, in welchem feinste Sandteilchen aufgeschwemmt sind, so bleiben diese lehmig-sandigen Teilchen auf dem Filter und reines Wasser fließt durch. Wirft man Salz oder Zucker in Wasser, so lösen sie sich auf, das heißt, sie zerfallen in ihre Moleküle, die so klein sind, daß sie mit keinem optischen Hilfsmittel sichtbar gemacht werden können; beim Filtrieren laufen sie mit dem Wasser durch das Filter, man spricht von echter Lösung. Filtriert man flüssiges Hühnereiweiß, so geht nichts durch das Filter, sogar das Wasser wird zurückgehalten, nur bei groben Filtern läuft Eiweiß durch.

Während ein Molekül eines Salzes nur aus wenigen Atomen besteht, sind am Aufbau eines Eiweißmoleküls meist viele Tausende, oft sogar Millionen Atome beteiligt. Dadurch sind die Eiweißmoleküle wesentlich größer und gehen durch enge Filter nicht durch, trotzdem sind sie unter dem gewöhnlichen Mikroskop nicht zu sehen, zum Unterschied von den viel größeren Teilchen einer Aufschwemmung. Man nennt solche Flüssigkeiten, deren Teilchen kleiner als die einer Aufschwemmung, aber größer als die echter Lösungen sind, **Kolloide**[1]) oder kolloidale Lösungen. Diese haben eine Teilchengröße von 1 $\mu\mu$ bis 500 $\mu\mu$ (1 $\mu\mu$ = 0,000001 mm = Millimikron oder 1 Nanometer = 1 nm). Das Protoplasma enthält nun eine Mischung verschiedener Kolloide, darin ist manche seiner Eigentümlichkeiten begründet.

Kolloide können oft schon durch geringfügige Einflüsse ihren Zustand ändern und vom flüssigen (Sol-Zustand) in den gallertig-festen (Gel-Zustand) übergehen und umgekehrt. Oft genügt leichtes Schlagen oder eine Temperaturänderung (s. Eiklar), ebenso eine Änderung des Salz- oder Säuregehaltes (s. Milch). Man kann sich vorstellen, daß diese großen, vielverzweigten und verwickelt gebauten Moleküle einer Eiweißlösung sich leicht ineinander verfangen, unter Ausbildung von Haftpunkten vernetzen und ein lockeres Gerüstwerk bilden, dessen Zwischenräume von Wasser erfüllt sind. Die Veränderung im molekularen Gefüge führt

[1]) *kolla* (gr.) Leim.

zum Festwerden der Flüssigkeit. Die Gallerte stellt demnach eine besondere Zusammenballung der Moleküle dar.

Die Menge des zwischen den Eiweißmolekülen festgehaltenen Wassers hängt von elektrischen Bindungskräften ab und kann daher von außen beeinflußt werden. Bei den an sich neutralen Wassermolekülen überwiegt infolge der Stellung des Sauerstoffatomes zu den beiden Wasserstoffatomen auf einer Seite die negative, auf der anderen die positive Ladung. Dadurch lassen sich 2 Pole (Dipol) unterscheiden. Elektrisch geladene oder neutrale Teilchen mit ungleicher Ladungsverteilung (Eiweißmoleküle) üben somit eine Anziehungskraft auf die Wassermoleküle aus und umgeben sich mit einer Wasserhülle (Hydratation). Die Dicke der Wasserhüllen hängt von der Stärke der Ladungen ab und reagiert somit auf jede Änderung der Ladungsverhältnisse (Änderung des Salz- oder Säuregehaltes).

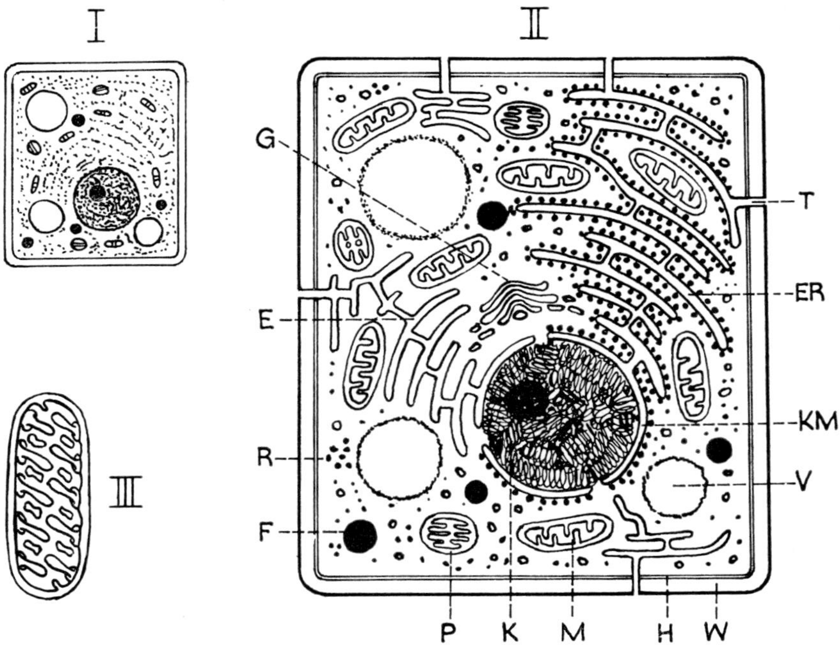

Abb. 2. Schema einer jugendlichen Pflanzenzelle. I lichtmikroskopische, II elektronenmikroskopische Auflösung. III Modell eines aufgeschnittenen Mitochondriums mit schlauchartigen Einstülpungen. *E* endoplasmatisches Retikulum, *ER* dasselbe mit anliegenden Ribosomen, *F* Fetttröpfchen, *G* Golgi-Körper, *H* Zellhaut, *K* Zellkern mit Kernkörperchen, *KM* Kernmembran, *M* Mitochondrium, *P* Entwicklungsstadium eines Plastiden, *R* Ribosomen, *T* Tüpfel, Pore, *V* Vakuole, *W* Zellwand.

Das Plasma

Bei der Betrachtung des Plasmas durch das normale Lichtmikroskop sieht man in einer klaren Grundmasse winzige Körnchen und Tröpfchen. An seiner Oberfläche, wie gegen die Zellsafträume, bildet es eine Hautschicht. Diese Plasmahäute oder Zellmembranen, die man nicht mit der Zellwand verwechseln darf, sind lebende Oberflächenhäutchen, welche durch oberflächenaktive Stoffe, die sich dort konzentrieren, gebildet werden. Sie können sich jederzeit neu bilden und entscheiden über die Stoffaufnahme in das Protoplasma. Sie sind halbdurchlässig (semipermeabel), das heißt, sie lassen zwar Wasser sehr leicht durch, sind aber für viele im Wasser gelöste Stoffe (z. B. Salze, Zucker) schwer durchlässig oder gar undurchlässig.

Die lichtmikroskopisch einheitlich klar erscheinende Grundmasse des Plasmas ist, wie Untersuchungen mit Elektronenmikroskopen in den letzten Jahren gezeigt haben, von zahlreichen submikroskopischen Strukturen durchsetzt. Eine besondere Bedeutung kommt dabei zarten Membranen zu, die den plasmatischen Raum in ein zusammenhängendes System von Kanälen zerlegen (Abb. 2). Der Innenraum des von den Membranen umschlossenen Kanalsystems, des sogenannten **endoplasmatischen Retikulums**[1]) (ER), steht einerseits mit dem Raum zwischen den beiden Membranen der doppelschichtigen Kernhaut in Verbindung und mündet andererseits an Poren in der ebenfalls doppelschichtigen Zellhaut. Das ganze System scheint dem Stofftransport innerhalb der Zelle zu dienen und ist besonders umfangreich in Zellen mit großem Stoffumsatz, etwa bei gesteigerter Erzeugung von Eiweiß.

Flache, von Membranen umschlossene Hohlräume, die paketartig übereinander geschichtet sind und meist in der Nähe des Kernes einen auffallenden Komplex bilden, werden als **Golgikörper**[2]) bezeichnet. Dieser gehört wahrscheinlich auch dem vorhin beschriebenen Kanalsystem an und scheint eine wichtige Rolle bei der Erzeugung bestimmter Stoffe (Schleim und andere Sekrete, Material für Zellwand u. a.) zu spielen.

Am Aufbau der mehrfach erwähnten **Zellmembranen** sind sowohl fettartige als auch Eiweißstoffe beteiligt (Lipoproteidmembran). Der molekulare Feinbau der Membran ist entscheidend für die Durchlässigkeit gegenüber bestimmten Stoffen. Die größte Bedeutung bei der Stoffaufnahme der Zelle kommt der äußeren Plasmahaut, der Zellhaut (Plasmalemma), zu. Sie kann in gewissen Fällen auch größeren Molekülen den Durchtritt ermöglichen, indem sie diese in kleinere Bruchstücke auflöst. Manchmal werden sogar Teilchen, die an die Zellhaut gelangen, von dieser durch Umstülpung umschlossen, in das Zellinnere befördert und durch teilweise Auflösung der Membran an das Plasma abgegeben.

Häufig sind die Plasmamembranen an ihrer Oberfläche mit zahlreichen, nur elektronenoptisch sichtbaren Körnchen, den **Ribosomen**[3]), besetzt. Sie sind die wichtigsten Erzeugungsstätten für den Aufbau von Eiweißstoffen. Man findet sie auch im übrigen Plasma gemeinsam mit vielen anderen, teils noch winzigeren Körnchen.

Zu den größeren auch im Lichtmikroskop noch sichtbaren plasmatischen Körperchen gehören die **Mitochondrien**[4]). Es sind dies meist längliche, von einer Doppelmembran umschlossene Kämmerchen, deren innere Membran durch Einstülpungen Falten, Röhrchen oder Säckchen bildet. Sie dienen der Zellatmung und Energiegewinnung. Durch Abschnüren von kleinen Teilchen („Knospen"), die wieder auf normale Größe heranwachsen, können sich die Mitochondrien auch vermehren.

---

[1]) *reticulum* (lat.) kleines Netz.

[2]) Nach ihrem Entdecker Camillo Golgi (spr. Goldschi).

[3]) Enthalten Ribonukleinsäure, *soma* (gr.) Körper.

[4]) *mitos* (gr.) Faden, *chondros* (gr.) Körnchen.

Der Zellkern

Der Kern liegt als kleines, dichteres, ungefärbtes Gebilde im Plasma und hat meist kugel-, ei- oder linsenförmige Gestalt, aber auch spindelige, schraubige, sogar hantelförmige Kerne gibt es. Gegen das Plasma wird der Kernraum von der Kernhaut, einer von Poren durchsetzten Doppelmembran, abgegrenzt. Sein Inneres wird von gallertigen, ineinander verschlungenen Fäden, dem Kerngerüst, durchzogen. Die Zwischenräume werden vom Kernsaft ausgefüllt. Das Kerngerüst[1]) besteht vor allem aus leicht färbbaren Strängen und Körnchen, deren Substanz man als Chromatin[2]) bezeichnet. Es wird von zusammengesetzten Eiweißstoffen aufgebaut, deren wichtigsten Bestandteil die spiralig gedrehten Fäden der hochmolekularen, phosphorhältigen Nukleinsäuren („Kernsäuren"), im besonderen der Desoxyribonukleinsäure oder DNS, bilden. In den meisten Kernen findet man ein, manchmal auch mehrere kleine, stark lichtbrechende, tropfenförmige Körperchen, die Kernkörperchen (Nukleolus).

Der Kern ist für das Leben der Zelle nötig. Seine größte Bedeutung hat er als Träger der Erbanlagen oder Gene[3]), die in der Struktur der DNS festgelegt sind. Eine wichtige Rolle spielt er bei der Zellteilung und den Befruchtungsvorgängen. Auch am Wachstum der Zelle und der Zellwand ist er beteiligt.

Die typische Zelle besitzt einen Kern. Nur selten gibt es Protoplasma mit mehreren Kernen, z. B. bei niederen Pflanzen und Tieren. Bei Bakterien und Blaualgen fehlt ein echter Zellkern, doch ist das wichtigste Bauelement des Kernes, das Chromatin, in der Zelle verteilt vorhanden.

Bei gewissen Algen, Pilzen und Moosen sowie bei den meisten Tieren kommt in der Nähe des Zellkernes ein ganz kleines, rundes Gebilde, das Zentralkörperchen (Zentrosom[4])) vor. Es hat eine Bedeutung für die Kern- und Zellteilung, da es diese, nachdem es sich selbst geteilt hat, durch die Ausbildung der Teilungsspindeln einleitet.

Die Farbstoffträger

Die Farbstoffträger (Chromatophoren[5])) oder Plastiden kommen nur in pflanzlichen Zellen vor, die wichtigsten sind jene, die den grünen Pflanzenfarbstoff, das Blattgrün oder **Chlorophyll**[6]), besitzen. Es handelt

---

[1]) Färbung z. B. des Oberhäutchens eines „Schalenblattes" der Küchenzwiebel: 5 Min. in Alkohol (96%), 1 Min. in wäßriger Safraninlösung (1%), Abspülen in reinem Alkohol, 5 Min. in Methylgrün-Fuchsinlösung (1%), Abspülen in Wasser und sofort mikroskopieren.

[2]) *chroma* (gr.) Farbe.

[3]) *genea* (gr.) Abstammung.

[4]) Zentrum, Mitte; *soma* (gr.) Körper.

[5]) *chroma* (gr.) Farbe; *pherein* (gr.) tragen.

[6]) *chloros* (gr.) grün; *phyllon* (gr.) Blatt.

sich um protoplasmatische Körper, die von einer Doppelmembran umschlossen sind. Die innere Membran faltet sich an verschiedenen Stellen gegen das Innere und bildet stapelartig übereinanderliegende Lamellen, deren Oberfläche von den Farbstoffmolekülen besetzt ist (Tafel 2). Diese grünen Farbstoffträger (Chloroplasten) sind bei den höheren Pflanzen meist als linsenförmige Chlorophyllkörner[1]) ausgebildet. Bei niederen Pflanzen (Algen) können sie auch die Gestalt eines Sternes, Bechers, Schraubenbandes oder einer Platte u. a. haben.

Der grüne Farbstoff läßt sich durch Alkohol ausziehen und zeigt in dieser Lösung im durchfallenden Licht eine grüne, im auffallenden eine blutrote Färbung (Fluoreszenz). Er kann auch in mehrere Bestandteile zerlegt werden, nämlich in Chlorophyll a und b, in die orangeroten Karotine sowie in die gelben Xanthophylle. Durch Ausschütteln der alkoholischen Blattgrünlösung mit Benzin gelingt die Trennung der grünen und gelben Teilfarbstoffe. Chemisch sind die Chlorophylle verwandt mit dem roten Blutfarbstoff des Menschen und der Wirbeltiere, nur daß sie statt Eisen Magnesium enthalten. Im wesentlichen liegen im Chlorophyllmolekül um das zentrale Magnesiumatom vier Pyrrolringe, von denen einer noch mit dem als Phytol bezeichneten Alkohol verbunden ist.

Bei verschiedenen Algen (Blau-, Rot-, Braunalgen) ist das Chlorophyll noch mit anderen Farbstoffen gekoppelt, wodurch es selbst mehr oder weniger verdeckt wird. Bei den Blaualgen ist übrigens der Farbstoff nicht an Farbstoffträger gebunden, sondern im Plasma verteilt.

Die herbstliche Gelbfärbung der Blätter beruht darauf, daß die gelben Farbstoffe widerstandsfähiger sind und beim Zerfall der Chlorophyllkörner sich das Chlorophyll zersetzt, während die gelben Bestandteile erhalten bleiben.

Das Chlorophyll spielt in der Natur eine ungeheuer wichtige Rolle, denn nur mit seiner Mithilfe kann die Pflanzenzelle aus Kohlendioxid und Wasser im Licht Kohlenhydrate aufbauen.

Außer den grünen Farbstoffträgern gibt es auch verschiedengeformte gelbe, die vor allem in gelben bis gelbroten Blüten und Früchten sowie in gelben Rüben (Karotten) vorkommen. Endlich gibt es auch ungefärbte Farbstoffträger, welche in jungen oder vom Licht unberührten Zellen vorhanden sind und sich unter bestimmten Bedingungen zu grünen oder gelben Farbstoffträgern verwandeln. Farbstoffträger können sich vermehren, indem sie Teilchen abschnüren, die sich zu der den Bedürfnissen entsprechenden Plastidenform entwickeln.

Zusammenfassung. Pflanzenzelle aus Zellwand und Protoplasma mit dem Zellkern. Der lebende Zellinhalt, das Protoplasma, stellt ein Mischkolloid dar und besteht aus Plasma, Kern und Plastiden. Submikroskopische Strukturen des Plasmas: Endoplasmatisches Retikulum (Stofftransport), Golgikörper, Zellmembran (Stoffaufnahme), Ribosomen (Eiweißaufbau), Mitochondrien (Atmung, Energiegewinnung). Zellkern enthält Chromatin, in dessen Nukleinsäuren (DNS) die Erbanlagen (Gene) lokalisiert sind. Verschiedene Farbstoffträger oder Plastiden, am wichtigsten jene, die Chlorophyll besitzen.

[1]) Mikroskopiere Laubmoosblättchen (Mnium) oder Blättchen der Wasserpest von der Unterseite.

Leblose Einschlüsse der Zellen

Der Zellsaft. Im Plasma verschiedener, vor allem älterer Zellen, kann man ein bis mehrere mit Flüssigkeit gefüllte Bläschen, Vakuolen, sehen, deren flüssigen Inhalt man als Zellsaft bezeichnet. Dieser besteht aus Wasser mit gelösten anorganischen und organischen Stoffen.

Der Zellsaft, der selbst in den Vakuolen einer Zelle verschieden sein kann, enthält vor allem verschiedene Salze und Säuren. Häufig finden sich verschiedene Zuckerarten, oft auch Gerbstoffe (die infolge ihrer fäulniswidrigen Eigenschaften zum Imprägnieren der Zellwände dienen, z. B. in älterem Holz und in der Rinde; sie werden auch vom Menschen zum Gerben tierischer Häute verwendet) und Farbstoffe. Zu den letzteren gehört das Blütenblau oder Anthokyan[1]), das in saurer Lösung rot, in basischer blau erscheint[2]) und die Färbung verschiedener Blüten und Früchte, wie das Rotwerden mancher Blätter vor dem Laubfall, bedingt.

Vakuolen mit Harzen und ätherischen Ölen sind bei Pflanzen weit verbreitet. Der Geruch der ätherischen Öle lockt bei Blüten die bestäubenden Insekten an. Fettvakuolen dienen als Reservestoffbehälter.

Oxalsaures Kalzium kann in Pflanzenzellen verbreitet angetroffen werden[3]). Es kommt in Einzelkristallen und Kristallgruppen sowie als Kristallsand oder in Kristallnadeln vor. Es handelt sich zum großen Teil um Ausscheidungsprodukte, welche daher auch häufig in Pflanzenteilen, die abgestoßen werden, vorkommen (in Blättern und Rinde). Als Endprodukte des Stoffwechsels werden diese Kristalle wohl meist im Plasma angelegt, liegen aber später sehr oft im Zellsaftraum. Sie werden gebildet, wenn die beim Stoffwechsel entstehende giftige Oxalsäure mit Kalzium neutralisiert wird. **Aleuronkörner**[4]) (früher auch Klebermehl genannt) entstehen in den Zellen pflanzlicher Reservestoffbehälter aus Vakuolen, deren Eiweißgehalt immer mehr und mehr steigt, bis das Eiweiß zu einem rundlichen Kern erstarrt. Aleuron ist in der Kartoffelknolle und in vielen Samen, z. B. in der Erbse oder im Getreidekorn, reichlich vorhanden. Bei letzterem ist die äußerste Zellschicht des Samens, die Aleuronschicht[5]), besonders reich an Aleuron, sie bleibt bei der Mehlherstellung in der Kleie zurück und geht daher für das (helle) Mehl verloren.

Die **Stärke** ist der wichtigste Einschluß in den Farbstoffträgern. Außerdem kommen auch hier Eiweißkristalle vor und oft Farbstoffkristalle, letztere besonders bei den gelben Farbstoffträgern.

[1]) *anthos* (gr.) Blüte; *kyaneos* (gr.) blau.

[2]) Daher Blaukraut bzw. Rotkraut je nach Einwirkung von Alkalien (Soda) oder von Säure (Essig).

[3]) Mikroskopiere z. B. Zellen aus dem Blattstiel von Begonien.

[4]) *aleuron* (gr.) Weizenmehl.

[5]) Vgl. Abb. 64, dunkle Zellschicht unter der Samenschale.

Die Stärke bildet sich in den belichteten Chlorophyllkörnern, sie ist ein Kohlenhydrat von der Zusammensetzung n $(C_6H_{10}O_5)$. Am Aufbau eines Moleküles sind hunderte, zu schraubigen Ketten verbundene Traubenzuckereinheiten beteiligt. Zunächst entsteht die sogenannte Assimilationsstärke, sie wird zu wasserlöslichen Zucker umgewandelt und dieser wird den Stellen des Verbrauches oder den Reservestoffbehältern zugeführt. Dort bilden ungefärbte Plastiden daraus die großkörnige Reservestärke (die Stärke des Handels). Als Reservestoff kommt sie vor allem in Samen und unterirdischen Stammteilen (Knollen, Zwiebeln, Wurzelstöcke) vor, in welchen sie als Nahrung für später zur Entwicklung gelangende Pflanzenteile gespeichert wird. Ihre Menge ist oft recht groß, z. B. 20% des Frischgewichtes der Kartoffelknolle und sogar 70% des Weizenkornes (Mehl).

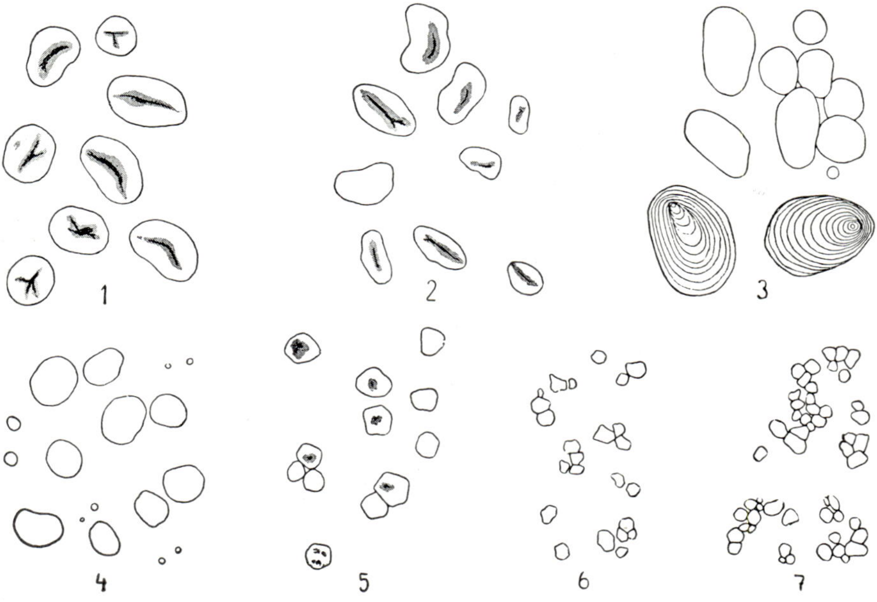

Abb. 3. Reservestärke. — Stärkekörnchen von: 1 Bohne, 2 Erbse, 3 Kartoffelknolle, 4 Weizen, 5 Mais, 6 Reis, 7 Hafer (vergr. 500fach). Die dunklen Stellen sind lufterfüllte, beim Trocknen entstandene Hohlräume. In 3 ist die Schichtung um den „Kern" eingetragen.

Die Form der Stärke ist recht verschieden[1]). Meist sind es eiförmige oder rundliche Gebilde, weshalb man von Stärkekörnern spricht, aber auch eckige und ganz unregelmäßige Bildungen treten auf. Die Stärkekörner können einfach

[1]) Mikroskopiere das Mehl der in Abb. 3 angegebenen Pflanzenarten.

oder zusammengesetzt sein, meist sind sie deutlich geschichtet. Jede Pflanzenart hat ihre charakteristische Stärke (Abb. 3). Behandelt man Stärke mit Jodlösung, tritt eine Blaufärbung ein. In kochendem Wasser quellen die Stärkekörner (Kleister).

Die Zellwand

Das feste Gehäuse der Pflanzenzelle, die Zellwand, ist ein Ausscheidungsprodukt des Protoplasmas. Die Wand junger Zellen ist gleichmäßig dünn, wird aber später meist verdickt. Diese **Verdickungen** (Abb. 4) sind selten gleichmäßig, denn an bestimmten Stellen behält die Wand ihre ursprüngliche, zarte Beschaffenheit bei. Stachelige und höckrige Wandverdickungen an Staubkörnern und Sporen dienen als Hafteinrichtungen. Im allgemeinen bezwecken die Verdickungen, die Festigkeit der Zellwände zu erhöhen. Da dadurch aber der Stoffaustausch nicht beeinträchtigt und außerdem Material gespart werden soll, sind die Verdickungen meist in Leisten und Bändern angeordnet[1]). Erstreckt

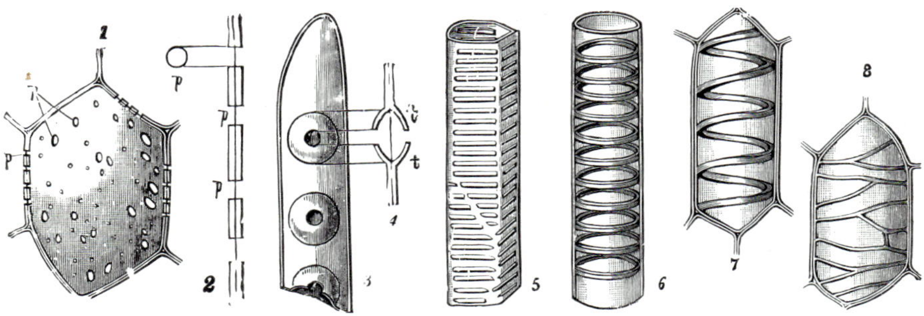

Abb. 4. Verdickungen der Zellwand. — Fig. 1. Zelle mit Poren *p*. — Fig. 2. Durchschnitt durch die Wand derselben. — Fig. 3. Stück einer Zelle mit Hoftüpfeln. — Fig. 4. Durchschnitt durch einen solchen. — Fig. 5. Zellstück mit treppenförmiger, Fig. 6 mit ringförmiger, Fig. 7 mit schraubiger, Fig. 8 mit netziger Wandverdickung. — Alle Figuren stark vergr. (Schematisch.) — Aus Wettstein-Schnarf.

sich die Wandverdickung auf die ganze Membran, so bleiben häufig kleinere, engbegrenzte, rundliche Stellen unverdickt, man nennt sie Tüpfel oder Poren. Wird die Wand sehr dick, so werden die Tüpfel zu Tüpfelkanälen (Porenkanälen) (s. Abb. 44), durch die die Zellen mittels feiner Plasmafäden, Plasmodesmen, miteinander in Verbindung stehen. Bei dicken Zellwänden ist meist eine deutliche Schichtung zu beobachten, die dadurch entstanden ist, daß das Dickenwachstum durch Stoffanlagerung vom Protoplasma erfolgt und diese kann vor allem im Wassergehalt von wechselnder Beschaffenheit sein.

---

[1]) Untersuche z. B. Mikroschnitte verschiedener Pflanzenstengel (Kürbis, Taubnessel u. a.).

Die Zellwand besteht in der Hauptsache zunächst aus Zellstoff, **Zellulose**[1]), einem stärkeähnlichen Kohlenhydrat, das in einem Molekül einige tausend Traubenzuckereinheiten zu langgestreckten Zickzackketten verbindet. Die Zellwand enthält stets Wasser und wechselnde Mengen verschiedener Stoffe. Schleimstoffe sind ziemlich häufig. Bei den meisten Pilzen findet sich Chitin, das auch den Panzer der Insekten aufbaut.

Die Zellwände erfahren während des Lebens der Zelle, meist in Beziehung zu bestimmten Anforderungen, verschiedene chemische Umwandlungen, entweder dadurch, daß z. B. statt Zellulose Holz, Kork oder andere organische Stoffe begildet werden, oder durch Einlagerung mineralischer Substanzen.

Durch Umwandlung des Zellstoffs in Holzsubstanz, Lignin[2]), verholzen die Membranen. Dadurch verringert sich zwar ihre Dehnbarkeit, dafür erhöht sich aber die Festigkeit, ohne daß der Stoffaustausch gefährdet wäre.

Erfolgt die Umwandlung in Korksubstanz, Suberin[3]), so wird die Zellmembran durch die Verkorkung undurchlässig für Wasser und Gase. Der Flaschenkork stammt von der Rinde der Korkeiche.

Bestimmte Zellhäute können sich auch durch Verschleimung oder durch Gummibildung verändern. Häufig werden Zellwände nachträglich durch Einlagerung von Gerbstoffen dunkel gefärbt, wie in älterem Holz. Auch Farbstoffe können vorkommen, so etwa in den Zellwänden der technisch verwerteten Farbhölzer.

In älteren Zellen sind mitunter größere Mengen mineralischer Substanzen eingelagert. So findet man vor allem bei Gräsern und Schachtelhalmen sowie bei den Kieselalgen Kieselsäure in den Zellwänden. Kalk kommt fast immer vor, jedoch bei manchen Pflanzen in solchen Mengen, daß diese, wie z. B. gewisse Algen, sogar gesteinsbildend werden (Lithothamnienkalk).

Zusammenfassung. Zu den leblosen Bestandteilen der Pflanzenzelle gehört der die Vakuole füllende Zellsaft, verschiedene feste Einschlüsse (Kristalle, Eiweißkörner, Stärke) und die Zellwand. Zellwandverdickungen. Tüpfel oder Poren, auch Porenkanäle. Zellwand aus Zellulose, kann chemische Umwandlungen erfahren (Holz, Kork, Schleim u. a.).

Die Zellbildung

Zellen entstehen immer nur aus ihresgleichen, aus der Mutterzelle entsteht die Tochterzelle. Wie die allererste Zelle entstanden ist, darüber wissen wir nichts Bestimmtes. Die häufigste Art der Zellbildung ist die **Zellteilung.** Sie wird gewöhnlich eingeleitet durch die **Kernteilung,** wodurch in einkernigen Zellen jeder Tochterzelle ein Kern gesichert wird.

---

[1]) Mikrochemischer Nachweis der Zellulose: Violettfärbung durch Chlorzinkjodlösung (50 Teile Chlorzink, 16 Teile Jodkalium, 17 Teile Wasser und Zusatz von soviel Jod, als sich löst).

[2]) *lignum*, Holz. Mikrochemischer Nachweis: kirschrot nach Betupfen mit Phlorogluzin und konzentrierter Salzsäure.

[3]) *suber*, Kork. Mikrochemischer Nachweis: leuchtend rot nach kurzem Aufkochen mit Sudanglyzerin.

Die Kernteilung kann in ganz seltenen Fällen eine direkte Kernteilung sein. Sie geschieht einfach dadurch, daß sich der Kern streckt und durchschnürt, dabei können die Teilungsstücke ganz ungleich sein. Es handelt sich meist um eine Alterserscheinung. Zellteilung folgt dieser direkten Kernteilung keine.

Die normalen Kernteilungen sind sogenannte indirekte Teilungen, recht komplizierte Vorgänge, bei denen die Kernsubstanz (Chromatin) nach ganz bestimmten Gesetzmäßigkeiten aufgeteilt wird, wie bei der im folgenden beschriebenen **typischen Kernteilung** (Mitose) (Abb. 5):

Wenn sich der Kern zur Teilung anschickt, so wird sein Chromatingerüst allmählich dicker und ist als lockerer Fadenknäuel deutlich sichtbar. Aus diesem bildet sich eine bestimmte Anzahl gewundener, faden- oder stäbchenförmiger, stark färbbarer Gebilde heraus, die **Chromosomen**[1]), Kernschleifen oder Kernfäden[2]).

Schon während der Herausbildung der Chromosomen teilt sich das Zentralkörperchen, und die auseinanderweichenden Teilungshälften bilden zwischen sich eine spindelförmige Faserstruktur, bei der sie selbst an den Polen zu liegen

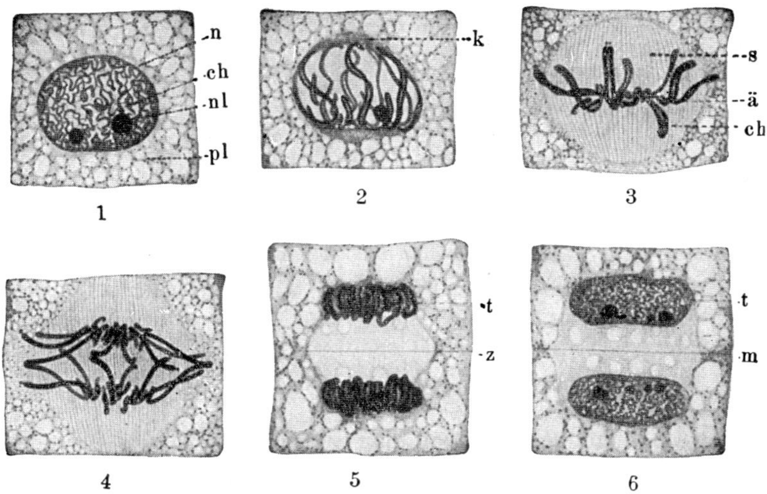

Abb. 5. Typische Kern- und Zellteilung einer Pflanzenzelle. *n* Kern, *nl* Kernkörperchen, *pl* Plasma, *ch* Chromosomen, *k* Polkappen, *s* Spindel, *ä* Äquatorialplatte, *t* Tochterkerne, *z* entstehende Scheidewand, *m* neue Scheidewand.

---

[1]) *chroma* (gr.) Farbe; *soma* (gr.) Körper.

[2]) Gut zu beobachten an Mikropräparaten von Zwiebelwurzeln aus Wasserkulturen: etwa 1 cm des Wurzelendes abschneiden, längshalbieren und im Reagenzglas mit 2 Teilen absol. Alkohol und 1 Teil Eisessig bei vorsichtiger Erhitzung fixieren. Auf Objektträger Karminzusatz (Karmin in 45% Essigsäure kochend gesättigt), dann Deckglas und vorsichtiges Aufkochen. Man sieht nun in manchen Zellen rotgefärbte Chromosomen in verschiedenen Teilungsstadien.

kommen. Die Kernmembran wird aufgelöst, ebenso das Kernkörperchen und von den Zentralkörperchen strahlen Fasern in den Kernraum ein, die zum Teil an die Chromosomen gelangen, im übrigen sich aber mit denen der gegenüberliegenden Seite vereinigen und so die Faserspindel vervollständigen.

Bei den Pflanzenzellen ohne Zentralkörperchen entstehen, während das Kerngerüst sich in Chromosomen sondert, an zwei gegenüberliegenden Stellen der Kernhaut schalenförmige Fasermassen, die Polkappen, von welchen unter Auflösung der Kernmembran und des Kernkörperchens Fasern in den Kernraum hineinwachsen und ebenfalls die Kernspindel bilden.

Sowohl in pflanzlichen wie in tierischen Zellen erstreckt sich schließlich diese Kern- oder Faserspindel durch die ganze Zelle, da die beiden Pole immer weiter gegen die Zellenden auseinanderrücken. Die Chromosomen bilden noch immer einen lockeren Knäuel. Man bezeichnet diesen bisher besprochenen, vorbereitenden Abschnitt der Kernteilung als Knäuelstadium (Prophase).

Nun werden die Chromosomen, die einen Längsspalt erkennen lassen, nach der Zellmitte befördert, wo sie sich um den Äquator der Spindel zur Kernplatte oder Äquatorialplatte anordnen. Da diese meist eine sternförmige Figur bildet, spricht man vom Sternstadium (Metaphase).

Nun teilen sich die Chromosomen der Länge nach, je in zwei gleichgestaltete Tochterchromosomen. Diese trennen sich voneinander und werden durch Zugfasern in entgegengesetzten Richtungen auseinandergezogen. Während sich so die Tochterchromosomen den Spindelpolen nähern und dabei zwei „Tochterplatten“ bilden, kann man an ihnen schon eine leichte Längsspaltung für die nächste Kernteilung wahrnehmen. Man nennt dieses Stadium Doppelstern (Anaphase).

An den Polen verlängern und winden sich die Tochterchromosomen und schließen sich zu einem Fadenknäuel zusammen, aus welchem schließlich ein Kerngerüst wird. Es ist das Stadium des Doppelknäuel (Telophase). Zugleich wird das Kerngerüst durch eine neue Kernmembran nach außen abgegrenzt und aus den beiden Gruppen von Tochterchromosomen ist je ein neuer Kern geworden, in welchem auch die Kernkörperchen wieder auftreten. Bis zur nächsten Kernteilung muß sich die Chromatinmasse (Erbsubstanz) verdoppeln, damit sie wieder gleichmäßig aufgeteilt werden kann (vgl. Selbstverdoppelung der Viren, S. 53).

Die **Zellteilung** erfolgt nun in der Weise, daß sich bei tierischen Zellen das Plasma zwischen den beiden Tochterkernen durchschnürt, während die Spindelfasern verschwinden und sich die Zentralkörperchen neben die Kerne legen.

Bei den Pflanzenzellen bilden sich meist während des Doppelknäuelstadiums in der Äquatorebene der Kernspindel zwischen und an den Plasmafäden kleine Knötchen, welche verschmelzen und eine neue Zellhaut bilden. In anderen Fällen dringt eine ringförmige Leiste aus Membransubstanz von der Mutterzellwand aus immer tiefer in das Zellinnere vor und durchschnürt es schließlich.

Durch den komplizierten Mechanismus der geschilderten, typischen Kernteilung wird bewirkt, daß jede Tochterzelle nach Zahl und Form die gleichen Chromosomen und damit dieselben Erbanlagen oder Gene wie die Mutterzelle erhält (Abb. 6). Die Formen und die Anzahl der Chromosomen in den Zellkernen sind bei ein und derselben Art von Lebewesen konstant und für diese charakteristisch.

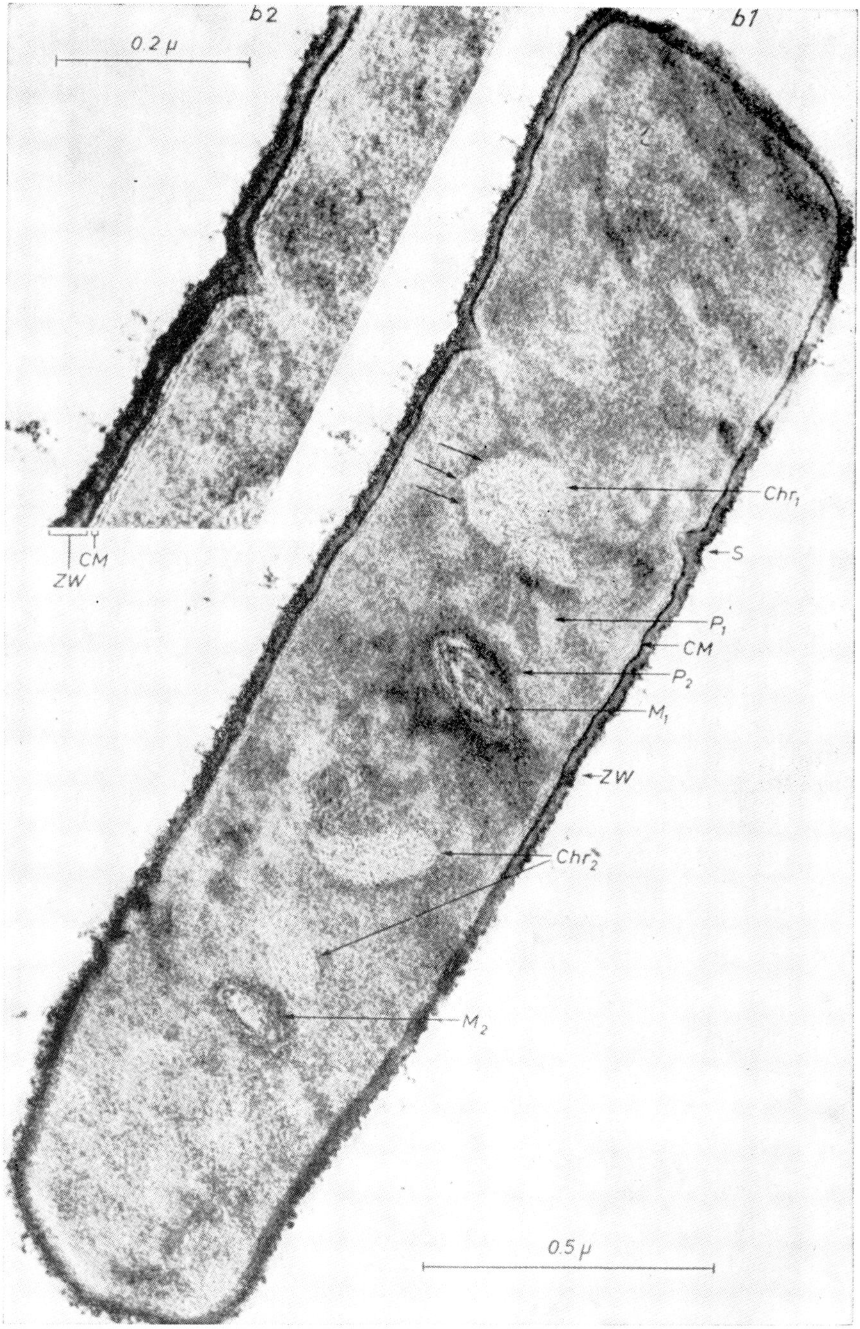

Tafel 1.

Abb. b 1. Übersicht über die in einem Dünnschnitt einer Bakterienzelle (*Bacillus megaterium*) elektronenmikroskopisch erkennbaren Feinstrukturen.

Abb. b 2. Ausschnittvergrößerung. Chr_1 und Chr_2 angeschnittene Chromosomenteile, *CM* Zellmembran, M_1 und M_2 „Membrankörper" (Bedeutung noch unbekannt), P_1 Plasmatische Grundsubstanz, P_2 Ribosomen, *S* Querwandbildung, *Zw* Zellwand. (Aus W. Laskowsky, Elemente des Lebens, W. de Gruyter, Berlin 1966)

Eine andere Form der Zellbildung ist die **Zellsprossung.** Diese ist eine Abart der typischen Zellteilung. Dabei wird die Mutterzelle nicht halbiert, sie treibt vielmehr einen Auswuchs, ihr Kern teilt sich und der eine Tochterkern wandert in die immer größer werdende Ausbuchtung ein, die sich schließlich abschnürt. Bevor sich die junge Sproßzelle von der Mutterzelle losgelöst hat, kann sie schon wieder selbst Sprossen treiben, wodurch Sproßkolonien entstehen, wie sie bei der mikroskopischen Betrachtung der Hefe zu sehen sind. Durch Sprossung entstehen auch die Sporen bei verschiedenen Pilzen, so z. B. bei den Basidienpilzen, indem durch Teilung des Kernes der Basidienzelle 4 Tochterkerne entstehen, die in gleichzeitig sich bildende Ausstülpungen einwandern.

Eine besondere Abwandlung der typischen Zweiteilung ist die **Vielteilung** der Zelle. Hier entstehen durch aufeinanderfolgende, sich oft wiederholende Zweiteilungen von einem Kern ausgehend, eine Vielzahl von Kernen, ohne daß sich zunächst das Protoplasma teilt. Wenn dann zwischen den Kernen Zellhäute gebildet werden, entstehen plötzlich soviel Zellen, als Kerne vorhanden sind. Vielteilung tritt bei Einzellern und niederen Pflanzen auf.

Bei geschlechtlicher Fortpflanzung kommt es zu **Zellverschmelzungen** bzw. zur **Verschmelzung der Kerne.** Man nennt die verschmelzenden Zellen Geschlechtszellen oder Gameten[1]), diese können gleichgestaltet

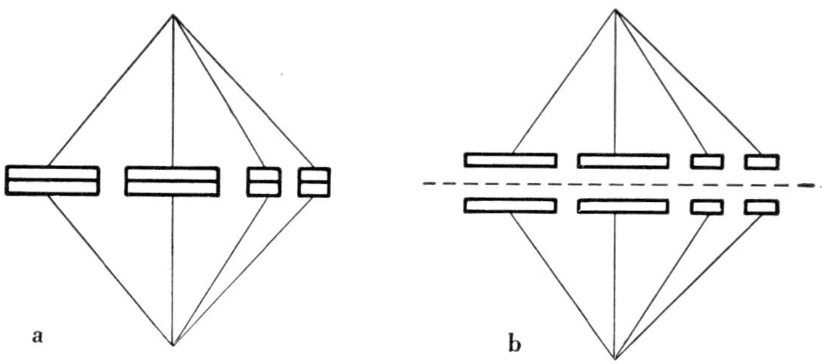

Abb. 6. Schema der typischen Kernteilung (bei einer diploiden Zelle mit 4 Chromosomen).

oder verschiedengestaltet wie die Ei- und Samenzellen sein. Die Eizelle ist meist größer und unbeweglich (Makrogamet), die Samenzelle viel kleiner und beweglich (Mikrogamet). Das Verschmelzungsprodukt zweier Geschlechtszellen nennt man Zygote[2]), den Verschmelzungsvorgang **Befruchtung.** Da in der Regel nur solche Zellen bzw. Zellkerne, die den gleichen Chromosomenbestand besitzen, mitsammen verschmelzen, besitzt der Zygotenkern zweimal den gleichen Chromosomensatz. Man bezeichnet Kerne mit doppelter Chromosomenzahl als diploid gegenüber den haploiden mit der einfachen Zahl. In diploiden Kernen

[1]) *gametes* (gr.) Schwärmer, Gatte.

[2]) *zygote* (gr.) Fortpflanzungszelle.

sind also die in Größe und Form verschiedenen Chromosomen paarweise gleichgestaltet, und zwar stammt das eine Chromosom jedes dieser Paare von dem Kern der einen, das andere vom Kern der anderen Geschlechtszelle.

Da die Geschlechtskerne haploid, die Zygotenkerne und alle sich daraus entwickelnden Zellen diploid sind, müssen bei allen sich geschlechtlich vermehrenden Lebewesen früher oder später im Entwicklungsgang die diploiden Kerne in haploide zurückgebildet werden, sonst würde sich ja die Chromosomenanzahl von Generation zu Generation verdoppeln. Diese Verminderung des doppelten in den einfachen Chromosomensatz geschieht in der **Reduktionsteilung**[1]). Das ist eine indirekte Kernteilung, bei der aber eine Längsspaltung der Chromosomen unterbleibt. Es werden hier nicht Teilungshälften, sondern die ganzen Chromosomen auf die beiden Tochterkerne gleichmäßig verteilt, so daß von jedem Chromosomenpaar der eine Paarling dem einen, der andere dem anderen Tochterkern zugeteilt wird. So erhält jeder Tochterkern die einfache Chromosomenzahl (Abb. 7).

Bei der Reduktionsteilung legen sich nach Ausbildung der Kernspindel in der Äquatorplatte die einander entsprechenden Chromosomen der beiden Chromosomensätze zu Paaren zusammen. Man spricht von Chromosomenpaarung. Dann erfolgt die Trennung der Paarlinge, indem der eine dem einen, der andere dem anderen Tochterkern zugeteilt wird. In welchen Tochterkern ein Paarling kommt, ist regellos und dem Zufall überlassen, dadurch erbt jeder Tochterkern eine Anzahl Chromosomen teils vom Vater, teils von der Mutter.

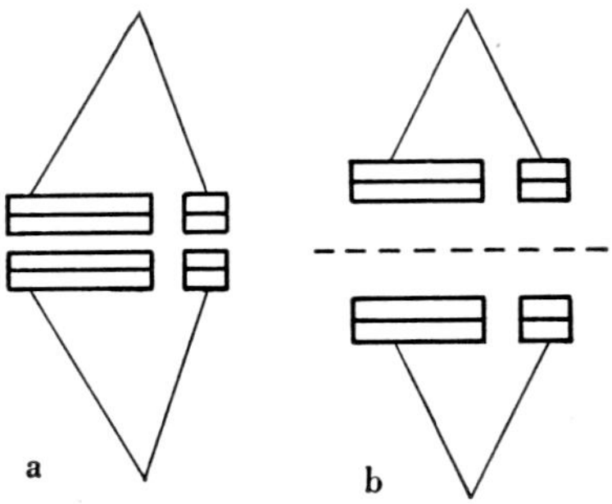

Abb. 7. Schema der Reduktionsteilung (von diploid mit 4 auf zweimal haploid mit je 2 Chromosomen).

Bezeichnend für die Reduktionsteilung ist ferner, daß meist auf sie sehr rasch eine im wesentlichen typisch verlaufende Kernteilung folgt, wodurch aus einer diploiden Ausgangszelle vier haploide Zellen bzw. Kerne entstehen.

---

1) *reducere*, zurückführen.

Zusammenfassung. Bei der typischen Kernteilung erfolgt zuerst eine Verdoppelung aller Chromosomen durch Spaltung und dann ihre gesetzmäßige Aufteilung auf die Tochterkerne. Konstanz der Chromosomenzahl. Der Kernteilung folgt die Zellteilung (Sprossung, Vielteilung). Bei der Befruchtung verschmelzen zwei haploide Gameten zu einer diploiden Zygote. Bei der Reduktionsteilung eines diploiden Kernes unterbleibt die Chromosomenteilung, an Stelle der Teilungshälften werden die paarweise einander entsprechenden Chromosomen getrennt und auf die Tochterkerne verteilt.

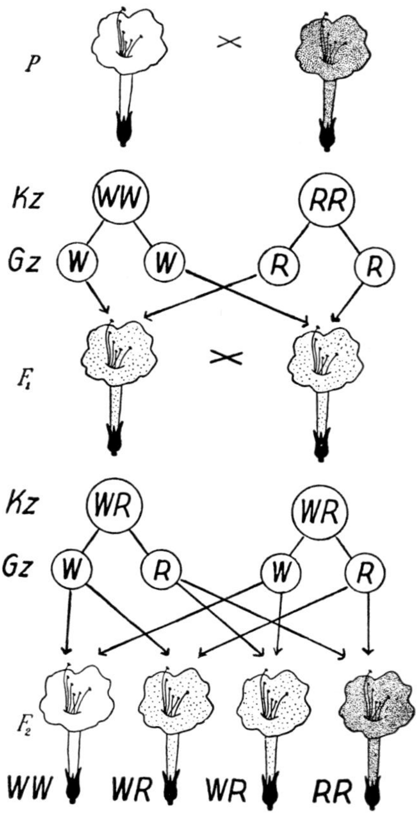

Abb. 8. Kreuzung einer weißblühenden mit einer rotblühenden Wunderblume (*Mirabilis jalapa*). *P* Ausgangsrassen der Elterngeneration, F_1 und F_2 erste und zweite Mischlingsgeneration, *Kz* Körperzellen (diploid), *Gz* Geschlechtszellen (durch Reduktionsteilung haploid), *W* Symbol für das Chromosom mit der Anlage für weiß, *R* Symbol für das Chromosom mit der Anlage für rot.

Vererbungsregeln

Auf den besprochenen Gesetzmäßigkeiten der Befruchtung und der Reduktionsteilung beruhen die Grundlagen der **Mendelschen Vererbungsregeln**[1]).

Ein reinrassiges, mütterliches Individuum hat nämlich in seinem doppelten Chromosomensatz (vgl. Abb. 8) auch zweimal die gleiche

[1]) Entdeckt von dem Brünner Augustinerpater Johann Gregor Mendel (1822—1884).

Anlage (WW = weiß) für ein bestimmtes Merkmal (Farbe). Ein reinrassiges, väterliches Individuum, das aber einer anderen Rasse angehört, die sich gerade in diesem Merkmal unterscheidet, hat zweimal eine andere Anlage (RR = rot). Bei der Bildung der Geschlechtszellen wird infolge der Reduktionsteilung der doppelte Chromosomensatz auf den einfachen reduziert, wodurch nur eine der beiden Anlagen in die Geschlechtszellen, Eizellen (W) bzw. Samenzellen (R) gelangt. Paaren sich diese Rassen, gibt es bei der Befruchtung nur eine einzige Anlagenkombination (WR = rosa), daher werden alle Nachkommen (Mischlinge oder Bastarde) in dem betrachteten Merkmal (Farbe) übereinstimmen: **Gleichheits- oder Uniformitätsregel** (vgl. Abb. 8).

Bei der Geschlechtszellenbildung der Bastarde werden wieder infolge der Reduktionsteilung die aus der mütterlichen Eizelle und der väterlichen Samenzelle stammenden Chromosomenpaare, auch das mit den unterschiedlichen Anlagen (WR) getrennt und auf die Geschlechtszellen gleichermaßen verteilt. Die Hälfte der Eizellen eines weiblichen Bastardes wird daher das Chromosom mit der einen Anlage (W) und die andere Hälfte das Chromosom mit der anderen Anlage (R) besitzen. Das gleiche gilt für die Samenzellen eines männlichen Bastardes. Vermehren sich die Bastarde untereinander, können daher beide Typen von Eizellen (W und R) mit gleicher Wahrscheinlichkeit entweder von der einen (W) oder anderen (R) Samenzellentype befruchtet werden. Es gibt daher bei der Befruchtung verschiedene Kombinationsmöglichkeiten (W + W oder W + R und R + W oder R + R), die zu einer gesetzmäßigen Merkmalsverteilung bei den Nachkommen führen: In dem einen unterschiedlichen Merkmal (Farbe) gleichen die Nachkommen der Bastarde zu 1 Viertel (WW) der einen Ausgangsrasse (weiß), zu 2 Vierteln (WR und RW) den Bastarden (rosa), zu 1 Viertel (RR) der anderen Ausgangsrasse (rot). Man sagt, die Bastarde spalten auf im Verhältnis 1 : 2 : 1 = **Spaltungsregel** (vgl. Abb. 8).

Beobachtet man bei solchen Kreuzungsversuchen nicht nur ein, sondern mehrere Merkmale, die bei den Ausgangsrassen unterschiedlich ausgebildet sind, so zeigt sich, daß jedes Merkmal für sich den aufgezeigten Gesetzmäßigkeiten folgt: **Unabhängigkeitsregel.**

Zellkolonien, Gewebe, Organe

Wenn die bei der Zellteilung entstehenden Tochterzellen sich ganz voneinander trennen und jede für sich weiterlebt, so handelt es sich um einzellige Lebewesen oder **Einzeller.**

Weichen die bei fortgesetzten Teilungen entstehenden Tochterzellen aber nicht auseinander, sondern bleiben mitsammen in Verbindung, so entstehen **Zellverbände.** In den einfachsten Fällen entstehen solche dadurch, daß sich die Zellen zwar nach jeder Teilung trennen, aber durch verquellende Zellhäute zusammengehalten werden oder sonst irgendwelche Substanzen ausscheiden, die sie mitsammen verbinden. Man nennt solche lockere Verbände von selbständigen Zellen Zellfamilien oder **Zellkolonien.** Sie sind dadurch ausgezeichnet, daß alle Zellen für sich vollkommen lebens- und fortpflanzungsfähig sind, daher nicht zugrundegehen, wenn sie aus dem Verbande gelöst werden. Es ist hier noch keine Arbeitsteilung für die zu den Lebensvorgängen notwendigen Leistungen eingetreten, wenn man von den wenigen hochentwickelten Formen, bei denen es bereits eine Scheidung von Körper- und Fortpflanzungszellen gibt, absieht.

Bei allen höheren Lebewesen sind nach dem Prinzip der Arbeitsteilung innerhalb der riesigen Zahl von Zellen die einzelnen für das Leben notwendigen Leistungen auf verschiedene Zellen verteilt. Es bilden sich innige Verbände gleichgestalteter Zellen, die vornehmlich nur bestimmten Aufgaben dienen und dafür besonders ausgestattet sind. Solche Zellverbände bezeichnet man als **Gewebe.** Eine Gewebszelle ist für besondere Leistungen spezialisiert, dafür im allgemeinen, wenn man sie aus dem Verbande löst, allein nicht lebens- oder gar fortpflanzungsfähig.

Es gibt eine große Zahl von **Pflanzengeweben.** Man unterscheidet je nach der Hauptaufgabe, die sie erfüllen, verschiedene Hauptgruppen. Man spricht z. B. von **Bildungsgewebe.** Es enthält teilungsfähige Zellen und steht im Dienste der Vermehrung und des Wachstums der Pflanze. **Gewebe der Bedeckung** setzen die Oberfläche zusammen und müssen einerseits die Pflanze schützen, andererseits die Verbindung mit der Außenwelt aufrechthalten. **Gewebe der Festigung** bilden das feste Gerüst. **Gewebe der Ernährung** dienen der Nahrungsaufnahme und deren Verarbeitung. Im Dienste der Leitung von Stoffen stehen die **Leitungsgewebe.**

Die Arbeitsteilung führt schließlich bei den meisten Organismen dazu, daß ganze Körperteile vornehmlich im Dienste ganz bestimmter Leistungen stehen und für diese Aufgabe besonders ausgestattet und gebaut sind. Man nennt sie **Organe,** z. B. Organe der Fortbewegung, Ernährung, Fortpflanzung oder Sinnesorgane.

Organe können sich auch, obwohl sie ihrer ganzen Anlage und Entstehung nach gleichwertig sind, aus einer gemeinsamen Grundform, in Anpassung an besondere Aufgaben, verschieden entwickeln. Sie werden als **homologe**[1]) oder entstehungsgleiche Organe bezeichnet. So sind den Laubblättern die Kronblätter und Staubblätter homolog, aber ebenso auch die aus Blättern hervorgegangenen Ranken von Kürbis, Gurke und Erbse. Blätter können aber auch zu Dornen umgebildet werden.

---

[1]) *homos* (gr.) ähnlich, gleich.

Während homologe Organe meist im Dienste verschiedener Aufgaben stehen, gibt es auch andererseits Organe, die im Dienste der gleichen Aufgaben stehen, dafür meist ähnlich gebaut sind, obwohl sie aus verschiedenen Grundformen hervorgegangen sind. Solche Organe bezeichnet man als **analog** oder funktionsgleich. Analoge Haftorgane sind z. B. die Ranken des Weinstockes (umgebildeter Sproß), der Leidensblume (umgebildetes Blatt) und der Kapuzinerkresse (umgebildeter Blattstiel). Analoge Speicherorgane sind die Sproßknollen der Kartoffel und die Wurzelknollen der Dahlie. Bei den Tieren ist z. B. die Lunge der Säuger homolog der Fischblase, dagegen analog den Kiemen der Fische.

Bei den höheren Pflanzen lassen sich verschiedene Organe auf drei Grundformen zurückführen, nämlich auf Wurzel, Stamm und Blatt.

Zusammenfassung. Mendelsche Regeln: Gleichheits-, Spaltungs- und Unabhängigkeitsregel. Einzeller-Zellkolonien-Gewebe. Gewebe sind für bestimmte Leistungen (Bedeckung, Festigung, Ernährung, Leitung) spezialisierte Zellverbände. Aus verschiedenen Geweben für besondere Aufgaben gebaute Körperteile nennt man Organe. Homologe — analoge Organe.

Der Stoffwechsel

Die Aufgaben des Stoffwechsels sind sehr umfangreich, es müssen durch den sogenannten **Baustoffwechsel** jene Stoffe aufgenommen, in geeignete Form gebracht und an die Stellen des Bedarfes geschafft werden, die zum Aufbau von Körpersubstanz beziehungsweise für den Ersatz verbrauchter Teile oder für den geregelten Ablauf der Lebensprozesse benötigt werden. Der **Betriebsstoffwechsel** muß die für die Lebensvorgänge notwendige Energie liefern.

Versorgung der Pflanze mit Wasser und Nährsalzen

Eine einfache Überlegung sagt uns, daß die Pflanze diejenigen Elemente ihrer Umgebung (Boden, Wasser, Luft) entzieht, die sich in ihrem Körper finden. Will man also wissen, welche Stoffe die Pflanze aufnimmt, so muß man eine chemische Analyse des Pflanzenkörpers vornehmen. Man bestimmt zuerst das Frischgewicht und bringt dann die Pflanze in einen Trockenschrank bei Temperaturen zwischen 100 bis 110° C. Hier wird sie so lange getrocknet, bis sich in ihr kein Wasser mehr befindet. Dadurch erhält man das Trockengewicht, welches den Wasserverlust anzeigt.

Der durch diese Methode feststellbare Wassergehalt ist bei den einzelnen Pflanzen und ihren Teilen sehr verschieden. Er beträgt im Durchschnitt bei Algen und anderen Wasserpflanzen über 90%, bei saftigen Pflanzenteilen, Obst und Wurzeln 70 bis 90%, Holz 30 bis 70%, bei Samen etwa 10%.

Setzt man die Trockensubstanz bei Sauerstoffzutritt der Glühhitze aus, so erweisen sich bestimmte Bestandteile (organische) als verbrennbar. Fängt man die bei der Zersetzung entstehenden Gase auf, so ergibt deren Untersuchung stets die Anwesenheit von Kohlendioxid, Wasserdampf und Stickstoffverbindungen. Die übrigbleibende Asche besteht in der Hauptsache aus mineralischen Bestandteilen und beträgt im allgemeinen nur wenige Prozente der Trockensubstanz (1 bis 10%). Ihre Zusammensetzung ist sehr wechselnd, sowohl nach der Menge als auch nach der Beschaffenheit der einzelnen Bestandteile. 13 chemische Elemente trifft man immer in der Pflanze, nämlich die Nichtmetalle C, O, H, N, S, P, Cl, Si und Metalle K, Na, Ca, Mg, Fe. Etwa 20 weitere Elemente kann man gelegentlich spurenhaft in Pflanzen nachweisen. Es ist nun die Frage, ob alle 13 immer vorhandenen Elemente für die Ernährung der Pflanze unbedingt notwendig sind und welche davon mit dem Wasser (Bodenwasser) aufgenommen werden. Um dies zu entscheiden, zieht man Keimpflanzen in sogenannten Wasserkulturen, das heißt in Nährlösungen[1]), die aus diesen Stoffen bestehen, deren Bedeutung für die Pflanze festgestellt werden soll. Es hat sich herausgestellt, daß die Pflanze nur 9 Elemente unbedingt in den Nährlösungen benötigt, nämlich K, Ca, Mg, Fe, S, P, N und die Elemente des Wassers. Allerdings müssen, wie andere Versuche zeigen, Kohlendioxid und Sauerstoff der Luft vorhanden sein.

Heute werden verbreitet Zimmerpflanzen mittels Nährlösungen in Wasserkulturen, Hydrokulturen, gezogen. In Ländern mit unfruchtbaren Böden (Wüstensand) versucht man, Nutzpflanzen (Getreide, Gemüse) mit Hilfe von Nährlösungen, die in geeigneter Weise den Wurzeln zugeführt werden, zu kultivieren. Die verschiedenen Verfahren der „Pflanzenkultur ohne Boden“ werden als Hydroponik bezeichnet.

Im allgemeinen kann von den 13 stets vorhandenen Elementen Na, Si und Cl in den Nährlösungen fehlen und die Pflanzen gedeihen ganz normal. Fehlt aber nur ein einziger unentbehrlicher Stoff, so kann dieser durch keinen anderen ersetzt werden, die Pflanze geht zugrunde. Stehen lebensnotwendige Stoffe in zu geringer Menge zur Verfügung, so richtet sich das Gedeihen der Pflanze immer nach jenem Stoff, von dem am wenigsten vorhanden ist (Gesetz des Minimums).

Die Nährstoffe können nicht elementar, sondern nur in gelöster Form als wasserlösliche Salze, das heißt als Ionen, aufgenommen werden. Diese **Nährsalze** haben zwei Hauptaufgaben zu erfüllen. Einerseits

[1]) Nährlösung nach Knop: in 1 l Wasser 1 g Kalziumnitrat, 0,25 g Kaliumchlorid, 0,25 g Magnesiumsulfat, 0,25 g prim. Kaliumphosphat und eine Spur Eisenchlorid.

können sie als Bausteine direkt zum Aufbau lebenswichtiger organischer Substanzen verwendet werden oder die einzelnen Ionen üben bestimmte Wirkungen aus, die für den Ablauf der Lebensvorgänge notwendig sind.

Das Kalium beeinflußt den Wasserhaushalt der Zelle und dürfte bei der Bildung von Plasma eine Rolle spielen.

Das Kalzium neutralisiert verschiedene giftig wirkende Säuren, so bildet es etwa mit der beim Stoffwechsel entstehenden Oxalsäure das unschädliche oxalsaure Kalzium. Es wird aber auch als Baustoff für verschiedene Verbindungen benötigt.

Magnesium hat bestimmte Wirkungen auf die Plasmakolloide, wird aber auch in viele organische Verbindungen eingebaut und stellt einen wichtigen Baustoff für die Zelle dar. So ist Magnesium im Chlorophyllmolekül enthalten.

Auch das Eisen ist Baustoff lebenswichtiger Verbindungen, besonders solcher, die für die Atmungsprozesse notwendig sind. Bei Eisenmangel verliert die Pflanze die Fähigkeit, Chlorophyll zu bilden, sie wird bleich, man nennt diese Erkrankung Chlorose.

Der Stickstoff bildet das Ausgangsmaterial für den gesamten Eiweißstoffwechsel. Die Pflanzen nehmen ihn meist als Nitrat auf, können allerdings auch Ammoniumsalze und selbst Harnstoff als Stickstoffquellen ausnützen, doch im allgemeinen mit wesentlich ungünstigerem Erfolg. Der Luftstickstoff kann, wenn man von einigen ganz wenigen Ausnahmen absieht, nicht verarbeitet werden.

Phosphor wird als Phosphat aufgenommen und in verschiedene organische Stoffe eingebaut. Besonders reich an organischen Phosphatverbindungen sind die Zellkerne.

Der als Sulfat aufgenommene Schwefel ist für den Aufbau bestimmter Eiweißkörper unentbehrlich.

Man hat erkannt, daß über die genannten Nährsalze hinaus für viele Pflanzen eine weitere Zahl von Elementen, wenn auch nur in äußerst geringen Mengen, notwendig ist, wenn die normalen Lebensvorgänge nicht doch gestört werden sollen. Diese sogenannten **Spurenelemente** werden in derart geringen Mengen aufgenommen, daß sie sich der chemischen Analyse weitestgehend entziehen und bei Nährsalzkulturen einfach als Verunreinigungen der anderen Salze in die Nährlösungen gelangen. Als Spurenelemente sind besonders Bor (B), Mangan (Mn), Kupfer (Cu), Zink (Zn), Molybdän (Mo), Vanadium (V), Chlor (Cl), Natrium (Na) und andere bekannt geworden. Manche Pflanzen benötigen zum normalen Ablauf ihrer Lebensprozesse auch organische Wirkstoffe, die sie in äußerst geringen Spuren mit dem Wasser aufnehmen. Diese Wirkstoffe werden dem Boden durch Bakterien, Pilze, Algen, verwesende Blätter und Stallmist in Form von Wuchs- und Humusstoffen zugeführt.

Der mengenmäßige Bedarf der Pflanzen an einzelnen mineralischen Substanzen ist von Art zu Art recht verschieden, ist aber nie groß. Eine Buche benötigt in 50 Jahren etwa 3 kg Kali. Da durch die Verwitterung immer neue Bodenschichten aufgeschlossen und durch die abgestorbenen Pflanzenteile dem Boden mineralische Stoffe wieder zurückgegeben werden, wäre eine Verarmung an den für die Pflanzenernährung unentbehrlichen Stoffen nicht zu befürchten. Dort, wo aber die abgestorbenen Pflanzenteile nicht am Standort verfaulen, sondern immer wieder weggeschafft werden und mit ihnen die aus dem Boden stammenden mineralischen Bestandteile, muß eine Verarmung der Erde an Nährstoffen eintreten. Das ist der Fall bei unseren Äckern, Wiesen und Feldern. Der Bauer hilft sich, indem er umpflügt und brachliegen läßt, damit die Verwitterung neue Bodenschichten zersetzt, dabei werden wieder Nährstoffe frei. Außerdem werden auf demselben Grunde nicht immer die gleichen Pflanzen gezogen, damit der Boden nicht einseitig ausgenützt wird. Bei der heutigen Beanspruchung würden diese Maßnahmen nicht ausreichen, um die Leistungsfähigkeit der Äcker und damit den Ertrag der Pflanzen aufrechtzuerhalten. Man führt daher dem Boden durch **Düngung** neue Nährstoffe zu. Dabei verwendet man natürliche Düngestoffe, die aus pflanzlichen oder tierischen Zerfallsprodukten bestehen und die nötigen Nährstoffe enthalten, wie Stallmist, Asche und andere. Wo das auch nicht ausreicht, verwendet man Kunstdünger, bestehend aus chemischen Verbindungen in Pulverform, die dem Boden die fehlenden Stoffe zuführen. Soll die Kunstdüngung Erfolg haben, so muß man wissen, welche Stoffe der Erde fehlen beziehungsweise welche Ansprüche die angebaute Pflanzenart stellt. Bei Stickstoffmangel verwendet man etwa Salpeter oder Harnstoff, bei Kalimangel düngt man mit Kalisalzen und bei Phosphormangel mit Superphosphat oder Thomasschlacke. An anderen als den genannten drei Stoffen leidet im allgemeinen der Boden keinen Mangel, denn sie sind in genügender Menge in den Gesteinen enthalten. Als Ausgangsmaterial für Kunstdünger verwendet man den Stickstoff der Luft, die Abfallstoffe der Leuchtgaserzeugung und der Hüttenbetriebe sowie Salzlager. Kunstdüngermischungen verschiedener Zusammensetzung kommen unter mannigfachen Bezeichnungen in den Handel.

Der Kunstdünger kann aber den Stalldünger nicht ganz ersetzen, weil der Boden nicht nur bestimmte chemische, sondern auch physikalische Eigenschaften besitzen muß, soll er ein gutes Pflanzenwachstum und damit einen hohen Ernteertrag gewährleisten. Er muß das Wasser in bestimmter Weise festhalten, ebenso die Wärme, er muß durchlüftet sein und viele andere Bedingungen erfüllen. Durch die verwesenden Pflanzenteilchen, wie sie auch im Stallmist enthalten sind, erhält nun der Boden diese Beschaffenheit (vgl. S. 154).

Die **Aufnahme des Wassers** mit den gelösten Nährsalzen erfolgt durch einen Vorgang, den man als Osmose bezeichnet. Wir wollen uns damit etwas näher beschäftigen.

Diffusion[1]) und Osmose[2]). Läßt man Kalzium- oder Magnesiumchlorid oder bestimmte andere Salze längere Zeit offen an der Luft in einer Schale stehen, so zerfließen sie; sie ziehen soviel Wasser aus der Luft an, daß sie sich darin auflösen können. Gibt man auf aufgeschnittene Früchte Zucker oder etwa auf einen geschnittenen Rettich Salz, so kann man ebenfalls beobachten, wie sich immer mehr Flüssigkeit bildet, da der Zucker beziehungsweise das Salz Wasser aus den Pflanzenteilchen herauszieht, um sich darin zu lösen. Es geht daraus hervor, daß lösliche Stoffe Wasser an sich ziehen.

---

[1]) *diffundere*, zerstreuen.

[2]) *osmos* (gr.) das Auspressen.

Legt man in ein Glas Wasser ein Stückchen gefärbtes Salz, z. B. Kupfervitriol, und schützt das Glas vor Erschütterung, so kann man beobachten, wie das Kupfervitriolstückchen sich löst und die Flüssigkeit blau färbt. Es bildet sich am Boden des Gefäßes eine blaue Lösung von Kupfervitriol, darüber steht noch reines Wasser. Nach einigen Tagen färbt sich allmählich die ganze Flüssigkeit blau. Die Kupfervitriollösung und das Wasser zeigten also das Bestreben, sich zu mischen, zu vereinen, und zwar durchdrangen sich ihre Teilchen, bis überall dasselbe Gleichgewicht zwischen ihnen hergestellt war. Dabei wanderten die Teilchen immer in der Richtung ihrer geringeren Konzentration. Die selbständige Wanderung und Ausbreitung der gelösten Moleküle bezeichnet man als Diffusion.

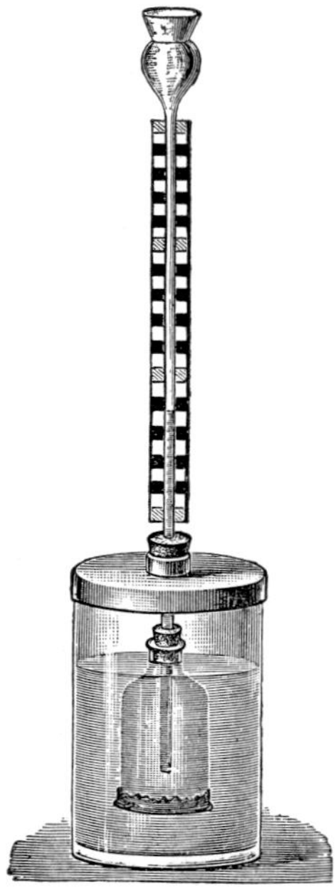

Abb. 9. Osmose-Apparat.

Das Bestreben der beiden Flüssigkeiten, sich zu mischen, besteht auch dann, wenn man die Kupfervitriollösung z. B. in einer entfetteten Schweinsblase eingeschlossen in Wasser bringt. Nun hat die Schweinsblase, wie die meisten tierischen Häute, die Eigenschaft, Wasser leicht und gelöste Stoffe nur ganz schwer durchzulassen. Der Erfolg ist der, daß das Wasser sehr rasch in die Salzlösung im Innern der Schweinsblase eintritt, während das Kupfervitriol zunächst nicht heraus kann. Dadurch vermehrt sich im Innern der Blase die Flüssigkeit. Es sieht praktisch so aus, als ob die Salzlösung das Wasser ansaugen würde. Je größer diese Saugkraft der Lösung ist, desto mehr Wasser strömt ein und dementsprechend größer ist auch der Druck, den die Flüssigkeit auf die sie einschließende Wand ausübt. Man spricht von Wanddruck oder osmotischem Druck.

Man nennt solche Häute, wie die Schweinsblase, halbdurchlässige oder semipermeable Membranen und den Stoffaustausch durch sie hindurch Osmose.

Bringt man bei obigem Versuch irgendwie ein Glasrohr von oben in die konzentrierte Lösung, so steigt sie infolge des osmotischen Druckes hoch, und die Höhe der Flüssigkeitssäule macht die Größe des Druckes, beziehungsweise der Saugkraft, ersichtlich (Abb. 9). Für genaue Messungen verwendet man eigens konstruierte Apparate (Osmometer), bei welchen man in angeschlossenen Manometern den Druck in Atmosphären ablesen kann. Man kann so den Saugwert verschiedener Lösungen bestimmen. Es hat sich gezeigt, daß die Saugkraft abhängig ist von der Zahl der in der Flüssigkeit gelösten Teilchen (Moleküle, Ionen), und zwar steigt die Saugkraft mit der Konzentration der Lösung. Es entreißt daher immer die stärker konzentrierte Lösung der schwächeren das Wasser. Man kann das an folgendem beobachten: Bringt man Körper, die von einer halbdurchlässigen Membran umgeben sind und im Innern lösliche Stoffe enthalten, wie verschiedene Früchte, rote Blutkörperchen oder rohe entschalte Eier, die nur von der Eihaut umgeben sind, in Wasser, so werden sie immer praller und größer und können schließlich platzen. Hier hat die Innenlösung Wasser eingesaugt. Bringt man diese Körper aber in eine Lösung, die konzentrierter ist als die Innenlösungen, so wird Wasser herausgesaugt, sie werden immer kleiner und beginnen ganz zu schrumpfen.

Nun stellt aber jede Zelle einen kleinen osmotischen Apparat dar, in welchem die Aufgabe der Schweinsblase von den Hautschichten des Plasmas übernommen wird, während der Zellsaft die Stelle der konzentrierten Innenflüssigkeit einnimmt, die Wasser mit geringen Mengen gelöster Stoffe ansaugt. Die Oberflächenhaut des Plasmas trifft unter den an sie herantretenden Stoffen eine Auswahl, läßt nur ganz bestimmte durch, und diese nur in sehr verdünnter Lösung. Wie groß die zur Anwendung kommenden Saugkräfte sind, kann man mit Hilfe der Plasmolyse feststellen.

Plasmolyse[1]). Dadurch, daß die im Zellsaft gelösten Stoffe osmotisch Wasser durch die halbdurchlässigen Hautschichten des Plasmas ansaugen, herrscht also auch in der Zelle ein osmotischer Innenzelldruck, Wanddruck oder Turgor[2]).

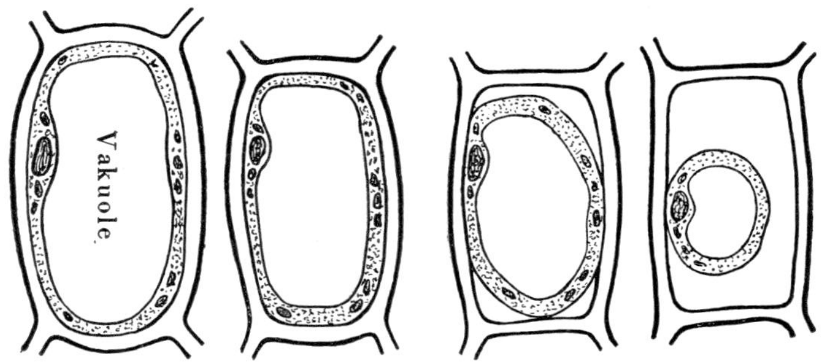

Abb. 10. Schema einer Plasmolyse.

[1]) *plasma* (gr.) das Gebildete; *lysein* (gr.) lösen.
[2]) *turgere*, strotzen, schwellen.

Durch ihn sind die Zellhäute gespannt, was sich auch auf die Gewebe auswirkt, weil sie dadurch eine gewisse Festigkeit bekommen. Läßt der Turgor, z. B. durch Wassermangel, nach, so erschlaffen die Gewebe, die Pflanze beginnt zu welken.

Diesen Innenzelldruck und somit den osmotischen Saugwert kann man bei Pflanzenzellen folgendermaßen messen: Man bringt Zellen unter dem Mikroskop in verschieden konzentrierte Lösungen, mit den schwächeren beginnend. Bei einer bestimmten Konzentration kann man beobachten, wie sich das Protoplasma von der Zellwand abhebt und nun dem kleiner werdenden Zellsaftraum nachfolgt[1]). Was ist geschehen? Die Außenkonzentration hat die des Zellsaftes erreicht beziehungsweise überschritten und entzieht nun diesem Wasser (Gefahr zu starker Kunstdüngung!). Dadurch sinkt der Innenzelldruck, welcher den Plasmaschlauch gegen die Zellwand gedrückt hatte, und das Plasma hebt sich von der Wand ab. Diesen Vorgang bezeichnet man als Plasmolyse (Abb. 10). Beim Eintritt der Plasmolyse sind die Konzentrationen der Außenlösung und des Zellsaftes fast gleich. Kennt man die Konzentration der Außenlösung, kann man mit Hilfe der osmotischen Messungen die ihr entsprechende Saugkraft und somit auch diese der Zelle feststellen.

Auffallend hohe Saugwerte haben Zellen von Pflanzen besonders trockener Standorte, etwa Wüstenpflanzen, oder salzhaltiger Böden und manche Schimmelpilze, die noch auf konzentrierten Zuckerlösungen wachsen. Hier konnten Saugkräfte von über 100 Atm. festgestellt werden (1 Atm. = 1,033 kg auf 1 cm^2). Im Durchschnitt findet man osmotische Werte von 5 bis 30 Atm.

Die Aufnahme des Wassers in die Pflanzenzelle erfolgt also durch **Osmose.** Diese wird aber oft unterstützt beziehungsweise eingeleitet durch **Quellung.**

Bringt man trockene Samen[2]) in Wasser, so vergrößern sie ihr Volumen durch Wassereinlagerung, sie quellen. Durch die Durchtränkung mit Wasser werden der Beginn der Keimung und die erhöhten Lebenstätigkeiten ermöglicht. Die Quellung ist ein rein physikalisch-chemischer Vorgang, der auch bei nichtlebenden Substanzen, etwa bei Gelatine, Gummi oder Holz, beobachtet werden kann. Dieser Vorgang der Wassereinlagerung in bestimmte quellbare Substanzen kann auch wieder rückgängig gemacht werden. Quellbare Körper haben die Eigenschaft, Wasser begierig an sich zu reißen und zwischen ihre Aufbauteilchen (Moleküle, Molekülgruppen) einzulagern. Die Größe der Wasserhüllen ist, wie wir schon wissen (S. 7), abhängig von den elektrischen Eigenschaften der Moleküle. Diese Molekularkräfte können beim Beginn der Quellung, bei der ersten Bindung von Wassermolekeln, die unter Wärmeentwicklung verläuft, sehr groß sein und einen Druck von mehreren hundert Atmosphären entwickeln. (Anwendung quellbarer Substanzen zum Sprengen.) Verlieren gequollene Körper durch Austrocknen das aufgenommene Wasser, so nehmen sie wieder ihre ursprüngliche Form an.

Die Pflanzenzelle nimmt also durch die Kräfte der Quellung und Osmose das Wasser auf, sofern sie mit diesem in direkte Berührung

---

[1]) Geeignete Objekte: Tradescantia zebrina (rote Haut der Blattunterseite), fleischige Zwiebelschalenblätter (farbiges Oberhäutchen), Wasserpest, Schraubenalge.

[2]) Z. B. Erbsen: ein nicht zu weites, zylindrisches Gefäß (Meßglas) wird etwa zu einem Drittel mit trockenen Erbsen und dann mit Wasser voll gefüllt. Das Niveau der Erbsenschicht wird markiert und nächsten Tag kontrolliert (etwa Verdopplung des Volumens). Durch Belasten der Erbsen läßt sich auch der Quellungsdruck nachweisen.

kommt. Eine solche unmittelbare Berührung kommt im allgemeinen nur für unter Wasser lebende Pflanzen in Frage. Bei Landpflanzen wird in der Regel den in der Luft befindlichen Teilen das Wasser aus dem Boden zugeleitet.

Je größer und stärker verzweigt das Wurzelsystem einer Pflanze ist und je reicher entwickelt die die Erde nach allen Seiten durchwühlenden Wurzelfasern sind, desto mehr Wasser mit Nährstoffen kann dem Boden entzogen werden. Daher können Pflanzen mit stärkerem Wurzelsystem auch auf ärmeren Böden gedeihen (z. B. Kiefer). Die Nährstoffaufnahme erfolgt allerdings nicht durch die ganze Wurzel, sondern nur an den Wurzelspitzen, die aber durch die starke Verzweigung sehr zahlreich sind. An jeder Wurzelspitze befinden sich hunderte kleiner, schlauchförmiger Ausstülpungen der Oberhautzellen, die Wurzelhaare, welche dem Boden osmotisch das Wasser entziehen. Sie durchdringen die feinen Erdteilchen und kommen infolge ihrer Vielzahl an einer ziemlich großen Oberfläche in engste Berührung mit der Erde (Abb. 11), die zum Teil durch ausgeschiedene Säuren aufgelöst wird. (Bringt man ein Keimpflänzchen auf blaues Lackmuspapier, so färben sich die Berührungsstellen der Wurzelhaare rot.)

Zusammenfassung. Die Nährsalze werden im Wasser gelöst als Ionen aufgenommen und müssen die Elemente K, Ca, Mg, Fe, S, P, N enthalten. Bedarf an sogenannten Spurenelementen. Natürlicher Dünger — Kunstdünger. Aufnahme des Wassers und der gelösten Stoffe mittels Osmose. Stoffaustausch durch halbdurchlässige Membran. Verkleinerung des Innenzelldruckes oder Turgors durch Wasserentzug führt zum Abheben des Plasmas von der Zellwand: Plasmolyse.

Aufbau organischer Substanz. Photosynthese

Es ist die Frage, wie die Pflanze aus den anorganischen Nährstoffen die organischen Verbindungen, die ihren Körper aufbauen, herstellt. Da nun die organischen Substanzen Kohlenstoffverbindungen sind, handelt es sich in erster Linie um das Problem der **Assimilation**[1]) **des Kohlenstoffes.** Wie gezeigt wurde, nimmt die Pflanze den Kohlenstoff nicht mit den Nährlösungen auf, sondern sie entnimmt ihn der Luft, worin er als Kohlendioxid (CO_2) enthalten ist. Wie wird aber aus dem Kohlendioxid (oft auch fälschlich Kohlensäure genannt) eine organische Verbindung des Pflanzenkörpers? Nun, verhältnismäßig einfache organische Verbindungen sind die Kohlenhydrate, die nur aus den Elementen des Wassers und aus Kohlenstoff bestehen, wie etwa Zucker, Stärke, Zellulose u. a. Man kann sich denken, daß die Pflanze einen einfachen Traubenzucker ($C_6H_{12}O_6$) aus Kohlendioxid und Wasser etwa nach fol-

[1]) *assimilare*, ähnlich machen; hier körpereigen machen. Assimilation bedeutet Verarbeitung aufgenommener Stoffe zu körpereigener Substanz.

gender Summenformel aufbaut: $6\,CO_2 + 6\,H_2O = C_6H_{12}O_6 + 6\,O_2$, dabei würde Sauerstoff frei. Werden viele solcher Traubenzuckermoleküle unter gleichzeitigem Wasserverlust entsprechend gebunden, entsteht Stärke:

$$n\,(C_6H_{12}O_6 - H_2O) = n\,C_6H_{10}O_5 = \text{Stärke}.$$

Bei der Assimilation müßte also von der Pflanze Sauerstoff abgeschieden werden.

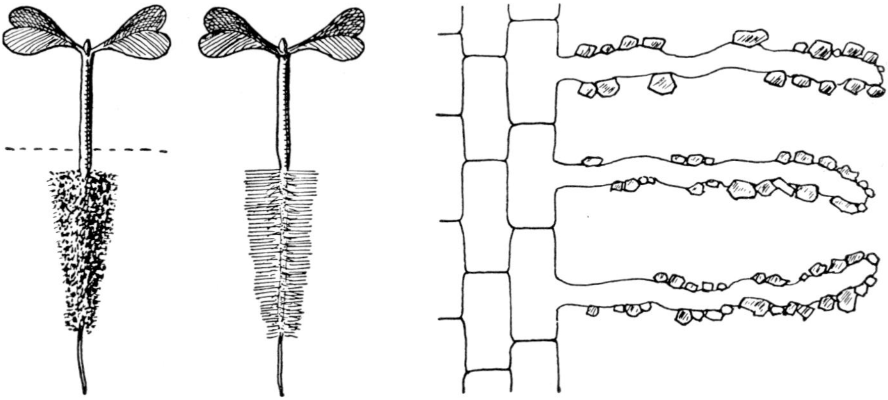

a *b* *c*

Abb. 11. Wurzelhaare. (Keimling vom weißen Senf.) *a* Wurzelhaare mit Erdteilchen verklebt, *b* Wurzelhaare ohne Erde, *c* Wurzelhaare mit anhaftenden Erdkrümchen (stark vergr.).

Bringt man Wasserpflanzen (z. B. Wasserpestzweige) in ein Gefäß mit Wasser, stülpt über sie einen Trichter (Abb. 12), steckt auf diesen ein ebenfalls wassergefülltes Proberöhrchen und stellt nun das ganze ins Sonnenlicht, so steigen Gasbläschen von den Pflanzen empor und sammeln sich im Proberöhrchen an. Ist dieses mit Gas gefüllt, nimmt man es unter Wasser vom Trichter ab und verschließt es gleich mit dem Daumen, nun nimmt man es aus dem Wasser und führt einen glimmenden Span ein. Dieser flammt sofort hell auf, ein Beweis, daß das abgeschiedene Gas Sauerstoff war. Die Pflanze hat also das im Wasser gelöste Kohlendioxid aufgenommen, davon hat sie den Kohlenstoff behalten und den Sauerstoff wieder ausgeschieden, da dieser aber weniger im Wasser löslich ist als das Kohlendioxid, steigt er in Gasblasen hoch.

Schwächt man in diesem Versuch das auf die Pflanze wirkende Licht durch vorgehaltene Schirme mehr und mehr ab, so wird die Abscheidung von Sauerstoff immer geringer und hört im Dunkeln ganz auf. Die Sauerstoffabscheidung beziehungsweise ihre Ursache, die Kohlenstoffassimilation, findet also nur im Licht statt.

Man kann für diese Versuche auch grüne Teile von Landpflanzen mit Erfolg verwenden. Dagegen gelingen die Versuche gar nicht, wenn man chlorophyllfreie Pflanzen oder nichtgrüne Pflanzenteile (Pilze, Wurzeln, Sommerwurz u. a.) dazu benützt. Es folgt daraus, daß nur grüne Pflanzenteile assimilieren können.

Als erstes stabiles Assimilationsprodukt läßt sich in den Pflanzen meist Stärke nachweisen:

Nimmt man ein grünes Blatt, welches lange Zeit im Sonnenlicht war, kocht es in Alkohol aus, damit das Chlorophyll herausgeht und legt dann das farblose Blatt in eine verdünnte Jodlösung, so färbt es sich blau. Ein Beweis, daß das Blatt Stärke enthält.

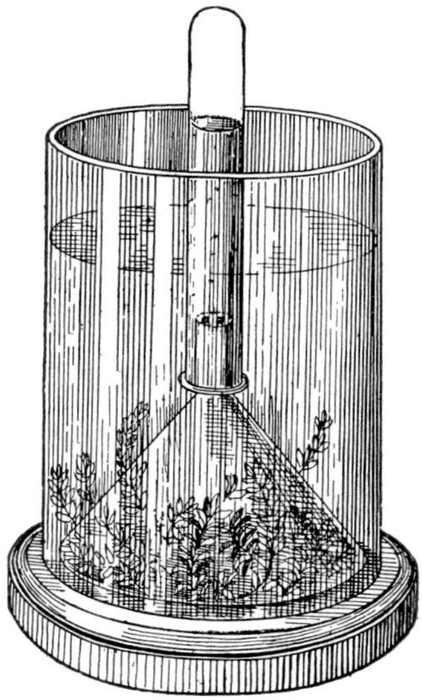

Abb. 12. Versuch zum Nachweis der Sauerstoffabscheidung einer assimilierenden Wasserpflanze.

Ändert man den Versuch ab, indem man bei einer durch 2 Tage unter Lichtabschluß gehaltenen Pflanze über einen Teil des grünen Blattes eine lichtundurchlässige Maske steckt, und untersucht nach 6- bis 8stündiger Belichtung wieder auf Stärke, so tritt die Blaufärbung nur an jenen Stellen auf, welche dem Licht ausgesetzt waren. Unter der Maske, also ohne Licht, konnte keine Stärke gebildet werden.

Verwendet man ein grün-weiß geschecktes (panaschiertes) Blatt, so färben sich beim Stärkenachweis nur die ehemals grünen Blattstellen blau. Wieder ein Beweis, daß nur grüne Teile assimilieren können.

Da die Kohlendioxidassimilation an die Mitwirkung des Chlorophylls gebunden ist, findet sie nur in grünen Pflanzenteilen, bei den Sproßpflanzen hauptsächlich in den Blättern (Laubblättern), deren Zellen reich an Chlorophyllkörnern sind, statt. Die Chlorophyllkörner, welche die grüne Färbung der Pflanzen verursachen, bilden das Chlorophyll oder Blattgrün nur im Licht aus. Im Dunkeln gezogene Pflanzen „vergeilen", das heißt, statt grün werden sie durchscheinend gelblich. Ins Licht gebracht, ergrünen vergeilte Sprosse wieder ziemlich bald. Zu starkes Licht kann die Chlorophyllkörner schädigen. Die chlorophyllhältigen Farbstoffträger sind die eigentlichen Stätten der Kohlendioxidassimilation.

Um aus Kohlendioxid und Wasser Kohlenhydrate aufbauen zu können, benötigen die Chlorophyllkörner aber Energie, und zwar in Form von Licht. In der Natur beziehen sie diese aus dem Sonnenlicht. Man bezeichnet daher den Assimilationsvorgang auch als **Photosynthese**[1]).

Zusammenfassend kann man also sagen: Die **Photosynthese** der grünen Pflanze bewirkt den Aufbau organischer Substanz, zunächst in Form von **Kohlenhydraten** (Stärke, Zucker usw.), ausgehend von **Kohlendioxid** und **Wasser** unter Beteiligung des **Chlorophylls** bei Einwirkung von **Lichtenergie;** dabei wird Sauerstoff abgeschieden.

Die verbrauchten Energiemengen sind nicht gering. Um ein Mol (= Grammmolekül) Traubenzucker, das sind 180 g, aufbauen zu können, sind 675 große Kalorien notwendig. Was das bedeutet, kann man sich vielleicht besser vorstellen, wenn man an das mechanische Wärmeäquivalent denkt, das besagt, daß 1 Kalorie einer Arbeit von 427 kpm entspricht. Das heißt, eine Arbeit, die 427 kp einen Meter hoch heben könnte, ist notwendig, um 1 Kalorie Wärme zu erzeugen. Nun stecken in einem Mol Traubenzucker 675 Kalorien, und die Assimilationsgleichung bekommt folgende vereinfachte Summenformel:

$$6 \text{ mol } CO_2 + 6 \text{ mol } H_2O + 675 \text{ Kal} = 1 \text{ mol } C_6H_{12}O_6 + 6 \text{ mol } O_2.$$

Bei diesem Assimilationsprozeß wird also von der grünen Pflanze nicht nur in einzigartiger Weise Zucker erzeugt, sondern gleichzeitig auch Sonnenenergie aufgefangen und in chemischer Form gebunden.

Damit seine Energie chemisch wirksam werden kann, muß das Licht vorerst von einer Substanz absorbiert werden, und das geschieht im Chlorophyll. Dieses absorbiert die Strahlen desselben Wellenbereiches, den auch das Auge des Menschen als Licht wahrnimmt, wobei besonders die roten und blauen Wellen absorbiert werden, während die Absorption im grünen Spektralbereich schwächer ist.

Im einzelnen setzt sich die **Photosynthese** aus einer Reihe komplizierter Vorgänge zusammen, die hier (nur für entsprechend Vorgebildete) sehr vereinfacht angedeutet werden sollen:

1. Umwandlung von Lichtenergie in chemische Energie und Bildung von Energieüberträgern.
2. Zerlegung des Wassers, dabei Bildung der Wasserstoffüberträger und Abgabe von Sauerstoff.
3. CO_2-Fixierung und Umwandlung in ein Kohlenhydrat.

Zu Punkt 1: Bei der Absorption von Lichtenergieeinheiten (Lichtquanten), werden im Chlorophyllmolekül Elektronen auf ein höheres Energieniveau gebracht, sie werden „angeregt". Mit Hilfe dieser energiereichen Elektronen wird an das Molekül einer als Adenosindiphosphat, kurz ADP, bezeichneten Verbindung ein zusätzlicher Phosphorsäurerest angehängt. Dadurch entsteht das sehr energiereiche Adenosintriphosphat-Molekül, das ATP. Die ATP-Moleküle stehen nun als Lieferanten chemischer Energie, wie sie beispielsweise beim Aufbau der Kohlenhydrate benötigt wird, zur Verfügung. Bei der Energieabgabe verliert das ATP eine Phosphatgruppe und wird dadurch zum energieärmeren ADP, das aber wieder an entsprechender Stelle unter gleichzeitiger Energieaufladung zum ATP umgebildet wird.

---

[1]) *photos* (gr.) Licht; *synthesis* (gr.) Zusammensetzung.

Tafel 2.

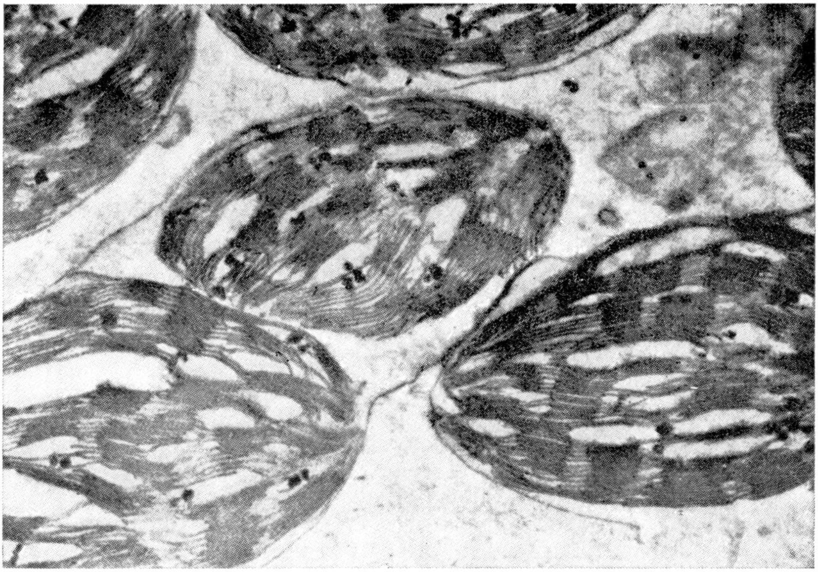

Elektronenmikroskopische Aufnahme von Chloroplasten aus dem Blatt einer Wasserpest. Die chlorophyllhaltigen, dunkleren Lamellen, die geldrollenartig übereinanderliegen, sind deutlich zu erkennen. (Aus W. Laskowsky, Elemente des Lebens, W. de Gruyter, Berlin 1966).

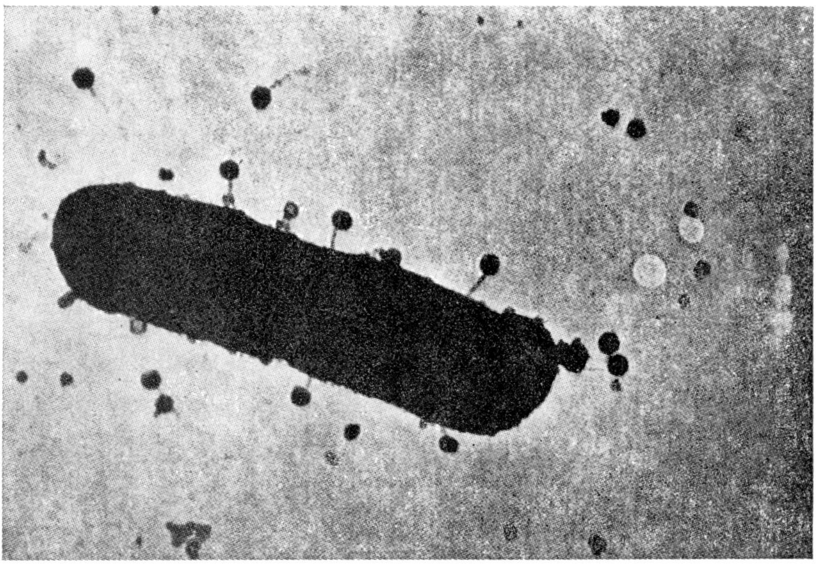

Elektronenmikroskopische Aufnahme einer Bakterienzelle, an die sich Bakteriophagen mit ihrem Stiel angeheftet haben. (Aus W. Laskowsky, Elemente des Lebens, W. de Gruyter, Berlin 1966).

Zu Punkt 2: Durch Licht im Chlorophyll „angeregte" Elektronen werden gleichzeitig auch auf ein anderes wichtiges Molekül, auf das NAD-phosphat oder kurz NADP (Nikotinamid-adenin-dinucleotid-phosphat) übertragen, wodurch dieses die Wasserstoffionen des Wassers an sich bindet. Da es die Wasserstoffionen an andere Moleküle wieder abgeben kann, wird es zu einem bedeutenden Wasserstoffüberträger. Durch den Entzug der H-Ionen tritt eine Wasserspaltung ein (Photolyse, $H_2O \rightleftarrows H^+ + OH^-$), die dabei freiwerdenden OH-Ionen vereinigen sich wieder zu Wasser und geben daher Sauerstoff ab ($2\,OH \rightarrow H_2O + O$). Der bei der Photosynthese ausgeschiedene Sauerstoff stammt also von der Zerlegung des Wassers.

Zu Punkt 3: Das aufgenommene CO_2 wird zunächst an einem organischen Molekül mit fünf Kohlenstoffatomen (Ribulose) fixiert, wodurch eine flüchtige Verbindung mit sechs Kohlenstoffatomen entsteht. In diese wird mit Hilfe der Energie der ATP-Moleküle der von den Wasserstoffträgern gelieferte Wasserstoff derart eingebaut, daß über verschiedene Zwischenstufen schließlich als Reduktionsprodukt ein einfacher Zucker, der Traubenzucker, entsteht. Dabei bildet sich auch Wasser, dessen Sauerstoff vom reduzierten zweiten O-Atom des CO_2 stammt.

Wegen der zuletzt erwähnten Wasserbildung wird die Gesamtbilanz der Photosynthese sehr häufig auch in der folgenden summarischen Gleichung zum Ausdruck gebracht:

$$6\,CO_2 + 12\,H_2O + 675\,\text{Kal} \rightarrow C_6H_{12}O_6 + 6\,O_2 + 6\,H_2O.$$

Die Assimilation beginnt erst bei einer bestimmten Lichtintensität und nimmt dann im allgemeinen proportional mit steigender Intensität zu. Bei Überschreiten bestimmter Lichtwerte steigt die Assimilationstätigkeit jedoch immer weniger an, um schließlich nach Erreichung eines gewissen Höchstwertes zu verharren oder sogar abzusinken, wenn nämlich die Lichtintensität so hoch geworden ist, daß sie bereits auf die Pflanze schädlich wirkt. Ein und dieselbe Lichtstärke hat bei verschiedenen Pflanzen ganz ungleiche Wirkungen. Eine „Lichtpflanze" benötigt viel mehr Licht als eine „Schattenpflanze".

Die Konzentration des Kohlendioxids ist von ausschlaggebender Bedeutung für die Assimilation. Es ist bei den meisten Pflanzen möglich, durch eine Steigerung des Kohlendioxidgehaltes der Luft die Assimilationstätigkeit wesentlich zu erhöhen. Man macht davon auch praktischen Gebrauch, indem man Kohlendioxidgase (0,1%) in Gewächshäuser einleitet und so bei Tomaten, Gurken usw. den Ernteertrag bis auf das Dreifache erhöhen kann.

Durch die Kohlendioxidassimilation entreißen die Pflanzen der atmosphärischen Luft dauernd riesige Mengen von Kohlendioxid. Ein Hektar Buchenwald benötigt etwa 3000 kg Kohlenstoff jährlich, diese sind ungefähr in 15,000.000 m^3 Luft enthalten, was einem Luftraum von eineinhalb Kilometer Höhe über einem Hektar Bodenfläche entspricht. Während die Pflanzen den großen Stickstoffgehalt der Luft nicht direkt ausnützen können, benötigen sie gerade das Kohlendioxid, welches nur mit 0,03 Vol-% an der Zusammensetzung der Atmosphäre beteiligt ist. Der gesamte Kohlenstoffgehalt der Atmosphäre wird auf rund 570 Billionen Kilogramm geschätzt, wobei man den jährlichen Bedarf der Pflanzenwelt an Kohlenstoff zwischen 13 bis 22 Billionen Kilogramm annimmt. Es müßte daher nach etwa 30 Jahren der ganze Kohlenstoffvorrat aufgebraucht sein, wenn nicht fortgesetzt der Luft große Mengen von Kohlendioxid zugeführt würden. Das geschieht durch verschiedene Prozesse, wie Verbrennung, Atmung, Verwesung, vulkanische Tätigkeit u. a.

Die durchschnittliche Assimilationsleistung grüner Blätter ist etwa derart, daß bei günstigen Bedingungen 1 m^2 Blattfläche in der Stunde 0,5 bis 1 g Traubenzucker erzeugen kann. Das entspricht dem Verbrauch einer Kohlendioxidmenge, die in rund 3 m^3 Luft enthalten ist. Selbstverständlich können diese ganz allgemeinen Zahlen sowohl unter- wie überschritten werden, da ein derart verwickelter Prozeß von vielen äußeren und inneren Faktoren abhängt.

Der durch die CO_2-Assimilation erzeugte einfache Zucker bildet das Ausgangsmaterial für die Herstellung aller übrigen organischen Kohlenstoffverbindungen. Nicht nur Stärke, sondern Zellulose und viele andere Polysaccharide werden durch einfache Kondensation des Traubenzuckers unter Wasseraustritt im Protoplasma aufgebaut:

$$n\,(C_6H_{12}O_6 - H_2O) = n\,C_6H_{10}O_5 \text{ (Stärke)}.$$

Die Polysaccharide unterscheiden sich hauptsächlich durch die räumliche Anordnung ihrer Zuckerbausteine, welche oft zu Hunderten in ganz bestimmter Form zu sogenannten Makromolekülen zusammengehängt sind. Die bei der Kondensation nach ganz bestimmten Gesetzmäßigkeiten erfolgende Verknüpfung der Zuckermoleküle ist zweifellos das Ergebnis besonderer, nur im lebenden Protoplasma vorhandener Bedingungen.

Die Pflanze baut, vom einfachen Zucker ausgehend, nicht nur Kohlenhydrate, sondern auch **Fette** auf. Diese werden sogar, wenn sie mobil gemacht werden, wieder in Zucker übergeführt. Fette sind bekanntlich Glyzerinester der Fettsäuren.

Außer den Kohlenhydraten und Fetten spielt noch eine dritte große Gruppe von organischen Verbindungen eine lebenswichtige Rolle für die Lebewesen, die **Eiweißverbindungen.** Eiweiß ist unter allen Stoffen der bedeutungsvollste, da es als wichtigster Bestandteil des Protoplasmas mit den eigentlichen Lebenserscheinungen aufs innigste verknüpft ist. Im Eiweiß ist außer C, H, O immer noch Stickstoff (N) und meist auch Schwefel (S) oder Phosphor (P) enthalten.

Die wesentlichsten Bausteine von Eiweiß sind die Aminosäuren, das sind Fettsäuren, bei denen an dem der Karboxylgruppe (COOH) benachbarten Kohlenstoffatom ein Wasserstoffatom durch die Aminogruppe — NH_2 ersetzt ist. Die Aminosäuren haben die Eigenschaft, sich mit anderen Aminosäuremolekülen zu langen Ketten, Makromolekülen, zusammenzulagern. Dabei entstehen Riesenmoleküle, deren Molekulargewicht bis in die Millionen gehen kann. 20 Aminosäuren treten regelmäßig als Bausteine in natürlichem Eiweiß auf. Wenn jede von ihnen in einer Kette aus 20 Gliedern nur einmal vertreten wäre, während die anderen 19 Glieder irgendwie zusammengesetzt sein könnten, so würden sich 2,4 Trillionen gegenseitige Kombinationsmöglichkeiten ergeben. Da Eiweiß aber aus Ketten von hunderten oder tausenden Aminosäuremolekülen besteht, die nach Anzahl, Art, Reihenfolge (Sequenz) und Bindungsform verschieden sein können, ergibt sich eine praktisch unbegrenzte Anzahl von Kombinationsmöglichkeiten. Es ist daher kaum überraschend, daß jede Art von Lebewesen ihr spezifisches, arteigenes Eiweiß besitzt.

Zusammenfassung. Bei der Photosynthese (Kohlenstoffassimilation) nimmt die Pflanze Wasser und Kohlendioxid auf. Unter Ausnützung der vom Chlorophyll absorbierten Lichtenergie wird das Wasser gespalten. Während der dadurch freiwerdende Wasserstoff verwendet wird, um aus dem aufgenommenen Kohlendioxid ein Kohlenhydrat (Traubenzucker) aufzubauen, wird der Sauerstoff abgegeben. Ausgehend von den Kohlenhydraten baut die Pflanze alle anderen organischen Stoffe auf.

Die Atmung

Das Leben kann nur durch dauernde Zufuhr von Energie aufrechterhalten bleiben, sei es, daß diese für direkte Arbeitsleistungen oder für die Aufrechterhaltung bestimmter Strukturen des Protoplasmas oder für chemische Vorgänge benötigt wird. Diese immerwährende Energiezufuhr wird durch den Vorgang der

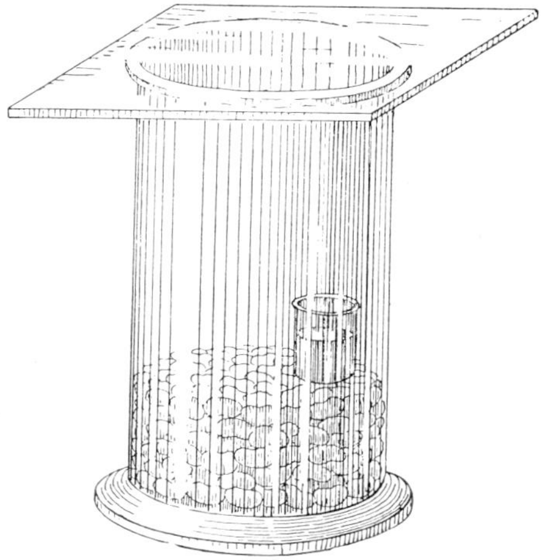

Abb. 13. Versuchsanordnung zum Nachweis der Atmung der Pflanze.

Atmung ermöglicht, der allem Lebendigen eigen ist und in seinem eigentlichen Wesen darin besteht, daß gebundene chemische Energie aus irgendwelchen energiereichen Verbindungen freigemacht wird. Es ist zunächst gleichgültig, welche Substanzen da gleichsam als Brennstoffe für den Lebensmotor verwendet werden. Bei den meisten Pflanzen und Tieren wird der Zucker, den die grüne Pflanze erzeugen kann und in den ja bei der CO_2-Assimilation ein beträchtliches Quantum Energie eingeschlossen wird, als Ausgangsmaterial für die Atmungsprozesse verwendet.

Der Vorgang der Atmung verläuft dem der Assimilation gerade entgegengesetzt und hat eine gewisse Ähnlichkeit mit der Verbrennung. In beiden Fällen treten kohlenstoffhaltige, organische Substanzen in Verbindung mit Sauerstoff, sie werden oxydiert. Während Sauerstoff verbraucht wird, bildet sich dabei Kohlendioxid und Wasser. Das Auffallendste bei der Verbrennung ist aber, daß dabei Licht und Wärme, zwei Formen von Energie, entstehen. So heftig sind die Vorgänge bei der Atmung zwar nicht, aber auch hier wird die für die Lebensprozesse notwendige Energie frei.

Bei der vollständigen Verbrennung des Zuckers bis zu seinen Grundbausteinen CO_2 und H_2O werden jene Energiemengen wieder frei, die seinerzeit bei seinem Aufbau aus der Strahlungsenergie der Sonne aufgenommen wurden:

$$1 \text{ mol } C_6H_{12}O_6 + 6 \text{ mol } O_2 = 6 \text{ mol } CO_2 + 6 \text{ mol } H_2O + 675 \text{ Kal.}$$

Da dieser Vorgang dem durch die Assimilation erfolgenden Aufbau gerade entgegengesetzt ist, bezeichnet man die Atmung auch als Dissimilation oder Abbau. Dieser Prozeß findet in jeder lebenden Zelle, unabhängig von Licht und Chlorophyll, statt und liefert die für das Leben notwendige Energie.

Äußerlich läßt sich der Atmungsprozeß daran erkennen, daß Sauerstoff verbraucht und Kohlendioxid abgeschieden wird, was sich leicht nachweisen läßt:

Bläst man ausgeatmete Luft durch Kalkwasser, so trübt sich dieses, weil unter der Wirkung von CO_2 fein verteilter Kalk zur Ausscheidung gelangt ($Ca(OH)_2 + CO_2 = CaCO_3 + H_2O$). Gibt man in ein abgeschlossenes Gefäß keimende Erbsen, Bohnen oder Weizenkörner und stellt ein Schälchen mit Kalkwasser hinein (Abb. 13), so wird dieses in einigen Stunden trüb[1]). Die Keimlinge haben Kohlendioxid ausgeatmet. Führt man nun ein brennendes Kerzchen ein, so erlischt es gleich. Es wurde nämlich der Sauerstoff verbraucht.

Mit Keimlingen geht der Versuch besonders gut, weil diese in starkem Wachstum befindlich sind und daher sehr intensiv atmen. Man kann den Nachweis der Atmung aber bei allen lebenden Pflanzenteilen erbringen. Bei grünen Teilen muß man achten, daß die Atmung nicht von der Assimilation überdeckt wird. Man muß daher in diesem Fall den Versuch im Dunkeln aufstellen.

Die Intensität der Atmung unterliegt selbstverständlich je nach der Pflanze und je nach ihren Bedürfnissen und nach den herrschenden Bedingungen sehr großen Schwankungen. Als durchschnittlichen Wert kann man angeben, daß eine höherentwickelte grüne Pflanze in 24 Stunden das 5- bis 10fache ihres eigenen Volumens als CO_2 in die Luft ausscheidet. Das ist etwa ein Fünftel bis ein Drittel der CO_2-Menge, die sie am Tage zur Assimilation verbrauchte.

Es kann wohl nicht davon die Rede sein, daß es sich bei der Atmung um eine regelrechte Verbrennung handelt. Es muß vielmehr die Zerlegung des Zuckers in einer Art erfolgen, bei der die Energie stufenweise und sozusagen auf kaltem Wege freigemacht wird. Das Mittel dazu ist die **Katalyse**[2]) durch bestimmte, nur in Spuren vorhandene Wirkstoffe oder Katalysatoren.

Ein Katalysator ist ein Stoff, der, ohne selbst verbraucht zu werden und ohne in den Endprodukten der Reaktion aufzutreten, doch gewissermaßen durch seine bloße Anwesenheit eine chemische Reaktion beschleunigt und vielfach praktisch erst ermöglicht. Er setzt nämlich die für eine bestimmte Reaktion erforderliche Aktivierungsenergie herab. In der chemischen Technik wirken als Katalysatoren oft Schwermetalle, in der lebenden Zelle sind es meist komplizierte organische Verbindungen, die man als **Fermente**[3]) oder **Enzyme**[4]) bezeichnet. Sie bestehen aus einem hochmolekularen Eiweißkörper, der mit einer speziellen

[1]) Am schnellsten bei Temperaturen von 35 bis 40° C.

[2]) *katalysis* (gr.) Auflösung.

[3]) *fermentum*, Sauerteig.

[4]) *zyme* (gr.) Sauerteig; *en* (gr.) in.

Wirkungsgruppe (Co-Enzym) verbunden ist. Diese in den Zellen gebildeten Enzyme bestimmen die Richtung und Geschwindigkeit chemischer Vorgänge. Sie wirken schon in winzigen Mengen und sind in hohem Grade spezifisch, das heißt, jedes kann nur ganz bestimmte Stoffe angreifen und bestimmte Reaktionsrichtungen bewirken. Für die große Mannigfaltigkeit der Stoffwechselvorgänge sind daher sehr zahlreiche Enzyme notwendig (beim Menschen schätzungsweise über 20.000). Oft wirken ganze Ketten verschiedener Enzyme zusammen, damit durch die Aufeinanderfolge ihres Eingreifens ein bestimmter Stoff stufenweise auf- bzw. abgebaut werden kann.

Bei der Veratmung des Zuckers werden nun in verwickelten Kettenreaktionen, bei denen viele und durch ganz verschiedene Fermente katalysierte Teilphasen hintereinander durchlaufen werden, die gebundenen Energiemengen stufenweise freigemacht, wobei in den einzelnen Teilphasen immer erneute Steuerungsmöglichkeiten für den Organismus gegeben sind.

Im wesentlichen werden diese Energien also durch Oxydation organischer Substanz, im allgemeinen ausgehend vom Traubenzucker, in Freiheit gesetzt. Rein chemisch betrachtet, erscheint eine Substanz aber nicht nur dann oxydiert, wenn sie sich mit Sauerstoff verbunden hat, sondern auch dann, wenn sie wasserstoffärmer geworden ist. Es scheint nun auch bei der **Atmung** der primäre Prozeß eine durch besondere Fermente bedingte Wasserstoffabspaltung aus dem Atmungsmaterial zu sein. Dieser Wasserstoff kann dann entweder mit dem aufgenommenen Sauerstoff zu Wasser „verbrannt" oder anderen Substanzen aufgelagert werden, die sich mit ihm verbinden. Im ersteren Falle, der gewissermaßen eine vollständige Verbrennung darstellt, wird natürlich mehr Energie frei als im letzteren, wo es sich ja eigentlich nur um eine Wasserstoffverschiebung handelt, die auch ganz ohne Sauerstoffaufnahme vor sich gehen kann. Es können nun tatsächlich nicht nur die höheren Pflanzen eine gewisse Zeit den Sauerstoff entbehren, sondern eine ganze Reihe niederer Pflanzen kann ständig ohne Sauerstoff leben. Man nennt eine solche Atmung, bei der die Energie ohne Sauerstoffverbrauch nur durch Verschiebung von Atomen entbunden wird, eine intramolekulare Atmung oder **Gärung.** Vorbedingung für eine intramolekulare Atmung muß immer sein, daß die Verschiebung des Wasserstoffes derart geschieht, daß am Ende von den dabei umgesetzten Energien bestimmte Mengen frei überbleiben, die für die Lebenserhaltung verbraucht werden. Wie bereits gesagt, werden diese Energiemengen geringer sein als bei der normalen, Sauerstoff verbrauchenden Atmung.

Im einzelnen kann man beim **normalen Atmungsprozeß** die folgenden, miteinander verbundenen Teilprozesse unterscheiden (für entspr. Vorgebildete):

1. Zerlegung (Glykolyse) des Traubenzuckermoleküls in kleinere Einheiten (mit 3 Kohlenstoffatomen).

2. Durch Abspaltung von CO_2 zunächst Bildung von Stoffen mit 2 Kohlenstoffatomen und schließlich restloser Abbau dieser C_2-Stoffe unter stufenweiser weiterer Abspaltung von CO_2 und Wasserstoff.

3. Schluß- oder Endoxydation (Atmungskette): Vereinigung des abgespaltenen Wasserstoffs mit Sauerstoff unter stufenweiser Freisetzung von Energie und Bildung von Energieüberträgern (ATP).

Zu Punkt 1: Das an einen Phosphorsäurerest gebundene Traubenzuckermolekül wird unter Mitwirkung verschiedener Enzyme über mehrere Zwischenstufen unter Wasserstoffabspaltung zerlegt. Der Wasserstoff wird von Wasserstoffüberträgern (NAD, vgl. S. 33) übernommen, und die freiwerdende Energie wird in Form von ATP abgefangen.

Zu Punkt 2: Das CO_2 wird abgeschieden, während der abgespaltene Wasserstoff weiter an NAD gebunden wird.

Zu Punkt 3: Der von den Überträgern bereitgestellte Wasserstoff wird schließlich mit Hilfe spezieller Atmungsfermente in mehreren miteinander gekoppelten Reaktionsschritten mit dem aufgenommenen Sauerstoff zu Wasser vereinigt. Aus der dabei freiwerdenden Energie werden Energiespeicher in Form von ATP gebildet, deren Energiereichtum für die verschiedensten Stoffwechselleistungen herangezogen werden kann.

Die **alkoholische Gärung,** bekannt von der Erzeugung alkoholischer Getränke (Wein, Bier), besteht darin, daß zuckerhaltige Flüssigkeiten (z. B. Obstsäfte, Most) durch die Atmungstätigkeit mikroskopisch kleiner Lebewesen, vor allem durch die verschiedenen Hefearten[1]), vergoren werden, wobei der Zucker zu Kohlendioxid und Äthylalkohol umgesetzt wird:

$$1 \text{ mol } C_6H_{12}O_6 \rightarrow 2 \text{ mol } CO_2 + 2 \text{ mol } CH_3 \cdot CH_2OH + 24 \text{ Kal.}$$

Die Formel zeigt, daß der Luftsauerstoff nicht in Aktion tritt und außerdem daß der Energiegewinn gering ist im Verhältnis zu der im Zucker steckenden Energiemenge. Daher ist ja auch das Gärungsendprodukt, der Alkohol, wie eine Verbrennung desselben zeigt, eine noch sehr energiereiche Substanz. Aus diesem Grunde muß die Hefe, um ihren Energiebedarf decken zu können, große Mengen Zucker vergären.

Die **Milchsäuregärung** ist die Ursache des Sauerwerdens der Milch, hat aber auch bei der Bereitung von Sauerkraut und anderen sauren Gemüsen sowie bei der Konservierung von Grünfutter in Silos eine große praktische Bedeutung. Hervorgerufen wird die Milchsäuregärung durch Bakterien, die den in der Milch oder im Grünfutter enthaltenen Zucker umsetzen, wobei Milchsäure entsteht und Energie für die Lebensprozesse frei wird:

$$1 \text{ mol } C_6H_{12}O_6 \rightarrow 2 \text{ mol } CH_3 \cdot CHOH \cdot COOH \pm 26 \text{ Kal.}$$

Bei der Verrottung des herbstlichen Laubes spielen zum Teil Bakterien eine Rolle, die Zellulose durch das Ferment Zellulase zunächst in Zucker verwandeln und diesen dann weiter vergären. Ähnliche Gärungen sind auch die Ursache des Ranzigwerdens der Butter.

Die **Essigsäuregärung,** die Ursache des Sauerwerdens alkoholischer Getränke, unterscheidet sich von den bisher besprochenen Gärungen dadurch, daß der Luftsauerstoff zu dem Prozeß herangezogen wird.

[1]) Vgl. S. 71.

Es wird dabei durch die Atmung gewisser Essigsäurebakterien Äthylalkohol zu Essigsäure oxydiert:

$$1 \text{ mol } CH_3CH_2OH + O_2 \rightarrow 1 \text{ mol } CH_3COOH + 1 \text{ mol } H_2O + 117 \text{ Kal.}$$

Hier dient nicht Zucker, sondern Alkohol als Brennmaterial. Auch hier wird Wasserstoff abgespalten, nur wird er jeweils auf den Luftsauerstoff übertragen und zu Wasser verbrannt. Wird der Luftsauerstoff durch einen anderen, etwa einen organischen Stoff, der den Wasserstoff bindet, ersetzt, so kann man eine Essigsäurebildung ohne Sauerstoffzutritt erzielen. Die Essigsäurebakterien verursachen zunächst eine Trübung in der „gebrochenen“ alkoholischen Flüssigkeit (z. B. im Wein), bei weiterer Vermehrung bilden sie schleimige Häute (Kahmhaut) und schließlich gallertige Klumpen (Essigmutter).

Zusammenfassung. Bei dem normalen Atmungsvorgang werden Kohlenhydrate (Traubenzucker) unter Sauerstoffverbrauch oxydiert, dabei bildet sich Kohlendioxid und Wasser, während Energie frei wird. Das Wasser entsteht durch die Verbindung des aufgenommenen Sauerstoffs mit dem aus dem Atmungsmaterial (Traubenzucker) abgespaltenen Wasserstoff. Wird dieser Wasserstoff nicht an aufgenommenen Sauerstoff, sondern unter geringeren Energiegewinn an andere Substanzen gebunden, so spricht man von intramolekularer Atmung (Gärung).

Sonderformen der pflanzlichen Ernährung

Die chlorophyllhaltige, grüne Pflanze ernährt sich ganz aus anorganischen Stoffen, indem sie Wasser und Mineralsalze aufnimmt und das Kohlendioxid assimiliert, sie benötigt dazu keine anderen Lebewesen, sie ist **autotroph**[1]).

Chlorophyllfreie, nichtgrüne Pflanzen können mit wenigen Ausnahmen nicht das CO_2 assimilieren, sie können sich daher nicht selbst die organische Substanz aufbauen, sondern müssen diese von anderen Lebewesen beziehen, sie sind **heterotroph**[2]).

In den vorigen Abschnitten wurde im wesentlichen der Normalfall des pflanzlichen Stoffwechsels, nämlich der der grünen Pflanze besprochen, nun sollen einige Sonderformen erörtert werden, in erster Linie die, welche durch das Fehlen des Chlorophylls ausgezeichnet sind.

Chlorophyllfreie Pflanzen können nicht mit Hilfe der Lichtenergie CO_2 assimilieren. Trotzdem können sich einige niedere Organismen, obwohl sie kein Chlorophyll besitzen, autotroph, ohne Aufnahme organischer Verbindungen, ernähren. Sie oxydieren anorganische Stoffe, dabei wird Energie frei, mit deren Hilfe assimilieren sie Kohlendioxid, das zum Aufbau der Körpersubstanz gebraucht wird. Es wird hier also für die Assimilation nicht Lichtenergie, sondern rein chemische Energie verwendet:

Die sogenannten **nitrifizierenden Bakterien,** welche im Ackerboden weit verbreitet sind, oxydieren Ammoniak zu salpetriger Säure bzw. zu Salpetersäure und

[1]) *autos* (gr.) selbst; *trophe* (gr.) Ernährung.

[2]) *heteros* (gr.) der andere.

gewinnen dabei so viel Energie, daß sie nicht nur die normalen Lebenstätigkeiten damit aufrechterhalten, sondern darüber hinaus mit einem Teil dieser Energie Kohlendioxid zu organischen Verbindungen assimilieren können:

$$2\,\text{mol}\ NH_3 + 3\,\text{mol}\ O_2 \rightarrow 2\,\text{mol}\ HNO_2 + 2\,\text{mol}\ H_2O + 158\ \text{Kal.}$$

$$2\,\text{mol}\ HNO_2 + 1\,\text{mol}\ O_2 \rightarrow 2\,\text{mol}\ HNO_3 + 43\ \text{Kal.}$$

Die bei der Veratmung des Ammoniaks durch diese Bakterien entstehende Salpetersäure ist eine der Hauptquellen für den normalen Nitratgehalt des Bodens, der für das Gedeihen der Pflanze so außerordentlich wichtig ist. Das Ausgangsmaterial Ammoniak stammt aus der Zersetzung eiweißhaltiger Substanz (Fäulnis) durch andere Bakterien.

Autotroph sind ferner die ebenfalls chlorophyllfreien **Schwefelbakterien.** Sie gewinnen die für das Leben und die CO_2-Assimilation notwendige Energie, indem sie Schwefelwasserstoff zu Schwefel bzw. zu Schwefelsäure oxydieren. Das Ausgangsmaterial Schwefelwasserstoff stammt meist aus Zersetzungsprozessen eiweißhaltiger Substanzen oder aus Schwefelquellen. Aber auch andere schwefelhaltige Substanzen können von Schwefelbakterien veratmet werden. Sie spielen gemeinsam mit anderen Bakterien in der Natur bei der Selbstreinigung der Gewässer, auch bei der Abwässerverarbeitung auf Rieselfeldern, eine wichtige Rolle.

In ähnlicher Weise oxydieren die **Eisenbakterien** Eisenverbindungen zu Eisenoxid. Man sieht dann nicht selten ihre braunen Ausscheidungsprodukte in Gräben und Tümpeln oder in Wasserleitungsröhren.

Zum Unterschied von den eben besprochenen autotrophen Formen, sind im allgemeinen die chlorophyllfreien Pflanzen heterotroph, sie müssen fertige organische Kohlenstoffverbindungen von anderen Organismen beziehen. Entweder entnehmen sie die organische Substanz als Fäulnisbewohner oder **Saprophyten**[1]) aus toten Lebewesen oder sie zapfen zu diesem Zwecke als Schmarotzer oder **Parasiten**[2]) lebende Organismen an, die sie dann ausbeuten.

Zu den **Saprophyten** gehören in erster Linie viele Bakterien und Pilze. Als Kohlenstoffquelle können in vielen Fällen nicht nur Kohlehydrate, sondern auch andere organische Kohlenstoffverbindungen, wie Fette, Alkohole, Säuren, selbst Kohlenwasserstoffe, wie Paraffin oder Naphthalin, ausgenützt werden. Man kann beinahe sagen, daß es kaum eine organische Verbindung in der Natur gibt, die nicht irgendeinem Lebewesen als Nahrung zu dienen vermöchte.

Auch Eiweißstoffe werden von den Saprophyten verarbeitet, und zwar bezeichnet man die dabei erfolgende Zersetzung von eiweißhaltigen Substanzen als Fäulnis, wenn sie unter Sauerstoffabschluß, und als Verwesung, wenn sie bei Sauerstoffverbrauch erfolgt. Bei der Eiweißzersetzung entstehen sehr verschiedene, zum Teil übelriechende Stoffe und als Endprodukte treten Ammoniak (NH_3) und Schwefelwasserstoff (H_2S) auf, was zeigt, daß hier nicht Stickstoff oder Schwefel, sondern hauptsächlich das Kohlenstoffgerüst oder die in ihm gebundene Energie das Ziel des ganzen Vorganges ist.

[1]) *sapros* (gr.) faul; *phyton* (gr.) Gewächs.

[2]) *parasitos* (gr.) Schmarotzer.

Die **Parasiten** sind für ihr normales Gedeihen ganz auf einen Anschluß an den Stoffwechsel eines lebenden Organismus angewiesen. Parasitäre Ernährung gibt es nicht nur bei niederen Pflanzen, wie Bakterien und Pilzen, sondern findet sich auch bei höheren Pflanzen. Vielfach rufen die Parasiten durch ihre Stoffwechselprodukte Erkrankungen der von ihnen befallenen Wirtspflanzen oder Wirtstiere hervor. Bekannte Schmarotzer unter den heimischen Blütenpflanzen sind die schon äußerlich durch den Chlorophyllmangel auffallende Sommerwurz, Kleeseide, Schuppenwurz und viele andere.

Eine Sonderstellung nehmen die sogenannten **Halbschmarotzer** ein, welche grün gefärbt sind und daher CO_2 assimilieren können, aber wenigstens in der Aufnahme von Wasser und Nährsalzen an Wirtspflanzen angewiesen sind. Hierher gehören die Mistel und viele andere heimische Pflanzen.

Eine Art wechselseitigen Parasitismus stellt die **Symbiose**[1]) dar. Man versteht darunter ein enges Zusammenleben zweier Lebewesen mit einer Stoffwechselgemeinschaft, woraus beide Teile einen Nutzen ziehen. Ein bekanntes Beispiel bieten die Flechten, die aus Algen und Pilzen bestehen; die Alge erzeugt die Kohlenhydrate, der Pilz verschafft das Wasser und die Nährsalze.

Eine sehr bedeutsame Symbiose besteht zwischen den Schmetterlingsblütlern und den in ihren Wurzelknöllchen lebenden Bakterien. Es gibt nämlich Bodenbakterien, die imstande sind, den Luftstickstoff zu verarbeiten, wahrscheinlich, indem sie ihn mit Hilfe von Wasserstoff, welcher aus dem Atmungsstoffwechsel stammt, binden. Sie leben zum Teil saprophytisch in der Ackererde, andere in Symbiose mit höheren Pflanzen. Zu letzteren gehören die sogenannten Knöllchenbakterien, die durch die Wurzelhaare in die Rindenzellen der Wurzeln von Schmetterlingsblütlern einwandern. Die Rindenzellen werden dadurch zu einem Riesenwuchs angeregt und erzeugen die mit freiem Auge erkenntlichen Wurzelknöllchen, welche von zahllosen Bakterien erfüllt sind und bis 1 cm Durchmesser erreichen können. Die Bakterien verarbeiten den Luftstickstoff und geben von den daraus gebildeten stickstoffhaltigen Nährsalzen an die Wirtspflanze ab, während der Schmetterlingsblütler die Kohlenhydrate zur Verfügung stellen muß. Die Schmetterlingsblütler können daher auf stickstoffarmen Böden gut gedeihen, ja wenn man sie im Herbst mit ihrem stark verzweigten Wurzelwerk unterpflügt, so kann man den Stickstoffgehalt des Bodens wesentlich erhöhen (Gründüngung). Die Bakterien an den Wurzeln von Lupinen können zum Beispiel auf einem Hektar Ackerland im Verlauf eines Jahres 200 kg Stickstoff binden, eine Menge, die in etwa 30.000 kg Stallmist enthalten ist.

---

[1]) *symbiosis* (gr.) Zusammenleben.

Hierher gehört auch die Erscheinung der sogenannten **Wurzelpilze** (*Mykorrhiza*). Man versteht darunter eine Vergesellschaftung der Wurzelspitzen höherentwickelter Pflanzen mit einem Pilz. Bei der Mehrzahl unserer Waldbäume sind die Wurzeln, wie etwa bei der Kiefer, von einem dichten Geflecht aus Pilzfäden überzogen, einige Fäden dringen in das Innere der Wurzel ein. Vermutlich bezieht der Pilz vom Baum Kohlenhydrate, während er selbst den Wurzeln neben Wasser und Nährsalzen besonders Stickstoffverbindungen liefert, die er aus dem Rohhumus bezieht und die den Baumwurzeln nicht zugänglich wären. Bei anderen Pflanzen (manchen Orchideen, Lilien- und Heidekrautgewächsen) leben die Pilze im Inneren der Wurzel in besonderen Zellschichten. Hier ist die Abhängigkeit meist so stark, daß die Pflanze ohne Pilze gar nicht leben kann. Die einheimische, zu den Orchideen gehörende Nestwurz besitzt fast kein Chlorophyll und ist in ihrer Ernährung ganz auf den Pilz angewiesen, der ihr saprophytisch aus dem Waldboden die organische Nahrung verschafft. Die Nestwurz schmarotzt also auf einem saprophytischen Wurzelpilz.

Zusammenfassung. Autotrophe Pflanzen können sich mit anorganischen Stoffen ernähren, heterotrophe müssen organische Nahrung aufnehmen. Bei Parasiten wird die Nahrung aus lebenden Organismen, bei Saprophyten aus totem, organischem Material bezogen. Unter Symbiose versteht man eine Lebensgemeinschaft mit gegenseitigem Nutzen.

Übersicht über die Formenkreise des Pflanzenreiches

Aufgabe und Verfahren der Pflanzensystematik

Diejenigen Pflanzen, die, abgesehen von ganz unbedeutenden Unterschieden, untereinander ebenso wie mit ihrer Nachkommenschaft übereinstimmen, bilden zusammen eine Art (Spezies). Die Arten, die einander in den wichtigsten Zügen am ähnlichsten sind, werden als Gattung (Genus) zusammengefaßt.

Nun bezeichnet man in der Wissenschaft, seit dieser Einführung durch den schwedischen Naturforscher C. v. Linné (1707—1778), die Pflanze mit zwei Namen, indem zum Gattungsnamen noch ein die Art besonders charakterisierender Beiname hinzugefügt wird. So wird z. B. unser bekanntes, Wohlriechendes Veilchen *Viola odorata* genannt. Es gibt aber noch viele Pflanzen, die man wegen ihrer großen Ähnlichkeit auch als Veilchen bezeichnen muß, sie bilden eben die Gattung *Viola* = Veilchen. Sie zeigen aber doch Unterschiede, sie sind zum Beispiel nicht wohlriechend, dafür immer zweiblütig oder dreifärbig, wieder andere kommen nur in den Alpen vor. Diese einzelnen Arten bekommen dann eben ihren Artnamen, etwa *biflora*, *tricolor*, *alpina* usw., angehängt. Linné benannte die Pflanzen unter teilweiser Benützung vorhandener Namen unter Berücksichtigung besonders kennzeichnender Merkmale. Außer charakteristischen Eigenschaften werden auch Ortsangaben oder

Namen von Naturforschern bei der Bildung von Pflanzennamen verwendet. Die wissenschaftliche Benennung mit lateinischen oder griechischen Bezeichnungen hat sich als notwendig erwiesen, weil die volkstümlichen Bezeichnungen nach Ort und Zeit außerordentlich wechselnd sind und auch verschiedene Pflanzen oft gleich benennen. Schließlich gibt es für sehr viele Pflanzen überhaupt keine volkstümlichen Namen. Die wissenschaftliche Bezeichnung hat auch den Vorteil, daß sie von den Gelehrten der ganzen Welt verstanden wird[1]).

Für eine übersichtliche Anordnung ist es notwendig, daß Pflanzengattungen, die eine gewisse Übereinstimmung zeigen, zu einer höheren Einheit zusammengefaßt werden, so erhält man die Familien, diese vereint man zu Ordnungen, diese zu Klassen usw. Erfolgt die Anordnung nach einem beliebigen Einteilungsprinzip (z. B. Ausbildung eines Pflanzenteils, Lebensweise, Vorkommen usw.), so bringt man dadurch die Pflanzen in ein sogenanntes praktisches oder künstliches System[2]). Durch Gruppierung nach der größeren oder geringeren Ähnlichkeit erhält man ein wissenschaftliches oder natürliches System.

Da die Ähnlichkeit zweier Pflanzengruppen in der Regel in gemeinsamer Abstammung begründet ist, kommen im natürlichen System die Verwandtschaftsverhältnisse zum Ausdruck. Die Erforschung dieser natürlichen Verwandtschaftsverhältnisse ist derzeit die oberste Aufgabe der Systematik. An das natürliche System wird aber nicht nur die Forderung, daß innerhalb seiner Gruppen verwandte Pflanzen vereinigt werden, gestellt, sondern es wird gewünscht, daß womöglich die Reihung der Gruppen die entwicklungsgeschichtliche Aufeinanderfolge derselben zum Ausdruck bringe. Es stützen sich nämlich die Vorstellungen über die Verwandtschaft der Pflanzen auf die Annahme der Entwicklungslehre, nach der sich die heute lebenden Pflanzen und Tiere im Verlauf der Erdgeschichte aus andersgestaltigen, im allgemeinen einfacheren Formen entwickelt haben.

Zur Aufdeckung der verwandtschaftlichen Zusammenhänge im Pflanzenreich und somit zur Darstellung des natürlichen Systems gibt es verschiedene Wege. Von besonderer Bedeutung ist dabei die Untersuchung der ausgestorbenen Pflanzenformen, denn dadurch können gemeinsame Stammformen sowie heute fehlende Glieder der Entwicklungsreihe erkannt werden. Leider sind die Ergebnisse infolge der schlechten Erhaltungsbedingungen der Pflanze sehr lückenhaft.

Aber auch durch vergleichende Betrachtung von Pflanzenformen kann auf deren Verwandtschaft geschlossen werden, indem man kompliziertere Bildungen auf einfache zurückführt.

---

[1]) Im vorliegenden Buch sind im Inhaltsverzeichnis den deutschen Namen die wissenschaftlichen Bezeichnungen beigefügt.

[2]) Ein solches schuf Linné, indem er die Blütenpflanzen nach den Zahlenverhältnissen in den Blüten einteilte, es eignet sich insbesondere zum Bestimmen von Pflanzen.

Die Abteilungen des Pflanzenreiches

Nach der Annahme, daß alle Pflanzen in einem stammesgeschichtlichen Zusammenhang stehen, sollte sich das Pflanzenreich als eine große Einheit darstellen lassen. Das ist aber nicht möglich, weil wir bei manchen Gruppen einen stammesgeschichtlichen Zusammenhang zwar vermuten, aber beim heutigen Stand der Kenntnisse nicht erweisen können.

Die Zahl der bekannten Pflanzenarten beträgt über 380.000. Es ist klar, daß die im folgenden gegebene Übersicht nur einen ganz kleinen Ausschnitt der Pflanzenwelt geben kann. Das zugrunde gelegte System ist seiner Anlage nach ein natürliches, das heißt, es zieht die verwandtschaftlichen Beziehungen in Betracht und ordnet die Pflanzen nach zunehmender Entwicklungshöhe. In manchen Fällen wurde allerdings die Anordnung nach praktischen Gesichtspunkten, nämlich zum Zwecke der besseren Übersicht und des leichteren Erlernens, getroffen.

Vorliegende Gliederung:

I. Hauptgruppe: **Lagerpflanzen** (*Thallophyta*); ohne Gliederung in Wurzel, Stamm und Blatt.
- 1. Abteilung: Spaltpflanzen (*Schizophyta*), kein echter Zellkern, Vermehrung durch Spaltung.
- 2. Abteilung: Algen (*Phycophyta*) mit selbständiger Ernährung.
- 3. Abteilung: Pilze (*Mycophyta*), Schmarotzer oder Fäulnisbewohner.
- 4. Abteilung: Flechten (*Lichenes*), Lebensgemeinschaft von Algen und Pilzen.

II. Hauptgruppe: **Sproßpflanzen** (*Cormophyta*); mit Gliederung in Wurzel, Stamm und Blatt.
- 5. Abteilung: Moose (*Bryophyta*).
- 6. Abteilung: Farnpflanzen (*Pteridophyta*).
  - 1. Klasse: Farne (*Filicinae*).
  - 2. Klasse: Schachtelhalme (*Equisetinae*).
  - 3. Klasse: Bärlappe (*Lycopodiinae*).
- 7. Abteilung: Blüten- oder Samenpflanzen (*Spermatophyta*).
  - 1. Unterabteilung: Nacktsamige (*Gymnospermae*).
  - 2. Unterabteilung: Bedecktsamige (*Angiospermae*).
    - 1. Klasse: Zweikeimblättrige (*Dicotyledones*).
      - 1. Unterklasse: Kronenlose (*Apetalae*).
      - 2. Unterklasse: Freikronblättrige (*Dialypetalae*).
      - 3. Unterklasse: Verwachsenkronblättrige (*Sympetalae*).
    - 2. Klasse: Einkeimblättrige (*Monocotyledones*).

I. Hauptgruppe: Lagerpflanzen

Die Lagerpflanzen sind nicht in Wurzel, Stamm und Blatt gegliedert. Sie werden auch Niedere Pflanzen genannt und umfassen Einzeller und vielzellige Formen, deren Körper als Lager (*Thallus*) bezeichnet wird.

1. Abteilung: Spaltpflanzen

Die Spaltpflanzen besitzen keinen echten Zellkern, ihre Vermehrung erfolgt durch Zweiteilung, Spaltung.

Bakterien

Die Bakterien, die auch Spaltpilze oder Bazillen genannt werden, sind geradezu überall anzutreffen. Sie wirbeln in ungeheuren Mengen in der Luft herum, sind aber im Wasser ebenso häufig und sind auch im Inneren von Lebewesen anzutreffen. Die Bakterien stellen die kleinsten Lebewesen dar, die wir kennen, manche erreichen nicht einmal einen Durchmesser von einem Mikron. Sie sind meistens einzellig, manche Formen bilden Kolonien. Die typische Bakterienzelle besitzt weder einen echten Zellkern noch echte Farbstoffträger und auch kein Chlorophyll.

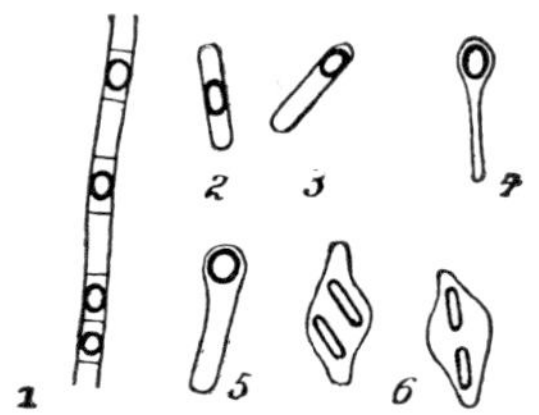

Abb. 14. Dauersporen einiger Spaltpilze. 1—3 *Bacillus subtilis;* 4 *Bacillus tetani;* 5 *Spirillum* (vergr. etwa 1000fach); 6 *Bacillus inflatus* (vergr. 2000fach).

Nur ganz wenige Bakterien haben Assimilationsfarbstoffe (Bakteriochlorophyll und rote Karotinoide) und sind dadurch zur Photosynthese fähig (z. B. Purpurbakterien). Die Farbstoffe sind an submikroskopisch kleine Träger gebunden, die in manchen Fällen sogar eine Lamellenstruktur erkennen lassen, aber dennoch keine echten Plastiden darstellen.

Das Elektronenmikroskop läßt auch Kernsubstanz, Chromatin, in der Bakterienzelle (Tafel 1) erkennen, doch ist diese weder von einer Kernhaut umschlossen noch enthält sie ein Kernkörperchen. Der von Chromatin erfüllte Raum stellt in seiner funktionellen Bedeutung ein Kernäquivalent (Nukleoid) dar. Die Chromatinmasse kann sehr unterschiedlich aufgebaut sein und ändert ab von einem feinen Netzwerk bis zu gröberen Balken mit Schraubenstruktur, die manchmal durch einen Längsspalt chromosomenartig erscheinen. Die im Chromatin enthaltene DNS (Desoxyribonukleinsäure) wirkt auch hier als Träger der Erbsubstanz.

An der Oberfläche bildet das Plasma eine Zellmembran, die für die Durchlässigkeit der verschiedenen Stoffe entscheidende Bedeutung hat und viele Enzyme (Atmung) enthält. An die Zellmembran schließt nach außen die starre Zellwand an. Die Bakterienzellwand unterscheidet sich sowohl in ihrer Feinstruktur als auch in ihrer chemischen Beschaffenheit grundsätzlich von der Zellulosewand der Pflanzenzellen.

Ein bestimmter chemischer Komplex (Murein) bildet eine feste, gitterartige Stützschicht (hauptsächlich aus Aminozuckern und Aminosäuren bestehend). Die Maschen der Stützschicht sind vor allem nach außen hin durch eine plastische Schicht verschlossen, deren Dicke und chemische Zusammensetzung (Lipopolysaccharide, Lipoproteide u. a.) von Art zu Art verschieden ist.

In der chemischen Beschaffenheit der Zellwand sind manche Besonderheiten der Bakterien begründet. So auch ihr ungleiches Verhalten gegenüber Farbstoffen. Man unterscheidet beispielsweise gramnegative und grampositive Bakterien, je nachdem ob sich nach einer ganz bestimmt durchgeführten Färbung[1]) der Farbstoff mit Alkohol wieder auswaschen läßt oder nicht.

Die Fortpflanzung erfolgt in der Regel durch Zweiteilung, Spaltung. Dabei bildet sich vom Rande gegen die Mitte der Zelle eine Querwand, die sich dann spaltet und die Zellhälften voneinander löst.

Die verfeinerte mikroskopische Technik hat auch geschlechtliche Vorgänge mit Übertragung von Erbsubstanz enthüllt. So kommt es vor, daß DNS-Teile einer Zelle in eine andere eindringen und sich der dortigen Erbmasse einfügen. Unter günstigsten Bedingungen vermögen sich manche Bakterienarten mehrmals in einer Stunde zu teilen, wodurch innerhalb von 24 Stunden viele Billionen Nachkommen entstehen können.

Unter bestimmten physikalischen (Temperatur, Strahlen) oder chemischen (Antibiotika, z. B. Penicillin) Einwirkungen bilden sich manchmal ungewöhnliche Wachstumsformen, sogenannte L-Formen. Dabei entstehen zuerst meist kleine, nackte Protoplasten („Zwischenformen"), die größer werden, um schließlich in winzige Körnchen („Zwergformen") zu zerfallen, die so klein sind, daß sie durch Bakterienfilter durchgehen. Die Körnchen können sich wieder zu „Zwischenformen" entwickeln, die heranwachsen, bis sie auch in „Zwergformen" zerfallen. Dieser Zyklus kann sich oft wiederholen. Bei günstigen Bedingungen bilden sich anstelle der Zwergformen fadenförmige Gebilde, die miteinander verschmelzen und zur Ausgangsform heranwachsen.

Ungünstige Lebensbedingungen werden bei bestimmten Arten in der Form von Dauersporen überstanden (Abb. 14). Diese entstehen, indem sich das Protoplasma von der Zellwand zurückzieht und einkapselt, wobei es sich mit einer dicken Haut umgibt. In diesem Zustand sind Bakterien ganz besonders widerstandsfähig, und manche können Temperaturen tief unter dem Gefrierpunkt und über dem Siedepunkt einige Zeit lang ertragen, ohne dadurch Schaden zu leiden (Milzbrandsporen — 130°, + 140°).

Übergießt man abgestorbene Pflanzenteile (Heu, Laub) mit Wasser und läßt diesen Aufguß im warmen Zimmer stehen, tritt nach 2 bis 3 Tagen eine Trübung des Wassers bzw. an seiner Oberfläche ein zartes Häutchen (Kahmhaut) auf.

---

[1]) Gramfärbung mit bestimmten Anilinfarbstoffen (Karbolgentianaviolett, Kristallviolett u. a.) und anschließende Behandlung mit Jodjodkalilösung. Alkohol kann dann die Farbstoffe bei gramnegativen Bakterien wieder ausziehen, bei grampositiven aber nicht.

Untersucht man nun einen Tropfen dieses Wassers oder die Kahmhaut unter dem Mikroskop, so zeigt sich eine Unzahl winziger Stäbchen: Heubazillus.

Bakterien des Zahnbelages: Man schabt mit einem Zahnstocher den Zahnbelag ab und verrührt diesen mit einem Tropfen Leitungswasser auf einem Objektträger. Über der Gasflamme leicht antrocknen, dann einen Tropfen Methylenblau zusetzen und 2 Minuten einwirken lassen. Nach Abspülung mit reinem Wasser wird ein Deckglas aufgesetzt und bei stärkerer Vergrößerung untersucht: Verschiedene Bakterienformen.

Die kugeligen, stäbchenförmigen oder schraubigen Zellen unterscheiden sich durch das Vorhandensein oder Fehlen von zarten Geißeln beziehungsweise durch deren Aussehen und Anordnung (Abb. 15), sowie durch die Beschaffenheit der Dauersporen, falls solche gebildet werden.

Untersuchung nach der Gestalt: Die **Kugelbakterien** oder **Kokken** sind kugelig, sie leben einzeln oder in Kolonien, die, je nach der Art wie die Teilungen erfolgen, kettenförmig, flächenhaft oder würfelig erscheinen. Bei den Stäbchenbakterien

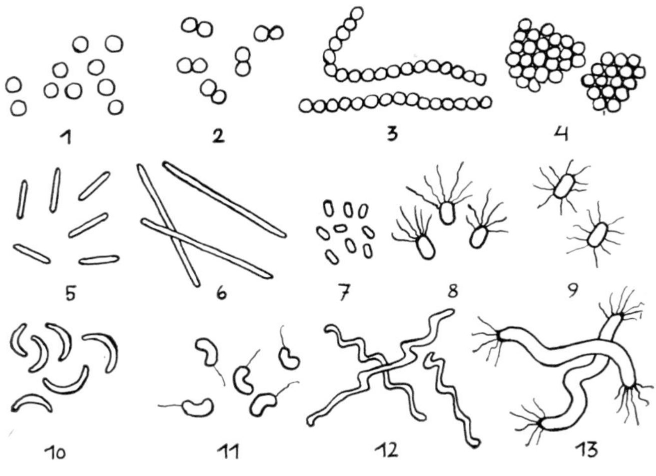

Abb. 15. Verschiedene Bakterienformen: 1—4 Kugelbakterien (1 Einzelkokken, 2 Diplokokken, 3 Streptokokken, 4 Staphylokokken), 5 und 6 Langstäbchen, 7—9 Kurzstäbchen (7 unbewimpert, 8 mit Wimpernschopf, 9 allseitig bewimpert), 10—11 Kommabakterien (10 ohne, 11 mit Geißel), 12—13 Schraubenbakterien (12 ohne, 13 mit Wimpernschopf an den Enden).

(mit den alten Gattungen Bacterium und Bacillus) unterscheidet man **Langstäbchen** und **Kurzstäbchen,** je nach der Länge der geraden, stabförmigen Zellen. Eventuelle Kolonien sind fadenförmig. Die **Kommabakterien** oder Vibrionen sind sichelförmig gekrümmt, die **Schraubenbakterien** oder Spirillen schraubenförmig gewunden.

Bei der außerordentlichen Kleinheit der Spaltpilze wäre ein genaueres Studium ihrer Lebensbedingungen trotz Verwendung des Mikroskops fast unmöglich, wenn nicht Robert Koch und Louis Pasteur besondere

Untersuchungsmethoden durch das Anlegen von sogenannten Bakterienkulturen gefunden hätten. Zu diesem Zweck zieht man Spaltpilze auf bestimmt zusammengesetzten, meist gelatinösen Nährböden (Gelatine, Agar-Agar, Fleischbrühe u. a.). Man verwendet dafür keimfreie, mit einem Wattepfropf verschlossene Proberöhrchen oder flache Glasschalen mit genau passendem Deckel (Petrischalen), in welchen sich der ebenfalls keimfreie Nährboden befindet. Die zu untersuchenden Bakterien werden meist mit Hilfe einer vorher ausgeglühten Nadel (Platinnadel) auf den Nährboden gebracht. Ist dieser erstarrt, so kann man die Impfung entweder so ausführen, daß man die bakterientragende Nadel auf ihm abstreicht (Strichkultur) oder einsticht (Stichkultur).

Bei geeigneten Temperaturen entwickeln sich die Spaltpilze auf solchen Nährböden infolge der vorzüglichen Ernährungsbedingungen überaus gut und vermehren sich durch lebhafte Teilung sehr rasch. Aus wenigen werden bald Tausende und Millionen, so daß man nach einigen Tagen mit freiem Auge diese Bakterienmassen beobachten kann. Nach ihrem Aussehen kann man sehr oft die Bakterienart, welche sie zusammensetzt, erkennen, so wie man einen Föhrenwald, einen Eichenwald, ein Haferfeld oder Maisfeld schon von der Ferne erkennen kann, noch bevor man die einzelne Pflanze ausnimmt. Diese Bakterienkolonien zeigen nämlich in Kultur auf einem bestimmten Nährboden ein ganz bestimmtes Verhalten. Das bezieht sich sowohl auf das Aussehen der Kolonie, deren Form und Farbe, als auch auf die Veränderungen, welche im Nährboden dadurch hervorgerufen werden können, daß durch Ausscheidung von Enzymen bestimmte charakteristische Stoffe, Säuren, Gasblasen, Farbstoffe usw. gebildet werden.

Man kocht 2 g käuflichen Nähragar in 100 cm^3 Wasser 30 Minuten lang im Wasserbad. Der heiße Agar wird auf vier durch längeres Erhitzen bei 110° C keimfrei gemachte Petrischalen verteilt, wobei der Deckel der Schalen nur soweit geöffnet wird, wie es zum Einfüllen des Agars notwendig ist. Nun läßt man die sofort wieder verschlossenen Petrischalen auskühlen, wobei der Nähragar zu einer Platte erstarrt. Eine Schale läßt man verschlossen, die zweite läßt man längere Zeit offen stehen, die dritte und vierte öffnet man nur ganz kurz, um in dem einen Fall die Agarplatte mit den Fingerbeeren, in dem anderen mit den Lippen zu berühren. Die verschlossenen Schalen werden warm und dunkel aufbewahrt. Nach etwa 1 Woche untersucht man die entwickelten „Plattenkulturen".

Sind in einer Bakterienkultur verschiedene Kolonien gewachsen, so nimmt man von jener, die man untersuchen will, mit der Nadel einige Spaltpilze weg und impft damit einen neuen Nährboden. Dies setzt man so lange fort, bis man eine Reinkultur erhält, in der nur eine Art enthalten ist. Mit Hilfe der Reinkultur kann man nun die Lebensbedingungen der Spaltpilze untersuchen, indem man sie auf verschiedenen Nährböden zieht, deren chemische Zusammensetzung genau bekannt ist. Man kann feststellen, welche Nahrungsstoffe sie benötigen, welche Feuchtigkeits- oder Temperaturverhältnisse ihnen zusagen, ob sie Sauerstoff benötigen oder ohne diesen leben können und vieles mehr.

Will man Bakterien aus den Plattenkulturen in Reinkulturen ziehen, so kann man dazu z. B. keimfreie, mit Wattepfropf verschlossene Proberöhrchen

(Eprouvetten) verwenden, in denen der Nähragar entweder bei lotrechter (für Stichkulturen) oder bei schräger (für Strichkulturen) Stellung erstarrt ist.

Die meisten Spaltpilze lieben Temperaturen zwischen 0° und 50° C, manche gedeihen auch bei höheren Wärmegraden (z. B. in heißen Quellen). Innerhalb dieses Temperaturbereiches zeigt jede Art bei einer bestimmten, ihr am besten zusagenden (optimalen) Temperatur die größte Teilungsfähigkeit. Bei Bakterien, die im Körper von Warmblütern leben, liegt die optimale Temperatur bei 37° C.

Die genaue Kenntnis der Lebensbedingungen gibt uns die Mittel zur Bekämpfung der Spaltpilze: Ausglühen, Auskochen, Behandlung mit heißem Wasserdampf, Luftabschluß, Anwendung von Desinfektionsmitteln, wie Karbolsäure, Lysol, Quecksilbersublimat, Formalin, Blausäure usw. Indem man das von Fall zu Fall günstigste Mittel anwendet, kann man also die verschiedensten Gegenstände keimfrei, steril, machen (sterilisieren). Eine unzureichende Bekämpfung kann mehr schaden als nützen, indem sie die gefährlichen Bakterien nicht vernichtet, sondern nur ihre Lebensbedingungen verschlechtert und dadurch die Bildung der sehr widerstandsfähigen Sporen anregt. Das Pasteurisieren der Milch besteht in einem mehrmaligen Erwärmen auf 61° C, wobei jedesmal ein Abkühlen auf 10° C folgt. Bei den günstigen mittleren Temperaturen keimen die Dauersporen aus und werden beim folgenden Überschreiten der Höchsttemperaturen getötet. Eine spaltpilztötende Wirkung kann auch durch unmittelbare Sonnenbestrahlung beziehungsweise durch künstliche Höhensonne erzielt werden. Darin liegt auch die Bedeutung sonniger Räume.

Bei Lebensmitteln (im Haushalt) werden, um die durch Spaltpilze verursachten Fäulnis- und Gärungsprozesse möglichst zu verhindern, verschiedene Mittel angewendet (Konservierung). So hält man Lebensmittel auf niederer Temperatur (Kühlschrank), wodurch die Bakterien zwar nicht getötet, aber ihre Lebenstätigkeiten und besonders ihre Vermehrung eingedämmt werden. In ähnlicher Weise schützt Räuchern oder Einsalzen. Man legt auch Lebensmittel in bakterientötende Lösungen, wie Alkohol, Essig oder konzentrierte Zuckerlösungen. Durch Einlegen in luftdicht schließende Gefäße und darauffolgendes Erhitzen auf bestimmte Temperaturen können Lebensmittel sehr lange genußfähig erhalten (konserviert) werden, wenn dabei alle vorhandenen Spaltpilze getötet werden und neue nicht eindringen können. Bei der industriellen Konservierung von Lebensmitteln werden in neuerer Zeit auch ionisierende Strahlen angewendet.

Schmarotzende Bakterien, die durch ihre Lebenstätigkeiten bestimmte Giftstoffe, Toxine, erzeugen, können Erkrankungen von Pflanzen und Tieren hervorrufen. Auch der Mensch bleibt davon nicht verschont, und wir kennen ein ganzes Heer von Infektionskrankheiten, von denen der Mensch nach Ansteckung durch Bakterien befallen werden kann.

Es wäre aber ganz falsch zu glauben, daß alle Spaltpilze Schädlinge seien. Einige spielen eine ganz besonders wichtige Rolle in der Natur und bilden durch ihre Lebenstätigkeiten erst die Voraussetzungen für das Leben anderer Organismen. So verursachen Bakterien die Fäulnis und Verwesung von toten Pflanzen und Tieren, wodurch deren Körper zersetzt und ihre mineralischen Bestandteile dem Boden zugeführt werden[1]). In einem Gramm Ackererde sind 50 bis 100 Millionen Bakterien enthalten. Diese sind von größter Wichtigkeit, denn darunter sind solche, die die organischen Stoffe, vor allem Eiweiß, in immer einfachere Verbindungen bis zum Ammoniak (NH_3) zersetzen, während andere dieses wieder zu Verbindungen der salpetrigen Säure (HNO_2) und Salpetersäure (HNO_3) oxydieren (vgl. S. 40). Diese Verbindungen dienen in erster Linie der grünen Pflanze zur Deckung ihres Stickstoffbedarfes. Andere Bodenbakterien haben gar die Fähigkeit, den Stickstoff der Luft zu binden und daraus Nährsalze herstellen zu können (Stickstoffbakterien)[2]). Zu diesen gehört auch eine Form, die in den Wurzeln bestimmter Pflanzen (Hülsenfrüchtler) wohnt, wodurch diese eine bessere Stickstoffversorgung haben. Die grüne Pflanze liefert dafür ihren Wurzelbakterien die fertigen Assimilationsprodukte. Eine ganz große Bedeutung haben gewisse Bakterien für die Bildung von Erdöl und Erdgas.

Während bei der Fäulnis in erster Linie Eiweißstoffe zersetzt werden, bezeichnet man die Zerlegung anderer organischer Verbindungen durch Spaltpilze als Gärung. Hierher gehört das Sauerwerden der Milch oder alkoholischer Getränke[3]). Manche Bakterien können auch die Zellulose

---

[1]) Fleischstückchen in Wasser stehen lassen, bis dieses sich trübt. Ein Tropfen wird mikroskopiert: Fäulnisbakterien. Nährflüssigkeit, bestehend aus 1 g Pepton, 1 g Fleischextrakt, 0,5 g Kochsalz, einigen Tropfen Sodalösung und 100 g Wasser wird in 3 Reagenzgläser gefüllt, mit Watte verschlossen und 30 Minuten im Wasserbad gekocht. Glas A bleibt verschlossen. Glas B und C erhalten je 1 Tropfen mit Fäulnisbakterien und werden sofort wieder verschlossen. Eines von beiden wird 30 Minuten im Wasserbad gekocht (sterilisiert), dann werden alle 3 Gläser aufbewahrt. Nach Auftreten einer Trübung: Untersuchung und Schlüsse.

[2]) Stickstoffbindende Bakterien kann man in stickstofffreien Nährlösungen züchten: 100 cm- Bodenaufschwemmung (gewöhnliche Erde) mit 0,05 g saurem Kaliumphosphat und 1 g Mannit versetzt, bilden nach etwa 10 Tagen eine Kahmhaut, die reich ist an den großen, hefeähnlichen Stickstoffbindern (Gttg. Azotobacter).

[3]) 3 Fläschchen mit frischer Milch werden mit je einem Wattebausch verschlossen und 20 Minuten bei 100° C sterilisiert. Fläschchen A wird sofort, B nach Zusatz eines Tropfens saurer und C nach Zusatz eines Tropfens sterilisierter saurer Milch aufbewahrt. Wie erfolgt das Sauerwerden in den 3 Fläschchen? (Bei der sauren Gärung bildet sich soviel Säure, daß dadurch anderen Zersetzungsorganismen die Entwicklungsmöglichkeit genommen wird.)

in einfachere, für den Körper brauchbare Verbindungen zerlegen und spielen daher besonders dann eine wichtige Rolle, wenn sie im Darm von Pflanzenfressern auftreten und die in der Pflanzenkost reichlich vorhandene Zellulose auflösen.

Bakterien sind nicht nur imstande, durch chemische Vorgänge Wärme (Selbsterhitzung von Heu, Misthaufen u. a.) zu erzeugen, gewisse vermögen sogar Licht zu produzieren (Leuchtbakterien).

Bakterien spielen nicht nur eine wichtige Rolle bei der Erzeugung von Essig, saurer Milch, Käse, saurem Gemüse (Gurken, Kraut, Silofutter) usw., sondern sie werden auch zur Herstellung ganz anderer Stoffe herangezogen (Butter-, Zitronen-, Fumarsäure, Aceton, Butylalkohol und viele andere). Man ist bestrebt, durch Züchtung neuer Bakterienstämme immer mehr Formen zu erhalten, welche zur Gewinnung solcher Substanzen verwendet werden können, die auf rein chemischen Weg nur schwierig oder überhaupt noch nicht darzustellen sind. So gewinnt man heute mit Hilfe von Bakterien wichtige Enzyme, Toxine, Antibiotika (Streptomycin u. a.) und Vitamine (B_{12}, Ergosterin, Riboflavin u. a.). Manchmal werden Bakterien nur eingeschaltet, um gewisse Stufen in einer sonst chemischen Synthese durchzuführen. So werden beispielsweise Teilprodukte, die durch Bakterientätigkeit (Oxydation von Sorbit und Glukose) entstehen, beim Aufbau von Vitamin C verwendet. Auch bei der Herstellung von Nebennierenrinden- und Geschlechtshormonen benützt man Bakterien zur Durchführung bestimmter Teilsynthesen.

Viren

Es gibt ansteckende Krankheiten, deren Erreger lange nicht entdeckt wurden, obwohl man wußte, daß sie mit Gewebeflüssigkeit des erkrankten Individuums auf Gesunde übertragen werden konnten. Da die Übertragung auch dann möglich war, wenn man die Flüssigkeit vorher durch feinste Bakterienfilter (Porzellanfilter) laufen ließ, war es klar, daß die Krankheitserreger kleiner als die kleinsten bekannten Bakterien sein mußten. Man bezeichnete die unbekannte, infektiöse Substanz, die man für eine Art Giftstoff hielt, als **Virus**[1]). Erst mit Hilfe des Elektronenmikroskops war es möglich, die Viren sichtbar zu machen und ihre wesentlichen Eigenschaften zu erkennen.

Man kennt heute bei Pflanzen einige Hundert Viruserkrankungen (an Rüben, Kartoffeln, Tomaten, Hülsenfrüchtlern, Getreide, Tabak u. a.), die hauptsächlich durch saugende Insekten übertragen werden. Zu den bekanntesten Viruserkrankungen der Tiere zählen Tollwut, Kuhpocken, Maul- und Klauenseuche, Papageienkrankheit, Schweine- und Hühnerpest. Beim Menschen verursachen Viren Kinderlähmung, Pocken, Grippe, Masern, Schnupfen und andere Erkrankungen.

Im Elektronenmikroskop (bei etwa 50.000facher Vergrößerung) erscheinen die Viren kugelig, sechseckig, faden- oder stäbchenförmig, manche lassen einen stielartigen Fortsatz erkennen. Ihre Größe liegt

---

[1]) *virus* (lat.) Gift.

etwa zwischen den größten Eiweißmolekülen und den kleinsten Bakterien (10 mμ bis 500 mμ). Sie sind viel einfacher gebaut als eine Bakterienzelle und lassen sich in chemisch reiner Form kristallisiert darstellen, wie Eiweiß. Bei der chemischen Analyse erweisen sich die Viruskörperchen als Riesenmoleküle von Nukleoproteiden, zusammengesetzten Eiweißkörpern, deren Bestandteile dem Plasmaeiweiß (Protein) und der Kernsubstanz (Nukleinsäuren, z. B. DNS) gleichen. Das Teilchengewicht (Molekulargewicht) beträgt meist viele Millionen. Die schraubigen Stränge der Nukleinsäure, die wir vom Zellkern her als Träger der Erbanlagen kennen, liegen im Inneren, während das Eiweiß eine Hülle bildet, die bei den verschiedenen Virusarten im Aufbau und in der Gestalt sehr unterschiedlich ist.

Das bestuntersuchte Virus, der Erreger der Mosaikkrankheit der Tabakblätter, ist verhältnismäßig einfach gebaut und hat die Gestalt eines Stäbchens von etwa 300 mμ Länge und 15 mμ Durchmesser. Die Achse des Stäbchens wird von einem spiralig gedrehten Molekül der Nukleinsäure gebildet. An ihr stecken, wie die Maiskörner am Kolben, etwa 2000 Eiweißeinheiten. Jede Einheit besteht aus 158 Aminosäuren, deren Reihenfolge (Sequenz) bekannt ist. Das Teilchengewicht des ganzen Viruskörpers beträgt etwa 40 Millionen.

Gelangt ein Virus in eine lebende Zelle des geeigneten Wirtsorganismus, so vermehrt es sich sehr rasch und befällt dann weitere Zellen. Wie erfolgt diese Vermehrung der virösen Eiweißkörper, die doch keinen eigenen Stoffwechsel haben? Es geht von ihnen offenbar eine Kontaktwirkung aus, die die Zelle veranlaßt, aus den vorhandenen Eiweißbauelementen anstelle körpereigener Eiweißstoffe nun Eiweißkörper nach dem Modell des eingedrungenen Virus aufzubauen. Dieser gestörte Zellstoffwechsel führt einerseits zur Anreicherung von Viruskörpern, kann aber andererseits den Untergang der befallenen Zellen und schließlich eine Erkrankung des betroffenen Organismus bewirken.

Da die Viren zu ihrer Vermehrung den Stoffwechsel einer lebenden Zelle benötigen, sind sie außerhalb eines lebenden Körpers nicht vermehrungsfähig und können daher, zum Unterschied von Bakterien, weder auf künstlichen Nährböden noch auf toten Medien kultiviert werden.

Die Vermehrung der Viren läßt sich besonders gut bei jenen Formen beobachten, die Bakterien befallen und deshalb als **Bakteriophagen**[1]), oder kurz als **Phagen**, bezeichnet werden. Sie sehen wie winzige Keulchen aus, an denen man einen im Umriß meist sechseckig erscheinenden Kopfteil und einen Schwanzteil unterscheiden kann (Tafel 2). Die Eiweißhülle des Kopfes umschließt einen aufgeknäuelten Faden aus Nukleinsäure, und zwar aus DNS (Desoxyribonukleinsäure). Kommt

[1]) heißt Bakterienfresser (gr.).

ein Bakteriophage mit seinem Schwanz zufällig in Berührung mit einer ihm entsprechenden Bakterienwand (Abb. 16), so bindet sich das Eiweiß des Schwanzendes daran und bleibt haften. Die Bakterienwand wird aufgelöst und der Phage preßt den DNS-Faden aus dem Kopf durch einen Kanal des Schwanzes in die Bakterienzelle (Injektion). Während die leere Eiweißhülle draußen bleibt und zugrundegeht, beginnt sich die DNS durch Selbstverdoppelung im Inneren der Zelle zu vermehren. Sie wächst dabei in gleicher Weise wie die DNS der Chromo-

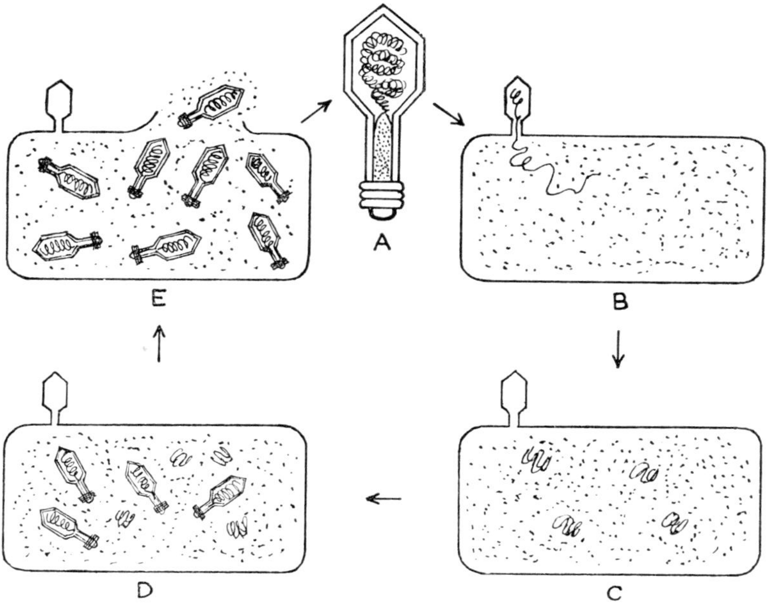

Abb. 16. Schema des Vermehrungszyklus eines Bakteriophagen. *A* Phage (stärker vergrößert), *B* Anheftung des Phagen an die Bakterienwand und Injektion der Phagen-DNS *C* Vermehrung der Phagen-DNS, *D* erste reife Phagen mit Hülle, *E* die mit Phagen angefüllte Bakterienzelle platzt.

somen, die sich auch verdoppelt, indem sie die Herstellung einer vollkommen übereinstimmenden, identischen Kopie des vorhandenen Musters bewirkt (identische Reproduktion). Das Material für den Aufbau der Phagen-DNS wird der Bakterienzelle entnommen. Schon in wenigen Minuten kann sich der eingedrungene DNS-Faden auf diese Weise vervielfacht haben.

Jeder Faden veranlaßt schließlich die Bildung einer ihm entsprechenden Eiweißhülle, wobei das nötige Baumaterial ebenfalls vom Plasma der Bakterienzelle geliefert wird. So entsteht in kurzer Zeit (20—30 Minuten) eine neue Generation von Bakteriophagen, die die befallene Bakterienzelle überfüllt und die Wand zum Platzen bringt. Dadurch werden die Phagen frei und können weitere Bakterien befallen.

Es scheint besonders bemerkenswert, daß der nackt in die Bakterienzelle eingedrungene DNS-Faden eines Phagen allein imstande ist, eine neue Generation dieses Phagen in seiner spezifischen Form und Zusammensetzung zu gestalten.

Obwohl die Viren die Fähigkeit zur Vermehrung durch Selbstverdoppelung und zur Übertragung von Erbanlagen besitzen, werden sie doch nicht als Lebewesen betrachtet, weil sie keinen eigenen Stoffwechsel haben. Sie sind an den Stoffwechsel einer lebenden Zelle angewiesen und können daher auf einem toten Nährboden weder wachsen noch sich vermehren. Es handelt sich eigentlich nur um sehr hochmolekulare, zusammengesetzte Eiweißkörper (Nukleoproteide), von denen ganz bestimmte Wirkungen auf lebendes Protoplasma ausgehen.

Spaltalgen oder Blaualgen

Betrachtet man die durch ihre blaugrüne Färbung auffallenden Blaualgen unter dem Mikroskop, so sieht man meist sehr kleine, blaugrüne Zellen, die einzeln oder zu Zellkolonien vereinigt leben. Das Protoplasma ist nur in den äußeren Teilen gefärbt, im Inneren farblos. Die Färbung wird durch Chlorophyll, neben dem hier auch ein blauer Farbstoff vorhanden ist, verursacht. Die Farbstoffe sind an geschichtete Lamellengruppen des Außenplasmas, die durch keine Membran abgegrenzt sind, gebunden. Echte Farbstoffträger sind nicht vorhanden, ebenso fehlt ein echter Zellkern. Das Innenplasma, das sich vom Außenplasma nur undeutlich abgrenzt, enthält Chromatinsubstanz (mit DNS) und erscheint daher als Kernäquivalent. Die Zellwand, deren Aufbau eine Ähnlichkeit mit dem der Bakterienwand erkennen läßt, verquillt bei vielen Formen zu einer schleimigen Gallerte. Die Blaualgen vermehren sich durch Teilung (Spaltung). Ungünstige Lebensbedingungen werden im Zustand der Dauerzellen oder Dauersporen überdauert, welche sich gegenüber den normalen Zellen durch derbe, dicke Wände und den Gehalt an Reservestoffen auszeichnen.

Blaualgen gibt es auf der ganzen Erde in Gewässern, auf feuchtem Boden oder auf nassen Felswänden, wo sie blaugrüne, schleimige Überzüge bilden. Manche leben unter extremen Lebensbedingungen, so beispielsweise in heißen Quellen bis 70° C, andere auf Firn.

Bei der Gattung **Gloeocapsa**[1]) sind die sehr kleinen, rundlichen Zellen von den zu mächtigen Gallertmassen verquollenen Zellwänden eingeschlossen (Abb. 17/1). Die Zellen kommen einzeln, meist aber zu Zellfamilien vereint vor, welche dadurch entstehen, daß eine Zelle sich teilt, die entstandenen Tochterzellen sich wieder teilen und so fort, bis eine bestimmte Anzahl erreicht ist, wobei die Gallerten der

---

[1]) *gloios* (gr.) Schleim; *kapsa* (gr.) Kapsel.

Mutterzellen die Tochterzellen zusammenhalten und die ganze Kolonie in eine dicke, geschichtete Schleimhülle einbetten. Nach einer bestimmten Zeit zerfließt der Schleim und die einzelnen Zellen werden frei, um durch Teilung wieder neue Zellkolonien zu bilden.

In Tümpeln, auf feuchtem Boden und in Wassergräben bildet die **Schwingfadenalge** (*Oscillatoria*)[1]) häufig blaugrüne bis schwärzliche Überzüge. Ihre kurzen Zellen bilden dadurch, daß sie sich immer nur in einer Richtung teilen, fadenförmige Kolonien. Diese langen Fäden, welche ebenfalls eine verschleimende Oberfläche haben, führen eigenartige Schwing- und Drehbewegungen aus (Abb. 17/2).

Die **Gallertalgen** der Gattung **Nostoc**[2]) bilden auf feuchter Erde, an Mauern oder Felsen blaugrüne, kleine Klümpchen, die sich nach Regen durch Quellung zu schleimigen Massen verwandeln. Im Innern dieser Massen liegen, zu rosenkranzartigen Kolonien aneinandergereiht, die rundlichen Zellen. Einzelne Zellen

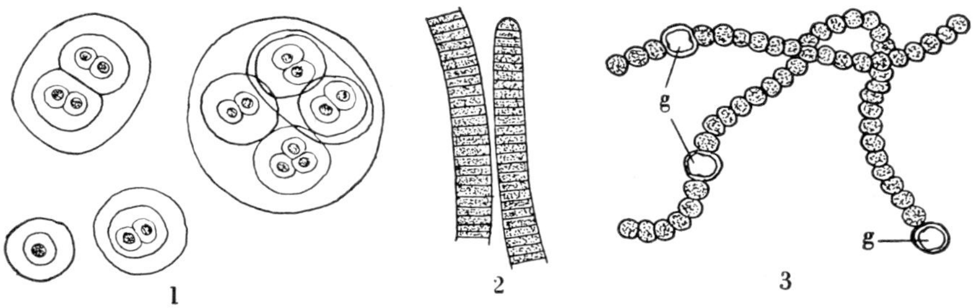

Abb. 17. Blaualgen. 1 *Gloeocapsa;* 2 *Oscillatoria;* 3 *Nostoc,* *g* Grenzzellen (vergr. etwa 500fach).

vergrößern sich, nehmen eine gelbliche Färbung an und erweisen sich als nicht mehr teilungsfähig. Diese Grenzzellen bewirken einen Zerfall der Reihe in viele Stücke, indem sie sich aus dem Verbande lösen. Die einzelnen Stücke bilden durch Teilung ihrer Zellen wieder neue Kolonien (Abb. 17/3).

Zusammenfassung. Die Bakterien besitzen weder einen echten Zellkern, noch echte Farbstoffträger, auch kein Chlorophyll. Chromatin ist aber vorhanden. Die Bakterienwand erweist sich in Struktur und chemischer Zusammensetzung ganz anders als die Zellulosewand normaler Pflanzenzellen. Bakterienkulturen für verschiedene Zwecke. Als Krankheits-, Fäulnis- und Gärungserreger außerordentlich bedeutungsvoll. Schädliche und nützliche Bakterien. — Die Viren können nur im Inneren lebender Zellen wachsen und sich vermehren; dadurch Krankheitserreger. Die Bakteriophagen befallen Bakterien. Die Viren bestehen nicht aus Zellen, sondern nur aus hochmolekular-zusammengesetzten Eiweißkörpern, die sich selbst reproduzieren können, wenn lebendes Plasma das entsprechende Baumaterial liefert. — Die Blaualgen haben im Außenplasma Chlorophyll und einen blauen Farbstoff, sie sind somit zur Photosynthese fähig. Das Fehlen echter Farbstoffträger und eines echten Zellkernes haben sie mit den Bakterien ebenso gemeinsam, wie die Vermehrung durch Spaltung und die Bildung von Dauersporen.

[1]) *oscillare*, schaukeln.

[2]) *nostis* (gr.) Feuchtigkeit.

2. Abteilung: Algen

Die Algen sind im allgemeinen Wasserpflanzen, nur wenige können auch auf feuchtem Erdreich leben. Alle enthalten Chlorophyll, viele daneben noch andere Farbstoffe. Sie weisen die mannigfaltigsten Formen vom Einzeller über Zellkolonien bis zu den vielzelligen Lagern auf, die bei den höchstentwickelten Vertretern äußerlich oft sogar an höhere Pflanzen erinnern.

Geißelträger

Die als Geißelträger oder Flagellaten[1]) zusammengefaßten Lebewesen stimmen im Besitz von Geißeln[2]), fadenartigen Protoplasmafortsätzen, überein. Sie leben einzellig oder in Kolonien vereint. Jede Zelle besitzt einen Kern, wenn Farbstoffträger vorhanden sind, haben sie grüne oder braune Färbung. Die Vermehrung erfolgt durch Teilung, bei höheren Formen auch geschlechtlich.

In allen Gruppen von Geißelträgern kommen gefärbte, assimilierende, das heißt pflanzliche, und ungefärbte, sich tierisch ernährende Formen vor. Manche können sich, je nach den Lebensbedingungen, bald pflanzlich, bald tierisch ernähren, andere sind gar Schmarotzer oder Fäulnisbewohner.

Es ist sogar gelungen, assimilierende Formen durch Kultur unter Lichtabschluß in geeigneten organischen Nährlösungen in farblose Dunkelformen überzuführen. Es wird hier also bei Verlust der Assimilationsmöglichkeit rein tierische Ernährung angenommen, man könnte sagen, die Pflanze wird zum Tier.

Dadurch, daß die Geißelträger Beziehungen zu Pflanzen und Tieren haben, müssen wir sie als eine ursprüngliche Gruppe betrachten. Schließlich sind ja auch die männlichen Geschlechtszellen der Tiere und vieler Pflanzen, die Spermien, Geißelträger.

Das **Augentierchen** färbt oft bei massenhaftem Auftreten Pfützen und Tümpel grün. Der einzellige Körper ist länglich und trägt am Vorderende eine lange Geißel, die aus einer schlundartigen Vertiefung entspringt. Zellwand ist keine vorhanden, dafür bildet das Plasma an der Oberfläche eine sehr zähe, elastische Grenzschicht. Im Inneren befinden sich Zellkern und Chloroplasten. Am Schlund liegt ein roter „Augenfleck“ sowie ein zusammenziehbarer Zellsaftraum (kontraktile Vakuole), der seinen Inhalt von Zeit zu Zeit nach außen entleert. Die Geißel treibt durch kreisend schwingende Bewegung die Zelle weiter. Die Vermehrung erfolgt durch Teilung (Abb. 18/1).

---

[1]) *flagellum*, die Geißel.

[2]) Sichtbarmachen der Geißel mittels Methylenblau: zu 50 cm^3 einer 0,05%igen wäßrigen Methylenblaulösung werden 5 Tropfen konz. Ammoniak beigemischt. Einen Tropfen dieser Lösung fügt man am Rande des Deckglases zu dem die Geißelträger enthaltenden Wassertropfen hinzu.

Im Teichwasser findet man auch die **Kugelalge,** manchmal Kugeltierchen genannt, deren Zellen an der Oberfläche einer Schleimkugel angeordnet sind und je zwei Geißeln besitzen, durch deren regelmäßigen Schlag die ganze Kugel in Bewegung kommt (Abb. 18/2). Die einzelnen, mit einem grünen Farbstoffträger und einem Augenfleck versehenen Zellen stehen untereinander durch Plasmafäden in Verbindung. Die ungeschlechtliche Vermehrung erfolgt, indem bestimmte Zellen durch Teilung je eine neue Kugel bilden. Diese Tochterkolonien werden erst

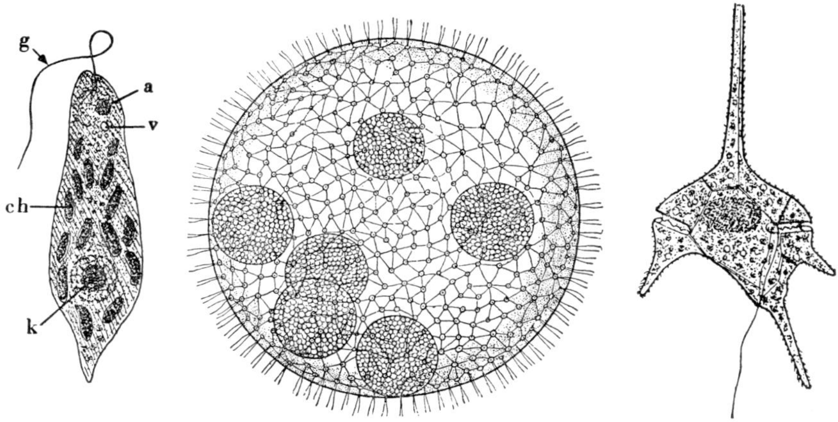

Abb. 18. Geißelträger. 1 Augentierchen (stark vergr.), *k* Kern, *v* Zellsaftraum, *a* Augenfleck, *ch* Blattgrünkörper, *g* Geißel. 2 Kugelalge mit ungeschlechtlich entstandenen Tochterkolonien (vergr. 75fach). — Nach Klein aus Wettsteins Handbuch. — 3 Schwalbenschwanztierchen (vergr. etwa 250fach).

nach Zerfall der alten Kolonie frei. Gelegentlich tritt auch eine geschlechtliche Vermehrung auf, indem bestimmte Zellen größer und unbeweglich werden (Eizellen), während andere durch Teilung kleine zweigeißelige Samenzellen (Spermien) bilden, welche die Eizellen befruchten. Die befruchteten Eizellen (Zygoten) umgeben sich mit einer derben Wand und entwickeln sich nach einer Ruhezeit bei zusagenden Lebensbedingungen zu einer neuen Kolonie. Von den 10.000 bis 20.000 Zellen, die am Aufbau einer Kugel beteiligt sind, besitzen nur einige wenige die Fähigkeit zur Fortpflanzung. Es ist hier also bereits eine Arbeitsteilung eingetreten, indem nur bestimmte Zellen die Fortpflanzung besorgen (Keimzellen) und sich von den übrigen Zellen unterscheiden. Die zur Fortpflanzung unfähigen Zellen (Körperzellen) gehen nach dem Austritt der Tochterkugeln zugrunde.

Auffallende Formen unter den Geißelträgern findet man in der Gruppe der **Panzergeißler,** welche einen aus einzelnen Zelluloseplatten bestehenden Panzer besitzen. Zwei lange Geißeln liegen in Furchen, die den Körper umziehen. Das Protoplasma enthält braune Farbstoffträger. Die meisten Vertreter sind Meeresbewohner, einige kommen aber auch im Süßwasser vor. Zu letzteren gehört das im **Plankton**[1]) unserer Seen vorkommende **Schwalbenschwanztierchen** (Abb. 18/3), das Schwebefortsätze besitzt.

Kieselalgen

Die Kieselalgen oder Diatomeen sind kleine, braune Einzeller, die manchmal durch Gallertausscheidungen Kolonien bilden. Die Zellwand bildet einen Kieselsäurepanzer. Würde dieser die Zelle rings umschließen, wäre jede Teilung unterbunden. Deshalb ist der Panzer aus zwei Schalen gebaut, von denen die eine wie der Deckel einer Schachtel über die andere greift. Die Seitenwände der Schachtelhälften werden Gürtelbänder, daher die Seitenansicht einer Kieselalge Gürtelbandansicht genannt. Diese ist bei allen Formen ziemlich

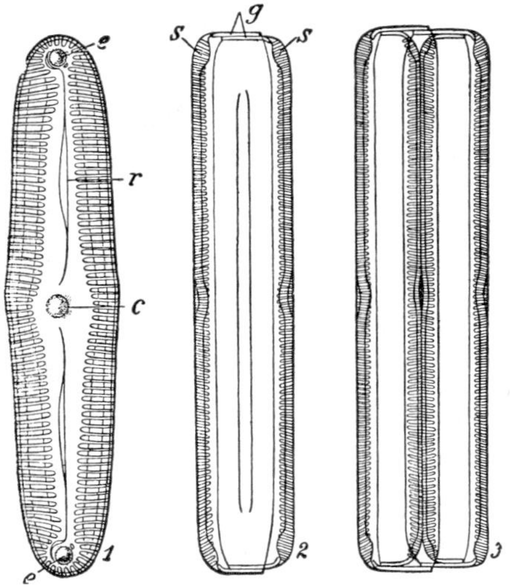

Abb. 19. Kieselalge (*Pinnularia viridis*). 1 Schalenansicht, *c* Zentralknoten, *e* Endknoten, *r* Raphe; 2 Gürtelansicht, *s* Schalen, *g* Gürtelbänder; 3 Teilung einer Zelle (Gürtelansicht) (sehr stark vergr.).

gleich. Sehr verschieden sind aber die Zellen bei der Betrachtung der Schalenansicht, das ist der Anblick der die Schachtel oben und unten begrenzenden Flächen. Diese können von verschiedensten länglichen, runden oder S-förmig geschwungenen Umrissen, strahlig oder seitlich symmetrisch sein, weisen aber immer äußerst zierliche Formen auf (Abb. 19).

Das Protoplasma enthält einen Kern und gelbbraune Farbstoffträger, die außer Chlorophyll noch braune Farbstoffe besitzen. Bei der Assimilation entsteht meist Öl, das in feinen Tröpfchen im Plasma abgelagert wird.

[1]) Unter der Bezeichnung Plankton faßt man alle kleinen, pflanzlichen und tierischen Lebewesen, die im Wasser frei schweben, zusammen.

Bei der ungeschlechtlichen Vermehrung, die durch Teilung der Zelle erfolgt, bekommt jede Tochterzelle nur eine Hälfte des Kieselpanzers mit, die sie als Deckel verwendet, während die hineinpassende Schachtel ergänzt wird. Dadurch wird stets eine Tochterzelle kleiner als die Mutterzelle und muß auch so bleiben, weil ein Wachstum des Panzers nicht möglich ist. Bei fortgesetzter Teilung erreicht eine Zelle die Mindestgröße und wirft beide Schalenteile ab. Das befreite Protoplasma wächst auf ursprüngliche Größe heran und bildet dann wieder einen neuen Panzer aus. Meist geht dieser Vorgang Hand in Hand mit der geschlechtlichen Fortpflanzung, bei der zwei Zellen ihre Schalen verlassen und mitsammen verschmelzen.

Kieselalgen gibt es im Meer und Süßwasser, aber auch auf feuchtem Boden. Die Landformen können längere Austrocknung ertragen. Manche Formen sind festgewachsen, andere kriechen auf der Unterlage durch Bewegung des bei Poren und Spalten („Raphe") austretenden Plasmas dahin. Am häufigsten sind aber schwebende Formen, die oft in ungeheuren Massen auftreten, so daß die zu Boden sinkenden Schalen der toten Algen mächtige Ablagerungen bilden. Erdarten, die vorwiegend aus den Schalen von Kieselalgen bestehen und aus solchen Ablagerungen hervorgegangen sind, werden als Bergmehl, Poliererde oder Kieselgur bezeichnet.

Kieselgur gibt, mit Nitroglyzerin getränkt, das bekannte Sprengmittel Dynamit. Da die Schalen der Kieselalgen außerordentlich feine und regelmäßige Zeichnungen aufweisen, werden sie als Probeobjekte bei der Prüfung der Güte von Mikroskopen verwendet. Die lebenden Kieselalgen spielen eine bedeutende Rolle als Nahrung von Wassertieren.

Jochalgen

Die Jochalgen sind einzellig oder bilden unverzweigte fadenförmige Kolonien. Die kernhaltigen Zellen enthalten Chlorophyll, das an verschiedengestaltige, für die einzelnen Gattungen charakteristisch geformte Farbstoffträger gebunden ist. Die Jochalgen zeigen manche den Kieselalgen ähnliche Züge. Es gibt auch hier Formen, die aus zwei Schalenteilen zusammengesetzt sind. Die ungeschlechtliche Vermehrung erfolgt durch Teilung. Da die Zellwände nicht verkieselt und daher vergrößerungsfähig sind, werden auch bei den zweischaligen Algen die Tochterzellen nicht kleiner. Bei der geschlechtlichen Fortpflanzung verschmilzt das Protoplasma zweier Zellen zu einer Zygote (Jochspore). Die Fortpflanzungszellen tragen hier niemals Geißeln. Die Jochalgen leben vorwiegend im Süßwasser.

Die **Schraubenalge**[1]) bildet fädige, grüne, an der Oberfläche von Teichen und Tümpeln treibende Watten. Die einzelnen Fäden wachsen

[1]) Die einzelnen Zellteile werden deutlicher sichtbar nach Einwirkung von Jod-Jodkalium.

durch Teilung der Zellen in die Länge, zerfallen von Zeit zu Zeit und die Bruchstücke wachsen wieder zu neuen Fäden aus. Jede Zelle enthält in dem wandständigen Protoplasma ein oder mehrere schraubengangförmige Chlorophyllbänder (Abb. 20/1).

Bei der geschlechtlichen Fortpflanzung, Konjugation, legen sich zwei Fäden nebeneinander. Die gegenüberliegenden Zellen treiben Ausstülpungen gegeneinander (Abb. 20/2), welche an der Berührungsstelle die Wand auflösen und somit einen Schlauch bilden. Wenn diese Ver-

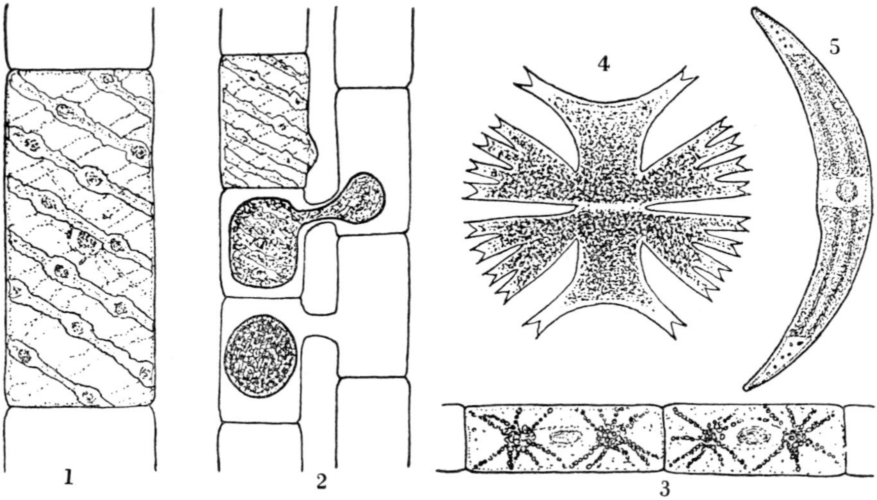

Abb. 20. Jochalgen. 1 Schraubenfadenalge; 2 Jochsporenbildung; 3 Zygnema; 4 Malteserkreuzalge; 5 Mondsichelalge (sehr stark vergr.).

bindung zwischen vielen hintereinanderliegenden Zellpaaren hergestellt ist, bilden die beiden Fäden eine leiterartige Figur (vergleichbar den Jochen bei einer Brücke). Schließlich schlüpfen die Protoplasmamassen der Zellen des einen Fadens durch die Verbindungsschläuche in die gegenüberliegenden Zellen, um mit diesen zu verschmelzen. Das Verschmelzungsprodukt ist die Jochspore, die sich mit einer derben Haut umgibt und reichlich Reservestoffe enthält. Es tritt schließlich der Zustand ein, daß von den beiden Fäden der eine (männliche) nur mehr aus leeren Zellwänden besteht, während der andere (weibliche) die Jochsporen enthält. Diese werden nach Zerfall der Fäden frei, überdauern am Grund des Wassers den Winter und keimen im Frühjahr zu einem neuen Faden aus.

Andere bekannte Formen: **Zygnema** bildet Fäden, deren Zellen einen sternförmigen Farbstoffträger besitzen (Sternalge); die **Mondsichelalge** und die **Malteserkreuzalge** sind einzellig (Abb. 20).

Grünalgen

Die grüne Farbe der Farbstoffträger ist bei den Grünalgen von genau derselben Zusammensetzung wie das Blattgrün der höheren Pflanze. Es treten auch hier neben dem Chlorophyll gelbe Farbstoffe auf. Die ungeschlechtliche Fortpflanzung erfolgt durch nackte, mit Hilfe von Geißeln herumschwimmende Zellen, die Schwärmsporen, oder durch Teilung. Geschlechtlich vermehren sich die Grünalgen durch Verschmelzung von Gameten. Es gibt alle Übergänge von einzelligen bis zu flächig entwickelten, kompliziert gebauten, vielzelligen Formen. Die Mehrzahl lebt im Süßwasser, manche größere Arten kommen im Meer vor.

Die Gattung **Pleurococcus**[1]) findet sich häufig als Anflug auf der Wetterseite von Bäumen: Rundliche Zellen, die manchmal zu Familien beisammenliegen und im Plasma einen Kern sowie einen großen, grünen Farbstoffträger besitzen. Vermehrung durch Teilung (Abb. 21).

Abb. 21.
Pleurococcus viridis
(vergr. 540fach).

Die Gattung **Kraushaaralge** (Abb. 22) bildet im klaren Süßwasser grüne Fäden, deren Zellen einen großen, bandförmigen Farbstoffträger enthalten, der als ein weit geöffneter Ring der Zellwand anliegt (2*a*, 3). Die Fortpflanzung geschieht ungeschlechtlich in der Art, daß eine Zelle sich teilt (*b*) und die Teilstücke in Form von birnförmigen, hautlosen Zellen (*c*) durch einen Riß der Zellwand frei werden (d). Sie besitzen einen grünen Farbstoffträger, einen ,,Augenfleck" und 4 Geißeln, mit deren Hilfe sie im Wasser umherschwimmen (,,schwärmen"). Diese als Schwärmsporen (4) bezeichneten Zellen kommen nach einigen Stunden des Schwimmens zur Ruhe, ziehen die Geißeln ein und umgeben sich mit einer derben Membran. Nach einer Ruhezeit keimt die Spore und bildet durch fortgesetzte Zellteilung einen neuen Faden.

Bei der geschlechtlichen Fortpflanzung entstehen in anderen Zellen des Fadens je 8 bis 32 kleine Zellen (*e*, *f*), die, den Schwärmsporen ähnlich, aber kleiner und nur mit 2 Geißeln versehen sind (5). Sie schwimmen lebhaft im Wasser herum, schließlich vereinigen sich je zwei solcher, aus verschiedengeschlechtlichen Fäden stammenden aber gleich aussehenden Gameten miteinander (6, 7) und bilden eine widerstandsfähige Spore (8). Diese entläßt nach einer langen Ruhezeit mehrere Schwärmsporen, die zu neuen Fäden auswachsen.

[1]) *pleura* (gr.) Seite; *kokkos* (gr.) Körnchen.

Ein häufiger Bestandteil des Süßwasserschlammes ist die Gattung **Oedogonium**[1]. Ebenfalls eine Fadenalge, deren Zellen den grünen Farbstoff in einem netzförmigen Chloroplasten enthalten. Die sich bei der ungeschlechtlichen Fortpflanzung aus einer Zelle entwickelnde Schwärmspore unterscheidet sich von einer der Kraushaaralge vor allem dadurch, daß sie einen ganzen Kranz von Wimpern trägt.

Bei der geschlechtlichen Fortpflanzung schwellen einzelne Zellen des Fadens (Eibehälter, Oogonien)[2] stark an, während in anderen, kleineren Zellen (Antheridien) je zwei, den Schwärmsporen ähnliche, aber viel kleinere Gebilde, die Spermien oder Spermatozoiden[3]), entstehen. Nach dem Aufreißen der Zellwand werden die Spermatozoiden frei und schwimmen mit Hilfe ihrer Wimpern im Wasser umher. Kommt nun eines durch eine Öffnung in der Wand des Oogoniums in dieses hinein, so verschmilzt es mit dem dort befindlichen Protoplasmaleib. Dadurch entsteht eine derbwandige, reservestoffreiche Zygote, die Eispore, welche ungünstige Lebensbedingungen überstehen kann.

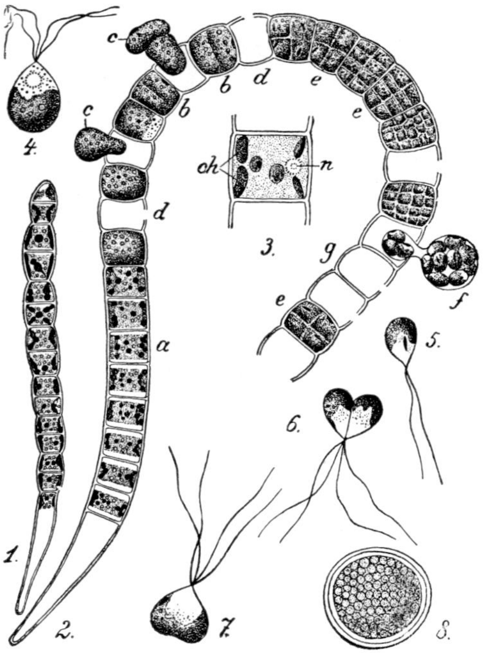

Abb. 22. Kraushaaralge. Erklärung im Text. (1., 2. vergr. 250fach, 3.—8. vergr. 500fach.)

Die beiden hier verschmelzenden Gameten sind ungleich, nämlich kleine Spermien und große, unbewegliche Eizellen, so daß man von einer Eibefruchtung sprechen kann.

Zu den Grünalgen gehören auch die **Schlauchalgen,** deren Arten manchmal in Bächen dunkelgrüne Rasen bilden, andere kommen auch auf feuchter Erde, sogar in Blumentöpfen vor. Die Mehrzahl lebt in

[1]) *oidan* (gr.) aufschwellen; *gonos* (gr.) Nachkommenschaft.
[2]) *oon* (gr.) Ei; *gonos* (gr.) Geburt.
[3]) *sperma* (gr.) Samen; *zoon* (gr.) Lebewesen.

warmen Meeren. Diese Algen bilden keine Querwände aus, so daß die schlauchförmigen Fäden, die reich verzweigt sind und manchmal mehrere Dezimeter lang werden, von einer einheitlichen Protoplasmamasse erfüllt sind, in der viele Kerne und zahlreiche scheibenförmige Chloroplasten schwimmen. Die Fortpflanzung erfolgt einerseits durch große, an einem Fadenende gebildete Schwärmsporen, die an der ganzen Oberfläche Wimpern tragen. Andererseits werden Eisporen gebildet, indem die in einem Eibehälter (Oogonium) befindliche Eizelle durch kleine, zweigeißelige Spermatozoiden, die in einem sogenannten Antheridium[1]) entstehen, befruchtet wird (Abb. 23).

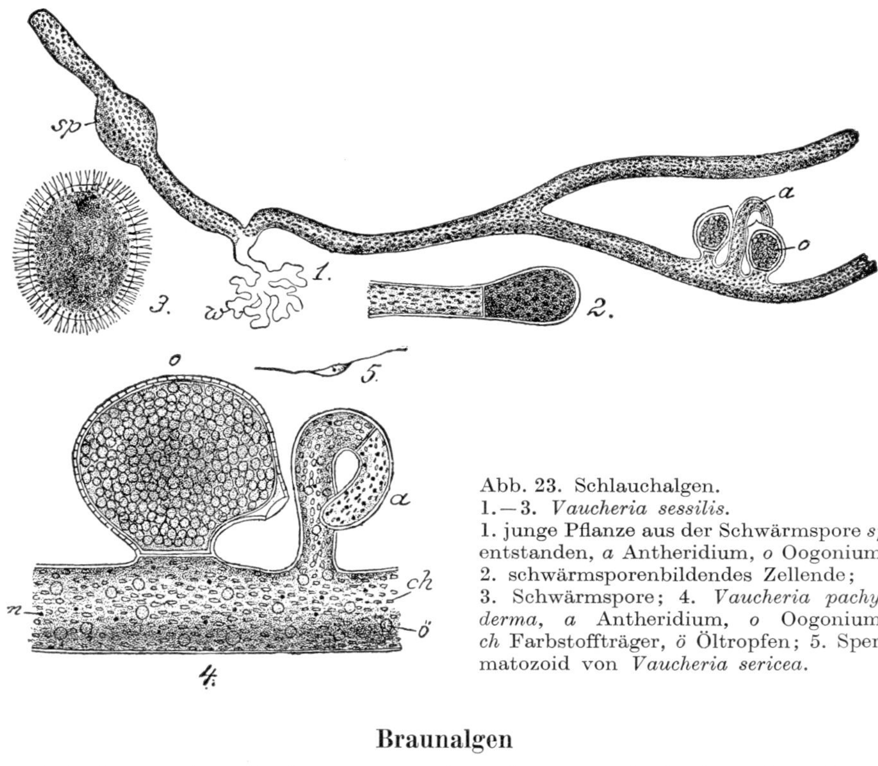

Abb. 23. Schlauchalgen.
1.—3. *Vaucheria sessilis.*
1. junge Pflanze aus der Schwärmspore *sp* entstanden, *a* Antheridium, *o* Oogonium, 2. schwärmsporenbildendes Zellende; 3. Schwärmspore; 4. *Vaucheria pachyderma*, *a* Antheridium, *o* Oogonium, *ch* Farbstoffträger, *ö* Öltropfen; 5. Spermatozoid von *Vaucheria sericea.*

Braunalgen

Die Braunalgen sind zum ganz überwiegenden Teil Meeresbewohner. Das gemeinsame Merkmal ist der Besitz eines braunen Farbstoffes, der das Chlorophyll überdeckt. Das Aussehen ist sehr verschieden, doch haben sie meist ledrige Beschaffenheit durch die Ausbildung einer derberen Hautschicht. Die Körper sind aus zahlreichen Zellschichten, welche sich zu Geweben anordnen, aufgebaut. Die äußere Gliederung

[1]) *antheros* (gr.) blühend.

erinnert oft an höhere Pflanzen, besonders bei den größeren Vertretern, doch fehlt die entsprechende Gliederung im inneren Bau. Die ungeschlechtliche Vermehrung erfolgt meist durch zweigeißelige Schwärmsporen, deren ungleich lange Geißeln seitlich entspringen. Die geschlecht-

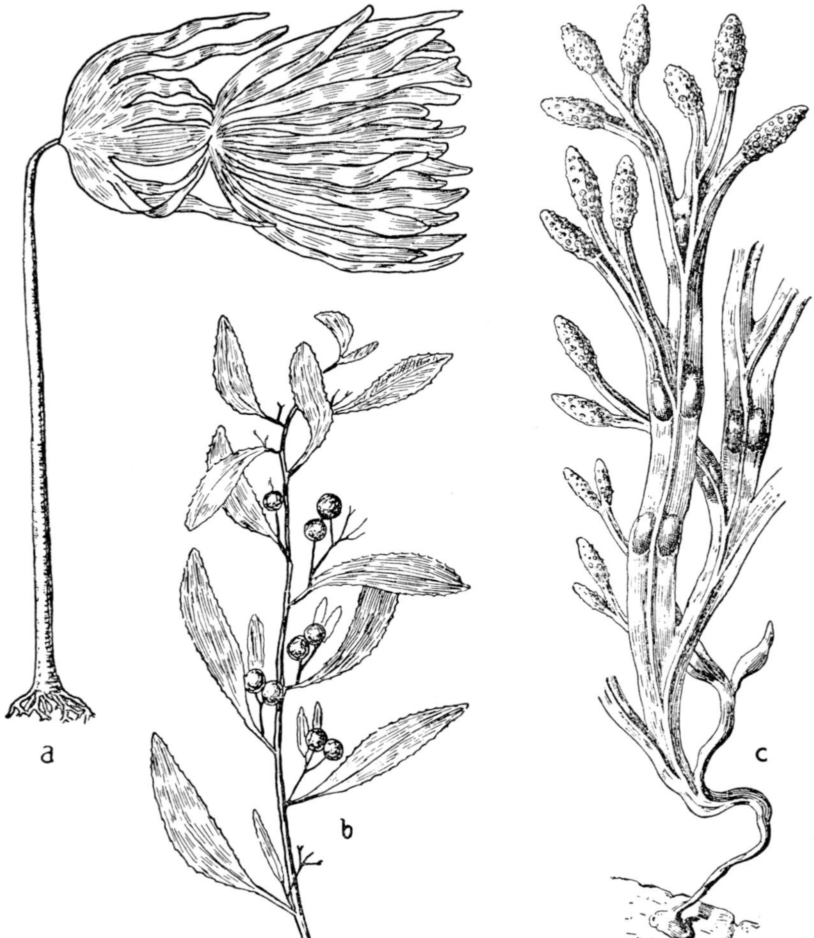

Abb. 24. Braunalgen. *a* Blattang (stark verkl.); *b* Beerentang (nat. Größe); *c* Blasentang ($^3/_4$ der nat. Größe).

liche Fortpflanzung erfolgt durch Verschmelzung von Gameten, die bei den höheren Formen meist in Eizellen und Spermatozoiden mit ebenfalls zwei seitlichen, ungleichen Geißeln differenziert sind. Im einzelnen ist die Fortpflanzung recht verschieden.

Die größeren Formen des Meeres, die oft beträchtliche Ausmaße erreichen, werden als Tange bezeichnet (Abb. 24). Einer der bekanntesten ist der **Blasentang,** der im Atlantik und in der Nordsee vorkommt. Seinen Namen hat er wegen der Schwimmblasen, das sind luftgefüllte Auftreibungen, mit deren Hilfe die einzelnen Körperteile vom Wasser getragen werden. Dieser gabelig geteilte Tang erreicht 15—30 cm. Die Fortpflanzung erfolgt durch Eibefruchtung.

Manche Tange haben ein blattartiges Aussehen. Ein solcher **Blattang** des nördlichen Atlantik liefert Mannit (Mannazucker). Hauptsächlich in wärmeren Meeren findet man die **Beerentange** (*Sargassum*), welche blattähnliche Lappen und gestielte, beerenähnliche Schwimmblasen tragen. Abgerissene Tangstücke werden, wenn sie an der Meeresoberfläche treiben, durch Strömungen zu sogenannten „Tanginseln" zusammengeschwemmt. Ein Beispiel ist die westlich der Azoren liegende „Kraut-See" oder „Sargasso-See", welche eine Fläche von etwa 4,000.000 km^2 einnimmt und zum größten Teil aus Beerentangen besteht. Im Stillen Ozean wächst der **Riesentang,** der bis 70 m lang wird.

Die Tange liefern beim Verbrennen die Tangasche, aus der man Soda, Jod und Brom gewinnen kann.

Rotalgen

Die Rotalgen unterscheiden sich von allen anderen Algen durch ihre rote Färbung. Sie besitzen neben dem Chlorophyll einen roten Farbstoff, der dieses überdeckt. Mit wenigen Ausnahmen sind die Rotalgen Meeresbewohner, und zwar leben sie meist in größerer Tiefe. Ihre Körper weisen große Mannigfaltigkeit auf, es gibt fadenförmige und flächige Formen, viele erinnern an Tange. Die Fortpflanzungszellen sind stets geißellos. Bei der ungeschlechtlichen Fortpflanzung entstehen unbewegliche Sporen meist in Gruppen zu je vieren. Die geschlechtliche Fortpflanzung erfolgt durch eine Eibefruchtung, die aber recht kompliziert und bei den einzelnen Arten verschieden verläuft.

Von den wenigen Süßwasserformen bildet in klaren Gebirgsbächen die **Froschlaichalge** an Steinen dunkelviolette, laichähnliche Massen, die aus wirtelig verzweigten Fäden zusammengesetzt sind.

Aus verschiedenen Rotalgen, besonders aus einigen ostasiatischen, gewinnt man durch Auskochen eine haltbare Gallerte, die zur Bereitung von Nährböden für Bakterienkulturen verwendet wird („Agar-Agar").

Manche Arten, besonders aus der Gattung **Lithothamnion**[1]), lagern derart viel Kalk in den Zellwänden ab, daß sie harte Massen bilden, welche stark an Korallenstöcke erinnern und sogar gesteinsbildend werden können. Schon in früheren erdgeschichtlichen Zeiten gelangten Lithothamnienkalke zur Ablagerung. Solche sind auch in dem Leithakalk enthalten, der in Wien als Baumaterial (Stephansdom, Rathaus, Votivkirche) viel verwendet wurde.

---

[1]) *lithos* (gr.) Stein; *thamnos* (gr.) Strauch.

Zusammenfassung. Die Algen leben im Wasser oder auf feuchter Erde. Ihre kernhaltigen Zellen besitzen Farbstoffträger mit Chlorophyll, aber auch zusätzliche andere Farbstoffe sind verbreitet. Es gibt verschiedene Formen vom Einzeller über Zellkolonien bis zu vielzelligen, reichgegliederten Lagern, die bei manchen sogar riesige Ausmaße erreichen. Vermehrung ungeschlechtlich (Teilung, Schwärmsporen) und geschlechtlich durch Gameten (Eibefruchtung). Geißelträger, Kiesel-, Joch-, Grün-, Braun- und Rotalgen.

3. Abteilung: Pilze

Als Pilze sind hier eine Reihe der Gestalt und Abstammung nach recht verschiedene niedere Pflanzen zusammengefaßt. Sie stimmen aber alle darin überein, daß sie kein Chlorophyll besitzen und daher nicht wie die Algen oder andere grüne Pflanzen das Kohlendioxid assimilieren können. Die Pilze müssen daher organische Kohlenstoffverbindungen mit der Nahrung aufnehmen und beziehen diese entweder als Schmarotzer (= Parasiten) aus lebenden oder als Fäulnisbewohner (= Saprophyten) aus toten Organismen.

Algenpilze

Diese niederen Pilze wurden auch als **Schimmelpilze** bezeichnet. Mit der volkstümlichen Bezeichnung „Schimmel“ belegt man verschiedene staubige oder fädige, spinnwebenähnliche Überzüge auf organischen Substanzen. Sie werden von Pilzen gebildet, welche aus diesen Substanzen ihre Nahrung beziehen.

Ein typischer Vertreter dieser Pilzgruppe ist der **Köpfchenschimmel,** der auf altem Brot oder Pferdemist leicht gezogen werden kann (Abb. 25). Der weiße Überzug, den der Pilz bildet, besteht aus weitverzweigten, querwandlosen, vielkernigen Zellfäden, welche in das Innere der organischen Unterlage eindringen und ein wirres Fadengeflecht, Myzel (Mycelium), bilden. Dieses entwickelt sich sehr rasch und sendet bald einzelne Fäden in die Luft empor, die eine Länge bis zu 5 cm erreichen können. An der Spitze erweitern sich diese dünnen Fäden zu einem bräunlichschwarzen Köpfchen, das sich durch eine Wand vom Stiele abschnürt. So ein Köpfchen erweist sich als Sporenbehälter oder Sporangium[1]), in welchem sich zahlreiche winzige, eiförmige Sporen entwickeln. Durch Reißen der Wand des Sporenbehälters werden die Sporen frei, die auf feuchter Unterlage sofort keimen oder eingetrocknet vom Wind vertragen werden. Aus der Spore entwickelt sich wieder ein neues Myzel.

Außer der geschilderten, ungeschlechtlichen Vermehrung gibt es beim Köpfchenschimmel auch noch eine geschlechtliche. Treffen zwei Pilzfäden aus verschiedenen Myzelien aufeinander, so verdicken sich zunächst deren Enden keulenförmig und gliedern sich gegen den übrigen

---

[1]) *angeion* (gr.) Gefäß.

Faden durch eine Querwand ab. Schließlich verschmelzen die beiden Fadenenden und ebenso ihre Kerne. Das Verschmelzungsprodukt bildet eine kugelige, dunkle Spore mit derber, warziger Wand.

Manche Algenpilze leben als Schmarotzer und Krankheitserreger auf höheren Pflanzen und auf Tieren.

Der **Kartoffelpilz** verursacht die Kartoffelkrankheit, bei der die Blätter schwarz werden und absterben, während die Knollen faulen oder vertrocknen. Der Schädling ist seit der Mitte des vorigen Jahrhunderts in Europa verbreitet. Die befallene Pflanze ist in allen Teilen von den querwandlosen Pilzfäden durchzogen, welche bei den Spaltöffnungen herauswachsen, um Sporenbehälter auszubilden.

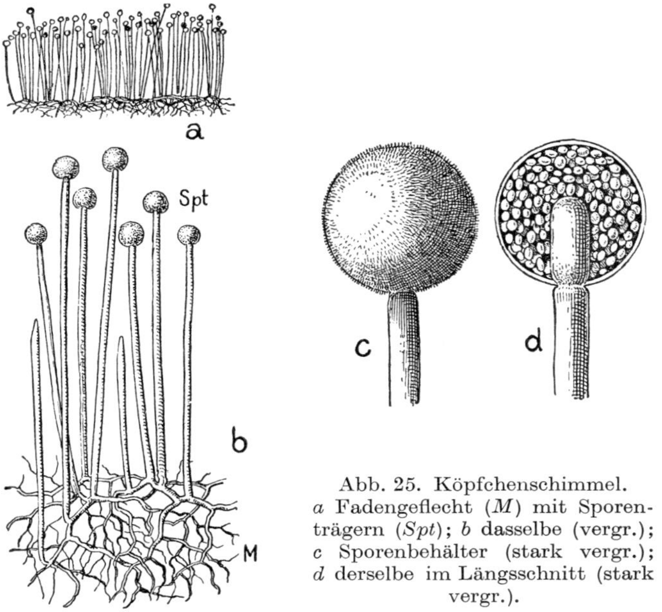

Abb. 25. Köpfchenschimmel. *a* Fadengeflecht (*M*) mit Sporenträgern (*Spt*); *b* dasselbe (vergr.); *c* Sporenbehälter (stark vergr.); *d* derselbe im Längsschnitt (stark vergr.).

Der **„Falsche Mehltau“** oder die „Peronospora-Krankheit“ befällt die Weinstöcke. Das Myzel schmarotzt in Blättern und Früchten. Auf der Oberseite der Weinblätter entstehen braune Flecke, während auf der Unterseite durch die aus den Spaltöffnungen herausragenden verzweigten Sporangienträger zarte, schimmelige Rasen entstehen. Die Beeren werden zu ledrigen, trocken-faulen Gebilden. Der Schädling wurde Ende des vorigen Jahrhunderts aus Amerika eingeschleppt.

Der **Wasserschimmel** lebt meist an untergetauchten faulenden Pflanzenteilen und Insektenleichen im Süßwasser, befällt aber gelegentlich auch lebende Fische, an deren Kiemen er sich festsetzt und schließlich die befallenen Tiere zugrunde richtet.

Der **Fliegenschimmel** befällt die Fliegen, deren Körper von dem Pilzmyzel durchwuchert werden. Dadurch gehen jährlich, besonders im Herbst, eine Unmenge Fliegen zugrunde. Aus dem toten Körper wachsen massenhaft sporenbildende Fäden hervor, deren abgeschleuderte Sporen die Fliege (z. B. auf einer Fensterscheibe) mit einem weißen Hof umgeben.

Schlauchpilze

Im typischen Falle bestehen die Schlauchpilze aus einem reich verzweigten, mit Querwänden versehenen Myzel, aus welchem sich zu bestimmten Zeiten Fruchtkörper erheben. Im Innern der Fruchtkörper entstehen nach einem Befruchtungsvorgang Pilzfäden, in deren Zellen je 2 Kerne nebeneinanderliegen. Am Ende dieser Fäden bilden sich nach vorangegangener Kernverschmelzung die Schlauchzellen und in diesen unter Reduktionsteilung die Sporen (meist 8).

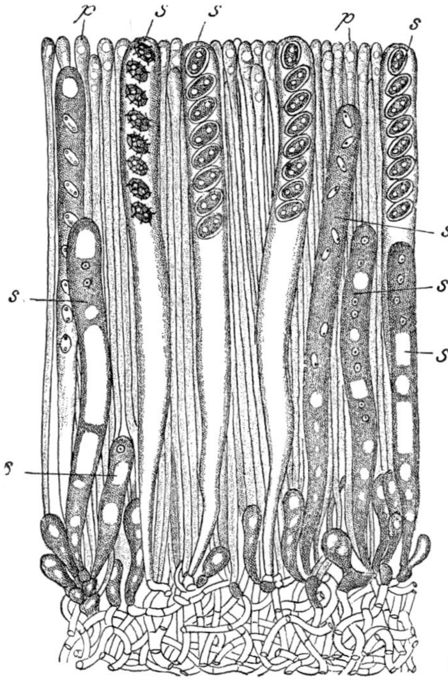

Abb. 26. Schlauchpilze. Stück aus der schlauchführenden Schicht des Fruchtkörpers eines Becherpilzes. *p* Saftfäden, *s* Sporen im Schlauch (sehr stark vergr.).

Die Schlauchzellen liegen in der sogenannten Fruchtschicht (Hymenium) beisammen. Bei manchen Formen gibt es auch eine zweite Art von Sporen, die nach außen abgeschnürt werden.

Ein charakteristischer Vertreter der Schlauchpilze ist der auf Äckern und gedüngten Wiesen vorkommende **Blasige Becherpilz.** Im Frühjahr und im Herbst erheben sich aus einem im Boden wachsenden Myzelium wachsgelbe Fruchtkörper, die aus verzweigten, ineinander verflochtenen Zellfäden aufgebaut sind und die Form kleiner ungestielter Becher haben. Die Innenfläche ist mit der Fruchtschicht ausgekleidet, welche aus gleichlaufend angeordneten Zellen zusammengesetzt ist, und zwar aus den keulig verdickten, sporenbildenden Zellen sowie aus dazwischenliegenden, dünnen, unfruchtbaren Saftfäden. Man bezeichnet eine solche sporenführende Zelle als Schlauch. Dieser enthält beim Becherpilz 8 Sporen. Die Bedeutung der Saftfäden liegt darin, daß durch ihr Aufschwellen die Sporen aus den Schläuchen herausgedrückt werden und dann verbreitet werden können (Abb. 26).

Zu den Schlauchpilzen gehören auch solche, deren Fruchtkörper gegessen werden. Bei der **Speisemorchel** besitzt der keulenförmige Fruchtkörper im oberen, verdickten Teil zahlreiche mit der Fruchtschicht ausgekleidete Gruben, der Stiel ist glatt. Von den Morcheln unterscheiden sich die **Lorcheln** dadurch, daß der obere, die Fruchtschicht tragende Teil des Fruchtkörpers unregelmäßige, an Hirnwindungen erinnernde Lappen aufweist. Obwohl viele Morcheln und Lorcheln als Speisepilze verwendet werden, kommen gelegentlich durch ihren Genuß Vergiftungen vor, die aber sicher vermieden werden können, wenn man die Pilze abkocht und das Kochwasser wegschüttet.

Ein geschätzter Speisepilz ist die in Italien und Südfrankreich gedeihende schwarze **Trüffel,** deren Fruchtkörper (Abb. 27) nur unter der Erde gebildet werden, wo sie schwarze, außen warzige Knollen von 1 bis 10 cm Durchmesser bilden. Die Schlauchzellen mit den Sporen befinden sich in Hohlräumen im Innern des Fruchtkörpers. Die Verbreitung der Sporen erfolgt durch Tiere (Schweine, Mäuse, Hunde usw.), welche den stark duftenden Fruchtkörper aufsuchen und verzehren. Auch der Mensch verwendet zum Einsammeln der Trüffeln abgerichtete Tiere (Hunde, Schweine).

Zu den Schlauchpilzen gehört auch der **Mutterkornpilz,** der in Roggenkörnern parasitiert. In den befallenen Roggenblüten entwickelt sich im Fruchtknoten das Pilzmyzel, und statt des reifenden Kornes entsteht ein von Pilzfäden durchwuchertes dunkelviolettes Gebilde, das als „Mutterkorn“ bezeichnet wird. Dieses liefert wichtige Stoffe für Heilmittel, kann aber, wenn es in größeren Mengen in das Mehl kommt, zu schweren Vergiftungen führen. Das „Mutterkorn“ stellt einen Dauerzustand des Myzeliums dar, das in dieser Form, zu Boden gefallen, überwintert und im Frühjahr Fruchtkörper in Gestalt von gestielten, kugeligen Köpfchen treibt, welche in Höhlungen die sporenbildenden Schlauchzellen enthalten. Durch die Sporen werden die Fruchtknoten der zu dieser Zeit blühenden Roggenpflanzen befallen (Abb. 28).

Der **Pinselschimmel** kommt auf den verschiedensten Nährböden (feuchtem Brot, faulenden Früchten, Käse, Fleisch, Leder u. a. m.) häufig vor und bildet dort graugrüne Überzüge. Aus dem Myzelium erheben sich einzelne Fäden bis 1 mm hoch empor, verästeln sich am Ende mehrfach, und jeder Ast trägt reihenweise perlschnurartig abgeschnürte Sporen. Dadurch erhalten die sporentragenden Fäden eine pinselförmige Gestalt (Abb. 29). Die grüne Farbe der Sporen hat nichts mit Chlorophyll zu tun. Gelegentlich entstehen aus dem Myzelium ganz kleine Knöllchen von kaum 1 mm Durchmesser, welche im Inneren sporenbildende Schläuche ausbilden.

Gewisse Formen von Pinselschimmel werden in Käse gezogen, um diesem (Roquefortkäse) einen besonderen Geschmack zu verleihen. Eine große Bedeutung

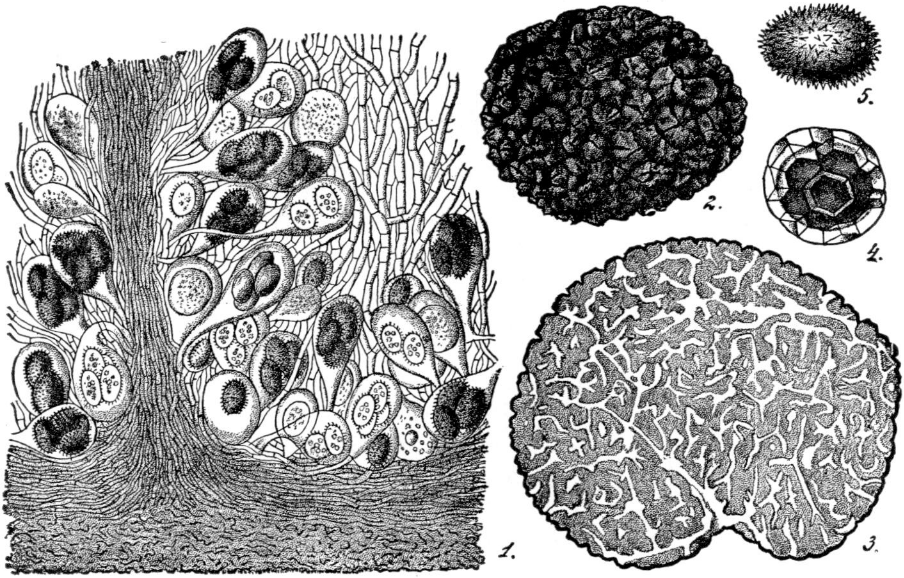

Abb. 27. Schlauchpilze. Trüffel. 1. Stück aus dem Innern eines Fruchtkörpers (stark vergr.); 2. ganzer Fruchtkörper (nat. Größe); 3. Durchschnitt durch den Fruchtkörper (nat. Größe); 4., 5. Sporen verschiedener Arten (450fach vergr.).

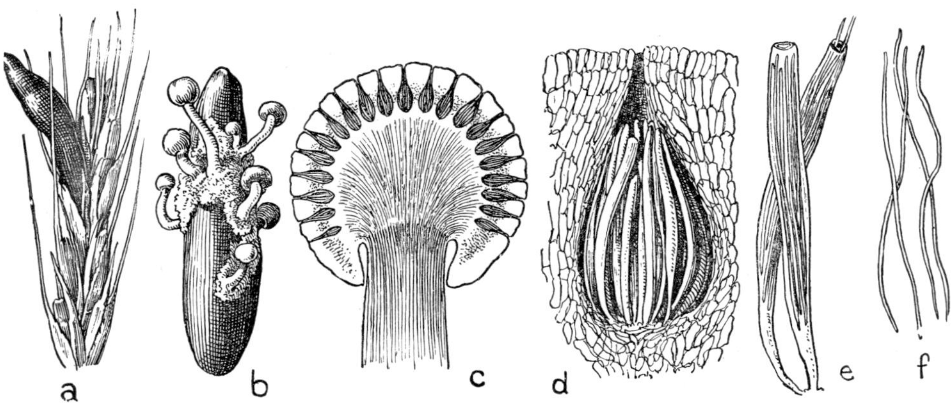

Abb. 28. Schlauchpilze. Mutterkorn. *a* Roggenähre mit Mutterkorn; *b* Mutterkorn mit roten Köpfchen (vergr.); *c* Köpfchen im Längsschnitt (stark vergr.); *d* Behälter mit Sporenschläuchen (stark vergr.); *e* Sporenschlauch mit Sporen (stark vergr.); *f* Sporen (sehr stark vergr.).

haben die Pinselschimmel und einige verwandte Pilze dadurch erlangt, daß sie Stoffe besitzen, die Wachstum und Vermehrung von Bakterien weitestgehend hemmen und zur Erzeugung bestimmter Heilmittel (z. B. Penicillin) verwendet werden.

Viele verwandte Formen erregen Pflanzenkrankheiten. So kommen zwei dem Pinselschimmel einigermaßen ähnliche Pilzarten auf Obst vor, und zwar eine auf Kirschen, die andere auf Äpfel und Birnen. Sie treten an der Oberfläche der zersetzten Frucht in einer großen Zahl kleiner, weißlich schimmeliger Perlen hervor (Moniliafäule).

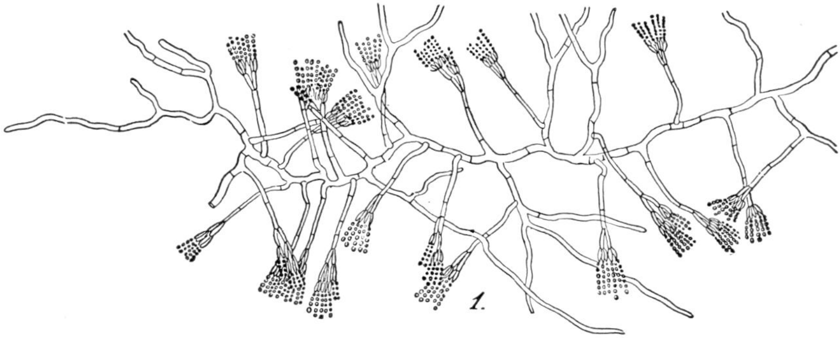

Abb. 29. Schlauchpilze. Pinselschimmel, vergr.

Große Schädlinge sind die **Mehltaupilze,** welche auf Pflanzen weiß bepuderte, spinnwebartige Überzüge bilden. Hierher gehört die als „Echter Mehltau" bezeichnete, gefürchtete Erkrankung des Weinstockes.

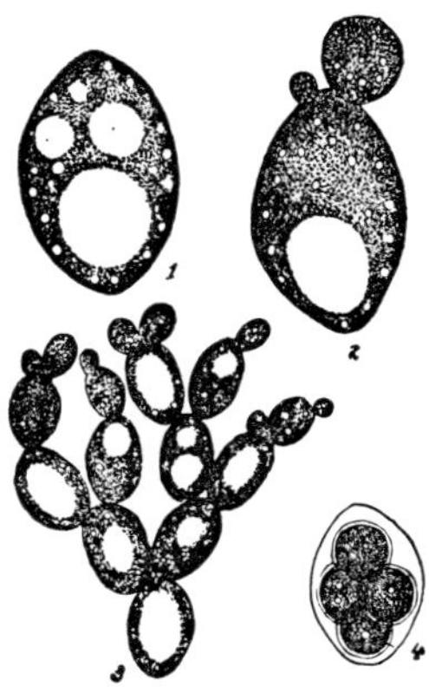

Abb. 30. Bierhefe
1 Einzelne Zelle; 2, 3 Sprossung; 4 Sporenbildung (sehr stark vergr.).

Die **Bierhefe** bildet weder ein Myzel noch Fruchtkörper, sondern besteht aus einzelnen ellipsoidischen Zellen. Die Vermehrung erfolgt im allgemeinen durch Sprossung, das heißt, die Zellen treiben Ausstülpungen, welche sich loslösen und neue Zellen darstellen. Meist sprossen die Tochterzellen schon selbst wieder, bevor sie sich von der Mutterzelle ablösen, es entstehen so oft ganze Sproßketten. Manchmal erfolgt die Vermehrung auch durch Sporen, welche zu vieren im Innern einer Zelle gebildet werden. Man kann diese Zelle gewissermaßen als Schlauch betrachten und daher die Hefepilze zu den niederen Schlauchpilzen einteilen (Abb. 30).

Verrührt man genügend Preßhefe (Germ) in einer 10%igen Zuckerlösung (eventuell mit einer Spur Pflanzennährsalzlösung), so kann man bei geeigneter Temperatur (25° C) nach einiger Zeit das Aufsteigen von Gasblasen beobachten. Jetzt untersucht man einen Tropfen unter dem Mikroskop. Nach einigen Tagen hat sich die Flüssigkeit unter ständiger Gasentwicklung (Nachweis von CO_2!) getrübt und riecht nach Alkohol. Der Hefepilz verursacht nämlich die alkoholische Gärung, indem er Zucker in Alkohol und Kohlendioxid zerlegt. Wegen dieser Eigenschaft wird die Bierhefe bei der Bierbereitung verwendet. Aber auch beim Backen spielt die Hefe zum Auflockern des Teiges eine wichtige Rolle, indem sie die Stärke des Mehles zum Teil in Zucker und diesen weiter in Alkohol und Kohlendioxid spaltet. Durch die ausgeschiedenen CO_2-Bläschen wird der Teig aufgelockert, während der entstandene Alkohol beim Backen verdampft. Eine weitere Bedeutung der Hefepilze liegt in dem hohen Gehalt an Vitamin B.

Außer der Bierhefe gibt es verwandte Hefearten mit ähnlichen Lebenserscheinungen, so etwa die **Weinhefe,** die in der Natur auf Obst, vor allem auf den Weinbeeren, lebt und die Gärung des Weines verursacht.

Basidienpilze

Bei den eigentlichen Basidienpilzen, zu denen die Mehrzahl der im Volksmund als „Schwämme“ bezeichneten Wald- und Wiesenpilze gehört, entwickeln sich aus den Sporen, die sich als verschieden-

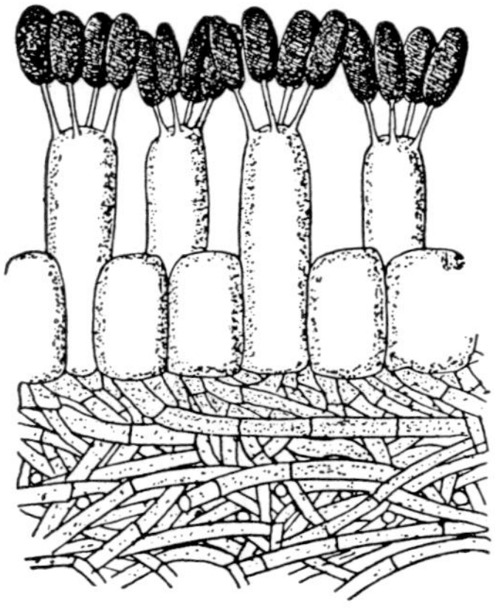

Abb. 31. Basidien von Coprinus (vergr. 800fach).

geschlechtlich erweisen, Myzelien mit einkernigen Zellen. Treffen zwei Myzelien verschiedenen Geschlechts aufeinander, so verschmelzen zwei sich berührende Zellen, nicht aber ihre Kerne. Aus dem Verschmelzungsprodukt entwickelt sich zunächst ein Pilzfaden und schließlich ein reichverzweigtes Myzelium mit lauter zweikernigen Zellen. Dieses Zweikernmyzel ist fast immer mehrjährig. Unter bestimmten Voraussetzungen bilden sich Fruchtkörper, in deren Fruchtschicht die Endzellen der Pilzfäden unter Verschmelzung der beiden Kerne zu keulenförmigen Basidien werden. Diese schnüren nach Reduktionsteilung meist 4 Sporen ab (Abb. 31).

Der bekannte **Fliegenpilz,** dessen Myzelium die Nahrung aus den faulenden und vermoderten organischen Stoffen des Waldbodens bezieht, treibt oberirdische, fleischige Fruchtkörper, die sich in Strunk und Hut gliedern. In der Jugend sind die Fruchtkörper von weißen häutigen Hüllen umgeben, welche während des Wachsens gesprengt werden und nur als weiße Schuppen auf dem roten Dach des Hutes und als Hautring des Stieles sowie als eine Art Scheide am Grunde des Strunkes erhalten bleiben. An der Unterseite des Hutes befinden sich strahlig angeordnete Blättchen, Lamellen, die von der Fruchtschicht überzogen sind. In der Fruchtschicht, Hymenium, liegen die Basidienzellen, deren jede 4 dünne stielartige Ausstülpungen bildet, an deren Spitze eine Spore abgeschnürt wird. Die reifen Sporen fallen ab und werden vom Wind vertragen.

Nach der Ausbildung des Fruchtkörpers unterscheidet man: Blätterpilze; bei diesen überzieht die Fruchtschicht dünne Blättchen auf der Unterseite des Hutes (Fliegenpilz). Bei den Röhrenpilzen findet man statt der Blättchen zahlreiche senkrechte, feine Röhrchen, in deren Hohlraum sich die Basidien befinden (Herrenpilz). Die Stachelpilze tragen die Basidien auf kleinen Zäpfchen der Hutunterseite (Semmelstoppelpilz). Die Keulenpilze bilden verästelte Fruchtkörper, deren Oberfläche von der Fruchtschicht überzogen ist (Bärentatze). Die Bauchpilze bilden die Sporen im Innern ihrer knolligen Fruchtkörper, welche zur Zeit der Sporenreife aufreißen. Das dunkle Sporenpulver wird vom Wind verstäubt (Stäubling).

Übersichtstabelle der bekanntesten eßbaren und giftigen Vertreter der Basidienpilze im **Anhang I.**

Rostpilze

Als häufige Erkrankung unserer Getreidearten ist der Rost bekannt. Er ist an gelbbraunen bis schwarzbraunen Flecken oder Streifen an Stengeln und Blättern bemerkbar (Rostflecken). Der Rost wird durch einen Pilz hervorgerufen, so etwa der **Schwarzrost des Getreides,** dessen Myzelium das Innere der Pflanze durchwuchert und diese zugrunde richtet. Eigentümlich ist der Entwicklungsgang, der durch die Ausbildung verschiedener Sporenarten und durch Wirtswechsel charakterisiert ist (Abb. 32).

Im Vorsommer durchbricht der Pilz an den Blättern der von ihm befallenen Getreidepflanze das Hautgewebe und bildet am Ende der heraustretenden Fäden je eine eiförmige, einzellige, bräunlichgelbe Spore. Diese Sporen bezeichnet man als *Sommersporen*. Wenn das Getreide zu reifen beginnt, entstehen an derselben Stelle zweizellige,

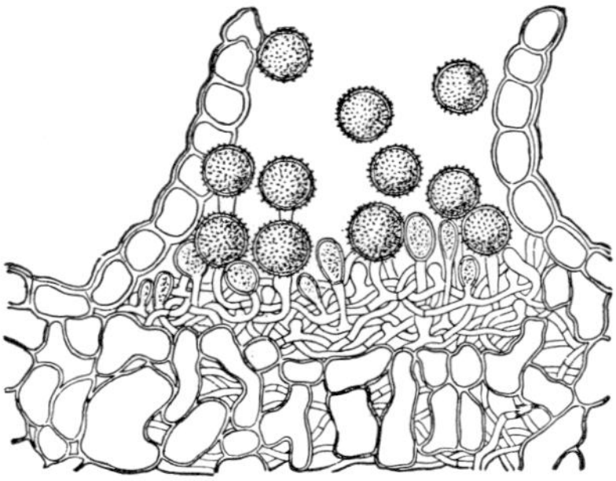

1

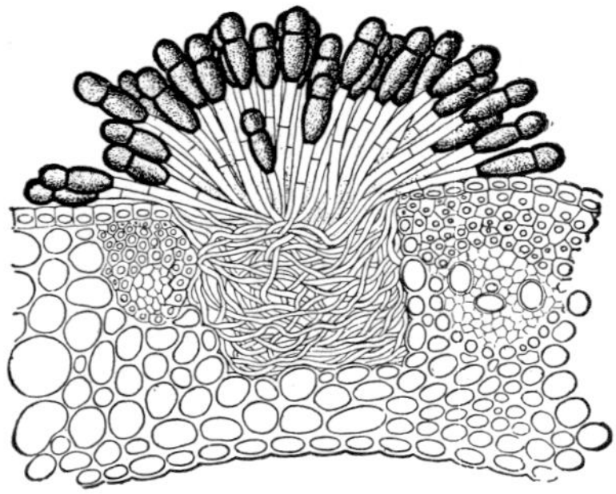

2

Abb. 32. Schwarzrost des Getreides. 1 Sommersporen. 2 Wintersporen auf Getreideblättern. 3 Bechersporen auf Sauerdornblättern (stark vergr.).

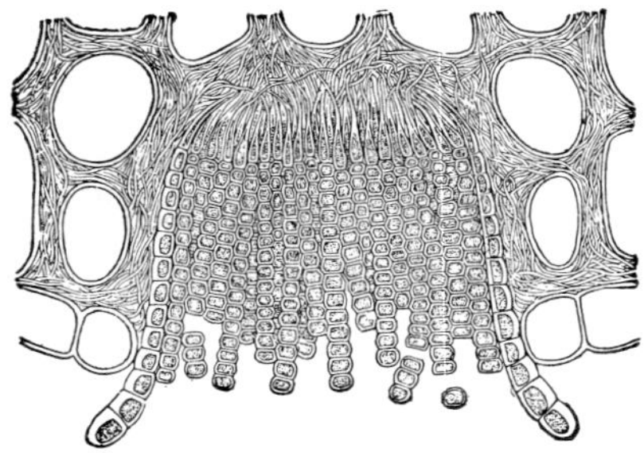

3

dickwandige, schwarzbraune *Wintersporen*. Diese überdauern den Winter und keimen im Frühjahr am Boden aus, dabei entwickelt sich aus jeder der beiden Zellen ein schlauchförmiges Gebilde, das sich durch Ausbildung von Querwänden in 4 Zellen gliedert, die je eine Spore an einer stielartigen Ausstülpung abschnüren. Da sich somit die keimenden Zellen der Winterspore gewissermaßen als *gekammerte Sonderform der Basidie* erweisen, betrachtet man die Rostpilze als Untergruppe der Basidienpilze. Diese von der Basidie abgeschnürten Sporen sind farblos und müssen zu ihrer weiteren Entwicklung auf die Blätter des Sauerdorns (Berberitze) gelangen. Dort keimen sie aus, und es entwickelt sich ein Myzel, welches das Berberitzenblatt nach allen Seiten durchzieht und auf der Unterseite kleine orangegelbe Becher erzeugt, die, zu vielen vereint, gelbe Flecke auf der Blattunterseite bilden. Diese *Becher* bilden im Inneren ganze Ketten kugeliger oder durch Abplattung eckiger, gelber Sporen aus, die *Bechersporen*.

Diese keimen erst aus, wenn sie auf eine Getreidepflanze gelangen. Dort entwickelt sich wieder ein Sommersporen erzeugendes Myzelium. In Erkenntnis dieser Zusammenhänge entfernt man die Sauerdornsträucher aus der Nähe der Getreidefelder.

Die Zahl der Rostpilze ist ziemlich groß, sie stimmen aber im Aussehen und in der parasitischen Lebensweise zumeist mit dem geschilderten Schwarzrost überein. Wichtige Rostpilze sind der **Gelbrost des Getreides,** der **Gitterrost** der Birnbäume und der **Erbsenrost.**

Brandpilze

Vom Rost wesentlich verschieden ist die als Brand bezeichnete Krankheit der Getreidearten. Sie wird durch Brandpilze, welche die Zwischenzellräume der befallenen Pflanze durchwuchern, verursacht. Die Pilzfäden saugen mit eigenen Fortsätzen die Nahrungsstoffe aus den Zellen. Durch die Brandpilze werden vor allem die Früchte von verschiedenen Getreidearten zerstört, in denen sie eine Unmenge von rußähnlichem, schwarzem, staubigem Sporenpulver erzeugen (daher der Name). Bei allen Brandpilzen, deren es eine sehr große Zahl gibt, überwintern Sporen am Boden und treiben im Frühjahr einen vierzelligen Schlauch, dessen Zellen wieder je eine Spore abschnüren und daher als Basidien betrachtet werden. Die von den Basidien abgeschnürten Sporen, welche anders aussehen als die rußartigen Brandsporen, befallen wieder neue Wirtspflanzen.

Zu den wichtigen Brandpilzen zählen der **Flug- oder Staubbrand** des Maises, des Roggens, der Gerste, des Weizens und des Hafers sowie der sehr schädliche **Stein- oder Schmierbrand** des Weizens. Die beste Bekämpfung der Brandpilze erfolgt durch Behandlung des Saatgutes mit geeigneten Chemikalien (Beizen), die die anhaftenden Sporen töten, ohne das Saatgut zu schädigen.

Zusammenfassung. Pilze besitzen kein Chlorophyll und müssen sich daher als Parasiten oder als Saprophyten ernähren. Die meisten Pilze sind vielzellig und ihre zu Fäden angeordneten Zellen bilden ein die Unterlage durchdringendes Fadengeflecht, das Myzel. Die Vermehrung erfolgt durch Sporen, die meist an eigenen, aus dem Fadengeflecht herauswachsenden Trägern (Sporangien, Fruchtkörper) gebildet werden. Schädlinge (Pflanzenkrankheiten), nützliche, eßbare und giftige Pilze. Algen-, Schlauch-, Basidien-, Rost- und Brandpilze.

4. Abteilung: Flechten

So verschieden die Lager der Flechten äußerlich erscheinen, sind sie im inneren Bau doch ziemlich übereinstimmend. Bei mikroskopischer Betrachtung eines Flechtenquerschnittes sieht man in einer mittleren, aus verschlungenen Pilzfäden zusammengesetzten Schicht Algen liegen, während der Pilz nach außen eine Art Rindenschicht bildet. Aus der unteren Rindenschicht ragen meist einzelne Pilzfäden wurzelhaarähnlich hervor. In den Flechten liegt also eine Lebensgemeinschaft von Alge und Pilz vor, und zwar eine solche, in der beide Teile einen Vorteil haben. Die Alge wird hier befähigt, außerhalb des Wassers zu leben, indem ihr der Pilz das Wasser und die Nährsalze verschafft, sie stellt dafür die durch die Assimilation des Kohlenstoffs erzeugten organischen Stoffe zur Verfügung. Eine so innige Lebensgemeinschaft zur gegenseitigen Förderung bezeichnet man als Symbiose.

Durch diese Verbindung sind Pilz und Alge befähigt, Standorte zu besiedeln, an denen sie getrennt nicht lebensfähig wären, wo aber auch andere Pflanzen kaum vorkommen. So findet man Flechten auf Bäumen, am Boden, auf Felsen, von der Spritzzone des Meeresufers bis in Hochgebirgsregionen und von den warmen Ländern bis in arktische Gebiete. Da die Pilzfäden der gesteinsbewohnenden Arten Säuren ausscheiden, mit deren Hilfe sie in das Innere des Gesteins eindringen, tragen sie zu dessen Verwitterung und zur Bodenbildung bei.

Die in den Flechten vorkommenden Algen sind einzellig oder fadenförmig, meist Blaualgen, aber vielfach auch Grünalgen. Die beteiligten Pilze sind allgemein Schlauchpilze, nur ganz selten Basidienpilze. Fast immer sind nur bestimmte Algen und Pilze gepaart. Löst man die Algen aus einer Flechte heraus, so erweisen sie sich unter geeigneten Bedingungen vollständig lebensfähig, während die Kultur der isolierten Pilze Schwierigkeiten bereitet. Diese haben ihr ursprüngliches Vermögen zum selbständigen Leben weitgehend eingebüßt. Sie zeigen in Kultur gewisse Andeutungen der Gestalt der betreffenden Flechtenart, aus der sie stammen, die typische Flechtengestalt bildet sich aber nur bei Anwesenheit der Alge. Dabei kann die Gestalt verschieden sein, je nach der Art der Alge, die mit dem Pilze lebt. Es ist interessant, daß die Art der Symbiose einen besonderen gestaltenden Einfluß hat.

Die Vermehrung der Flechten erfolgt auf zweifache Art. Sind die Verhältnisse für eine Entwicklung der Algen besonders günstig, dann vermehren sich diese durch Teilung sehr stark, und Teile der Flechte zerfallen in pulverige Massen, welche aus Algenhäufchen bestehen, die von Pilzfäden umsponnen sind. Diese als Soredien[1]) bezeichneten Häufchen können, von Wind oder Wasser vertragen, zu neuen Flechten werden. Außer dieser Vermehrung durch Brutkörperchen gibt es eine zweite, die vom Pilz ausgeht, indem dieser Fruchtkörper ausbildet, die zwar je nach der Pilzart verschieden sind, aber immer im Aufbau typische Pilzfruchtkörper darstellen. Da die Flechtenpilze in der Natur allein nicht leben, entwickeln sich die aus den Fruchtkörpern entlassenen Sporen erst dann weiter, wenn sie mit den ihnen zusagenden Algen zusammenkommen. Daher wandern bei einigen Flechten die kleinen Algen in die sporenerzeugende Schicht der Fruchtkörper ein und werden gemeinsam mit den Sporen ausgeworfen.

---

[1]) *soros* (gr.) Haufe.

Man unterscheidet nach der Wuchsform Krustenflechten, Laubflechten und Strauchflechten (Tafel 3):

Zu den **Krustenflechten,** deren Lager die Unterlage (Felsen, Baumrinde usw.) krustenartig überziehen, gehören viele bekannte Vertreter. Die **Landkartenflechte** bildet im Gebirge auf kieselreichen Felsen gelbe, schwarzgefleckte Überzüge. Die **Graue Krustenflechte** bildet auf Baumrinden und Zäunen graue Lager mit vielen sehr kleinen schüsselförmigen Fruchtkörpern.

Bei den **Laubflechten** ist das häutige oder lederartige Lager mannigfach gelappt und geteilt. Hierher gehört die gelbe **Wandschüsselflechte,** die auf Baumrinden, Bretterwänden, Holzdächern und anderem häufig zu sehen ist. Sie bildet eine große Zahl von Fruchtkörperchen in Form kleiner orangefarbiger Schüsselchen. Die **Hundsflechte** mit breitem, dem Boden anliegendem, graugrünem Lager bildet am Rande große rotbraune Fruchtschüsselchen aus.

Die **Strauchflechten** besitzen ein strauchig verzweigtes Lager. In gebirgigen Gegenden und auf Heideboden des nördlichen Europa wächst das **„Isländische Moos“** mit braunem Lager. Die Pflanze dient den Isländern als Nahrung, bei uns wird sie als Heilmittel („Kramperltee“) bei Erkrankungen der Atmungsorgane verwendet. Die **Renntierflechte** findet sich in Mittel- und Nordeuropa auf trockenem Wald- oder Heideboden und bildet weißliche, aufrechte, stark verzweigte Sträuchlein (Renntiernahrung). Die Bartflechte oder der **Baumbart** hängt von alten Bäumen in Gebirgswäldern mit seinem reich verzweigten grauen Lager nicht selten bis 2 m lang herab. An felsigen Meeresküsten wärmerer Länder kommt die **„Lackmusflechte“** vor, die den in der Chemie verwendeten Farbstoff liefert.

Zusammenfassung. In den Flechten liegt eine Symbiose zwischen Alge und Pilz vor. Vermehrung durch Brutkörperchen oder durch Sporen, die in Fruchtkörpern gebildet werden. Krusten-, Laub-, Strauchflechten.

II. Hauptgruppe: Sproßpflanzen

Bei der Untersuchung der Sproßpflanzen kann man den Kampf der Pflanze um die **Eroberung des Landes** erkennen. Während die niederorganisierten und zugleich stammesgeschichtlich älteren Formen noch zum großen Teil an Wasser gebunden sind, sind die höheren Formen vollkommene **Landpflanzen.** Das Landleben bedeutet für die Pflanze zunächst ein **Fortpflanzungsproblem,** da die Befruchtung nur im Wasser, in welchem die Spermatozoiden zur Eizelle schwimmen können, möglich ist. Da nun die festgewachsenen Landpflanzen, zum Unterschied von den Landtieren, nicht in der Lage sind, die Spermien zu den Eizellen hinzubringen, stehen durch das Fehlen des Wassers der Vereinigung von Spermatozoid und Eizelle große Schwierigkeiten entgegen, die nur durch eine schrittweise Umgestaltung der Fortpflanzung überwunden werden können. Mit der Anpassung an das Landleben steht auch die Gliederung der Pflanzen in **Wurzel, Stamm** und **Blatt** im Zusammenhang. Da man einen beblätterten Stamm als **Sproß** bezeichnet, nennt man alle in Stamm und Blätter gegliederten Gewächse Sproßpflanzen.

Wurzel

Man unterscheidet die Hauptwurzel, von der die Nebenwurzeln entspringen. Wenn Wurzeln aus Stämmen oder Blättern kommen, so spricht man von Adventivwurzeln oder Beiwurzeln, wie bei den meist aus dem Stamm austretenden Büschelwurzeln. Wurzeln können sehr verschieden aussehen, ein- oder vieljährig, fleischig oder holzig, rübenförmig oder knollig verdickt sein (Abb. 33), niemals tragen sie aber Blätter.

Eine Hauptaufgabe der Wurzel ist die **Befestigung der Pflanze** im Boden. Im allgemeinen wächst die Hauptwurzel als direkte Fortsetzung des Stammes lotrecht, die Nebenwurzeln seitlich abwärts, um das Erdreich möglichst gleichmäßig zu durchdringen. Im einzelnen ist die Ausbildung der Wurzel sehr von der Beschaffenheit des Bodens abhängig. In einem lockeren Boden wird meist eine lange Pfahlwurzel in die Erde getrieben, während auf felsigem Untergrund oft nur Adventivwurzeln die Pflanze verankern.

Eine andere Hauptaufgabe der Wurzel besteht in der **Aufnahme von Nährstoffen** aus dem Boden. Das von den Wurzelhaaren aufgenommene Wasser mit den darin gelösten Nährstoffen wandert osmotisch von Zelle zu Zelle, bis es in die sogenannten Gefäße gelangt. Das sind haardünne Röhrchen, die aus der Verschmelzung langgestreckter, toter Zellen

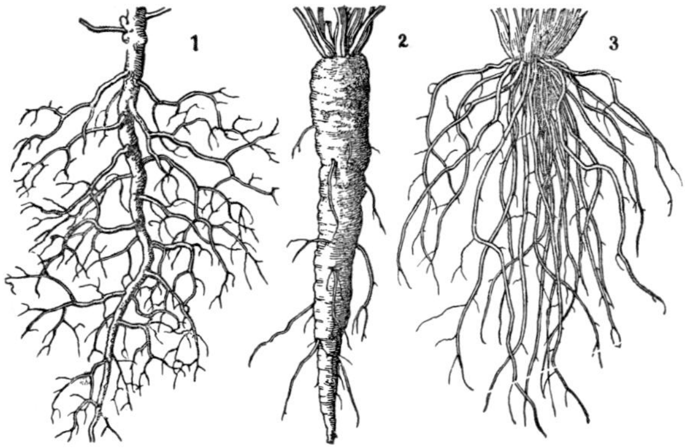

Abb. 33. 1. Hauptwurzel mit Nebenwurzeln (Käsepappel), 2. Verdickte Hauptwurzel (Pfahlwurzel) der Möhre, 3. Büschelwurzel eines Grases.

bestehen und der Leitung des Wassers dienen. Durch die lebenden Wurzelzellen wird das Wasser unter einem gewissen Druck in die Gefäße gepreßt, in denen es emporsteigt. Darauf beruht die Erscheinung, daß bei bestimmten Pflanzen, wenn man sie knapp über dem Boden abschneidet, aus der Schnittfläche Wasser mit deutlichem Druck hervorquillt, wie dies beim „Bluten“ der Weinrebe der Fall ist. Die Kraft, die das Wasser in der Wurzel aufwärts preßt, bezeichnet man als Wurzeldruck.

Der Bau der Wurzeln. Am Ende der Wurzel liegen teilungsfähige, junge Zellen, die mit ihren dünnen Membranen eng aneinanderschließen und regelmäßig angeordnet sind (Abb. 34). Die Wurzelspitze ist meist von einer Wurzelhaube bekleidet, welche aus toten, verschleimenden Zellen besteht und den Schutz der darunterliegenden, zarten Gewebe übernimmt. In wenigen Millimetern Entfernung von der Wurzelspitze gehen die jungen Zellen in die Dauergewebe über und werden verschieden umgewandelt. Zunächst strecken sie sich, was mit einer Verlängerung der Wurzel Hand in Hand geht. Dieses *Längenwachstum* erfolgt nur in einer bestimmten Zone der Wurzel. der *Streckungszone* (Abb. 35).

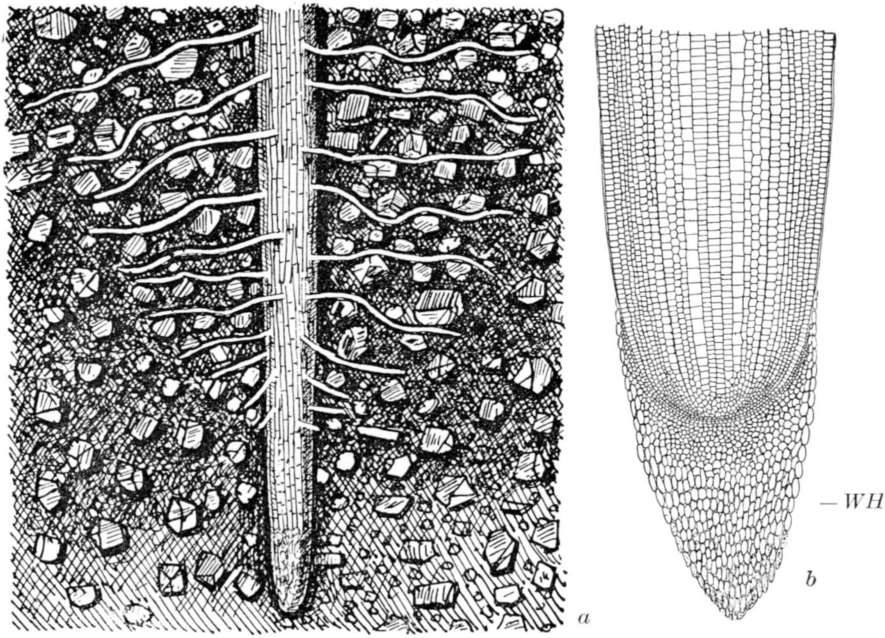

Abb. 34. *a* *Wurzelspitze* in den Boden eindringend. Die Wurzelhaare dringen zwischen die Erdkrümchen und Steinchen (Skizze mäßig vergr.), *b* äußerste *Wurzelspitze* vom Mais, im Längsschnitt, *WH* Wurzelhaube (vergr. 70fach).

Um dies zu veranschaulichen, zieht man auf der Wurzel einer in feuchter Luft gezogenen Keimpflanze Teilungsstriche mit Tusche und beobachtet wieder am nächsten Tag.

Die Zone stärksten Wachstums liegt etwa 3—5 mm von der Wurzelspitze entfernt. Dieses beschränkte Wachstumsgebiet schiebt sich infolge der Längenzunahme der Wurzel immer weiter, knapp dahinter entstehen als Ausstülpung der Oberhautzellen die *Wurzelhaare*.

Der mikroskopische Querschnitt durch die Wurzel im Gebiet der Wurzelhaare ist von kreisförmigem Umriß und zeigt innerhalb der *Oberhaut* hauptsächlich ein aus vieleckigen bis rundlichen Zellen bestehendes, Zwischenzellräume enthaltendes *Grundgewebe*. In der Mitte der Wurzel liegen die der Leitung von Wasser und Nährstoffen dienenden Zellen zu einem sogenannten *Gefäßbündel* vereinigt. Da die Wände dieser Zellen meist stark verdickt sind, erhöhen sie auch die Zugfestigkeit der Wurzel (Abb. 36).

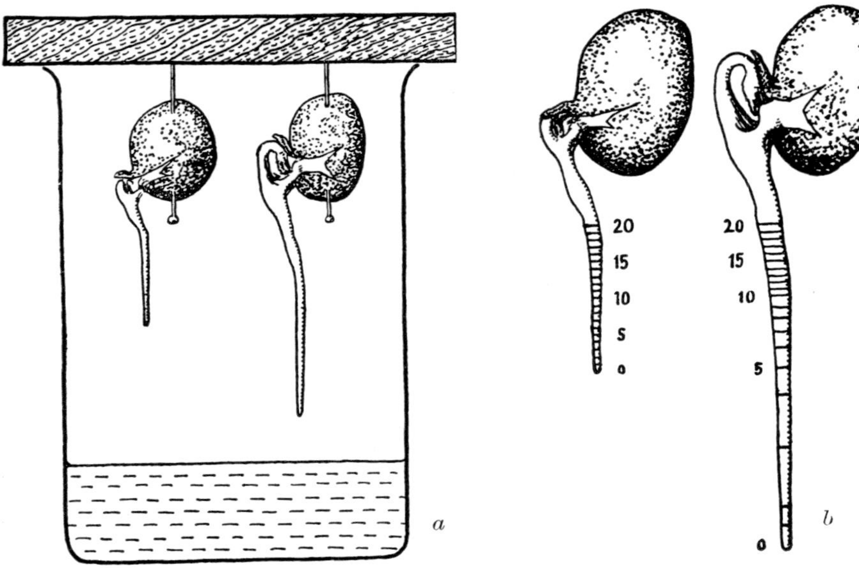

Abb. 35. Wachstum der Wurzel. *a* keimende Bohnen im feuchten Raum, *b* die Verschiebung der Tuschestriche in 24 Stunden.

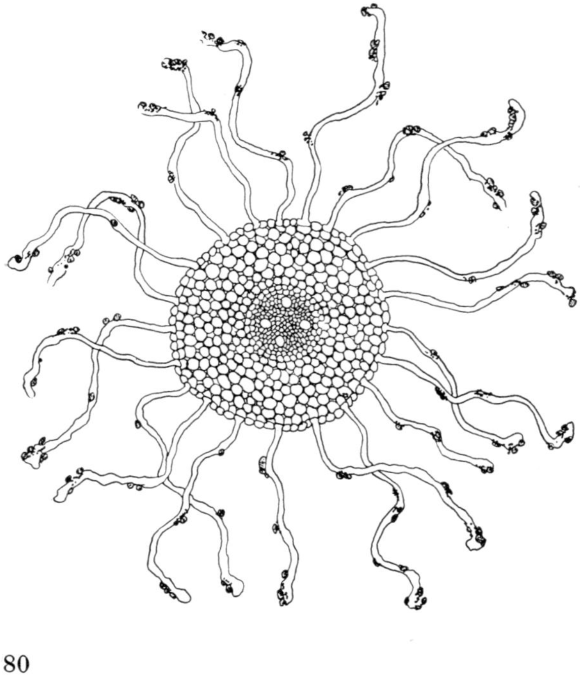

Abb. 36. Wurzelquerschnitt durch das haartragende Gebiet (vergr. etwa 60fach).

1

2

8

3

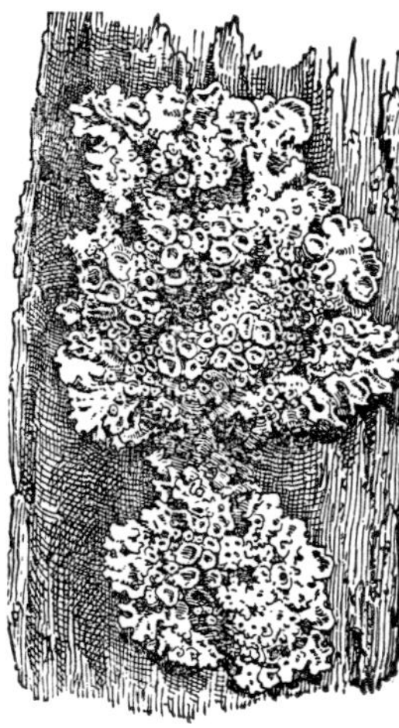

4

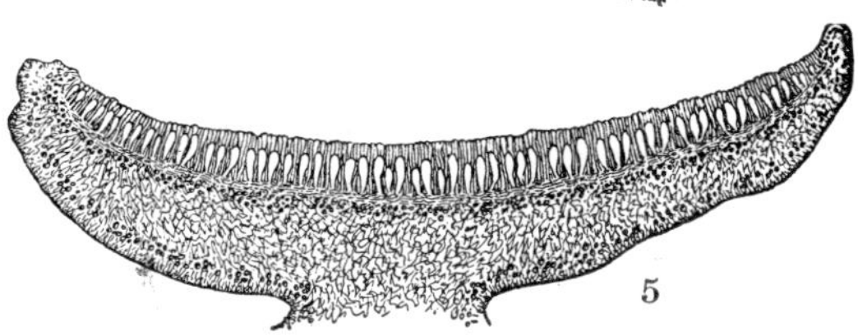

5

6

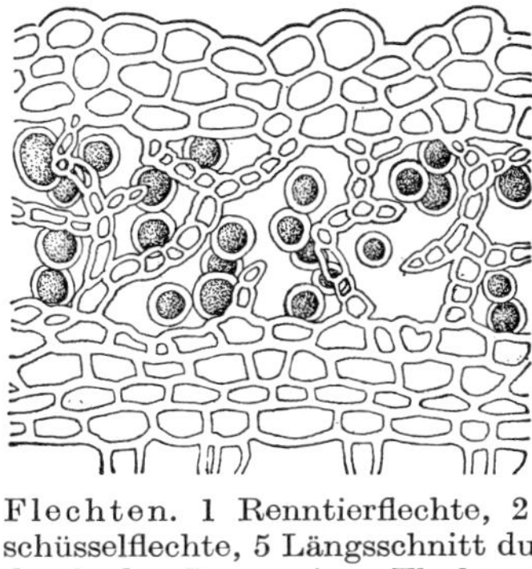

7

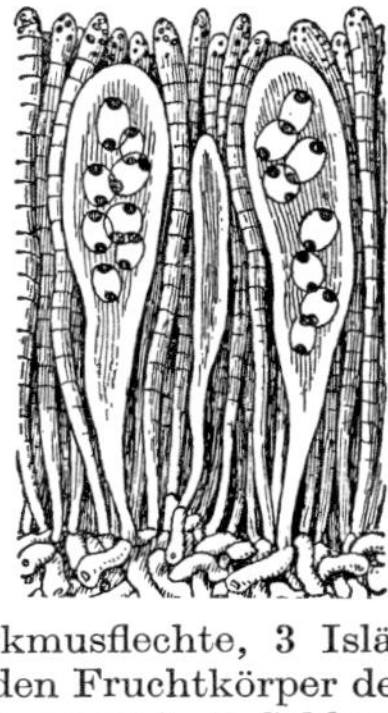

Flechten. 1 Renntierflechte, 2 Lackmusflechte, 3 Isländische Moosflechte, 4 Wandschüsselflechte, 5 Längsschnitt durch den Fruchtkörper derselben (stark vergr.), 6 Schnitt durch das Lager einer Flechte (stark vergr.), 7 Schläuche mit Sporen (stark vergr.), 8 Bartflechte.

Zusammenfassung. Die Wurzel befestigt die Pflanze im Boden und nimmt durch die Wurzelhaare osmotisch Wasser mit gelösten Nährstoffen auf. Die Weiterleitung erfolgt bei einjährigen Wurzelteilen durch das zentrale Gefäßbündel, bei alten Wurzeln durch das Holz. Verschiedene Wurzelformen.

Stamm

Der Stamm trägt vor allem die Blätter und dient der Stoffleitung zwischen diesen und der Wurzel. Das **Wachstum des Stammes** ist ebenso wie bei der Wurzel abhängig von der Teilung und dem Wachstum der Zellen. Auch hier besteht die Spitze aus zartwandigen, teilungsfähigen Zellen, die den Wachstumskegel (Abb. 37) zusammensetzen. Diese

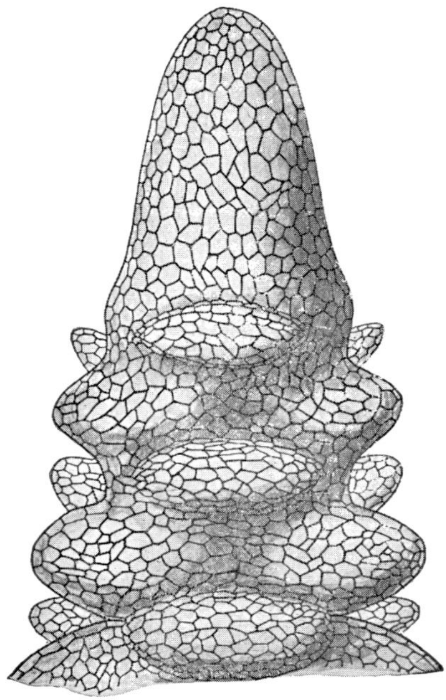

Abb. 37. Wachstumskegel der Wasserpest (vergr.).

Zellen nehmen auch mit zunehmendem Alter, das heißt mit wachsender Entfernung von der Spitze, allmählich ihre bleibende Gestalt an und bilden die verschiedenen Gewebe. Dabei werden ihre Membranen zum Teil verdickt und dadurch die Festigkeit wesentlich erhöht. Das ist für den Stamm von größter Wichtigkeit, damit er seine Aufgaben erfüllen kann.

Der Bau des Stammes. An mikroskopischen Querschnitten durch ausgebildete Stengel krautiger Pflanzen kann man verschiedene Gewebe unterscheiden. Das von der Oberhaut überzogene Grundgewebe ist von den zu Gefäßbündeln zusammengeschlossenen Leitungselementen durchzogen. Diese Gefäß- oder Leitbündel sind bei zweikeimblättrigen Pflanzen, ebenso in jüngeren Zweigen der Nadelhölzer, in einem Kreis angeordnet (Abb. 38 A). Man nennt hier diesen Teil des Grundgewebes, der innerhalb der Gefäßbündel in der Stammitte liegt, das Mark und den außerhalb liegenden Teil die primäre Rinde. Zwischen den Gefäßbündeln liegendes Grundgewebe bildet die Markstrahlen, die Mark und Rinde verbinden. Bei einkeimblättrigen Pflanzen liegen die Gefäßbündel scheinbar regellos im Grundgewebe zerstreut (Abb. 38 B).

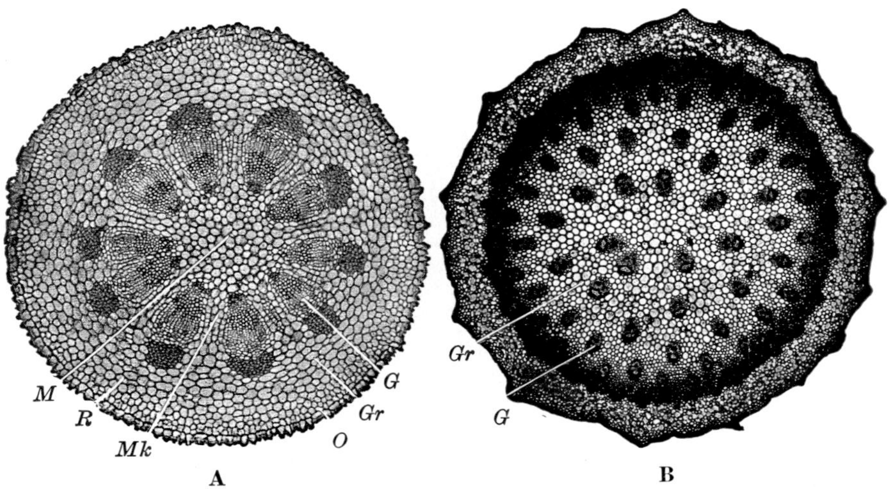

Abb. 38. Stengelquerschnitte. *A* einer zweikeimblättrigen, *B* einer einkeimblättrigen Pflanze. *O* Oberhaut, *G* Gefäßbündel, *Gr* Grundgewebe. Das Grundgewebe zerfällt in *R* primäre Rinde, *Mk* Markstrahlen, *M* Mark.

Ein Stamm kann entweder immer krautig bleiben oder verholzen. Durch das Verholzen erhöht sich die Härte und Festigkeit. Es gehen dabei Veränderungen in den Zellwänden vor sich, indem dort Holzstoff abgelagert wird. Diese chemische Veränderung der Zellwand kann man auch durch Farbreaktionen feststellen (vgl. Fußnoten S. 14).

Unternimmt man an dem mikroskopischen Querschnitt durch die **Gefäßbündel** einer Blütenpflanze den Holznachweis, so zeigt sich, daß in der Regel der gegen die Stengelmitte liegende innere Teil des Bündels stark verholzte Zellwände besitzt. Er wird deshalb als Holzteil, im Gegensatz zu dem nach außen hin liegenden, unverholzten Bastteil, bezeichnet. Wenn Holz- und Bastteil unmittelbar aneinanderstoßen, wie das bei den Einkeimblättrigen der Fall ist, so nennt man ein solches Gefäßbündel ein geschlossenes, schiebt sich aber zwischen beide ein zartwandiges, aus teilungsfähigen und regelmäßig gelagerten Zellen bestehendes Gewebe, das Kambium, ein, so spricht man von einem offenen Bündel. Letztere finden sich nur bei nacktsamigen und zweikeimblättrigen Pflanzen (Abb. 39).

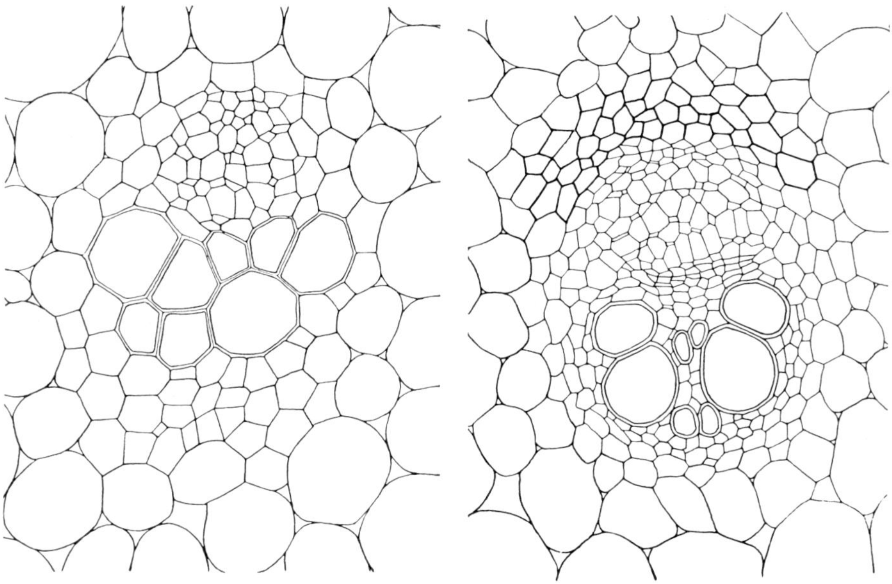

a *b*

Geschlossenes Gefäßbündel (ohne Kambium).
B Bastteil,
H Holzteil.

Offenes Gefäßbündel (mit Kambium).
B Bastteil,
H Holzteil,
K Kambium.

Abb. 39. Gefäßbündel. *a* aus einem Maisstengel, *b* aus einem Stengel vom kriechenden Hahnenfuß (vergr. 225fach).

Der **Holzteil** ist aus sehr verschiedenartigen Bestandteilen zusammengesetzt. Er enthält als besonders charakteristische Bildungen Röhren, deren Wände auffallend verdickt sind. Diese Röhren sind aus langgestreckten Zellen, welche mitsammen verschmolzen und die Querwände auflösten, entstanden. Sie sind meist mehrere Zentimeter lang, können aber bei bestimmten Pflanzen, vor allem bei manchen Lianen, mehrere Meter erreichen. Am Stammquerschnitt gewisser Pflanzen kann man die Röhren schon mit freiem Auge erkennen (Eiche, Spanisches Rohr), weil sie einen verhältnismäßig großen Durchmesser haben. Man nennt sie wegen der holzigen Wandverdickungen Holzgefäße oder kurz Gefäße. Nach der Form der Verdickungen unterscheidet man Schrauben-, Ring-, Leiter-, Netz- und Tüpfelgefäße. Neben den Gefäßen findet man meist ähnlich verdickte, langgestreckte, einzellige Gebilde, welche aber keinen so großen Durchmesser besitzen und Gefäßzellen genannt werden. Gefäße und Gefäßzellen dienen der Leitung des Wassers und der Nährsalze. Im Holzteil findet man ferner lange, dünne Zellen mit gleichmäßig stark verdickten Wänden und zugespitzten Enden, die Holzfasern, welche mechanische Elemente darstellen. Die drei genannten Zellarten verlieren, nachdem sie ausgebildet sind, ihren lebenden Inhalt und erfüllen als tote Bestandteile des Holzes ihre wichtigen Aufgaben. Endlich besteht der Holzteil der Leitbündel auch noch aus prismatischen, unverdickten, lebenden Zellen (Holzzellen), die der Stoffwanderung dienen und in ihrem Protoplasma, vor allem im Winter, reichlich Reservestoffe enthalten (Abb. 40).

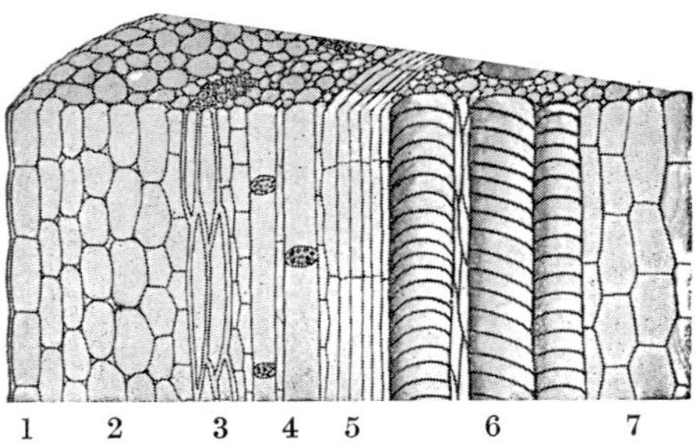

Abb. 40. Längsschnitt durch einen Stamm (schematisch). 1 Oberhaut, 2 Grundgewebe: primäre Rinde, 3 Bastfasern, 4 Siebröhren, 5 Kambium, 6 Holzgefäße, 7 Grundgewebe: Mark.

Auch im **Bastteil** kann man verschiedene Bestandteile unterscheiden. Hier sind die auffallendsten Bildungen die Siebröhren. Das sind Röhren, die aus hintereinanderliegenden, langgestreckten Zellen zusammengesetzt sind, wobei die Querwände nicht ganz aufgelöst, sondern siebartig durchbrochen sind und als Siebplatten bezeichnet werden. Diese Siebplatten sind oft schräggestellt, damit sie eine größere Fläche einnehmen. Die Zellen der Siebröhren sind lebend und enthalten außer einer dünnen, wandständigen Protoplasmaschicht eine eiweißreiche Flüssigkeit. Die Zellwände sind unverdickt. Die Siebröhren dienen der Leitung der organischen Nahrungsstoffe, welche in den Blättern gebildet werden. Neben diesen Röhren liegen meist prismatische, etwas längliche und ebenfalls dünnwandige Zellen, die Geleitzellen (Abb. 41). Im Bast finden sich ferner sehr langgestreckte Zellen mit besonders dicken Wänden und zugespitzten Enden. Diese Zellen, deren

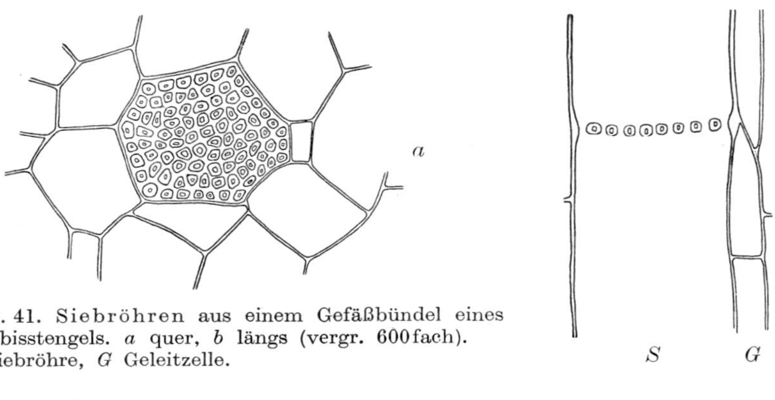

Abb. 41. Siebröhren aus einem Gefäßbündel eines Kürbisstengels. *a* quer, *b* längs (vergr. 600fach). *S* Siebröhre, *G* Geleitzelle.

Wände zwar dick, aber nicht verholzt sind, nennt man Bastfasern. Sie sind im ausgebildeten Zustand tot. Die Bastfasern mancher Pflanzen (Hanf, Flachs, Brennessel u. a.) werden technisch verwertet, man stellt Flechtwerk, Gespinste, Schnüre und vieles andere her. Schließlich findet man im Bastteil gelegentlich auch noch gewöhnliche, unverdickte, lebende Zellen (Bastzellen), die dem Stoffaustausch und der Stoffspeicherung dienen.

Die Stengel krautiger Pflanzen erleiden weiter keine wesentlichen Veränderungen. Anders ist das bei Holzpflanzen, deren Stämme jährlich stärker werden. Man nennt diesen Vorgang das sekundäre **Dickenwachstum des Stammes.** Wieso ein bereits funktionsfähiger, ausgebildeter Stamm nachträglich seinen Durchmesser verstärken kann, soll im folgenden gezeigt werden. Bei unseren einheimischen Holzgewächsen sind ja, wie bereits geschildert wurde, die Gefäßbündel einjähriger Stammteile zu einem Ring angeordnet. Zwischen Holz- und Bastteil liegt ein aus teilungsfähigen Zellen bestehendes Gewebe, das **Kambium.** Durch seine Tätigkeit werden die Gefäßbündel immer mehr vergrößert, außerdem tritt auch in den zwischen den Bündeln liegenden Markstrahlen Kambiumtätigkeit auf, wodurch neue Gefäßbündel entstehen. Endlich stoßen sie alle zusammen, so daß die Holzteile zu einem massigen Holzkörper verschmelzen, welcher noch Reste des Markes umschließt. Er ist von einer dünnen Schicht von Kambiumzellen umgeben. Außerhalb des Kambiums verschmelzen die Bastteile und bilden zusammen mit der ursprünglichen Rinde einen Hohlzylinder, der den Holzkörper umschließt. Rinde und Bast zusammen bilden die sekundäre Rinde, das ist die „Baumrinde" des gewöhnlichen Sprachgebrauches. Die den Bast vom Holzkörper trennenden Kambiumzellen sind sehr zart und leicht zerstörbar, so daß man die sekundäre Rinde oft leicht vom Holzkörper trennen kann, wie etwa bei der Weide, wo man bei einem abgeschnittenen Zweigstück das Holz herausklopfen kann (Weidenpfeifchen).

Die Kambiumzellen behalten dauernd die Fähigkeit, sich teilen zu können, wobei das Kambium nach innen Bestandteile des Holzes, nach außen solche des Bastes bildet. Diese Tätigkeit wird zeitweise, bei uns im Winter, unterbrochen. Dadurch entsteht bei uns jährlich vom Frühjahr bis zum Herbst eine neue Schicht Holz und Bast. Dabei ist der Zuwachs des Bastes gegenüber dem Holz verschwindend klein. Da nun das im Frühjahr gebildete Holz aus weiteren, dünnwandigeren Zellen besteht als das später gebildete, ergibt sich eine deutliche Schichtung, die sich jährlich wiederholt. Man kann daher an einem Stammquerschnitt mit freiem Auge die Jahresringe erkennen. Diese geben das Alter des durchschnittenen Holzes an.

Man konnte so das Alter, das Bäume erreichen können, feststellen. Es werden beispielsweise Eiben und Zypressen 3000, Kastanien und Eichen 2000, Fichten 1200, Kiefern und Lärchen 600 und Buchen bis 300 Jahre alt. Mit der Lebensdauer hängt auch oft die Größe zusammen. So werden die Fieberheilbäume (Eukalyptusbäume) Australiens bis 150, die Mammutbäume Amerikas bis 140, die Tanne 70, die Fichte 60, Lärche 50 und die Buche 40 m hoch. Die größten Stammumfänge betragen bei der echten Kastanie 20, bei der Platane 15, bei der Eiche 7 m.

Im Alter gehen im Holz verschiedener Bäume wichtige Veränderungen vor sich. Man kann dann oft zwischen dem inneren, anders aussehenden Kernholz und dem äußeren Splintholz unterscheiden. Im Kernholz werden zum Beispiel fäulniswidrige Gerbstoffe und Farbstoffe abgelagert, wodurch es eine andere Färbung erhält. Wo im Kernholz Gerbstoffe fehlen, kann es manchmal, wie bei der Weide, verfaulen. Die Wasserleitung erfolgt nur in den jüngeren Jahresringen des Splints.

Beim Übergang der Gefäßbündel des Stammes in die Wurzel vereinigen sich diese zu einem einzigen, das die Wurzel als dicker Strang in der Mitte durchzieht. Eine alte, mehrjährige Wurzel ist ähnlich gebaut wie der Stamm. Bei dem Übertritt der Gefäßbündel aus dem Stamm in die Blätter kommt, da sich die Bündel gewissermaßen ausbiegen, der Holzteil oben und der Bastteil unten zu liegen.

Die **Leitung des Wassers** und der darin gelösten Nährsalze erfolgt im Holzteil, wie ein einfacher Versuch zeigt.

Steckt man abgeschnittene krautige Pflanzen (z. B. Balsaminen, Taubnesseln u. a.) in verdünnte Eosinlösung (Rote Tinte), so steigt die rote Flüssigkeit im Holzteil der Gefäßbündel empor. Verwendet man Zweige eines Baumes, so färbt sich dort nur der Holzkörper und da nur die äußersten Schichten des Splintholzes, während Mark und Rinde unverändert bleiben (wie entsprechende Schnitte zeigen).

Das Wasser steigt in den dünnen Röhren der Gefäße und Gefäßzellen empor. Durch welche Kräfte dies im einzelnen geschieht, ist noch nicht ganz geklärt. Eines ist jedenfalls sicher, daß dabei die Verdunstung oder Transpiration (vgl. S. 93) des Wassers eine hervorragende Rolle spielt. Wenn nämlich das Wasser in Dampfform von den Blättern abgegeben wird, werden die zurückbleibenden Bestandteile der Blattzellen eingedickt, das heißt die Konzentration der osmotisch wirksamen Stoffe erhöht, und die Saugkraft der Zellen verstärkt. Sie saugen daher ständig frisches Wasser aus den Gefäßbündeln nach. Eine weitere, für das Saftsteigen in Betracht kommende Kraft ist der schon besprochene Wurzeldruck, der zum Beispiel den aus der blutenden Weinrebe hervorquellenden Saft mehrere Meter empordrückt, wenn man an dem abgeschnittenen Stumpf mit Hilfe von Kautschuk ein ganz dicht anschließendes Rohr befestigt.

Wenn bei verletzten Pflanzen, wie etwa bei den im Frühjahr beschnittenen Bäumen und Sträuchern, ein „Bluten" zu beobachten ist, das heißt, daß Wasser mit einem gewissen Druck ausgepreßt wird, so ist das auf den Wurzeldruck zurückzuführen. Wird die Wurzel getötet, hört das Bluten auf. Die Menge des ausgepreßten Blutungssaftes beträgt bei der Rebe 1 Liter, bei der Birke 5 Liter und bei der Zuckerpalme 10 bis 15 Liter pro Tag. Er enthält bei manchen Pflanzen außer anderen Stoffen auch Zucker. So kann der nordamerikanische Zuckerahorn in einem Frühjahr 2 bis 3 kg Zucker liefern. Die Zuckerpalme Indiens liefert Palmzucker. Solche Säfte können auch vergoren werden, und es entstehen daraus alkoholische Getränke, wie Birkenwein oder Palmwein. Der Saft der Agave wird in Mexiko zur Pulque vergoren.

In den engen Holzgefäßen kommt auch die Haarröhrchenwirkung oder Kapillarität[1]) zur Geltung, die imstande ist, Wasser in haardünnen Röhrchen (Kapillaren) emporzuziehen. Vielleicht spielt dort und da auch der Luftdruck eine Rolle. Eine wichtige Kraft, die es erst ermöglicht, daß die dünnen Wasserfäden von den osmotisch wassersaugenden Wurzelzellen bis zu den transpirierenden Blättern verlaufen können, ist das außerordentlich feste Zusammenhalten, die Kohäsion[2]), der Wasserteilchen. Wenn man sich vorstellt, daß die durch die Pflanze verlaufenden feinsten Wasserketten in dem Maße, als sie in den Blättern verdunsten, aus den Wurzeln nachgezogen werden müssen, wird es klar, daß hier ein starker Zug herrscht. Es wäre nicht einzusehen, daß die Wasserfäden nicht abreißen sollten, wenn man nicht wüßte, daß die Kohäsion zwischen den Wassermolekülen außerordentlich groß ist (über 300 Atm.).

In den Gefäßbündeln findet nicht nur die Zuleitung des Wassers und der anorganischen, mineralischen Bestandteile zu den Blättern statt, sondern auch die **Leitung der organischen Stoffe** (Assimilate), die in den Blättern erzeugt wurden und der ganzen Pflanze zugeführt werden müssen. Diese Ableitung erfolgt hauptsächlich im Bastteil. Lösliche Stoffe, wie Zucker, können ja dabei osmotisch von Zelle zu Zelle wandern und benötigen keine besondere Leitungsbahn. Schwieriger ist es mit den Eiweißverbindungen. Diese fließen durch die Siebröhren.

Da die lebenden Teile des Bastes auch anorganische, andererseits die lebenden Teile des Holzes auch organische Stoffe benötigen, muß zwischen beiden eine Querverbindung für den Stoffaustausch vorhanden sein. Diese schaffen in den Stämmen die Markstrahlen. Bei zunehmendem Dickenwachstum bildet das Kambium stellenweise neue, sekundäre oder Nebenmarkstrahlen aus.

Die **Bekleidung der Stämme** besteht bei einjährigen Kräutern, wie beim Blatt, aus einer festen **Oberhaut,** die in der Regel nur aus einer Zellschicht aufgebaut ist. Auch bei mehrjährigen Pflanzen übernimmt zunächst nur die Oberhaut die Bedeckung des Stammes und kann sogar bei gewissen Pflanzen eine längere Zeit oder dauernd erhalten bleiben (Mistel, Kakteen). In diesem Falle vermehren sich die Oberhautzellen, um mit dem Dickenwachstum Schritt halten zu können. Solche Stämme behalten ihre grüne Farbe bei, die auf dem Gehalt der Zellen der primären Rinde an Chlorophyllkörnern beruht.

---

[1]) *capillus*, Haar.

[2]) *cohaerere*, zusammenhängen.

Im allgemeinen besitzt die Oberhaut aber nicht die Fähigkeit, weiter zu wachsen, dafür tritt bei ausdauernden Pflanzenteilen (Stämmen, Wurzeln) an ihre Stelle ein neues mehrschichtiges Deckgewebe, der **Kork,** während die Oberhaut abgesprengt wird. Der Kork entsteht, indem die unter der Oberhaut liegenden Rindenzellen sich zu teilen beginnen und ein sogenanntes Korkkambium bilden, das nach außen mehrere Schichten von regelmäßig angeordneten, dünnwandigen, plattenförmigen Zellen bildet (Abb. 42). Während die innerste Schicht teilungsfähig bleibt, lagern die äußeren Zellen des Korkgewebes in ihren Wänden Korkstoff ein, werden dadurch wasserundurchlässig und sterben ab.

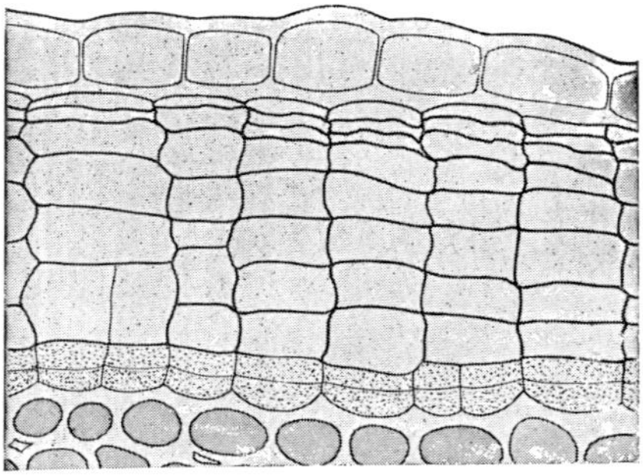

Abb. 42. Korkbildung an einem einjährigen Zweig des schwarzen Holunders. *O* Oberhaut, *K* Kork, *BK* Bildungsstätte der Korkzellen, *Ko* Kollenchym (vergr. 375fach).

Diese lückenlos aneinanderschließenden Korkzellen bilden einen ausgezeichneten Schutzmantel, der für Wasser und Gase undurchlässig und ein schlechter Wärmeleiter ist. Die Dicke der Korkschicht ist sehr verschieden, bei einer dünnen Schicht bleibt der Stamm glatt (Buche, Haselstrauch). Bei manchen Bäumen löst sich der Kork in ganz dünnen Streifen ab (Birke). Andere wieder entwickeln besonders dicke Korklagen, wie etwa die Korkeiche, von welcher der Flaschenkork gewonnen wird.

Wenn das Korkgewebe nicht unmittelbar unter der Oberhaut entsteht, sondern in tieferen Lagen der Rinde, so sterben alle außerhalb liegenden Zellen ab, weil sie von der Nährstoffzufuhr abgeschnitten sind, und bilden zusammen mit dem Kork die **Borke.** Diese aus toten Geweben bestehende Borke wird rissig und löst sich ab; bei manchen

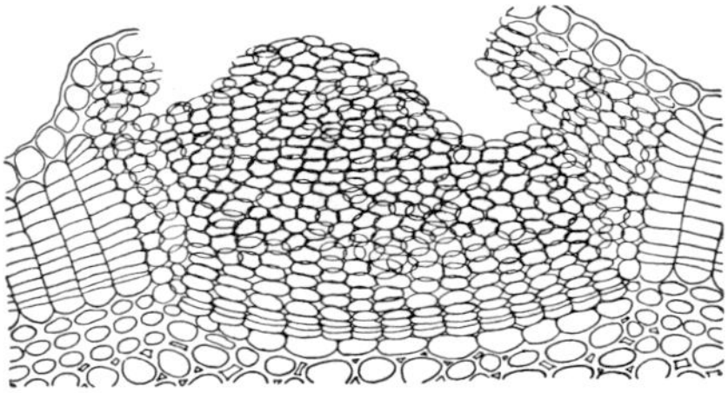

Abb. 43. Querschnitt durch eine Rindenpore des schwarzen Holunders (vergr. 250fach).

Gewächsen in Streifen (Weinstock), bei anderen in Platten (Föhre, Platane), oder in Schuppen (Fichte). Während sich die alte Borke ablöst, haben sich schon wieder in tieferen Lagen Korkgewebe gebildet.

Die von einer Oberhaut bekleideten Stengel besorgen ihren notwendigen Gasaustausch durch die in der Haut befindlichen Spaltöffnungen (vgl. S. 94). Wenn die Oberhaut durch einen dicken Korkmantel ersetzt wird, dann treten an die Stelle der Spaltöffnungen die **Rindenporen** (Abb. 43). Die Öffnungen sind an manchen Ästen und jungen Stämmen dadurch erkenntlich, daß sie von wulstigen, lippenartigen Verdickungen umgeben sind. Diese kleinen Poren sind im Innern erfüllt von einer Masse lockerer, rundlicher Zellen, zwischen denen sich sehr viele Zwischenräume befinden, durch die der Gasaustausch erfolgen kann. Die Rindenporen, welche als kleine Luftkanäle das Korkgewebe durchziehen, werden während des Winters verschlossen.

Die Festigkeit der Stämme beruht bei krautigen Pflanzen zunächst einmal zum großen Teil auf dem Innenzelldruck. Nimmt dieser durch Wassermangel ab, so wird die Pflanze welk und schlaff. Größere Pflanzen müssen deshalb besondere Stützgewebe ausbilden. Dabei kommt es nicht nur auf deren Beschaffenheit, sondern auch auf deren Lage und Anordnung an.

Einzelne Bestandteile des Gerüstes der Pflanze haben wir schon in den Holz- und Bastfasern kennengelernt. Diese besitzen infolge ihrer verdickten Wände eine erhebliche Festigkeit. Die Bastfasern haben trotz größerer Dehnbarkeit ein Tragvermögen wie etwa das Schmiedeeisen. Diese Fasern sind fast immer zu vielen vereint und bilden feste Stränge. Der Festigkeit von Pflanzenteilen dienen auch die sogenannten Steinzellen (Abb. 44b), vieleckige bis rundliche Gebilde mit außerordentlich stark verdickten Wänden. Sie kommen einzeln oder gruppenweise (im Fruchtfleisch der Birne) vor, schließen sich aber oft zu gewölbten, harten Schichten, wie in den Schalen harter Früchte (Nuß) oder im Steinkern des Steinobstes zusammen und bewirken so eine erhebliche Druckfestigkeit. In wachsenden Pflanzenteilen dienen der Festigung sehr häufig Zellen (Kollenchymzellen), die nur an den Kanten oder Ecken ihrer Wände verdickt sind. Da sie dünne Wandstellen besitzen, durch die ein reger Stoffaustausch stattfinden kann, sind sie auch lebend (Abb. 44a). Sie sind meist länglich und von beträchtlicher Festigkeit. Man findet sie zum Beispiel in den vier Kanten der krautigen Stengel von Lippenblütlern, etwa der Taubnessel (Abb. 45). Schon aus dieser Anordnung ist zu ersehen, daß die Pflanze ihre Festigungsgewebe in ganz bestimmter Weise anordnet, nämlich derart, daß unter geringstem Materialaufwand die größtmögliche Festigkeit erreicht wird.

Beim Biegen werden die Teile der inneren Seite stark zusammengedrückt, die der Außenseite stark gedehnt, die dazwischenliegenden Teile werden um so weniger beansprucht, je mehr sie in der Mitte liegen. Deshalb liegen bei einem Stengel, der biegungsfest sein muß, die Festigungselemente in den äußersten Teilen, bei eckigem Umriß in den Kanten (s. Taubnessel). Da die in der Mitte

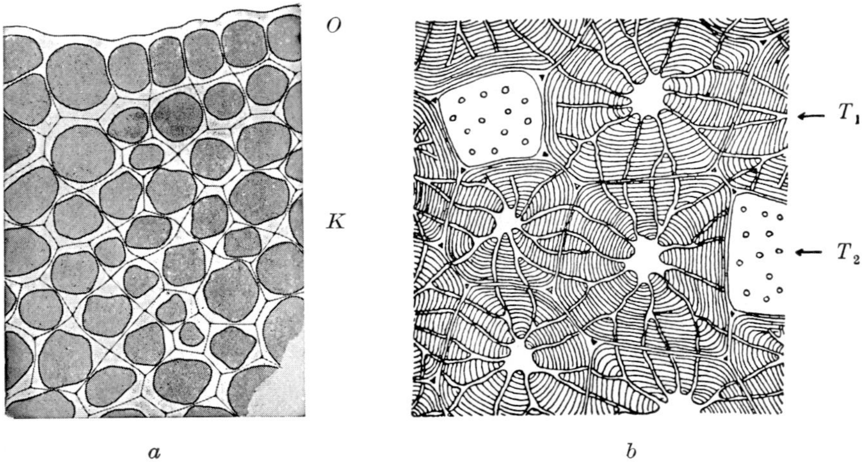

Abb. 44. *a* Stengelkante der Purpur-Taubnessel. *O* Oberhaut, *K* Kollenchym (500fach vergr.); *b* Steinzellen (500fach vergr.) von einem Zwetschkenkern. T_1 Tüpfelkanal längs, T_2 quer.

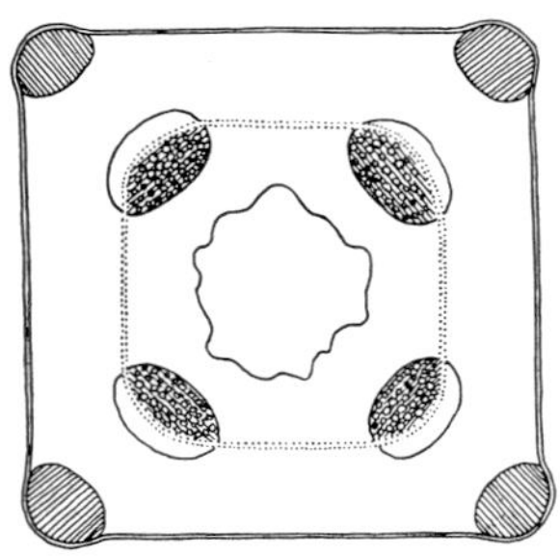

Abb. 45. Stengelquerschnitt von der Purpur-Taubnessel. In den Ecken: die Kollenchympfeiler; innerhalb die Gefäßbündel; Stengelmitte hohl (vergr. 15fach).

liegende, neutrale Schicht für die Biegungsfestigkeit wenig Bedeutung hat, kann sie auch fehlen, daher sind auch viele Stengel hohl. Es ist auch bekannt, daß z. B. ein Glasrohr fester und widerstandsfähiger ist als ein gleichlanger und gleichschwerer Glasstab und daß ein langes Rohr zerbrechlicher ist als ein kurzes. Deshalb sind meist lange, hohle Stengel durch Querwände (Knoten) geteilt und so gewissermaßen in viele kurze gegliedert.

Für die Zugfestigkeit bewährt es sich am besten, wenn die festesten Teile in der Mitte liegen, wie das bei den zugfesten Wurzeln auch zu beobachten ist. Ebenso kann man sehen, daß in unterirdischen Stämmen oder in solchen von Kletterpflanzen, weiters in den Stengeln untergetauchter Pflanzen des fließenden Wassers und in Blatt- und Fruchtstielen die Festigungselemente in der Mitte angeordnet sind.

Besondere Stammformen

Diesen Stammteil, der die Laubblätter (Mittelblätter) trägt, bezeichnet man als Mittelblattstamm. Er ist bei Holzpflanzen der Stamm schlechtweg und wird bei krautigen Pflanzen als Stengel bezeichnet. Besondere Ausbildungsformen sind: Der Halm, unverzweigt, knotig verdickt, meist hohl, beblättert (Gräser); der Strunk, unverzweigt, nicht hohl, nur an der Spitze beblättert (Palmen); der Schaft, unverzweigt, unbeblättert, nur blütentragend (Hyazinthe).

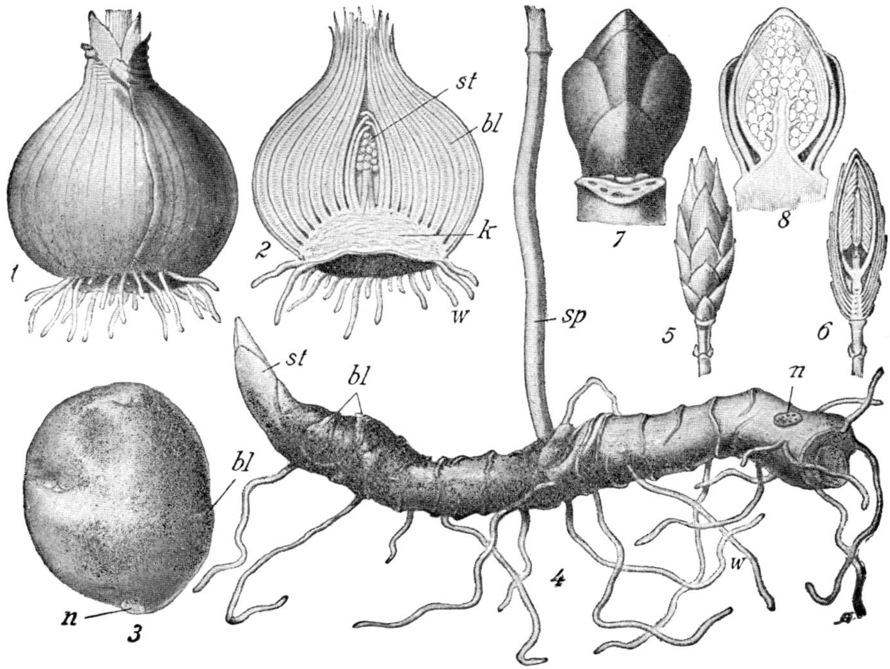

Abb. 46. Niederblattstämme. — Fig. 1. Zwiebel der Hyazinthe. — Fig. 2. Dieselbe im Längsschnitt. *k* Zwiebelkuchen, *w* Wurzeln, *bl* Niederblätter, *st* Anlage des Mittelblattstammes. — Fig. 3. Knolle der Kartoffel. *bl* Niederblätter, *n* Stelle, an welcher die Knolle mit dem Wurzelstock in Verbindung stand. — Fig. 4. Wurzelstock einer Weißwurz. *bl* Niederblätter, *st* Anlage des nächstjährigen Mittelblattstammes, *sp* heuriger Mittelblattstamm, *n* Narbe, welche der vorjährige hinterließ, *w* Wurzeln. — Fig. 5. Laubknospe eines Ahorns. — Fig. 6. Dieselbe im Längsschnitt. — Fig. 7. Blütenknospe der Roßkastanie. — Fig. 8. Dieselbe im Längsschnitt. — Alle Figuren in nat. Gr. (Nach der Natur.)

Jener Stammteil, der mit Niederblättern besetzt ist, wird als Niederblattstamm bezeichnet. Er hat meist die Aufgabe, eine Zeit der Vegetationsruhe zu überdauern und ist daher entweder unter der Erde oder in den Knospen. Er speichert Reservestoffe für die jungen Triebe und sorgt für deren Schutz. Wichtige Ausbildungsformen sind (Abb. 46): Die Zwiebel, sehr verkürzter, scheibenförmiger Stammteil (Zwiebelkuchen) mit innen fleischigen und außen trockenhäutigen, schalenförmigen Blättern. Aus der Unterseite des Zwiebelkuchens entspringen Wurzeln, aus der Oberseite die blätter- und blütentragenden Stengel (vgl. Tulpe); die Stammknolle, ein kurzer, stark verdickter Stammteil mit Reservestoffen und ganz unscheinbaren Niederblättern („Augen") wie bei der Kartoffel; der Wurzelstock, ein unter dem Boden dahinkriechender Stammteil mit Reservestoffen und schuppigen Niederblättern sowie mit Wurzeln. Auch er treibt alljährlich, wie Zwiebel und Knolle, neue Mittelblattstämme. Knospen sind verkürzte Stammstücke mit Wachstumskegel, welche sich später zu Mittel- oder Hochblattstämmen weiterentwickeln und von schützenden Blattgebilden, den Knospenschuppen, eingehüllt sind.

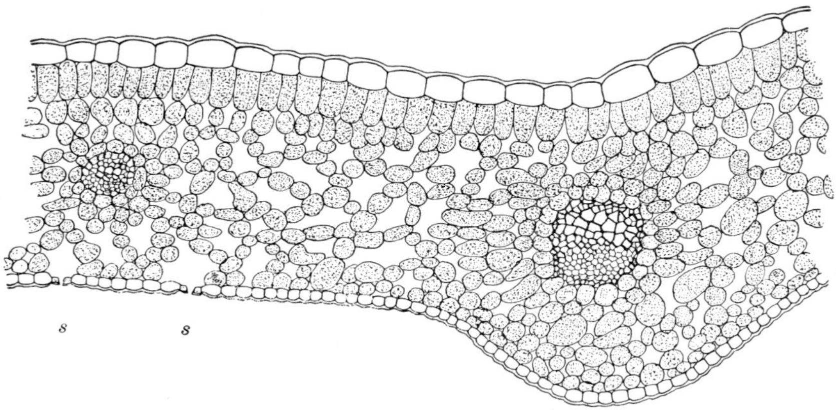

Abb. 47. Blattquerschnitt einer Zyklame. *a* oberseitige Oberhaut, *b* Palisadengewebe, *c* Schwammgewebe, *d* unterseitige Oberhaut, *s* Spaltöffnungen; zwei quergeschnittene Gefäßbündel (vergr. 80fach).

Jenen Stammteil, der die Hochblätter, das sind vor allem die Blätter, welche die Blüte zusammensetzen, trägt, bezeichnet man als Hochblattstamm. Sein unmittelbar in der Blüte endigender Teil wird Blütenstiel genannt.

Zusammenfassung. Beim jungen, unverholzten Stengel liegen im Grundgewebe eingebettet die Gefäßbündel. An diesen kann man einen der Wasserleitung dienenden Holzteil und einen Bastteil für die Leitung der Assimilationsprodukte unterscheiden. Während das Längenwachstum vom Wachstumskegel ausgeht, erfolgt das Dickenwachstum verholzender Stämme durch das zwischen Holz- und Bastteil liegende Kambium, welches immer wieder neue Bastteile nach außen und Holzteile nach innen bildet. Die infolge von Korkbildung abgestorbenen äußeren Schichten des Stammes werden als Borke zusammengefaßt. Unterirdische Stammbildungen: Zwiebel, Knolle, Wurzelstock.

Blatt

Unter Blatt schlechterdings versteht man das **grüne Laubblatt,** zum Unterschied von anderen, sich in den Aufgaben und im Bau unterscheidenden Blättern. Die Hauptaufgaben des Laubblattes bestehen in der Verarbeitung des aus der Luft aufgenommenen Kohlendioxids (CO_2-Assimilation) und der aus dem Boden stammenden Nährlösungen zu organischen Substanzen, weiters in der Abgabe des überschüssigen Wassers (Transpiration).

Am mikroskopischen Querschnitt eines Blattes kann man im allgemeinen folgenden **inneren Bau** erkennen (Abb. 47). Zwischen der Oberhaut der Blattoberseite und der der Blattunterseite liegt ein mehrschichtiges Grundgewebe. Es ist meist differenziert einerseits in das obenliegende Palisaden- oder Assimilationsgewebe, das aus chlorophyllreichen, walzenförmigen Zellen besteht, die senkrecht zur

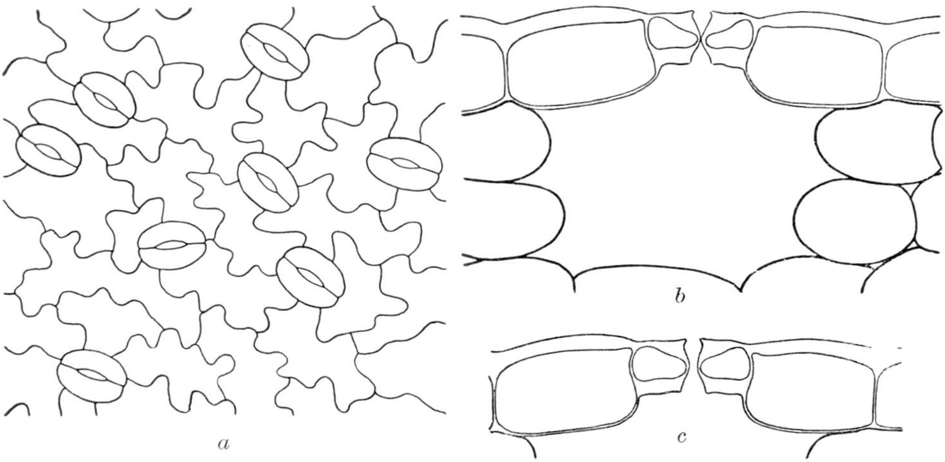

Abb. 48. *a* Oberhaut von der Blattunterseite der Schwarzen Nieswurz. Flächenansicht mit 8 Spaltöffnungen (vergr. 500fach). Rechts Spaltöffnungen im Querschnitt, *b* geschlossen, *c* offen (vergr. 950fach).

Blattoberfläche stehen und eng zusammenschließen, andererseits in das untenliegende Schwammgewebe. Dieses besteht aus locker zusammenschließenden, verschiedengestaltigen Zellen, die chlorophyllärmer sind und vor allem sehr viele Hohlräume zwischen einander freilassen. Diese lufterfüllten Zwischenräume sind mit den Spaltöffnungen in Verbindung, die sich in der Oberhaut der Blattunterseite befinden.

Da die Pflanze ständig Wasser mit neuen Nährstoffen aufnimmt, muß sie das verbrauchte Wasser wieder abgeben. Diese Wasserabgabe erfolgt in Dampfform und wird als **Transpiration**[1]) bezeichnet. Die Organe der Transpiration sind vor allem die Laubblätter. Da die Blätter bei zu starker Verdunstung vertrocknen würden, müssen Einrichtungen zur Regelung der Wasserabgabe vorhanden sein. Diese Aufgabe kommt der **Oberhaut** des Blattes zu. Sie besteht gewöhnlich aus chlorophyll-

[1]) *trans*, hinaus, hinüber; *spirare*, hauchen.

freien, lückenlos aneinanderschließenden Zellen, deren Außenwände stark verdickt sind und ein für Wasser fast undurchlässiges Oberhäutchen aus korkähnlicher Substanz tragen. Die Wasserabgabe findet fast ausschließlich nur an bestimmten Stellen der Oberhaut, nämlich durch die **Spaltöffnungen**[1]), statt. Durch diese erfolgt nicht nur die Abgabe des Wasserdampfes, sondern sie dienen auch der Durchlüftung und ermöglichen den für die Pflanze notwendigen **Gasaustausch** mit der Umwelt. Eine Spaltöffnung besteht im wesentlichen aus zwei Zellen, den Schließzellen, welche eine kleine Öffnung, die Zentralspalte, umschließen (Abb. 48). Die Schließzellen sind so gebaut, daß sie bei hohem Wassergehalt, das heißt bei großem Turgor, auseinanderweichen, wodurch die Spalte geöffnet wird und eine starke Wasserdampfabgabe ermöglicht. Bei Wassermangel erschlaffen die Schließzellen, dadurch legen sie sich eng aneinander und schließen die Spaltöffnung, so daß die Transpiration unterbunden wird. Es handelt sich also um einen sinnvollen Mechanismus zur Regelung der Wasserabgabe. Da die Schließzellen Chlorophyll enthalten, können sie auch auf Licht reagieren, indem sie bei Lichteinwirkung Zucker erzeugen, wodurch die Saugkraft der Zelle zunimmt und, genügend Wasser vorausgesetzt, der Innenzelldruck steigt, welcher ein Öffnen der Spaltöffnung bewirkt. Meist liegt unter jeder Spaltöffnung ein kleiner Hohlraum, die Atemhöhle, die mit den Zwischenzellräumen des Schwammgewebes in Verbindung steht.

Die bei der Transpiration abgegebenen Wassermengen können recht erheblich sein. So kann eine Sonnenblume an einem Sonnentag 1 Liter, eine Birke 60 bis 70 Liter, ein Hektar Buchenwald 30 000 Liter Wasser verdunsten. Diese Leistungen können die Spaltöffnungen, die ja nur einige Tausendstel Millimeter Durchmesser haben, durch ihre ungeheure Anzahl vollbringen. Sie liegen fast immer auf der Blattunterseite und oft zu Hunderten auf einem Quadratmillimeter vereint. Beispielsweise besitzt ein einziges Kohlblatt über zehn Millionen Spaltöffnungen.

Die Bedeutung der Transpiration besteht einerseits darin, daß durch die Verdunstung des Wassers die Blätter gekühlt und somit gegen eine schädliche Überhitzung durch die Sonnenstrahlen geschützt werden. Andererseits erscheint als wichtigste Leistung der Transport der Nährlösungen. Er wird durch die Saugwirkung, welche die Transpiration auf die sich durch die Pflanze bewegenden Wasserfäden ausübt, ermöglicht. In dem Maße nämlich, in dem die oberflächlichen Zellen durch Verdunstung Wasser verlieren, saugen sie osmotisch aus den Nachbarzellen Wasser nach und diese wieder von den nächsten, so daß eine fortschreitende Saugwirkung entsteht, die das Emporsteigen des Wassers im Stamme wesentlich beeinflußt.

[1]) Die Oberhaut der Blattunterseite mit den Spaltöffnungen läßt sich z. B. bei Tradescantia sehr leicht ablösen und gut mikroskopieren.

Die Transpiration kann man einfach so, wie in der Abb. 49 dargestellt, nachweisen, indem man einen stark belaubten, frischen Zweig an einem dünnen Waagebalken befestigt und austariert. Nach kurzer Zeit wird der durch die Transpiration erlittene Gewichtsverlust durch Bewegung des Zeigers bemerkbar. Man kann auch einen beblätterten Zweig in ein mit Wasser gefülltes Proberöhrchen stellen, wobei man durch Überschichten mit Öl eine direkte Verdunstung des Wassers verhindert. Der Wasserverlust zeigt die Größe der Transpiration an. Man kann diese Versuche mit verschiedenen Blättern (zarte, ledrige) und unter verschiedenen Bedingungen (Beleuchtung, Luftfeuchtigkeit, Luftbewegung, Temperatur) durchführen.

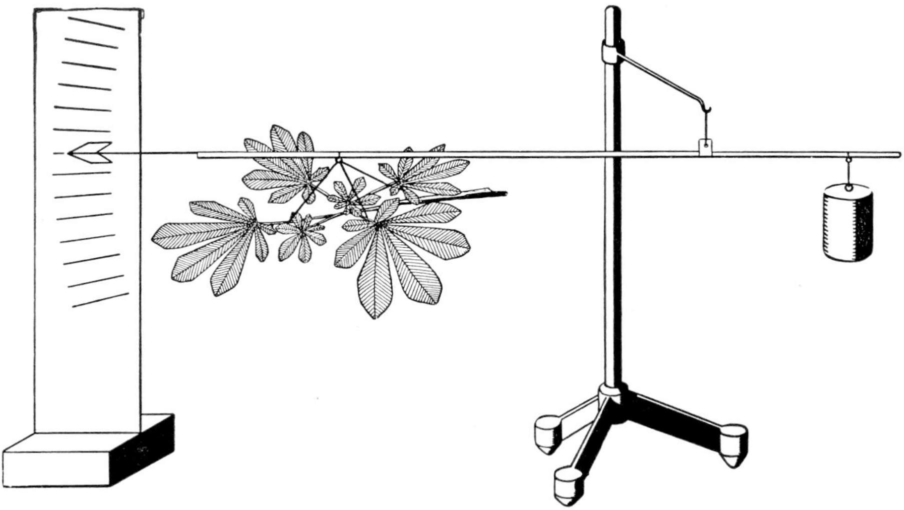

Abb. 49. Versuch zum Nachweis der Transpiration.

Die Saugwirkung der Transpiration läßt sich ebenfalls leicht nachweisen. Man nimmt einen an beiden Enden durch Gummistopfen (Korkstopfen) verschließbaren Glaszylinder. Durch den oberen Stopfen steckt man einen beblätterten Zweig und dichtet ihn gut ab (Paraffin, Vaseline). Durch den unteren Stopfen steckt man ein Kapillarrohr. Zylinder und Kapillarrohr werden ganz mit Wasser gefüllt und samt dem luftdicht aufgesetzten Sproß so in ein mit Quecksilber gefülltes Gefäß gestellt, daß die wassergefüllte Kapillare in das Quecksilber eintaucht. Durch die Transpiration wird das Quecksilber im Kapillarrohr in die Höhe gesaugt. Anstelle des Sprosses könnte man auch einen mit erhärtetem Gipsbrei gefüllten Glastrichter einsetzen, da poröse Substanzen, wie z. B. Gips, ebenfalls eine sehr starke Verdunstung ermöglichen. Allerdings würden Sproß und Gips gegenüber veränderten Bedingungen (z. B. Beleuchtung) eine sehr unterschiedliche Beeinflußbarkeit ihrer Verdunstungsfähigkeit zeigen.

Einerseits ist, wie gezeigt wurde, die Verdunstung von Wasser eine Lebensnotwendigkeit für die Pflanze, andererseits kann sie deren Vertrocknung verursachen, wenn sie größere Werte erreicht, als die Wurzeln dem Boden Wasser entziehen können. Daher findet man an den Blättern von Pflanzen trockener Standorte verschiedene Vorkehrungen zur Einschränkung der Transpiration (vgl. S. 149), wie Reduktion der Blattflächen, Versenkung der Spaltöffnungen, wasserundurchlässige Überzüge oder Ausbildung eines dichten Haarüberzuges.

Haare sind Bildungen der Oberhaut, oft einzellige Gebilde, die durch Ausstülpung aus Oberhautzellen entstehen. Es gibt aber auch mehrzellige Haare. Die Gestalt ist äußerst verschieden, aber häufig in einer Beziehung zu einem besonderen Zweck (Abb. 50). Manchmal tragen Blätter nur in der Jugend Haare und werfen sie später ab. Haare, die aus verdickten Köpfchen Stoffe zur Abscheidung bringen, nennt man Drüsenhaare. (Untersuche verschiedene Pflanzenhaare mit Lupe und Mikroskop!)

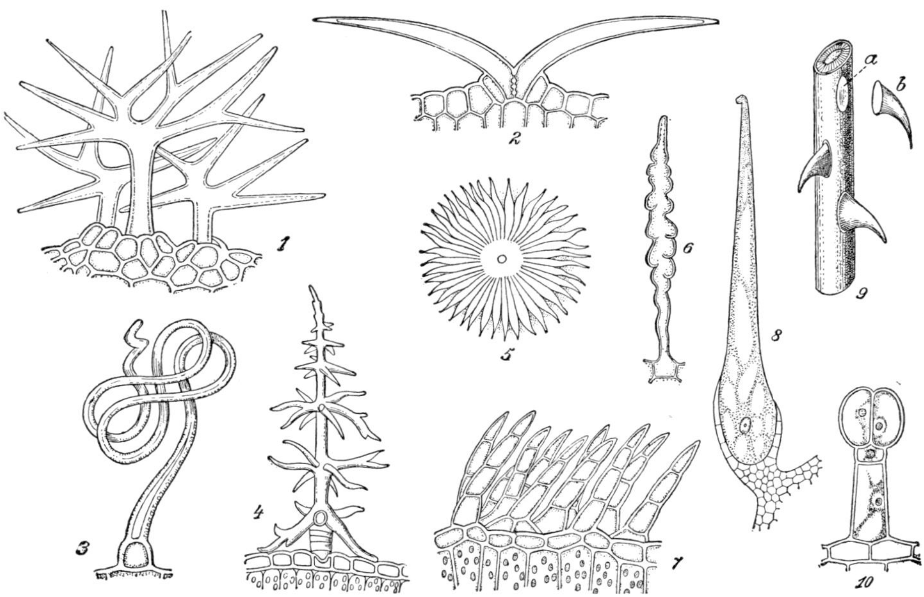

Abb. 50. Haarbildungen. — Fig. 1. Verästelte Haare eines Kreuzblütlers. — Fig. 2. Haare des Eibisch. — Fig. 3. Wolliges Haar von Banksia. — Fig. 4. Verzweigtes Haar. — Fig. 5. „Schülfer" der Ölweide. — Fig. 6. Haar aus der Blüte eines Veilchens. — Fig. 7. Samthaare einer Gloxinia. — Fig. 8. Brennhaar der Brennessel. — Fig. 9. Stachel einer Rose. — Fig. 10. Drüsenhaar.

Die Blätter sind von Gefäßbündeln, die mit denen des Stammes in Verbindung stehen, durchzogen, und man kann sie schon äußerlich erkennen (Blattadern, -rippen, -nerven). Bei den Blattgefäßbündeln liegt, da sie sich gewissermaßen aus dem Stamm herausbiegen, der Holzteil oben, der Bastteil unten, außerdem sind sie oft von einer Scheide aus Zellen, die der Ableitung der Assimilationsprodukte dienen,

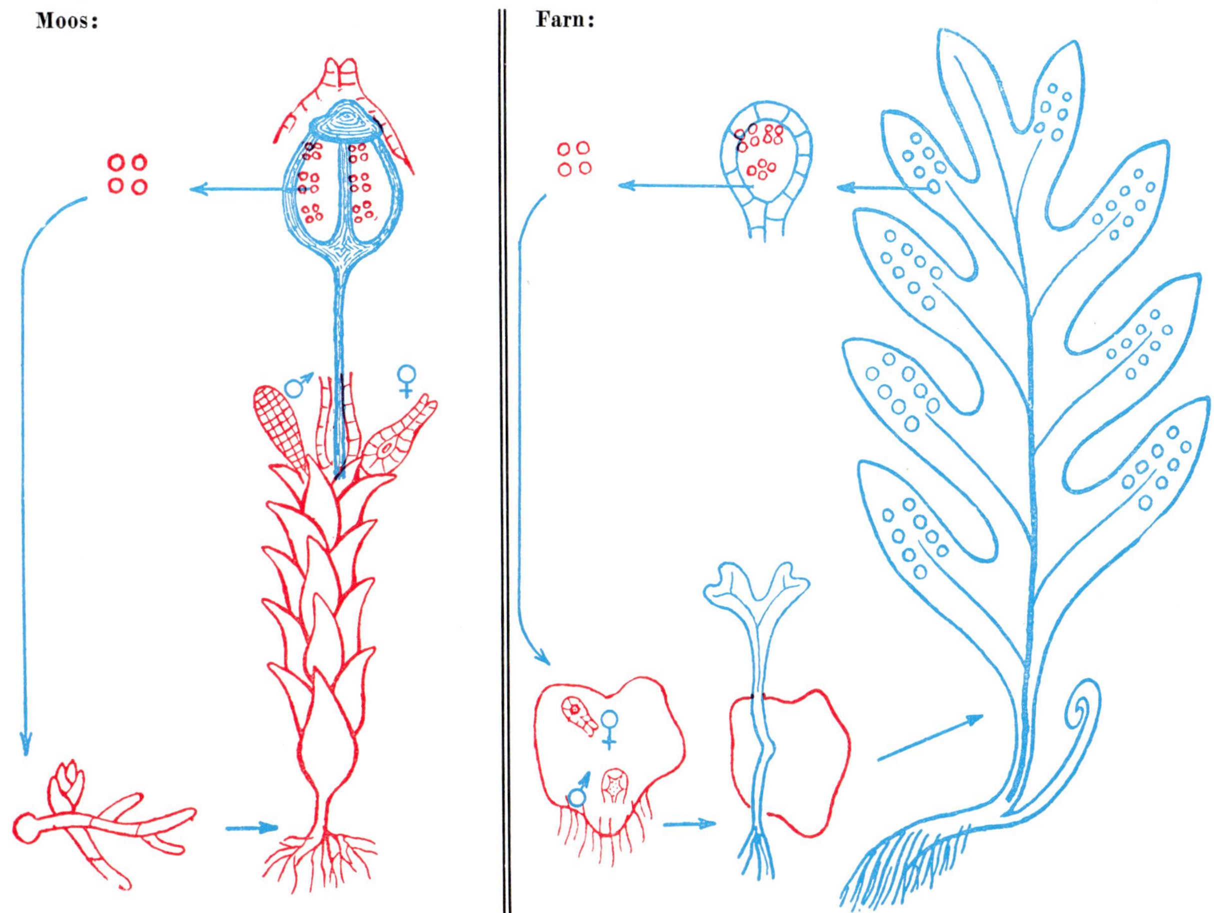

Entwicklungsschema:
rot = haploide Geschlechtsgeneration (Wassergeneration),
blau = diploide, ungeschlechtliche Generation (Landgeneration).

umgeben. Die Blattadern dienen nicht nur der Stoffleitung, sondern bedingen durch ihre Beschaffenheit in hohem Maße die Festigkeit und Aussteifung der Blätter.

Gestalt und Stellung der Laubblätter

Nach dem Verlauf der Gefäßbündel unterscheidet man parallelnervige (gestreiftnervige, gestreiftadrige) Blätter, bei welchen die Blattadern parallel verlaufen und nur feine Querverbindungen besitzen, sowie netznervige (netzadrige) Blätter, bei denen die Gefäßbündel in einem engmaschigen Netz angeordnet sind. Im zweiten Falle durchzieht meist ein Hauptstrang als Mittelnerv (Mittelrippe) das Blatt von dem die größeren Seitennerven in einer bestimmten Anordnung abzweigen.

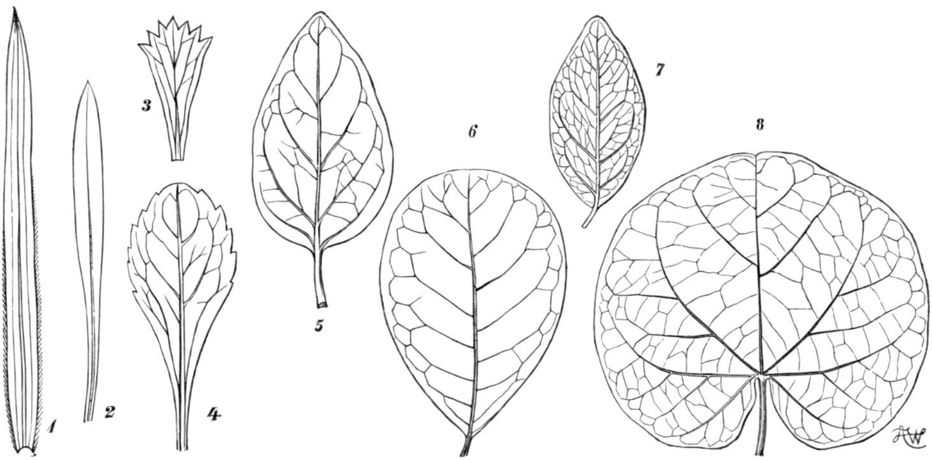

Abb. 51. Blattformen. — Fig. 1. Lineares Blatt der Kornrade. — Fig. 2. Lanzettliches Blatt vom Leinkraut. — Fig. 3. Keilförmiges Blatt einer Schlüsselblume. — Fig. 4. Spatelförmiges Blatt vom Gänseblümchen. — Fig. 5. Eiförmiges Blatt vom Majoran. — Fig. 6. Verkehrteiförmiges Blatt einer Lorbeer-Art. — Fig. 7. Elliptisches Blatt vom Immergrün. — Fig. 8. Nierenförmiges Blatt von Cercis. (Nach der Natur.)

An den Blättern sind meist ein flächig ausgebildeter Teil, die Blattspreite und ein Blattstiel zu unterscheiden. Letzterer ist im allgemeinen rund, oft oberseits mit einer Rinne, manchmal auch seitlich gefurcht, aber jedenfalls immer so gebaut, daß er bei geringstem Materialverbrauch die größtmögliche Festigkeit besitzt. Dort, wo der Blattstiel dem Stamme aufsitzt, ist er oft verbreitert, verdickt oder ausgehöhlt, man nennt diesen Teil die Blattscheide. Diese kann den Stengel ganz oder teilweise umfassen. Manchmal finden sich neben der Blattscheide ein Paar schuppenförmiger oder blattartiger Gebilde, die Nebenblätter (Abb. 52, Fig. 1, 2).

Blätter ohne Stiel heißen sitzend, wenn die Spreite den Stamm berührt; herablaufend, wenn sie diesem ein Stück weit angewachsen ist; durchwachsen, wenn sie ihn umfaßt.

Die Blattspreiten werden nach ihrem Umrisse (Abb. 51) (lineal, lanzettlich, keilförmig, spatelig, eiförmig, rund usw.), nach der Form des Blattgrundes (abgerundet, in den Stiel verschmälert, herzförmig, spießförmig, nierenförmig usw.), nach dem Blattende (spitz, stumpf, abgerundet, ausgerandet) und nach der Beschaffenheit des Randes (ganzrandig, gesägt, gezähnt, gekerbt, gebuchtet usw.) bezeichnet. Wenn die Einkerbungen des Blattrandes sehr tief gehen, dann wird das Blatt dementsprechend als lappig, spaltig, teilig oder schnittig bezeichnet.

Sitzen einem Blattstiele mehrere Spreiten (Blättchen) auf, so nennt man das ein zusammengesetztes Blatt (Abb. 52). Die Blättchen können dabei in manchen Fällen sogar gestielt sein. Beim gefingerten Blatt entspringen die Blättchen strahlig von einem Punkt des gemeinsamen Blattstiels. Entspringen sie aber in zwei Zeilen an verschiedenen Punkten paarweise oder einzeln, so spricht man von gefiedertem Blatt. Bei dem unpaarig gefiederten Blatt sind die Fiederblättchen in ungerader, bei dem paarig gefiederten in gerader Anzahl vorhanden. Haben die einzelnen Blättchen selbst wieder zusammengesetzte Spreiten, spricht man vom doppelt zusammengesetzten (doppelt gefiederten), bei weitergehender Teilung vom dreifach, vierfach zusammengesetzten Blatt usw.

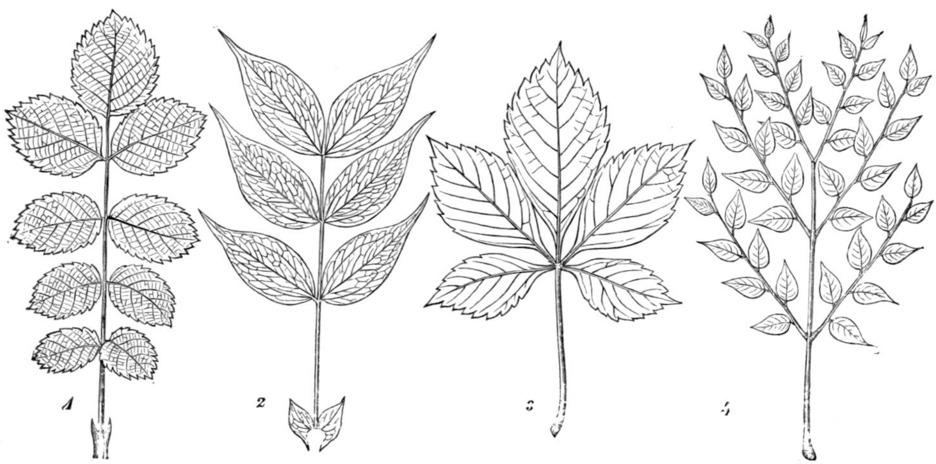

Abb. 52. Zusammengesetzte Blätter. — Fig. 1. Unpaarig gefiedertes Blatt einer Rose. — Fig. 2. Paarig gefiedertes Blatt der Walderbse. — Fig. 3. Gefingertes Blatt des wilden Weines. — Fig. 4. Doppelt gefiedertes Blatt von Gymnocladus. — Verkleinert. (Nach der Natur.)

Die Stellung der Blätter an den Stämmen entspricht bestimmten Gesetzmäßigkeiten und steht mit den Bedürfnissen der Pflanze im Einklang. Es soll die beste Ausnützung des Lichtes erreicht und eine einseitige Belastung vermieden werden.

Zwei in gleicher Höhe einander gegenüber entspringende Blätter heißen gegenständig. Wenn gegenständige Blätter so angeordnet sind, daß je ein Blatt eines Paares zwischen die Blätter des nächsthöheren Paares zu stehen kommt, so nennt man sie gekreuzt gegenständig. Entspringen mehr als zwei Blätter an einem Knoten, so entsteht ein Wirtel oder Quirl. Meist entspringen die Blätter einzeln in ungleichen Höhen, sie sind wechselständig. Verbindet man in diesem Falle die Anheftungsstellen benachbarter Blätter, so liegen diese in einer nach bestimmten Gesetzen um den Stamm gelegten Schraubenlinie.

Versuche, Gestalt und Stellung der Laubblätter verschiedener Pflanzen zu beschreiben und lerne, die Pflanzen an ihren Blättern zu erkennen!

Die Blätter, die ja als seitliche Höcker am Wachstumskegel des Stammes entstehen, zeigen ganz im Gegensatz zu diesem ein begrenztes Wachstum durch Zellteilungen am Blattgrunde oder in der Mitte. Die Blätter werden bei ausdauernden Pflanzen nicht zeitlebens behalten, sondern periodisch abgeworfen. Der Abfall geschieht mit Hilfe einer am Grunde des Blattstiels vorgezeichneten Trennungsschicht, am Stamme bleibt eine Blattnarbe zurück. In Gebieten mit periodischem Klimawechsel tritt der Laubfall immer vor Beginn der Schlechtwetterzeit ein.

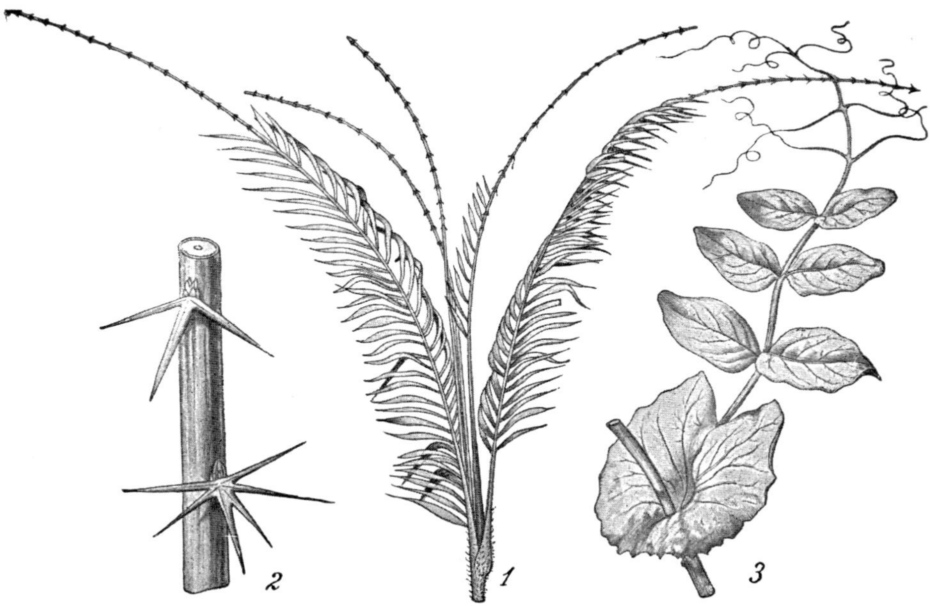

Abb. 53. Anpassungsformen von Mittelblättern. — Fig. 1. Klimmblätter einer Palme, verkleinert. — Fig. 2. Blattdorne des Sauerdorn, nat. Gr. — Fig. 3. Blattranke der Erbse, verkleinert. (Nach der Natur.)

Es gibt Laubblätter, die in Anpassung an besondere Aufgaben eine ganz abweichende Gestalt angenommen haben (Abb. 53). So wurden manche, etwa zur Abwehr von Weidetieren, zu Blattdornen umgewandelt, andere zu Kletterorganen, wie die Blattranken. Aber auch als Wasserspeicher oder zum Insektenfang können Laubblätter eingerichtet sein.

Es gibt außer den bisher besprochenen Blättern, die man genauer als Laubblätter oder Mittelblätter bezeichnen müßte, noch andere blattartige Gebilde, welche aber nicht in mittlerer Höhe eines Sprosses zur Entwicklung kommen. Entspringen sie am Grunde eines Sprosses, werden sie als Niederblätter, am Sproßende als Hochblätter bezeichnet.

Die **Niederblätter** sind schuppen- oder schalenförmige, bleiche oder braune, fleischige oder trockenhäutige, meist unansehnliche Gebilde. Sie haben den Zweck, Nahrungsstoffe zu speichern (fleischige Zwiebelhüllen) oder andere Pflanzenteile zu schützen (Knospenschuppen). Niederblätter kommen vor allem an unterirdischen Stammteilen vor. Wurzeln tragen nie Blätter.

Die **Hochblätter** sind Blattgebilde der verschiedensten Formen und Farben, die sich in der Regel am Ende von Stammstücken finden und am Aufbau der Blüten teilnehmen oder im Bereich der Blütenstände auftreten. Die Blätter, in deren Achseln die Blüten oder Blütenstände entspringen, sind von den Laubblättern oft sehr verschieden und zählen als Deckblätter ebenfalls zu den Hochblättern.

Zusammenfassung. Das Laubblatt dient vornehmlich zur Photosynthese und zur Transpiration. Dem entspricht sein Bau: Palisadengewebe (Assimilation), Schwammgewebe (Durchlüftung), Spaltöffnungen in der Oberhaut der Unterseite (Gasaustausch, Transpiration). Bedeutung der Transpiration. Anordnung der Gefäßbündel (Adern, Nerven, Rippen). Blattformen.

5. Abteilung: Moose

Die Moose nehmen gewissermaßen die Stellung der Amphibien innerhalb der Pflanzen ein, indem sie Züge der Wasserpflanzen und der Landpflanzen in sich vereinigen. Die äußerlich oft recht verschiedenen Pflanzen stimmen in der Art der **Fortpflanzung und Entwicklung** im wesentlichen überein (Tafel 4).

Aus der einzelligen **Spore**, die eine derbe Außenwand und eine zarte Innenwand besitzt, entwickelt sich bei zusagenden Bedingungen ein grünes algenähnliches Gebilde, der **Vorkeim.** Dieser kann flächig ausgebildet sein, besteht aber bei der Mehrzahl der Moose aus verzweigten grünen Zellfäden, die den feuchten Boden überziehen. Bei der weiteren Entwicklung entstehen an dem Vorkeim die eigentlichen Moospflänzchen, und zwar im allgemeinen viele nebeneinander, worauf das gesellige, rasenweise Vorkommen der meisten Moose zurückzuführen ist.

Die **Moospflanze** besteht meist aus einem beblätterten Stämmchen (Sproß), aber bei manchen Arten nur aus einem bandförmigen oder gelappten Lager. Auf der Moospflanze werden die mikroskopisch kleinen Geschlechtsorgane ausgebildet, von denen man die weiblichen als Archegonien[1]) und die männlichen als Antheridien[2]) bezeichnet. Die männlichen und weiblichen Organe können je nach der Art auf derselben Pflanze nebeneinander oder an verschiedenen Stellen stehen oder auf verschiedene Pflanzen verteilt sein (zweihäusig).

Ein **Archegonium** ist ein flaschenförmiges Organ, an dem man einen Bauch- und Halsteil unterscheiden kann. Es besteht aus einem

---

[1]) *arche* (gr.) Anfang; *gone* (gr.) Nachkommenschaft.

[2]) *antheros* (gr.) blühend.

einschichtigen zarten Gewebe, das im bauchigen Teil eine Eizelle umschließt, zu welcher durch den langen Hals ein dünner Kanal, der Halskanal, führt.

Ein **Antheridium** ist ein keulenförmiges oder sackartiges Organ, dessen aus einer Zellschicht bestehende Wand viele kleine Zellen umschließt. Aus jeder dieser Zellen des Innengewebes entwickelt sich ein Spermatozoid, das schraubig gewunden ist und am schmäleren Ende 2 Wimpern trägt. Wenn die Spermien ausgebildet sind, öffnet sich die Wand des Antheridiums und der schleimige Inhalt wird frei.

Ist genügend Wasser (Regen) vorhanden, beginnen die Spermien herumzuschwimmen und versuchen, durch Reizstoffe angelockt, zu den Archegonien zu gelangen. Gelingt es einem Spermatozoid, durch den Halskanal die Eizelle zu erreichen, so verschmelzen beide, und mit der Vereinigung ihrer Kerne ist die Befruchtung durchgeführt.

Die befruchtete Eizelle (Zygote) beginnt sich zu teilen und entwickelt sich zunächst zu einem Embryo, der die Archegoniumwand sprengt und zu einer gestielten Sporenkapsel, der **Mooskapsel** oder dem Sporogon, auswächst. Diese besteht aus einer mehrschichtigen Wand und einem Mittelsäulchen, dazwischen liegt ein sporenbildendes Gewebe, der sogenannte Sporensack. Vertrocknete Reste der Archegoniumwand können als Mütze der Kapsel aufsitzen (Haarmützenmoos). Die in großer Zahl gebildeten Sporen werden nach Öffnen des Sporogons durch den Wind verbreitet.

Man findet also bei den Moosen zwei Formen der Fortpflanzung: Eine geschlechtliche, die nicht zu einer Vermehrung, sondern zur Ausbildung des Sporogons führt, und eine ungeschlechtliche, welche eine Vermehrung durch Sporen ermöglicht. Man nennt nun jene Generation, die mit der Ausbildung der Geschlechtszellen endigt, die **Geschlechtsgeneration** (Gametophyt). Sie besteht bei den Moosen aus dem Vorkeim mit der sich daraus entwickelten Moospflanze, auf welcher die Archegonien mit den Eizellen und die Antheridien mit den Spermien entstehen. Da diese Generation in bezug auf die Fortpflanzung darauf angewiesen ist, von Wasser benetzt zu werden, kann man sie auch als Wassergeneration bezeichnen.

Das aus der befruchteten Eizelle sich entwickelnde Sporogon, das als unselbständiges Pflänzchen der Moospflanze aufsitzt, schließt seine Entwicklung mit der ungeschlechtlichen Ausbildung von Sporen ab und wird daher als **ungeschlechtliche Generation** (Sporophyt) bezeichnet. Da diese in bezug auf die Fortpflanzung vom Wasser unabhängig ist, verkörpert sie die Landgeneration.

Da sich die beiden verschieden fortpflanzenden Generationen im Entwicklungsgang der Moose regelmäßig abwechseln, spricht man von einem **Generationswechsel** (Tafel 4).

Da, wie bereits bei Behandlung der Zellteilung erklärt wurde, jede Art in ihren Zellkernen eine bestimmte Anzahl von Kernschleifen besitzt, haben auch alle Zellen einer Moospflanze eine bestimmte Chromosomenzahl, welche auch in den Keimzellen vorhanden ist. Es muß daher die befruchtete Eizelle, die aus der Verschmelzung von zwei Zellen entstanden ist, doppelt soviel Chromosomen enthalten als eine Zelle der Moospflanze, sie ist diploid. Ebenso müssen alle durch typische Zellteilung aus der befruchteten Eizelle (Zygote) hervorgehenden Zellen der Sporenkapsel diploid sein. Würden nun die in der Kapsel gebildeten Sporen ebenfalls die doppelte Chromosomenzahl besitzen, so müßte dies auch bei den sich aus ihnen entwickelnden Moospflanzen der Fall sein. Beim nächsten Befruchtungsvorgang müßten sich die Kernschleifen abermals verdoppeln, so daß dann die Zygote und das daraus entstehende Sporogon schon die vierfache Anzahl von Chromosomen in den Zellkernen enthalten müßten. Es hätte jeder folgende Befruchtungsvorgang eine weitere Verdopplung der Kernschleifenzahl zur Folge. Um dies zu verhindern, wird bei den Moosen immer gelegentlich der Sporenbildung die Anzahl der Chromosomen auf die Hälfte reduziert. Dies erfolgt durch die schon erläuterte Reduktionsteilung, und zwar in der Art, daß aus einer diploiden Ausgangszelle, der Sporenmutterzelle, durch einen doppelten Teilungsvorgang, nämlich einer Reduktionsteilung und einer sofort folgenden typischen Zellteilung, vier haploide Zellen, die Sporen, entstehen. Daher liegen die Sporen meist in Vierergruppen beisammen (Tetraden). Da nun die Spore nur den einfachen Chromosomensatz besitzt, sind auch die aus der Spore sich entwickelnden Teile des Vorkeims und der Moospflanze bis zur Eizelle und zum Spermatozoid haploid, erst mit der befruchteten Eizelle beginnt die diploide Phase, welche dann wieder durch die Reduktionsteilung bei der Sporenbildung beendet wird.

Der im Entwicklungsgang der Moose auftretende Generationswechsel ist also zugleich verbunden mit einem Wechsel der haploiden und diploiden Phase, und man kann daher den Entwicklungskreislauf folgendermaßen zusammenfassen (vgl. Tabelle S. 115):

Die Geschlechtsgeneration, die sich aus der Spore entwickelt und durch Vorkeim sowie Moospflanze mit Archegonien und Antheridien verkörpert wird, besitzt nur den einfachen Chromosomensatz, ist also haploid. Sie kann ferner als Wassergeneration bezeichnet werden.

Die ungeschlechtliche Generation, die sich aus dem Verschmelzungsprodukt der im Archegonium liegenden Eizelle mit einem Spermatozoid entwickelt, wird durch das Sporogon verkörpert und besitzt den doppelten Chromosomensatz, ist also diploid. Man kann sie auch als Landgeneration bezeichnen.

Die in der Sporenkapsel unter Reduktionsteilung ausgebildeten Sporen sind haploid, und aus diesen entwickelt sich wieder die Geschlechtsgeneration.

Außer der Fortpflanzung mit Hilfe der mikroskopisch kleinen Geschlechtsorgane oder der Sporen gibt es bei Moosen noch eine andere ungeschlechtliche Vermehrung, nämlich durch Brutkörperchen, die auf verschiedene Weise entstehen, sich loslösen und zu neuen Pflanzen auswachsen.

Die **Anpassung an das Landleben** prägt sich bei den Moosen zum Teil deutlich im Aufbau aus. Allgemein finden sich Wurzelhaare, mit deren Hilfe dem Boden Nährstoffe entzogen werden. Der Leitung dienen meist Leitbündel, die aus gestreckten lebenden und toten Zellen aufgebaut sind, aber keine echten Gefäße und Siebröhren enthalten. Dort, wo Blätter ausgebildet sind, bestehen diese aus einer oder mehreren Schichten meist zarter Zellen, die zahlreiche Chlorophyllkörner enthalten. Diese Blättchen dienen nicht nur der Assimilation, sondern auch der Wasseraufnahme, die bei Moospflanzen noch an der ganzen Oberfläche erfolgen kann.

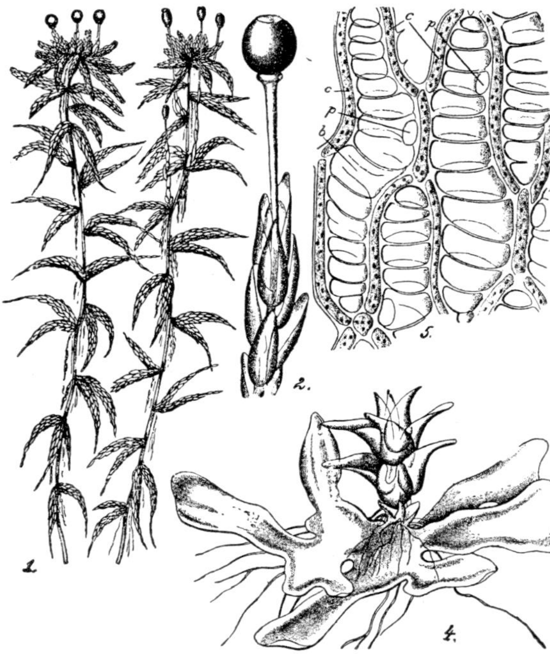

Abb. 54. Torfmoos.
1. Pflänzchen mit Sporenträgern (nat. Gr.). 2. Sporenträger (vergr.). 4. Vorkeim. 5. Blattgewebe (400fach vergr.), *c* chlorophyllhaltige, *b* chlorophyllfreie Zellen, *p* Poren.

Die Vertreter der **Laubmoose** findet man auf Erde, Baumstämmen, Felsen usw., auf trockenen und nassen Standorten. Aus dem Keimfaden entwickelt sich eine stets deutlich in Stamm und Blätter gegliederte Pflanze. Die ringsum beblätterten Stämmchen tragen die Sporogone, die sich im allgemeinen bei der Sporenreife in der Art öffnen, daß ein Stück des obersten Wandteiles als Deckel abspringt. Dieser ist vorher meist von einer Haube bedeckt, die aus den emporgehobenen Teilen des gesprengten Archegoniums hervorgeht. Nach dem Abfallen von Haube und Deckel erscheint der Kapselrand häufig von zarten, zahnartigen Gebilden, dem Mundbesatz, umgeben.

Die Gattung **Haarmützenmoos,** Widertonmoos, besitzt einen mit Wurzelhaaren versehenen Sproß, dessen Stämmchen außen eine Oberhaut und in der Mitte ein Leitbündel sowie zwischen beiden ein großzelliges Grundgewebe erkennen lassen. Die gipfelständige, langgestielte Kapsel trägt eine gelblichbraune, filzige Haarmütze (Tafel 5).

Die Gattung **Sternmoos** trägt mehrere gipfelständige Sporenkapseln und besitzt große, lebhaft grün gefärbte Blätter, die, abgesehen von einer dickeren Mittelrippe, nur aus einer Zellschicht bestehen. Besondere Bedeutung besitzen die **Torfmoose,** die in Mooren und Sümpfen oft ausgedehnte Polster bilden (Abb. 54). Die leitbündellosen Pflanzen sterben stets am unteren Ende ab,

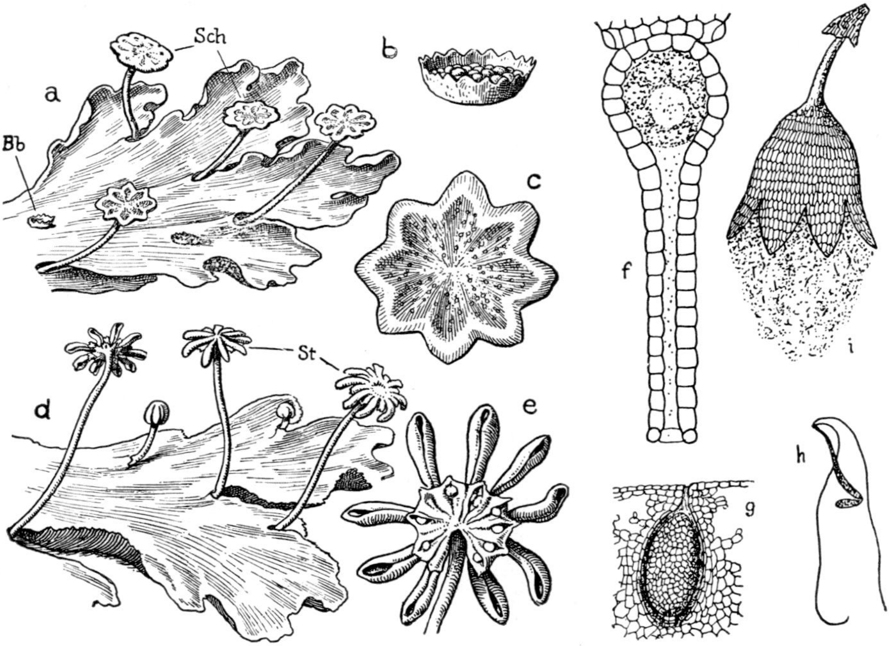

Abb. 55. Lebermoose. Brunnenlebermoos. *a* Stämmchen mit Antheridienträgern (*Sch*) und Brutbechern (*Bb*), *b* Brutbecher (vergr.), *c* Antheridienträger von oben (vergr.), *d* Stämmchen mit Archegonienträgern (*St*), *e* Archegonienträger von unten (vergr.), *f* Archegonium, *g* Antheridium, *h* Spermatozoid, *i* Sporangium. *f—i* stark vergr.

während sie am oberen weiterwachsen. Sie sind in bezug auf Wasseraufnahme ganz auf die bleichgrünen, den zahlreichen Ästen dicht anliegenden Blätter angewiesen. Diese bestehen aus großen, inhaltsleeren, mit Löchern und Wandverdickungen ausgestatteten Zellen, die stark Wasser ansaugen sowie aus dazwischenliegenden, kleinen, chlorophyllführenden Assimilationszellen. Erstere dienen der Aufnahme des Regenwassers, das mit seinen geringen aus der Luft stammenden Staubmengen den Mineralstoffbedarf des Mooses decken muß. Die unter Wasser befindlichen Torfmoosteile unterliegen infolge des Sauerstoffmangels und der chemischen Zusammensetzung des Moorwassers keiner Verwesung, sondern machen eine Art Inkohlungsvorgang durch und verwandeln sich dabei in Torf. Die gebildeten Torfschichten halten ebenso wie die Torfmoose das

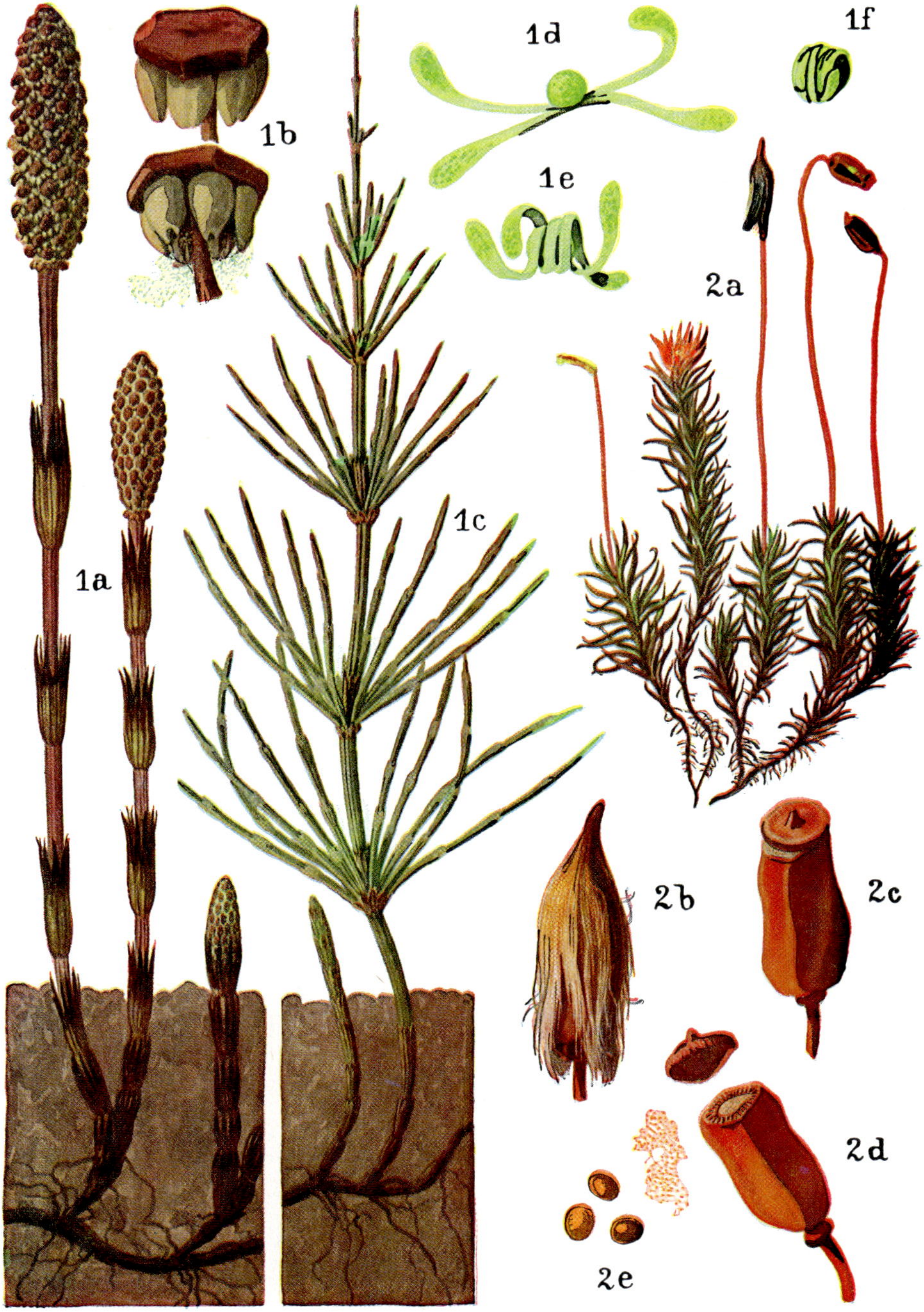

1 Ackerschachtelhalm. 1 a Frühjahrstriebe mit Sporenträgern; 1 b Träger mit Sporenbehältern, vergr.; 1 c Sommertrieb; 1 d Spore mit ausgestreckten Bändern, vergr.; 1 e, 1 f Spore mit eingerollten Bändern, vergr.

2 Haarmützenmoos. 2 a Unfruchtbare und fruchtbare Stämmchen; 2 b Sporenkapsel mit Haube, vergr.; 2 c Sporenkapsel ohne Haube, vergr.; 2 d Sporenkapsel mit abgelöstem Deckel, vergr.; 2 e Sporen in natürlicher und verstärkter Größe.

Tafel 6.

Moos Farn Blütenpflanze

Entwicklungsabschnitt mit einfacher Kernschleifenzahl (haploide Phase). Geschlechtliche Generation (Gametophyt).

Entwicklungsabschnitt mit doppelter Kernschleifenzahl (diploide Phase). Ungeschlechtliche Generation (Sporophyt).

A Erde.

Erdoberfläche: a_1 stets naß.
a_2 feucht, zeitweise naß.
a_3 trocken.

B Luft.

Die Entwicklung der Landpflanze.

(Nach einer Zeichnung in Wettsteins Handbuch der systematischen Botanik.)

Wasser fest, wodurch der Boden eines Torfmoosrasens trügerisch wird (Hochmoor). Torf wird gestochen und im getrockneten Zustand als Heizmaterial oder gemahlen in Form von Torfmull als Streu und zum Verbessern der Erde in der Gärtnerei verwendet.

Die **Lebermoose** bleiben an Häufigkeit weit hinter den Laubmoosen zurück und kommen meist nur auf nassen, nicht austrocknenden Standorten vor. Ihre Stämmchen sind zweizeilig beblättert oder meistens derart verbreitert, daß die Blätter ganz zurücktreten. Die Sporenkapseln öffnen sich durch Klappen.

Das **Brunnenlebermoos** findet man an Quellen, Brunnen, nassen Mauern und ähnlichen Standorten (Abb. 55). Es hat ein flächenförmiges Lager, welches durch wiederholte Gabelung gelappt erscheint. Im Feinbau zeigt es eine beachtliche Ausgestaltung. So besitzt es oberseits einfache Atemöffnungen, während sich auf der Unterseite kleine Blättchen und Wurzelhaare befinden. Es handelt sich um ein verbreitertes Stämmchen, aus dem sich die Organe der geschlechtlichen Fortpflanzung auf eigenen Trägern erheben. So findet man auf manchen Trägern an der Unterseite strahlig gestellter Zweiglein die Archegonien, an deren Stelle sich später kleine Sporenkapseln entwickeln, während die Antheridien auf der Oberseite gestielter, scheibenartiger Verbreiterungen stehen. Es kommt hier auch zu einer ungeschlechtlichen Vermehrung durch Brutknospen, die in Brutbechern entstehen. Diese Brutknospen, die kleine scheibenförmige, vielzellige Organe sind, werden leicht vom Wasser weggespült und können zu neuen Pflanzen auswachsen.

Zusammenfassung. Bei den Moosen entwickelt sich aus der Spore die haploide Geschlechtsgeneration, bestehend aus Vorkeim und Moospflanze. Auf der Moospflanze kommen Archegonien und Antheridien zur Ausbildung. Aus der im Archegonium befruchteten Eizelle entwickelt sich die diploide Mooskapsel, die sich ungeschlechtlich durch Sporen vermehrt. Laubmoose — Lebermoose.

6. Abteilung: Farnpflanzen

Zu den Farnpflanzen zählt man Bärlappgewächse, Schachtelhalme, Farne und Wasserfarne sowie einige kleinere bzw. ausgestorbene Klassen.

Die Farnpflanzen der Gegenwart stellen einen dürftigen Rest einer einstmals sehr bedeutenden Pflanzengruppe dar, die besonders in der **Steinkohlenzeit** (Karbon) stark entwickelt war. Einige der damals lebenden Formen hatten die Gestalt mächtiger Bäume, so die Schuppen- und Siegelbäume, die ihre Namen nach dem Aussehen der am Stamm zurückgebliebenen Blattnarben erhielten. Sie wuchsen zusammen mit Riesenschachtelhalmen und anderen Farnpflanzen in ausgedehnten Sumpfwäldern und lieferten das Ausgangsmaterial für die Steinkohlenbildung.

Der allgemeine Bauplan ist aufs innigste mit dem auch bei diesen Pflanzen auftretenden **Generationswechsel** verknüpft. Gegenüber den Moosen ist hier ein entscheidender Schritt insofern getan, als die Farnpflanze der ungeschlechtlichen Generation angehört, die sich durch

Sporen vermehrt und daher in bezug auf Fortpflanzung vom Wasser unabhängig ist.

Das Entwicklungs- und Organisationsschema der meisten Farnpflanzen ist folgendermaßen: Die **haploide Geschlechtsgeneration** (Gametophyt) ist reduziert auf den **Vorkeim**[1]). Dieser ist meist flächig entwickelt, wird nur wenige Zentimeter groß und gleicht oft im Aussehen einem einfachen Lebermoos. Bei typischer Ausbildung besteht er aus einem grünen, blattartigen Lager mit einzelligen, schlauchförmigen Wurzelhaaren auf der Unterseite. Am Ende seiner Entwicklung erzeugt der Vorkeim Archegonien und Antheridien. Mit der Befruchtung der Eizelle durch ein Spermatozoid schließt diese Generation ab. Die Befruchtung ist nur im Wasser möglich, weil das Spermatozoid vom Antheridium zum Archegonium schwimmen muß (Tafel 4).

Aus der befruchteten Eizelle entwickelt sich die **diploide, ungeschlechtliche Generation** (Sporophyt), die viel höher entwickelt ist als bei den Moosen. Es entsteht zunächst ein kleines Keimpflänzchen mit Wurzel, Stamm und erstem Blatt. Der Vorkeim geht zugrunde und der Keimling wird zur selbständigen **Farnpflanze.** An dieser sehen wir zum ersten Mal echte Wurzeln. Die Blätter besitzen Spaltöffnungen und sind deutlich geadert, wie überhaupt alle Teile der Pflanze von typisch ausgebildeten Leitbündeln durchzogen sind. Durch die gute Wasserbeförderung können sich sogar baumartige Landpflanzen entwickeln (Baumfarne).

Meist entstehen an den Blättern **Sporenkapseln,** Sporangien[2]), mit Sporen. Bei manchen Arten sind diese Blätter, an denen sich die Sporenkapseln befinden, anders gebaut als die übrigen Blätter, und man bezeichnet sie als Sporenblätter (Sporophylle)[3]). Diese können auch zu auffallenden Sporophyllständen („Blüten") vereinigt sein.

Die Sporenkapseln umschließen ein sporenbildendes Gewebe, aus welchem sich die Sporenmutterzellen loslösen, die unter Reduktionsteilung der Kerne je 4 haploide Sporen, meist in Tetraden, liefern. Oft findet man eigene Mechanismen zum Öffnen der Kapseln beziehungsweise zum Ausschleudern der Sporen. Die Mehrzahl der Farnpflanzen bildet lauter gleichwertige Sporen, aus denen sich nach der Keimung ein Vorkeim mit Archegonien und Antheridien entwickelt. Damit ist der Entwicklungskreislauf geschlossen.

---

[1]) Sowohl die Vorkeime der Farne als auch die der Moose lassen sich aus den Sporen ziehen: Man gibt in einen Blumentopf Torfmull, bringt die Sporen darauf und deckt mit einer Glasplatte zu. Den Topf stellt man in eine Schüssel mit Wasser (oder Nährlösung) und läßt ihn so einige Wochen im Licht (aber nicht im direkten Sonnenlicht) stehen.

[2]) *angeion* (gr.) Gefäß, Sporenbehälter.

[3]) *spora* (gr.) Spore, Same; *phyllon* (gr.) Blatt.

Da die Farnpflanze weder bei der Ausbildung oder Verbreitung der Sporen noch bei der Ernährung darauf angewiesen ist, von Wasser umspült zu werden, verkörpert sie die Landgeneration im Gegensatz zu der durch den Vorkeim verkörperten Wassergeneration, die zumindest von Zeit zu Zeit von Wasser umspült werden muß (vgl. Tafel 4, 6 und Tabelle S. 115).

Man sieht also, wie im Zusammenhang mit der Eroberung des Landes die geschlechtliche Wassergeneration gegenüber der ungeschlechtlichen Landgeneration zurückgedrängt wird. Während bei den Moosen die geschlechtliche Generation durch die Moospflanze verkörpert wird, ist sie bei den Farnen auf den Vorkeim beschränkt. Mit zunehmender Anpassung an das Landleben wird auch dieser noch weiter rückgebildet.

Gewisse Farnpflanzen erzeugen zweihäusige Vorkeime, das heißt solche, die entweder nur Archegonien oder nur Antheridien besitzen. Diese Trennung der Geschlechter hat bei einigen Gruppen zur Ausbildung zweierlei Formen von Sporen geführt, nämlich größeren, reservestoffreichen **Makrosporen** (Großsporen), die in Makrosporenkapseln (Makrosporangien) entstehen und bei der Keimung relativ große, weibliche Vorkeime liefern, und **Mikrosporen** (Kleinsporen), die in Mikrosporenkapseln (Mikrosporangien) erzeugt werden und kleinere männliche Vorkeime bilden.

Man unterscheidet demnach gleichsporige und ungleichsporige Farnpflanzen, letztere sind also ausgezeichnet durch den Besitz von Makro- und Mikrosporen.

Bei den **ungleichsporigen Farnen** wird in Verfolgung des Prinzips der Reduktion der Wassergeneration meist überhaupt kein freilebender Vorkeim entwickelt, sondern dieser bleibt mehr oder weniger in der Spore eingeschlossen. Während der weibliche Vorkeim noch in vielen Fällen, wenigstens mit einem Teil seines Gewebes, aus der Makrospore herauskommt, teilweise auch noch ergrünt und mehrere Archegonien entwickelt, bleibt der männliche Vorkeim meistens dauernd von der Mikrosporenwand eingeschlossen und besteht im äußersten Fall nur aus einigen Zellen und einem Antheridium, dessen Spermatozoiden die Spore verlassen (vgl. Moosfarn, S. 111).

Farne

Die eigentlichen Farne besitzen große, mit reicher Aderung ausgestattete Blätter (Wedel), an deren Unterseite sich zahlreiche Sporenkapseln bilden. Es gibt eine große Fülle von Arten in allen Erdteilen. Die Hauptentwicklung findet sich in den Tropen, wo in großer Mannigfaltigkeit von wenige Millimeter großen Zwergformen bis zu mehrere Meter hohen Bäumen die verschiedensten Formen auftreten. Der Stamm der Baumfarne ist unverzweigt und trägt am Ende eine Rosette von oft 3 m langen, gefiederten Blättern, die nach ihrem Absterben große Blattnarben hinterlassen.

Die häufigsten Farne sind krautig und besitzen einen Erdsproß (Wurzelstock), der mit Resten abgestorbener Blätter bedeckt ist. Am Sproßende befindet sich eine Rosette meist reich gefiederter Blätter, die in der Jugend zum Schutz eingerollt sind.

Die Sporangien stehen oft in Häufchen (Sori) beisammen und sind bei manchen Arten von einem häutigen Schleier bedeckt. Sowohl das Auftreten der Sporangienhäufchen auf der Blattunterseite als auch der

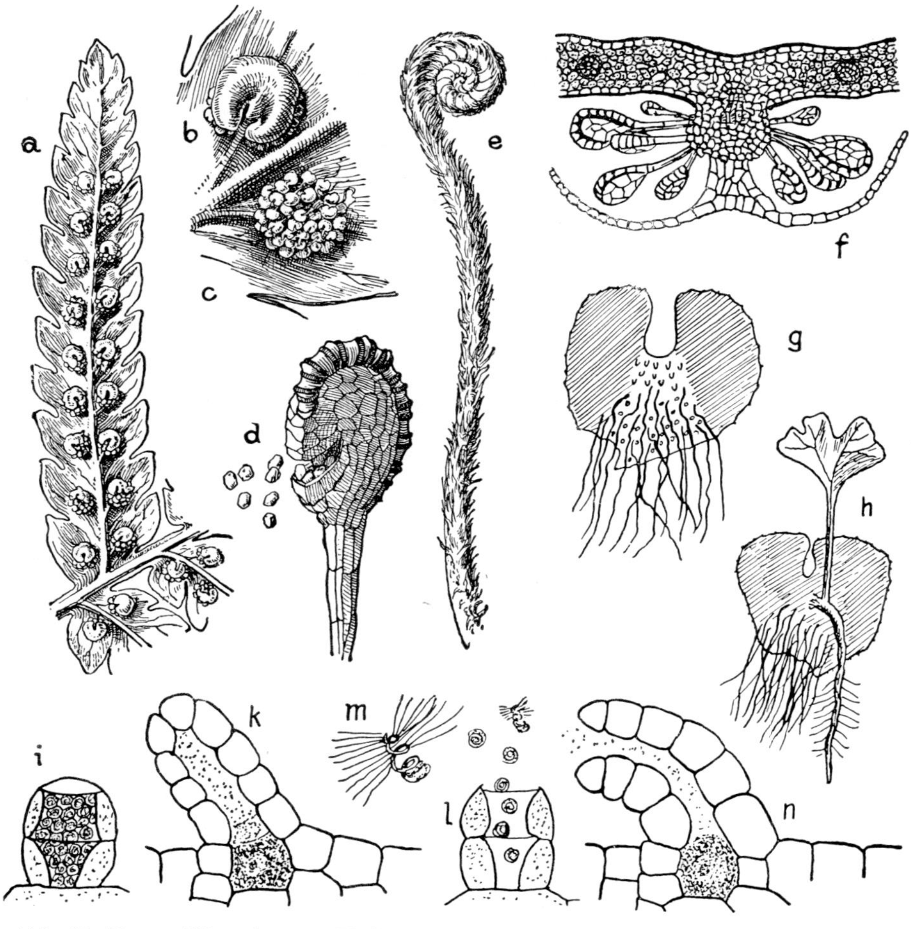

Abb. 56. Farne. Wurmfarn. *a* Fiederchen von der Unterseite, *b* Sporangienhäufchen vom Schleier bedeckt (vergr.), *c* dasselbe ohne Schleier (vergr.), *d* Sporangium mit Sporen (vergr.), *e* junges Blatt, *f* Sporangienhäufchen quer (20fach vergr.), *g* Vorkeim (6fach vergr.), *h* Vorkeim mit junger Farnpflanze (6fach vergr.), *i* Antheridium (250fach vergr.), *k* Archegonium (250fach vergr.), *l* reifes Antheridium mit ausschlüpfenden Spermatozoiden (250fach vergr.), *m* Spermatozoid (500fach vergr.), *n* reifes Archegonium (250fach vergr.).

Schleier stellen Schutzvorkehrungen dar, einerseits gegen das Vertrocknen der jungen und andererseits gegen das Befeuchten der meist im Herbst reifen Sporenkapseln. An vielen Sporangien befindet sich ein aus wandverdickten Zellen gebildeter sogenannter „Ring", dessen Mechanismus (s. S. 160) zum Öffnen und Sporenausschleudern dient (Abb. 56).

Die als Wasserfarne zusammengefaßten Gattungen wasser- oder sumpfbewohnender Kräuter sind ungleichsporig. Ihre ringlosen Makro- und Mikrosporangien sind an der Basis der Blätter in Behältern eingeschlossen.

Einige Vertreter der Farne: **Echter Wurmfarn** (Abb. 56) mit doppelt gefiederten Blättern und nierenförmigem Schleier über den Sporangienhäufchen. Sein Name stammt aus jener Zeit, da die Menschen noch glaubten, daß jeder Pflanze Heilkräfte innewohnten und man sogar an besonderen Merkmalen der Pflanze erkennen könnte, gegen welches Übel sie wirksam wäre. Da die jungen, eingerollten Farnwedel wurmähnlich aus der Erde kriechen, schloß man auf Abwehrkräfte des Farnes gegen Eingeweidewürmer. Tatsächlich finden sich im Stamm Stoffe, die Würmer abtreiben, so daß er noch heute als Bandwurmmittel offizinell ist. — **Tüpfelfarn** oder **Engelsüß** mit einfach gefiederten, abfallenden Blättern und schleierlosen Sporangienhäufchen, besitzt im Wurzelstock einen Süßstoff. — Die **Hirschzunge** hat ungeteilte zungenförmige Blätter und langgestreckte Sporangienhäufchen. — Der **Adlerfarn** gehört zu den häufigsten und größten Farnen unserer Wälder, seine mehrfach fiederschnittigen Blätter tragen die Sporangien unter dem umgeschlagenen Blattrand, der Stammquerschnitt zeigt eine doppeladlerförmige Figur.

Schachtelhalme

Teils Land-, teils Sumpfpflanzen. Die ungeschlechtliche Generation ist sehr charakteristisch entwickelt. Aus einem kräftigen Wurzelstock entspringen gegliederte, das heißt aus Abschnitten (Internodien)[1]) aufgebaute Halme (Tafel 5), die der Länge nach von Luftkanälen durchzogen sind. Diese Halme können einfach oder wirtelig verzweigt sein, jedenfalls haben sie Knoten, an denen kleine, quirlig gestellte Schuppenblätter sitzen. Diese Blätter sind zu einer den Stengel umfassenden Scheide verwachsen, so daß man bei jedem Knoten den folgenden Halmabschnitt aus der Blattscheide herausziehen kann (so wie man Schachtelteile auseinanderziehen kann). Dieses Ineinandergeschachteltsein gab der ganzen Klasse den Namen.

Die Sporangien befinden sich an besonderen Sporenblättern (Sporophyllen), die in zapfenförmigen Ständen beisammenstehen. Die Sporenblätter sind klein, in der Mitte gestielt und in der Form wie ein einbeiniges Tischchen bzw. wie ein Schirm. An der Unterseite dieser Schirmchen hängen die sackförmigen Sporenkapseln. Die Sporen besitzen eine äußere Hülle in Form zweier sich abrollender Spiralbänder, die sich bei Trockenheit ausbreiten und bei Feuchtigkeit wieder einrollen (Tafel 5). Durch diese Bewegungen wird die reife Sporenmasse aufgelockert und kann vom Winde besser vertragen werden. Die Spiralblätter sind eigentlich Flugeinrichtungen, die so lange wirken, bis der

[1]) *inter*, zwischen; *nodus*, Knoten; *internodium*, Stück zwischen zwei Knoten.

Wind die Spore an eine feuchte, zur Keimung geeignete Stelle gebracht hat, denn hier rollen sie sich wieder ein, wodurch der Wind seine Angriffsfläche verliert und die Spore liegen läßt.

Die sich aus den Sporen entwickelnden Vorkeime sind grüne, unregelmäßig gelappte Gebilde, welche meist zweihäusig sind, das heißt, sie tragen entweder nur Archegonien oder nur Antheridien.

Gewisse Arten der Schachtelhalme haben auch sterile Halme, die keine Sporenblätter tragen und meist reicher verzweigt sind. Allgemein verbreitet sind Einlagerungen von Kieselsäure in den Membranen, was oft eine bedeutende Härte bewirkt (Verwendung als Scheuermittel für Metallgefäße: Zinnkraut).

Vertreter: An feuchten Wiesen, Äckern und Gräben der **Ackerschachtelhalm** (Tafel 5), bei dem die sporentragenden Halme der „Frühlingstriebe“ chlorophyllfrei sind und vor den grünen, reich verzweigten, unfruchtbaren Halmen der „Sommertriebe“ erscheinen. Heilpflanze (Blutungen, Nieren- und Blasenleiden). — Der **Sumpfschachtelhalm** bildet ebenso wie der fast unverzweigte, an Kieselsäure besonders reiche **Winterschachtelhalm** nur eine Art von grünen Stengeln, welche Blätter und Sporophyllstände tragen. — Der **Waldschachtelhalm** treibt im Frühjahr chlorophyllfreie Sprosse mit Sporophyllen, die nach der Sporenreife grüne, assimilierende Seitenäste bekommen.

Bärlappgewächse

In Nadelwäldern, auf Mooren und auf Heideböden kommt der gewöhnliche Bärlapp oder **Keulenbärlapp** vor. Dieser kriecht mit seinem gabelig verzweigten Stengel, der von einer großen Anzahl schraubig angeordneter kleiner Blättchen besetzt ist, am Boden dahin („Schlangenmoos“) und erreicht über einen Meter Länge (Abb. 57). An der Unterseite des Stengels sind zarte Wurzeln, die ebenfalls gabelig verzweigt sind. Seitenzweige, die sich etwa einen Dezimeter in die Höhe erheben, tragen oberhalb einer blattärmeren Region an ihren Spitzen 1 bis 3, meistens 2 aus sporangientragenden Blättern zusammengesetzte Ähren (Sporophyllstände). Jedes Sporenblatt trägt auf der Oberseite eine nierenförmige Sporenkapsel, welche zur Reifezeit quer aufreißt und die zahlreichen, mehlig kleinen Sporen entläßt. Diese sind gelblich und lassen durch ihre Gestalt die Entstehung in Vierergruppen erkennen. Die sehr ölreichen Sporen bilden ein staubartiges, unbenetzbares Pulver, das als Säuglingspuder („Stupp“) verwendet wurde. In eine Flamme gestreut, brennt das ölreiche Sporenpulver sehr rasch ab („Hexenmehl“). Die Sporen keimen erst nach mehrjähriger Ruhezeit aus und liefern einen unregelmäßig knollenförmigen, bleichen, unterirdisch wachsenden Vorkeim, der nach 10—15 Jahren sowohl Archegonien wie Antheridien ausbildet. Aus der befruchteten Eizelle entwickelt sich dann wieder der sporentragende Bärlapp. Es herrscht also ein Generationswechsel wie beim gleichsporigen Farn.

Die in Gebirgsgegenden vorkommende Gattung **Moosfarn** (*Selaginella*) unterscheidet sich vom Bärlapp hauptsächlich dadurch, daß sie **ungleichsporig** ist. Es finden sich im unteren Teile der Ähren große Sporangien (Makrosporangien), in denen 4 große Sporen (Makrosporen) enthalten sind, während die oberen kleinen Sporangien (Mikrosporangien) eine große Zahl kleiner Sporen (Mikrosporen) ausbilden. Die Mikrosporen liefern die männlichen, die Makrosporen die weiblichen Vorkeime.

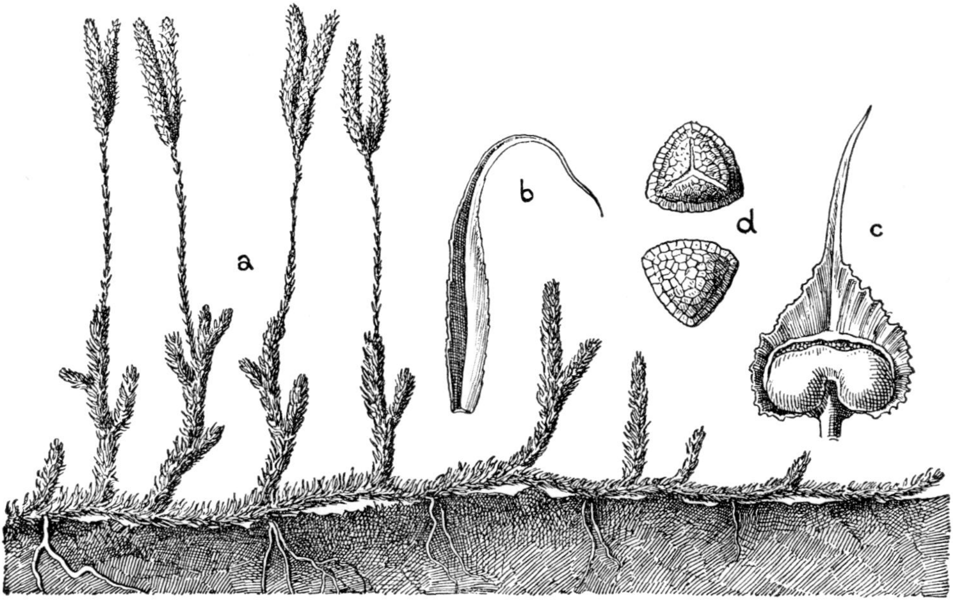

Abb. 57. Bärlappgewächse. Gemeiner Bärlapp. *a* Pflanze mit Sporenträgern (verkl.); *b* Stengelblatt (vergr.); *c* ein Blatt aus der Ähre, mit einem Sporangium (vergr.); *d* Sporen (stark vergr.).

Das Bestreben, sich vom Wasser noch unabhängiger zu machen, führt hier zu einer weiteren Reduktion der Geschlechtsgeneration, die Vorkeime entwickeln sich innerhalb der Spore. Bei der Entwicklung der Mikrosporen, die schon beginnt, bevor diese die Sporenkapsel verlassen haben, bilden sich nur wenige Zellen, sie stellen den männlichen Vorkeim dar, welcher die Spore überhaupt nicht verläßt. Die mittleren Zellen erzeugen durch weitere Teilungen eine größere Zahl Spermatozoiden und werden daher als Antheridium aufgefaßt.

Wenn die Sporenhaut aufbricht, werden die gekrümmten, mit 2 Geißeln versehenen Spermatozoiden frei (Tafel 7; Erklärung der Tafel s. unten).

In den Makrosporen entwickeln sich die nicht so stark reduzierten weiblichen Vorkeime. Diese bestehen aus einem kleinzelligen Gewebe und einigen Archegonien. Nachdem die Makrosporenwand aufreißt, tritt der Vorkeim etwas heraus und bildet sogar noch Wurzelhaare aus. Wenn eine im Archegonium liegende Eizelle durch die Verschmelzung mit einem eingedrungenen Spermatozoid befruchtet ist, beginnt sich aus ihr ein neuer Moosfarn zu entwickeln.

Zusammenfassung. Bei den Farnpflanzen entwickelt sich die Spore zu der aus dem Vorkeim bestehenden haploiden Geschlechtsgeneration. Dieser Vorkeim trägt die Archegonien und Antheridien. Aus der befruchteten Eizelle entwickelt sich die diploide Farnpflanze, die an ihren Blättern Sporenkapseln bildet. Bei den ungleichporigen Farnpflanzen entwickelt sich die Großspore zu einem weiblichen, die Kleinspore zu einem männlichen Vorkeim. Farne, Schachtelhalme, Bärlappe. Farnpflanzen der Steinkohlenzeit.

Erklärung der Farben der Tafel 7:

blau	1 a Mikrosporenblatt	1 b Makrosporenblatt
	2 a Staubblatt	2 b Fruchtschuppe
	3 a Staubgefäß	3 b Fruchtknotenblatt
blaßblau		2 b Hülle
		2 d Hülle
		3 b Hülle
		3 d Hülle
braun	1 a Mikrosporangium	1 b Makrosporangium
	2 a Pollensack	2 b Knospenkern
	3 a Pollensack	3 b Knospenkern
rosa	1 c männlicher Vorkeim	1 d weiblicher Vorkeim
	2 c Pollenschlauch	2 d Embryosack
	3 c Pollenschlauch	3 d Embryosack
rot	1 c Spermatozoiden	1 d Eizelle mit Eikern
	2 c generative Kerne	2 d Eizelle mit Eikern
	3 c generative Kerne	3 d Eizelle mit Eikern

7. Abteilung: Samenpflanzen oder Blütenpflanzen

Der Generationswechsel

Die ursprünglichen Pflanzen lebten im Wasser. Mit der Ausbildung eines Generationswechsels war die Möglichkeit des Lebens im Wasser und am Lande gegeben. Erwies sich eine Generation zum Landleben fähig, so konnte eine weitere Besitzergreifung des Landes durch die Pflanze nur dadurch erreicht werden, daß die vom Wasser weniger abhängige Generation weiter ausgestaltet und die ganz an Wasser gebundene Generation rückgebildet wurde.

Tafel 7.

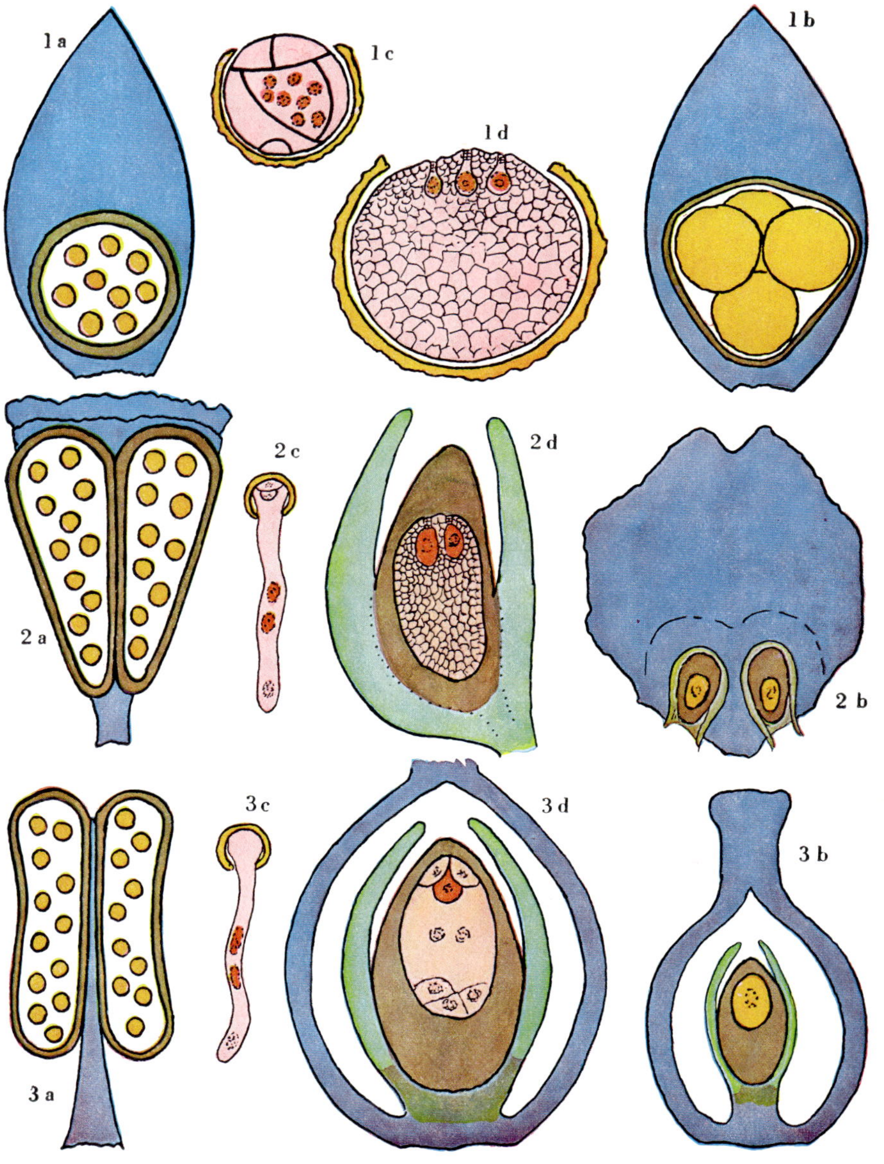

1 Bärlappgewächse *(Selaginella)*. — 2 Nacktsamige Blütenpflanzen. — 3 Bedecktsamige Blütenpflanzen.

Erklärung der Farben siehe Seite 112.

Vergleich der Fortpflanzungsorgane.

Diese schrittweise Umgestaltung der Generationen läßt sich bei den Sproßpflanzen gut verfolgen. Hier konnte sich die ungeschlechtlich durch Sporen vermehrende Generation (Sporophyt) aus dem Wasser erheben, da sie dieses zur Fortpflanzung nicht benötigte. Dagegen mußte die geschlechtliche Generation (Gametophyt), solange die Befruchtung durch Spermatozoiden erfolgte, an das Wasser gebunden bleiben, da nur in diesem die Spermien zur Eizelle gelangen konnten.

So ist bei den **Moosen** die ungeschlechtliche Landgeneration noch ein unselbständiges Pflänzchen, das Sporogon, welches der geschlechtlichen Wassergeneration, der beblätterten Moospflanze, aufsitzt (Tafel 6).

Bei den **Farnpflanzen** ist die Geschlechtsgeneration bereits auf den unscheinbaren Vorkeim beschränkt, während die beblätterte Farnpflanze der ungeschlechtlichen Generation zugehört. Diese zeigt im Zusammenhang mit der Anpassung an das Landleben eine deutliche Gliederung in Wurzel, Stamm und Blatt.

Bei den **ungleichsporigen Farnpflanzen** wird die wassergebundene Geschlechtsgeneration noch weiter rückgebildet, und zwar so weit, daß sie gerade zur Ausbildung der Geschlechtsorgane hinreicht. Um diese Generation möglichst abzukürzen, kommt der Vorkeim noch innerhalb der Spore zur Entwicklung. Damit steht die Ausbildung zweierlei Sporen im Zusammenhang (Tafel 7).

Bei den **Blütenpflanzen** geht die Entwicklung noch weiter, indem sich die Makrospore beziehungsweise der in ihr zur Ausbildung gelangende weibliche Vorkeim von der Mutterpflanze überhaupt nicht ablöst. Die Mikrospore löst sich zwar, wird aber unter Ausnützung verschiedener Möglichkeiten (Insekten, Wind) auf dem Luftwege zur Makrospore gebracht und treibt dort den umgebildeten, nur mehr aus wenigen Zellen bestehenden männlichen Vorkeim zu dem entwickelten weiblichen Vorkeim, so daß die Geschlechtszellen verschmelzen können. Aus der Zygote entsteht ein kleines Keimpflänzchen, welches bald sein Wachstum einstellt und mit Reservestoffen ausgerüstet in einen Ruhezustand verfällt, wobei es sich in einer Hülle eingeschlossen von der Mutterpflanze löst. Dieses als Samen bezeichnete Gebilde gibt unter geeigneten Bedingungen seinen Ruhezustand wieder auf und entwickelt sich zu einer neuen Blütenpflanze.

Dadurch ist nun auch die Geschlechtsgeneration, die ihre Selbständigkeit ganz eingebüßt hat, in bezug auf die Befruchtung vom Wasser unabhängig und somit die ganze Pflanze. Die Samenpflanzen sind also vollständige Landpflanzen (im Wasser lebende Samenpflanzen stammen von Landpflanzen ab).

Wo befinden sich nun bei den Samenpflanzen jene Stellen, an denen die rückgebildeten Geschlechtsgenerationen, beziehungsweise die Sporen, zur Ausbildung gelangen? Sowohl die Ausbildung als auch der Befruchtungsvorgang und die erste Entwicklung der jungen Tochterpflanze finden in den **Blüten** statt. So nennt man jene Sproßabschnitte, welche die der geschlechtlichen Fortpflanzung dienenden und dazu umgebildeten Blätter tragen. Die wesentlichsten Teile einer Blüte sind die Fruchtblätter als die weiblichen und die Staubblätter als die männlichen Organe. Außerdem findet man meist eine Blütenhülle aus verschieden aussehenden Blättern, die an der Fortpflanzung nicht direkt beteiligt sind.

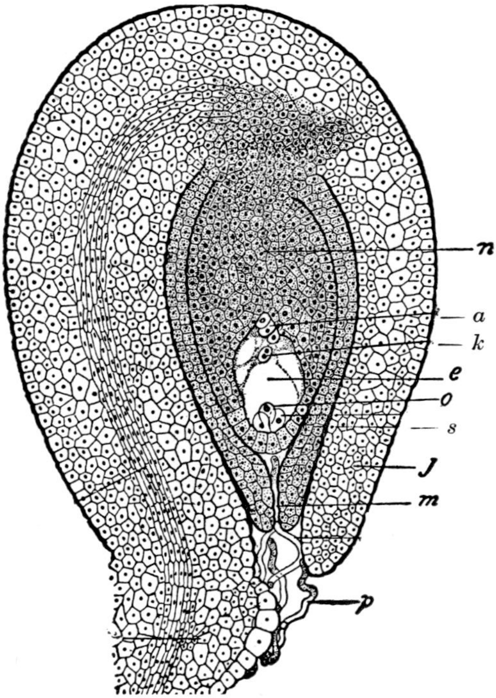

Abb. 58. Samenanlage einer Schwertlilie im Längsschnitt. *J* Hülle, *n* Knospenkern, *m* Keimmund, *p* Pollenschläuche, *e* Embryosack, *o* Eizelle, *s* Synergiden, *k* Embryosackkern (sekund.), *a* Antipoden (stark vergr.).

Die Blüten sind eigentlich gesetzmäßige Anordnungen von Sporenblättern (Sporophyllstände). Die Fruchtblätter entsprechen den Makrosporenblättern (Makrosporophylle). Sie tragen die Samenanlagen, welche aus einem vielzelligen Gewebe (Knospenkern, Nucellus) bestehen, das von 1 bis 2 Hüllen (Integumente) umgeben ist. Diese hautartigen Hüllen lassen nur eine kleine Öffnung (Keimmund) frei (Abb. 58).

Übersichtstabelle des Generationswechsels der Sproßpflanzen

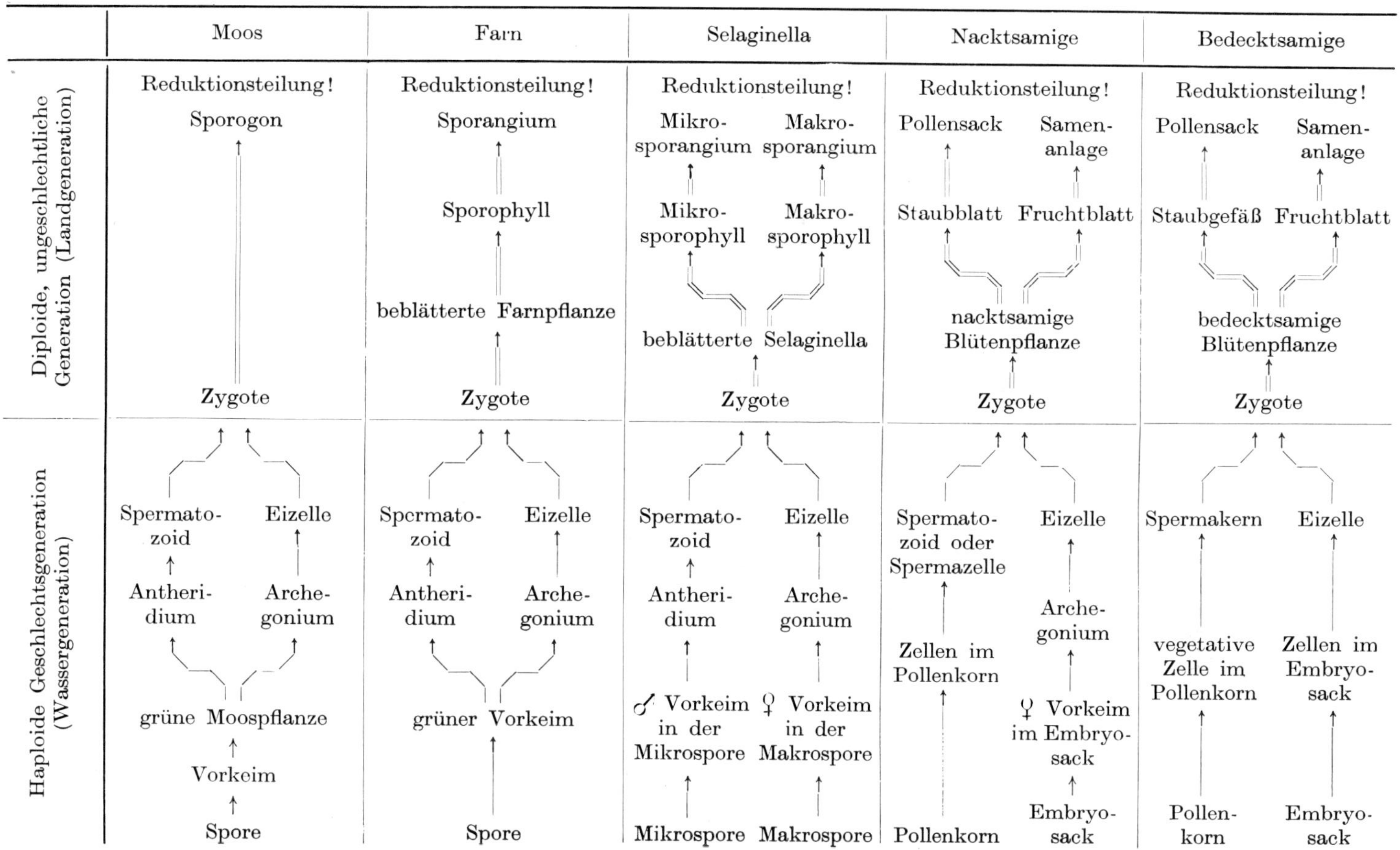

Bei den Nacktsamigen liegen die Samenanlagen frei auf einem Fruchtblatt, während sie bei den Bedecktsamigen in ein Gehäuse (Fruchtknoten) eingeschlossen sind, das aus einem oder mehreren Fruchtblättern gebildet ist (Tafel 7).

Unter den Zellen der Samenanlage fällt eine durch ihre Größe ganz besonders auf, das ist die Embryosackzelle oder kurz der Embryosack. Dieser entsteht, indem eine Zelle der Samenanlage (die Embryosackmutterzelle) unter Reduktionsteilung 4 haploide Zellen bildet, wovon drei zugrunde gehen und nur die vierte, eben der Embryosack, überbleibt. Aus diesem entwickelt sich der weibliche Vorkeim, der bei den Nacktsamigen noch Archegonien trägt, während er bei den Bedecktsamigen nur mehr aus wenigen bestimmt angeordneten Zellen, darunter einer Eizelle, besteht.

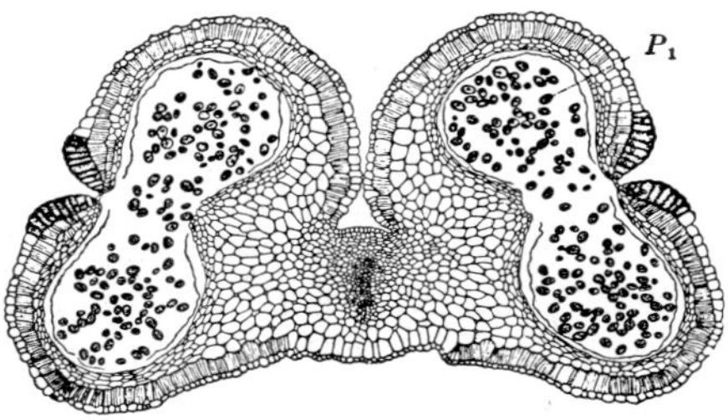

Abb. 59. Querschnitt durch den Staubbeutel einer Lilie. P_1 Pollenkörner (vergr.).

Demnach entspricht der **Embryosack** einer **Makrospore** und die **Samenanlage** (genauer der Knospenkern) **einem Makrosporangium** (vgl. Übersichtstabelle S. 115).

Die Staubblätter (Tafel 7) entsprechen den Mikrosporenblättern (Mikrosporophylle). Diese tragen die Pollensäcke und werden bei den Bedecktsamigen, wo sie in Staubfaden und Staubbeutel gegliedert sind, als Staubgefäße bezeichnet. Jeder Staubbeutel besteht aus 2 Fächern, wovon jedes 2 Pollensäcke enthält (Abb. 59). In den Pollensäcken entstehen unter Reduktionsteilung aus den Pollenmutterzellen je 4 haploide einzellige Pollenkörner, deren Gesamtheit Pollen oder Blütenstaub genannt wird. Die Pollenkörner sehen bei den einzelnen Pflanzenarten sehr verschieden aus, tragen aber immer über einer zarten Innenhaut eine derbe Außenhaut.

Nach Öffnen des Pollensackes wird das Pollenkorn durch den Wind oder durch Tiere auf die weiblichen Organe übertragen (Bestäubung) und wächst hier zu einem für die Samenpflanzen sehr bezeichnenden Gebilde, dem Pollenschlauch, aus. Indessen sind aus dem Kern des Pollenkornes mehrere Kerne entstanden, die teils als Reste des männlichen Vorkeimes, beziehungsweise eines Antheridiums, zu deuten sind, teils Geschlechtszellen entsprechen. Der Pollenschlauch wächst bis zur Samenanlage, dabei muß er bei den Bedecktsamigen von der Narbe weg durch den Griffel in den Fruchtknoten gelangen. Die im Pollenschlauch enthaltenen beiden männlichen Geschlechtszellen sind bei den niedersten Nacktsamigen (den Zykadeen und Ginkgoineen) noch Spermatozoiden, bei allen anderen Blütenpflanzen geschlechtliche Zellen, sogenannte generative Zellen (Spermazellen), welche man infolge ihrer nur schwer sichtbaren Plasmahülle meist als generative Kerne (Spermakerne) bezeichnet (Tafel 7).

Aus dem ganzen folgt, daß das **Pollenkorn** einer **Mikrospore** und der **Pollensack** einem **Mikrosporangium** entspricht (vgl. Übersichtstabelle).

Die **Befruchtung** geschieht in der Weise, daß dort, wo noch Spermatozoiden ausgebildet sind, diese aus dem Pollenschlauch austreten und in einer von der Samenanlage ausgeschiedenen Flüssigkeit zu der Eizelle hinschwimmen. Bei allen übrigen Blütenpflanzen wächst der Pollenschlauch durch den Keimmund bis zum Embryosack, wo nun die Verschmelzung der Eizelle mit einem an der Spitze des Pollenschlauches befindlichen generativen Kern erfolgt.

Aus der befruchteten Eizelle entsteht durch fortgesetzte Zellteilungen ein kleines Pflänzchen, der Keimling (Embryo), an dem man schon eine Gliederung in Wurzel, Stamm und Blatt ausnehmen kann. Er erfüllt zunächst den Embryosack und dann den ganzen Knospenkern der Samenanlage, deren Hülle zur Samenschale wird. Der Keimling und die Samenschale bilden zusammen den **Samen.** Dieser löst sich von der Mutterpflanze ab und entwickelt sich erst in günstiger Umgebung weiter.

Die Blüte

Die folgenden Hinweise auf Bau und Funktion von Blüte, Samen und Frucht sollen anhand entsprechend ausgewählter Beispiele untersucht werden. Zur Erleichterung der Auswahl gibt der Anhang II dieses Buches eine kurze Übersicht der Blütenpflanzen.

Die Blüte ist ein Sproßabschnitt mit sehr verkürzten Stengelgliedern. Der Stengelanteil der Blüte wird als Blütenboden, nach dem Abblühen als Fruchtboden bezeichnet. Die von ihm getragenen Hochblätter sind entweder spiralig, zumeist aber in Kreisen (Wirteln) angeordnet. Die einzelnen Kreise können aus Kelch-, Kron-, Staub- oder Fruchtblättern gebildet sein.

Nach der Ausbildung der **Blütenhülle** unterscheidet man Blüten mit einer einfachen Blütenhülle, dem Perigon, wenn alle Blütenhüllblätter gleich sind, und Blüten mit einer doppelten Hülle, wenn diese aus Wirteln mit verschiedenen Blättern zusammengesetzt ist. In letzterem Falle bezeichnet man den inneren Blattkreis als Blumenkrone, den äußeren als Kelch.

Das Perigon kann aus einem Blattkreis allein bestehen und dient dann meist nur dem Schutz der Geschlechtsorgane. Bei diesen Blüten herrscht allgemein Windbestäubung, daher ist die Blütenhülle unscheinbar und grün (Kronenlose). Es kann dies ein Merkmal niederer Entwicklungsstufe oder der Anpassung einer Insektenblüte an Windbestäubung sein (Esche, Ahorn). Das Perigon kann aber auch aus zwei Blattkreisen bestehen, wie dies bei Einkeimblättrigen der Fall ist (z. B. Tulpe).

Der im allgemeinen grüngefärbte Kelch dient in erster Linie dem Schutz der Blütenknospe und trägt, wenn er assimiliert, zu deren Ernährung bei. Er fällt manchmal nach der Zeit des Aufblühens ab. In bestimmten Fällen kann er auch Aufgaben der Blumenkrone übernehmen.

Die Blätter der Blumenkrone sind meist auffallend gefärbt und von mannigfaltigsten Formen. Sie stehen hauptsächlich im Dienst der Insektenbestäubung, indem sie die Tiere anlocken und oft durch ihre Gestalt zwingen, in ganz bestimmter Weise in die Blüte einzudringen. Sie übernehmen aber auch den Schutz des Blüteninneren.

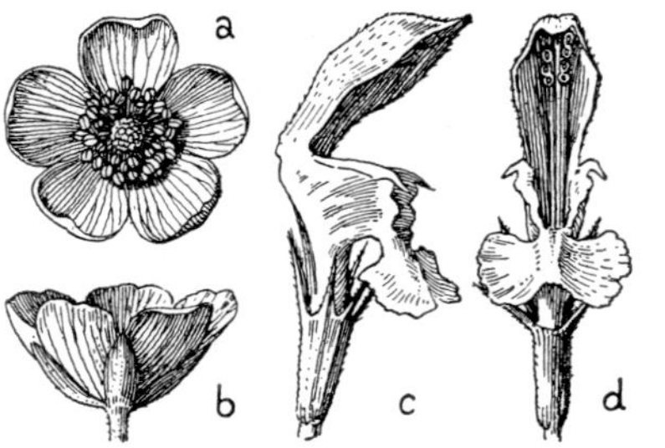

Abb. 60. Strahlige und zygomorphe Blüten. *a*, *b* strahlig: Hahnenfuß; *c*, *d* zygomorph: Taubnessel.

Entweder sind die Blütenblätter voneinander getrennt (Freikronblättrige) oder sie sind miteinander verwachsen (Verwachsenkronblättrige). Sind die Blütenhüllblätter eines Wirtels gleich und regelmäßig angeordnet mit mehreren Symmetrieebenen, so ist die Blüte strahlig, kann man aber durch eine Blüte nur eine Ebene legen, durch die sie in zwei symmetrische Teile zerlegt wird, so ist sie seitlich symmetrisch oder zygomorph. Es gibt auch ganz unregelmäßige Blüten (Abb. 60).

Die Staubblätter haben im allgemeinen nur bei Nacktsamigen ein blattartiges Aussehen. In der Regel bestehen sie aus zwei Teilen, dem Staubfaden und dem Staubbeutel. Der Staubbeutel besteht meist aus zwei Hälften, die durch ein Zwischenband verbunden sind. Manchmal können Staubgefäße auch zu Blumenkronblättern umgewandelt werden und verursachen so die „gefüllten" Blüten.

Die Fruchtblätter sind bei den Nacktsamigen ziemlich selbständige und blattartige Bildungen (Fruchtschuppe), welche die Samenanlagen offen tragen. Bei den Bedecktsamigen bilden sie einzeln oder zu mehreren verwachsen einen Fruchtknoten, der in seinem Inneren die Samenanlagen birgt. Die Verwachsungsstellen sind entweder nur äußerlich als Nähte sichtbar oder die einzelnen Blätter sind derart mitsammen verwachsen, daß sie das Innere des Fruchtknotens in mehrere Fächer teilen. Die Samenanlagen können im Fruchtknoten sehr verschieden untergebracht sein. Sie können an den Rändern oder in der Mitte der einzelnen Fruchtblätter (auch Fruchtknotenblätter genannt) stehen. Manchmal befinden sich die Samenanlagen auf eigenen, in den Fruchtknoten hineinragenden Samenleisten, die Verlängerungen des Blütenbodens darstellen.

Der Fruchtknoten setzt sich nach oben in den Griffel mit der Narbe fort. Das ganze Organ bezeichnet man als Stempel. Der Griffel muß dabei nicht immer deutlich ausgebildet sein (sitzende Narbe). Die Narbe hat die Aufgabe, den Pollen aufzufangen und ist je nach der bei der Pflanze herrschenden Bestäubungsart verschieden ausgebildet. Der Griffel hat innen einen feinen Kanal, durch den der

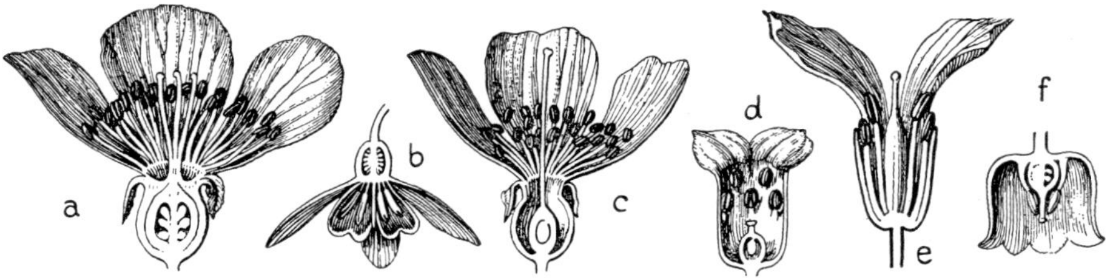

Abb. 61. Stellung des Fruchtknotens. Unterständig: *a* Apfel, *b* Schneeglöckchen. Mittelständig: *c* Kirsche, *d* Seidelbast. Oberständig: *e* Ackersenf, *f* Maiglöckchen.

Pollenschlauch durchwächst, nachdem das Pollenkorn auf der Narbe gekeimt hat. Je nach der Art der Verwachsung der Fruchtknotenblätter stimmt ihre Anzahl mit der der vorhandenen Griffel und Narben überein oder sie besitzen einen gemeinsamen Griffel mit einfacher oder mehrteiliger Narbe.

Man nennt einen Fruchtknoten oberständig, wenn die Staubgefäße und Blütenhüllblätter unter seinem Grunde entspringen. Das ist der Fall, wenn der Blütenboden vorgewölbt ist. Wenn der Blütenboden becherförmig ausgehöhlt ist, dann kann der Fruchtknoten tiefer als die übrigen Blütenteile stehen. Verwächst er in diesem Falle mit dem Blütenboden, so daß die Staubgefäße und Blütenhüllblätter von seinem oberen Rande ausgehen, bezeichnet man ihn als unterständig, und wenn er nicht verwächst, sondern freibleibt, als mittelständig (wird auch als oberständig gewertet, da ebenfalls frei innerhalb der Blütenhülle stehend) (Abb. 61).

Um Blüten übersichtlich darzustellen, bedient man sich der sogenannten Diagramme[1]), das sind schematische Darstellungen der Blütenteile, projiziert

[1]) *diagramma* (gr.) Umriß.

auf eine quer durch die Blüte gelegte Ebene. Dabei werden verwachsene Teile durch schwache oder punktierte Linien verbunden. Man erkennt daran sofort die Symmetrieverhältnisse sowie die Anzahl der Blattkreise und der einzelnen Teile (s. Anhang II).

Eine andere Möglichkeit, den Bau einer Blüte kurz zu erfassen, bietet die Blütenformel. Man bezeichnet die einzelnen Blütenteile mit Buchstaben (etwa Kelch = K, Blumenkrone = C, Perigon = P, Staubgefäße = A, Fruchtblätter = G) und die Anzahl ihrer Glieder durch beigesetzte Ziffern, bei wirteligen Blüten für jeden Wirtel getrennt. Man zählt nun die Blütenteile in der oben eingehaltenen Reihenfolge auf. Bei einer sehr großen Gliederzahl setzt man das Zeichen ∞ dazu. Verwachsung der Glieder wird durch Klammern, die Stellung des Fruchtknotens durch einen Strich unter der Zahl der Fruchtblätter bei einem oberständigen, oder über dieser bei einem unterständigen angedeutet. Strahlige Symmetrie wird durch *, seitlich durch ↓ bezeichnet. So lautet beispielsweise die Blütenformel vom Fingerhut: ↓ $K_5\ C_{(5)}\ A_4\ G_{\underline{(2)}}$; von einer Lilie: $*P_{3+3}\ A_{3+3}\ G_{\underline{(3)}}$.

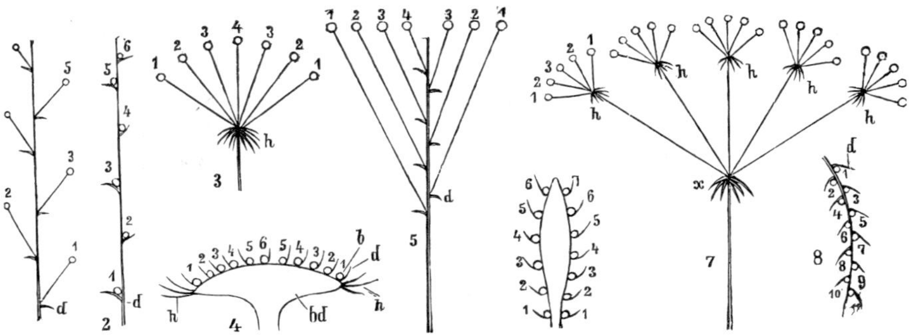

Abb. 62. Schematische Darstellung der zentripetalen Blütenstände. — Fig. 1. Traube. — Fig. 2. Ähre. — Fig. 3. Dolde. *h* Hüllblätter. — Fig. 4. Köpfchen. *h* Hüllblätter, *bd* Blütenlager. — Fig. 5. Doldentraube. — Fig. 6. Kolben. — Fig. 7. Zusammengesetzte Dolde. *x* Hülle, *h* Hüllchen. — Fig. 8. Kätzchen. *d* Deckblätter, *b* Blüten; die Ziffern zeigen die Aufblühfolge.

Blütenstände kommen dadurch zustande, daß mehrere Blüten in gesetzmäßiger Weise angehäuft sind. Es gibt einfache Blütenstände, diese setzen sich aus Einzelblüten zusammen, sowie zusammengesetzte Blütenstände, bei denen anstelle der Einzelblüten selbst wieder ganze Blütenstände auftreten.

Traubige (offene oder zentripetale) Blütenstände sind dadurch ausgezeichnet, daß die am Rande oder am unteren Ende des Blütenstandes befindlichen Blüten sich zuerst entfalten. Das heißt, die Aufblühfolge ist von unten nach oben und von außen nach innen. Bei den Trauben trägt die verlängerte Hauptachse aufeinanderfolgende Nebenachsen, während bei den Dolden die Nebenachsen von einem Punkte der verkürzten Hauptachse entspringen (Abb. 62).

Die Traube (Abb. 62, Fig. 1) mit seitlich gestielten Blüten. — Die Ähre (Fig. 2) mit ungestielten Blüten. — Die Dolde (Fig. 3): Die gestielten Blüten entspringen von einem Punkt des Stengels. — Das Köpfchen (Fig. 4): Ende des Stengels verbreitert, daran ungestielte Blüten. — Die Doldentraube ist ein Sonderfall der Traube, hier stehen anfangs alle Blüten in gleicher Höhe (Fig. 5). — Der Kolben entspricht einer Ähre mit verdickter Achse (Fig. 6). — Bei der zusammengesetzten Dolde entspringen von einem Punkt des Stengels gestielte „Döldchen" (Fig. 7). — Das Kätzchen ist ein Sonderfall der Ähre (Fig. 8). — Reichblütige, zusammengesetzte Trauben bezeichnet man auch als Rispen (z. B. die „Weintraube").

Trugdoldige (geschlossene oder zentrifugale) Blütenstände schließen die Hauptachse mit einer Endblüte ab, die sich als älteste zuerst entfaltet. Unterhalb dieser ersten Blüte entspringen die Nebenachsen, die ebenfalls eine Endblüte tragen. Die in der Mitte oder an der Spitze befindlichen Blüten öffnen sich zuerst. Das heißt, die Aufblühfolge ist von oben nach unten und von innen nach außen (Abb. 63).

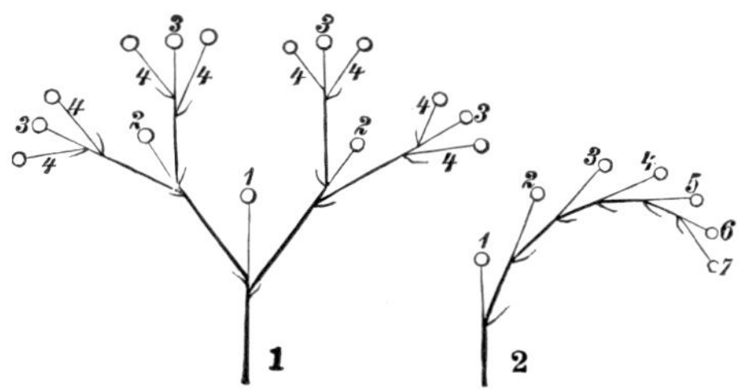

Abb. 63. Schematische Darstellung zentrifugaler Blütenstände. — Fig. 1. Zusammengesetzte Trugdolde. — Fig. 2. Sichel.

Die Trugdolde. Unter der am Stengelende befindlichen Blüte entsteht rechts und links ein Blütenstiel oder in derselben Höhe mehrere. Wenn sich das an jedem der Blütenstiele wiederholt, entsteht eine zusammengesetzte Trugdolde oder Schirmrispe (Abb. 63, Fig. 1). — Wenn unter der Endblüte nur auf einer Seite ein Blütenstiel entspringt und sich bei weiteren Verzweigungen dies immer auf der gleichen Seite wiederholt, entsteht z. B. die Sichel (Fig. 2).

Der Blütenstaub muß irgendwie auf die Narbe gebracht werden, man nennt diesen Vorgang **Bestäubung,** damit er dort keimen und den Pollenschlauch bis in die Samenanlage zur Eizelle treiben kann. Wenn dann die Eizelle mit einer männlichen Geschlechtszelle des Pollenschlauches verschmilzt, ist die **Befruchtung** vollzogen. Sollen keimfähige Samen gebildet werden, so muß der auf die Narbe gebrachte Pollen im allgemeinen von einer anderen Pflanze derselben Art stammen (Fremdbestäubung). Selbstbestäubung liefert meist, falls sie überhaupt möglich ist, minderwertige oder überhaupt keine Samen.

Um eine Selbstbestäubung zu verhindern, besitzen die Narben meist Stoffe, welche die Keimung des eigenen Pollens unterdrücken, außerdem reifen in den Zwitterblüten oft die Staubgefäße und Stempel zu verschiedenen Zeiten. Eine andere Lösung stellen die getrenntgeschlechtlichen Blüten dar. Diese sind entweder so verteilt, daß männliche und weibliche Blüten auf derselben Pflanze vorkommen (einhäusig) oder daß auf einer Pflanze entweder nur männliche oder nur weibliche Blüten wachsen (zweihäusig).

Nach den Kräften, welche die Bestäubung durchführen, unterscheidet man wind-, tier- und ganz selten wasserblütige Samenpflanzen.

Bei **Windblütigkeit**[1]) kann man bestimmte Eigentümlichkeiten, welche die Übertragung des Pollens durch den Wind erleichtern, an den Pflanzen beobachten. Auffallend sind die großen Pollenmengen, welche die Windblütler erzeugen. Der Pollen ist mehlig und zerfällt, vom Winde ergriffen, staubartig. Das einzelne Staubkorn ist meist sehr klein und hat eine glatte Oberfläche. Eine leichte Beweglichkeit der stäubenden Organe fördert wirksam die Entleerung. Gelegentlich findet man auch Einrichtungen zum Ausschleudern des Pollens. Eine bedeutende Schwebefähigkeit ist für den Pollen besonders wichtig. Die Narben sind groß, oft kamm- oder pinselförmig zerteilt und leicht zugänglich, da die in der Regel duft- und nektarlosen Blüten meist nur eine unscheinbare Blütenhülle besitzen. Meist sind es Frühblüher, die ihre Blüten noch zu einer Zeit öffnen, bevor ein dichtes Laub den Transport des Pollens behindert.

Tierblütigkeit[2]) ist die häufigste Art der Bestäubung. Hauptsächlich sind es Insekten, in bestimmten Fällen auch Vögel und in seltenen Ausnahmen Fledermäuse, die den Pollen übertragen. Voraussetzung ist, daß die Tiere zu einem regelmäßigen Besuch veranlaßt werden, daß die Pflanzen der mechanischen Beanspruchung gewachsen sind, daß Pollen und Narbe in bestimmter Art berührt werden und daß die Blüten schon aus der Ferne bemerkbar sind. Man bezeichnet im allgemeinen die tierblütigen Kräuter als Blumen.

Die Tiere finden in den Blumen Nahrung, entweder nährstoffreichen Pollen oder Nektar. Nektar ist ein zuckerreicher Saft, der in drüsigen Nektarien ausgeschieden wird. Diese haben meist eine derartige Lage in der Blüte, daß die Insekten, die den Nektar erreichen wollen, mit Narbe und Pollen in Berührung kommen müssen. Die Anlockung der Tiere erfolgt auf chemischem und optischem Wege. Lebhafte Färbung und Farbenkontraste, die Form der Blütenteile und ihre Stellung sowie das Zusammenstehen mehrerer Blüten in Ständen erhöhen die Auffälligkeit. Die Blüten erzeugen Duftstoffe, die manchmal für den Menschen auch unangenehm sein können.

Die mechanischen Einrichtungen bewirken meist, daß nur Tiere mit bestimmtem Körperbau die Blüte besuchen können, wobei sie sich in besonderer Weise bewegen müssen, um die Bestäubung durchzuführen. Ja, es kann sogar eine gewisse, zur Bestäubung notwendige Dauer des Aufenthaltes erzwungen werden. Oft wird die Übertragung des Pollens durch bestimmte Hebel-, Klebe-, Klemm- und Schleudereinrichtungen, die den Pollen an das berührende Insekt heften, gesichert.

Der klebrige Pollen ist reich an ölhaltigem Pollenkitt und wird daher in Klumpen übertragen. Die Oberfläche der Körner ist meist mit Stacheln und gezähnten Leisten zum Festhalten an den Tieren versehen. Die Narben sind relativ klein, aber auch klebrig und warzig.

Ein Beispiel einer „Gleitfallenblume“ ist der Aronstab (Abb. 128). Die getrenntgeschlechtlichen Blüten stehen hier am Grunde eines Kolbens, der von einem hellen Hochblatt umhüllt wird. Dieses bildet im unteren Teil einen Kessel, der die Blüten einschließt. Zuunterst stehen die weiblichen, darüber die männlichen Blüten und über diesen folgen sterile, in dicke Haare auslaufende „Hindernisblüten“, die den Kessel nach außen absperren. Der aus dem Kessel herausragende Teil des Kolbens entwickelt einen kotähnlichen Geruch, der verschiedene Fliegen und Käfer anlockt. Versuchen diese Insekten, sich am Hüllblatt

[1]) Gut zu beobachten bei Gräsern, Nadelhölzern, birkenartigen Pflanzen.

[2]) Gut zu beobachten bei Schmetterlings- und Lippenblütlern, Schlüsselblumen, Schwertlilien, Orchideen u. v. a.

oder Kolben zu setzen, so gleiten sie aus, da die Oberflächen besonders glatt und für Insektenbeine ungangbar sind, und fallen in den Kessel. Aus diesem können sie nicht heraus, da auch die Haare der „Hindernisblüten" mit Gleitflächen überzogen sind. Nun werden zunächst die Narben von den mitgebrachten Pollen bestäubt, später welken diese, dann reifen die männlichen Blüten und die Insekten beladen sich mit deren Blütenstaub. Nun werden die Hindernisse durch Welken gangbar und die Tiere können nach einer Gefangenschaft von etwa 24 Stunden wieder aus dem Kessel heraus, um bald in einen anderen zu fallen, wo sie dann mit dem mitgenommenen Pollen ebenfalls die Bestäubung durchführen.

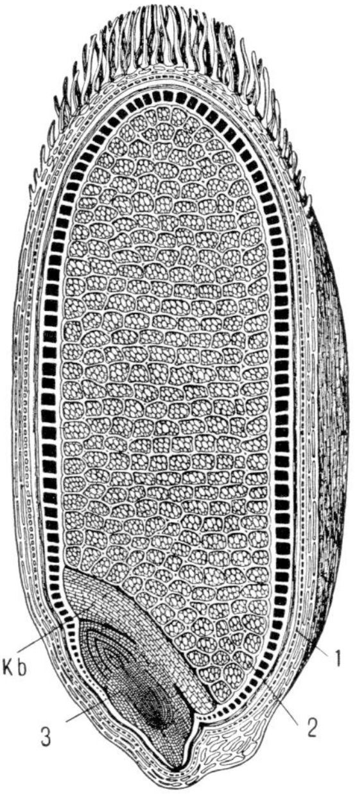

Abb. 64. Weizenkorn längs (vergr.). 1 Samenschale, 2 Nährgewebe, 3 Keimling mit dem dem Nährgewebe anliegenden Keimblatt (*Kb*).

In bestimmten Fällen kann auch der Fortpflanzungstrieb der Tiere in den Dienst der Bestäubung treten, wie dies z. B. bei der Feige der Fall ist. Diese bildet in ihren bekannten, krugförmig ausgehöhlten Blütenständen männliche, langgriffelige weibliche und kurzgriffelige unfruchtbare weibliche Blüten aus. Letztere, die „Gallenblüten", dienen einer bestimmten Gallwespe zur Ablage ihrer Eier und zur Aufzucht der Larven. Nun trägt ein Teil der Feigenbäume, die „Eßfeigen", nur weibliche Blüten, während andere, die „Ziegenfeigen", männliche und Gallenblüten bilden. Die Gallwespen besuchen beiderlei Bäume und führen dabei die Bestäubung durch. Daher förderte man seit altersher die Bestäubung und damit die Fruchtbildung der Feige dadurch, daß man in den Kulturen der Eßfeigen Blütenstände der Ziegenfeigen aufgehängt hat.

Die Vogelblumen, welche durch Kolibris oder Honigvögel bestäubt werden, entbehren Sitzeinrichtungen, denn die Vögel müssen frei schwebend oder von einem freien Sitz aus saugen. Auffallend sind grelle Farben. Der Nektar ist besonders reichlich und dünnflüssig, um in erster Linie den Durst der Vögel zu stillen.

Samen und Frucht

Nachdem die Befruchtung erfolgt ist, fallen meist die Blütenhüllblätter und die Staubgefäße ab, da sie ihre Aufgabe erfüllt haben. Ebenso vertrocknen Griffel und Narbe. Die Samenanlage wird zum **Samen.** Dieser besteht aus einer Samenschale, die entweder nur den aus der befruchteten Eizelle entstandenen Keimling enthält, dessen Blätter reich an Vorratsstoffen sind (z. B. Bohne), oder es findet sich neben dem Keimling noch ein besonderes Nährgewebe (z. B. Gräser) (Abb. 64). Die Reservestoffe werden vom Austreiben des Keimlings bis zur selbständigen Ernährung der jungen Pflanze aufgebraucht. Nach der Anzahl der Blätter des Keimlings unterscheidet man Pflanzen mit einem, zwei oder mehreren Keimblättern.

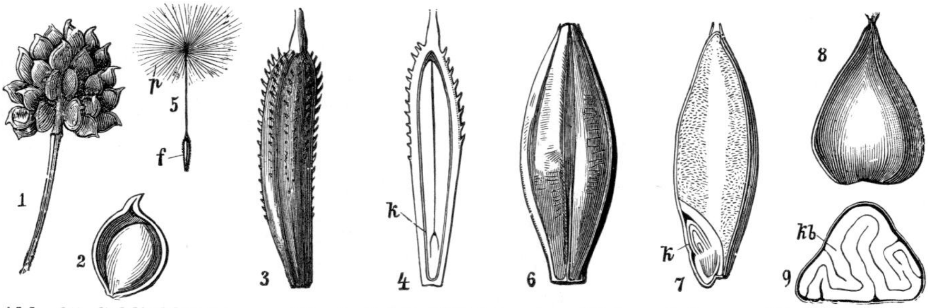

Abb. 65. Schließfrüchte. — Fig. 1. Schließfrüchte eines Hahnenfußes. — Fig. 2. Einzelne Schließfrucht im Längsschnitt. — Fig. 3. Achänium des Löwenzahnes ohne Pappus. — Fig. 4. Dasselbe im Längsschnitt. *k* Keimling. — Fig. 5. Dasselbe mit Pappus *p*. *f* die eigentliche Frucht. — Fig. 6. Kornfrucht von der Gerste. — Fig. 7. Dieselbe im Längsschnitte. *k* Keimling. — Fig. 8. Nuß der Buche. — Fig. 9. Dieselbe im Querschnitte. *kb* Keimblätter. — Fig. 5 nat. Größe, alle anderen Figuren vergrößert. (Nach der Natur.)

Man beobachtet am besten die Keimung Zweikeimblättriger (Bohne, Erbse) und Einkeimblättriger (Hafer, Weizen, Mais) nebeneinander. Man läßt die Samen in Wasser quellen (etwa 12 Stunden) und bringt sie dann auf feuchtem Sägemehl zur Keimung. Genügend Feuchtigkeit, auch in der Luft (deshalb Glasdeckel auf die Keimschale), und Wärme (Zimmertemperatur) vorausgesetzt, gedeihen die Keimpflänzchen ausgezeichnet und man kann ihre Entwicklung bis zur Bildung der ersten Laubblätter gut verfolgen.

Während der Samen entsteht, entwickelt sich der Fruchtknoten zur **Frucht.** Je nachdem, ob seine Wände dabei hart oder fleischig werden, sowie nach der Anzahl der enthaltenen Samen unterscheidet man folgende Hauptformen der Früchte:

	Frucht einsamig	Frucht vielsamig
Fruchtwand trocken (meist bräunlich, gelblich gefärbt)	1. Nuß, Schließfrucht (Haselnuß)	2. Kapsel (Mohn)
Fruchtwand fleischig (meist lebhaft rot, blau gefärbt)	3. Steinfrucht (Kirsche)	4. Beere (Weinbeere)

A. Trockene Früchte

Die Schließfrucht; einsamig, öffnet sich nicht.

Formen der Schließfrucht (Abb. 65): Kornfrucht; aus oberständigem Fruchtknoten mit dünner Schale. — Achänium der Korbblütler; aus unterständigem Fruchtknoten mit dünner Schale. — Nuß; harte Schale.

Die Kapsel; mehrsamig, öffnet sich.

Formen der Kapsel (Abb. 66): Balgkapsel; aus einem Fruchtblatt, öffnet sich nur an dessen Verwachsungsnaht. — Kapsel im engeren Sinn; mehrfächerig, mit Klappen oder Löchern aufspringend. — Schote; zweifächrig, aus 2 Fruchtblättern, häutige Scheidewand. — Hülse; einfächrig, aus einem Blatt, ohne Scheidewand, öffnet sich sowohl an der Verwachsungsnaht (Bauchnaht) wie an seiner Mittelrippe.

Hier gehören auch die Zerfallfrüchte her, die mehrsamig sind und in so viele Stücke, als sie Samen enthalten, zerfallen. Beispiele: Ahorn, Lippenblütler u. a.

B. Fleischige Früchte

Die Steinfrucht; ein Same, umgeben von einer fleischigen Fruchtwand, deren innerste Schicht hart ist (Steinobst). —

Die Beere; die Samen sind von weichem Fruchtfleisch umhüllt.

Besondere Fruchtformen sind solche, bei denen das Fruchtfleisch sich nicht aus dem Fruchtknoten, sondern aus dem Blütenboden (Achse) entwickelt hat,

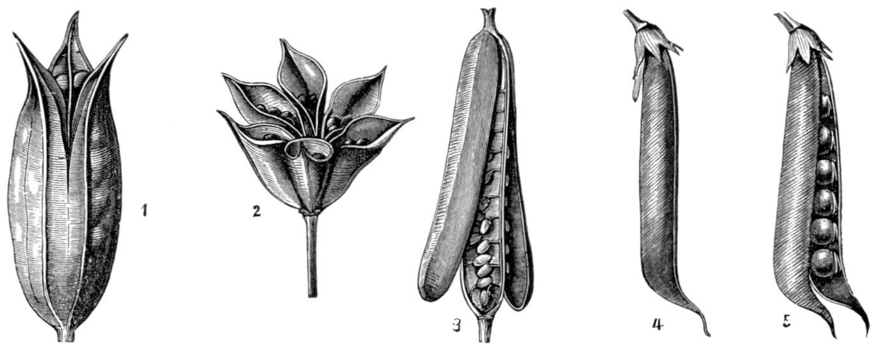

Abb. 66. Kapselfrüchte. — Fig. 1. Kapsel einer Schwertlilie. — Fig. 2. Sechs Balgkapseln der Sumpfdotterblume. — Fig. 3. Schote des Goldlack. — Fig. 4. Hülse der Walderbse. — Fig. 5. Dieselbe aufgesprungen. — Alle Figuren in nat. Größe. (Nach der Natur.)

man spricht dann auch von unechten oder Scheinfrüchten (auch von Achsenfrüchten). Das ist der Fall bei der Apfelfrucht (Kernobst), bei der die Samen im Kerngehäuse liegen, das aus dem Fruchtknoten entsteht, während das Fruchtfleisch aus dem Blütenboden (Achse) hervorgeht.

Bei der Sammelfrucht bilden viele Einzelfrüchtchen, meist unter Beteiligung des Blütenbodens, eine Einheit, wie die Erdbeere, Himbeere, Feige u. v. a.

Verbreitung der Früchte und Samen. Die Samen dienen der Fortpflanzung beziehungsweise der Vermehrung der Pflanze. Sie können aber diese Aufgabe nur erfüllen, wenn sie über ein größeres Gebiet verstreut werden, denn nur so ist es möglich, daß wenigstens einige Keimpflänzchen an Standorte gelangen, an welchen sie gedeihen können.

Würden die Samen alle beisammen bleiben, so würden sie sich bei der Keimung und anschließenden Entwicklung gegenseitig behindern, und die Pflanzen könnten nicht wachsen. Da also die Pflanze keinen Ortswechsel vornehmen kann, um günstige Lebensbedingungen aufzusuchen, sollen schon die Samen über größere Flächen verbreitet werden. Jedenfalls muß verhindert werden, daß die Samen gleich unter der Mutterpflanze keimen, denn hier würden die jungen Pflänzchen den Wettkampf um die Lebensbedingungen mit der großen Pflanze nicht bestehen.

So findet man verschiedene Einrichtungen zur Verbreitung der Samen beziehungsweise der Früchte. Dabei werden die Samen entweder ausgeschleudert oder mit Hilfe von Tieren, Wind oder Wasser vertragen. Im einfachsten Falle haben die Samen selbst Verbreitungseinrichtungen, dort wo aber Früchte gebildet werden, übernehmen meist sie diese Aufgabe, denn die Früchte sind ja dazu da, die Samen zu schützen, zu verbreiten und ihre Keimung zu begünstigen.

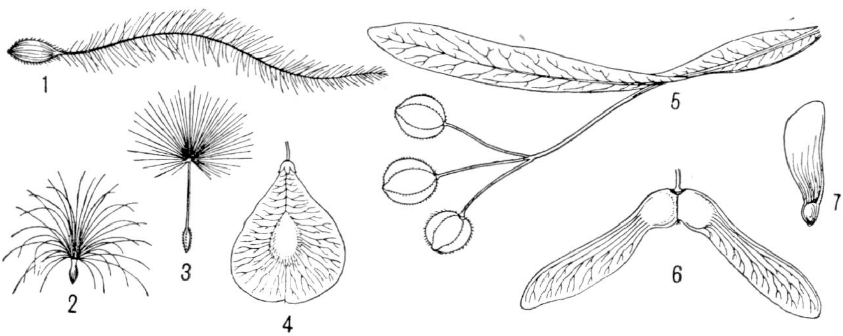

Abb. 67. Verbreitung der Früchte und Samen durch den Wind. 1 Waldrebe, 2 Weide, 3 Kuhblume, 4 Ulme, 5 Linde (verkl.), 6 Ahorn (verkl.), 7 Föhre.

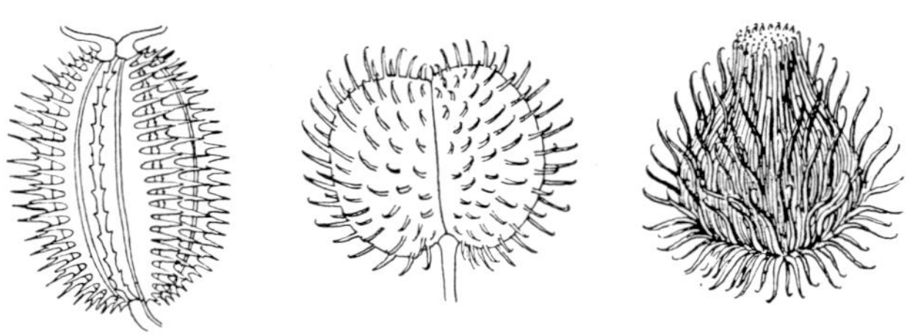

Abb. 68. Verbreitung der Früchte durch Tiere. 1 Möhre, 2 Waldmeister, 3 Klette (alle vergr.).

Bei den Schleudervorrichtungen entstehen meist in den Geweben zur Reifezeit Spannungen, welche plötzliche Bewegungen auslösen, durch die die Samen ausgeschleudert werden.

Für die Verbreitung durch den Wind besitzen Früchte oder Samen verschiedene Schwebe- oder Flugeinrichtungen (Abb. 67).

Durch Wasser verbreitete Früchte sind meist unbenetzbar und enthalten oft lufthaltiges Schwimmgewebe.

Durch Tiere können Samen oder Früchte schon zusammen mit der an den Füßen haftenden Erde verschleppt werden. Meist sind aber besondere Einrichtungen, die ein Festhalten an den Tieren ermöglichen, vorhanden (Abb. 68). Fleischige Früchte werden meist von Tieren, besonders von Vögeln, die das Fruchtfleisch verzehren, verbreitet. Soweit dabei Samen in den Darm gelangen, werden sie wieder unverdaut abgegeben, ohne dabei ihre Keimfähigkeit verloren zu haben. Oft besitzen auch Samen fleischige Anhängsel, die der Verbreitung dienen. So haben zum Beispiel die Samen des Schöllkrautes, des Lerchenspornes und viele andere fleischige, fett- und eiweißreiche Anhängsel, welche von Ameisen aufgesucht werden, die dabei die Samen verschleppen.

Zusammenfassung. Bei den Blütenpflanzen wird die Mikrospore zum Pollenkorn im Pollensack (Mikrosporenkapsel), die Makrospore zum Embryosack in der Samenanlage (Makrosporenkapsel). Die Pollensäcke befinden sich an den Staubblättern (Staubgefäßen; männliche Blütenteile), die Samenanlagen an den Fruchtblättern (Fruchtknoten, Stempel; weibliche Blütenteile). Das Pollenkorn muß durch Wind oder Insekten so nahe an die Samenanlage herangebracht werden, daß der sich als Pollenschlauch entwickelnde, vereinfachte männliche Vorkeim seine Spermatozoiden bzw. Samenzellen in den Embryosack entleeren kann. Der Embryosack bildet einen vereinfachten weiblichen Vorkeim, teils noch mit Archegonien, jedenfalls mit Eizelle. Aus der befruchteten Eizelle geht die diploide Blütenpflanze hervor, die allerdings zunächst als winziges Keimpflänzchen innerhalb der zum Samen gereiften Samenanlage bis zur Keimung in einem Ruhezustand verharrt. Bei den Nacktsamigen liegen die Samen frei auf dem Fruchtblatt (Fruchtschuppe), bei den Bedecktsamigen eingeschlossen in der Frucht, die sich aus den zum Fruchtknoten vereinten Fruchtblättern entwickelt. Blütenformen — Fruchtformen.

Wachstum und Fortpflanzung

Das Wachstum der Zelle

Man kann mehrere Phasen des Wachstums der Zelle unterscheiden: Erstens das embryonale[1]) oder plasmatische Wachstum, bei dem unter gleichzeitigen Zellteilungen hauptsächlich die protoplasmatische Substanz wächst, die räumliche Vergrößerung der Zellen aber äußerst gering ist. Zweitens das sogenannte Streckungswachstum, bei dem eine starke Größenzunahme der Zellen erfolgt, die Masse des Protoplasmas sich aber kaum ändert. Die ganze Volumszunahme kommt dabei durch riesige Vergrößerung der Vakuolen infolge von Wassereinlagerung zustande. Drittens folgen dann noch Wachstumsvorgänge, die der Ausgestaltung (Differenzierung) der Zelle dienen.

a) Das **Plasmawachstum** ist ein noch wenig geklärter Vorgang, bei dem sich aus den unspezifischen Nährstoffen durch komplizierte Assimi-

---

[1]) *embryon* (gr.) Keimling.

lationsprozesse die spezifischen arteigenen Substanzen, wie Eiweißkörper, Nukleinsäuren und die anderen Baustoffe der Zelle, bilden. Über das bereits besprochene rein chemische Problem hinaus liegt noch eine besondere Schwierigkeit darin, daß sich alle diese Stoffe anscheinend durch eine Art von Kontaktwirkung in artspezifischer Weise nach den bereits in der Zelle vorhandenen Mustern zusammenfügen. Es müssen also die aufgenommenen Nahrungsstoffe derart verarbeitet werden, daß sie den vorhandenen Substanzen auch in der Struktur vollkommen gleichen. Vor einer Zellteilung muß z. B. jedes Chromosom, ebenso jedes andere geformte Plasmateilchen, ein völlig gleiches Ebenbild erzeugt haben.

Die eigenartige Kontaktwirkung, die von den strukturellen Elementen des Protoplasmas auf die sich neu zusammenfügenden Moleküle ausgehen muß, ist durch die Erforschung der Viren bzw. der Bakteriophagen (vgl. S. 52) etwas verständlicher geworden. Ein viröser Eiweißkörper regt, wenn er in eine Zelle gelangt, den Zusammenbau zahlloser anderer Moleküle nach seinem eigenen Muster an. Auf diese Weise vermehrt sich die Virussubstanz rasch und kann bald die ganze Pflanze überschwemmen und krank machen. Es geht also offenbar von dem Virus eine Kontaktwirkung aus, die im Wesen den normalen Wachstumsvorgängen sehr ähnlich sein dürfte.

Die wesentlichste Rolle scheint dabei den sowohl im Virus als auch in den Chromosomen des Zellkerns vorhandenen Nukleinsäuren zuzukommen. Sie besitzen nämlich neben der Fähigkeit zur identischen Selbstverdoppelung auch die zur Bildung von sog. Matrizenmolekülen, deren Formen den Aufbau bestimmter Eiweiße und Enzyme bewirken. Beim Virus dient offenbar die zentrale Nukleinsäure als Matrize für die Eiweißhülle.

Durch Versuche mit Gewebekulturen (vgl. S. 136) pflanzlicher Zellen auf künstlichen Nährböden weiß man auch, daß zum normalen Plasmawachstum neben den Grundnahrungsstoffen (Kohlenhydraten, Mineralsalzen, Spurenelementen) auch Spuren gewisser organischer Wirkstoffe, Wachstumsstoffe (z. B. bestimmte Vitamine) erforderlich sind.

b) Beim **Streckungswachstum** erfolgt unter Wasseraufnahme in die Zelle und Ausbildung von Vakuolen eine deutliche Größenzunahme, die dem Laien oft allein als Wachstum bekannt ist.

Wenn im Frühjahr die Knospen austreiben und sich bei vielen Bäumen in wenigen Tagen die Blüten entfalten, so handelt es sich bloß um Streckungswachstum. Die Anlagen dieser Blüten, das heißt die Plasmamassen der Zellen sind schon im vorhergegangenen Sommer gebildet worden und brauchen nur durch das Streckungswachstum gewissermaßen aufgebläht zu werden.

Beim Streckungswachstum erfährt die Protoplasmamasse keine Vermehrung, sondern was sich vergrößert, ist der Wassergehalt der Zelle und die Zellwand, die sonst durch zu starke Dehnung zerreißen könnte. Der Vorgang selbst spielt sich etwa so ab: Infolge des herrschenden Turgors sind die Zellwände der jungen Zellen elastisch gedehnt. Beim Einsetzen des Wachstums ändern sich die Elastizitätsverhältnisse der Membranen und diese werden plastisch dehnbar. Dadurch erhöht sich

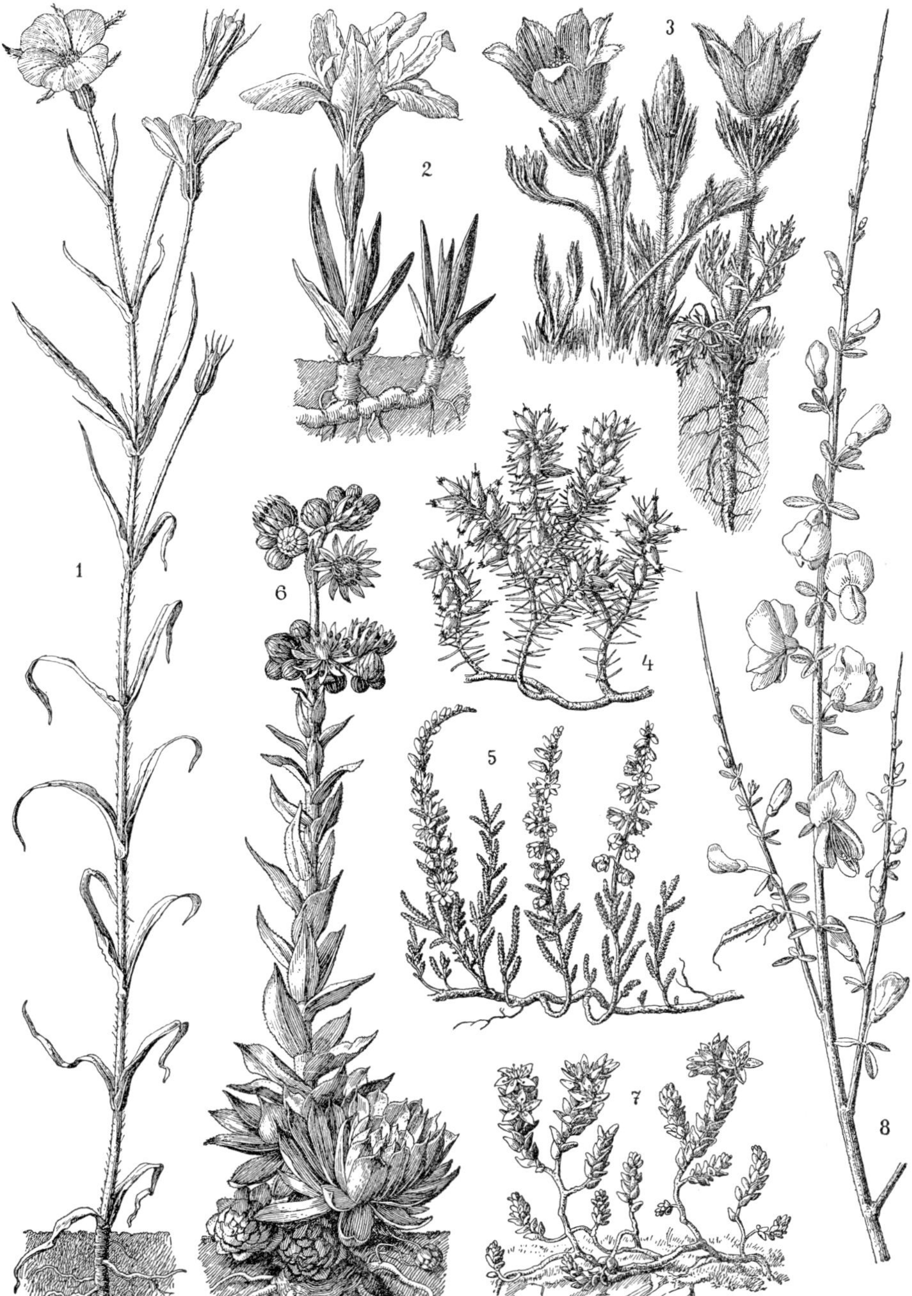

Pflanzen trockener Standorte

1 Kornrade. 2 Zwergschwertlilie. 3 Gem. Kuhschelle. 4 Frühlingsheidekraut.
5 Besenheide. 6 Dach-Hauswurz. 7 Scharfer Mauerpfeffer. 8 Besenstrauch.

die Saugkraft der Zelle, so daß es zu einer Wasseraufnahme und Volumsvergrößerung kommen muß. Gleichzeitig mit der Dehnung der Zellwand findet auch eine Vermehrung ihrer Substanz durch Zwischenlagerung von neuen Teilchen statt. Rein mechanisch scheint das Streckungswachstum aber nicht erklärlich, sondern auch hier müssen Tätigkeiten des lebenden Protoplasmas eine ausschlaggebende Rolle spielen, muß dieses doch nicht nur die „Erweichung" der Wand bewirken, sondern auch neue Zelluloseteilchen einlagern sowie die Wasseraufnahme regulieren.

Daß das Protoplasma aktiv am Streckungswachstum beteiligt ist, wird auch dadurch wahrscheinlich, daß gewisse **Pflanzenhormone**[1]) in geringen Konzentrationen in der Lage sind, alle Zellen, in denen überhaupt noch die Voraussetzungen für ein Wachstum vorhanden sind, zu einem deutlichen Streckungswachstum anzuregen. Als Hormone oder Botenstoffe bezeichnet man Substanzen, die in winzigen Mengen im eigenen Stoffwechsel gebildet werden und entweder schon in der Bildungszelle oder erst nach einem Transport an anderer Stelle bestimmte lebensnotwendige Reaktionen auslösen. Beim Streckungswachstum handelt es sich um sogenannte **Wuchsstoffe.** Zu diesen gehören als bekannteste Gruppe die in den Pflanzen außerordentlich verbreiteten **Auxine.**[2]) Ein Auxin (z. B. IES = Indolessigsäure) kann bereits in einer Menge von 1/50.000,000.000 g künstlich einem Haferkeimling zugeführt, eine deutliche Wachstumsreaktion auslösen. Der Gehalt an diesen körpereigenen Wirkstoffen beeinflußt nachhaltig das Wachstum in bestimmten Zellen oder Organen, so daß der pflanzliche Organismus auf diesem hormonalen Weg sein Wachstum zu steuern vermag. Die Empfindlichkeit für diese Wuchsstoffe ist in den einzelnen Zellen und Organen sehr verschieden und auch von der Anwesenheit anderer Wirkstoffe abhängig. Eine zu starke Konzentration kann eine umgekehrte Wirkung auslösen und sogar eine Wachstumshemmung verursachen.

Die Auxine sind chemisch unterschiedlich, aber ähnlich in ihrer Wirkung. Sie bewirken ein Streckungswachstum im Stengel, regen die Kambientätigkeit an und fördern die Wurzelbildung. Wegen letzter Eigenschaft verwendet man IES (Indolessigsäure) auch zur Beschleunigung der Stecklingsbewurzelung. Man kann durch diesen Stoff auch ein Wachstum der Früchte ohne Befruchtung erzielen. Auf eine Narbe gebracht, bringt er nämlich die Blüte rasch zum Verwelken und regt ohne Bestäubung das Wachstum des Fruchtknotens und der Samenanlage an. Die Auxine hemmen dafür die Entfaltung der Seitenknospen und das Wachstum bereits vorhandener Wurzeln. Man testet sie nach ihrer Wirkung auf das Wachstum von Haferkeimlingen (vgl. S. 164).

Außer den Auxinen kennt man noch eine Reihe anderer Wuchsstoffe mit unterschiedlicher Wirkung. Einer wurde bekannt, als es japanischen Forschern nachzuweisen gelang, daß der krankhafte Riesenwuchs mancher Reispflanzen durch einen Schmarotzerpilz (Gibberella) verursacht wird. Der vom Pilz ausgeschiedene, wirksame Stoff wurde Gibberellin genannt. Man unterscheidet heute mehrere, chemisch verschiedene Gibberelline. Sie bewirken nicht nur ein Streckungswachstum im Stengel, sondern fördern jegliches Wachstum in Stengel, Blatt, Blüte und Frucht. Sie regen die Blütenbildung an und spielen eine wichtige Rolle beim Herbeiführen bzw. beim Aufheben von Ruhezuständen bei Samen und Knospen. Sie hemmen die Bildung von Wurzelanlagen.

---

[1]) *hormao* (gr.) antreiben, anregen.
[2]) *auxo* (gr.) wachsen lassen.

Eine weitere Gruppe von Wachstumsregulatoren, die man in Pflanzengeweben nachweisen konnte, greifen regelnd in die Zellteilungen ein und regen die Bildung von Trieben an.

Auch künstlich wird heute schon eine Reihe von Stoffen hergestellt, die ebenfalls auf das Wachstum der Pflanze einwirken. Sie finden vielfach praktische Anwendungen, manche z. B. als Unkrautbekämpfungsmittel (Herbicide) in Getreidefeldern und auf Rasen, weil sie in bestimmter Konzentration die Wachstumsvorgänge einkeimblättriger Pflanzen kaum stören, während sie die Zweikeimblättrigen zum Absterben bringen. Die Anwendung solcher Mittel ohne das nötige Verständnis für die möglichen Auswirkungen kann allerdings viel mehr Schaden als Nutzen bringen.

c) Die **Ausgestaltung** der Zelle durch das Differenzierungswachstum hat Verdickungen der Zellwand in den verschiedensten Formen, die Bildung der bestimmten Zellgestalten und Anpassungen an die Nachbarzellen sowie auch chemische Veränderungen zur Folge. Auch hier handelt es sich um noch ungeklärte Leistungen des lebenden Protoplasmas.

Wachstum der Organe

a) Zellteilung und Polarität

Wenn aus einer Keimzelle ein vielzelliger Organismus entsteht, so müssen zugleich mit dem Wachstumsvorgang immer neue Zellteilungen einsetzen. Es ist selbstverständlich, daß Richtung und Stärke dieser Teilungen bereits weitgehend die Körpergestalt bestimmen. Man hat daran gedacht, daß auch die Zellteilung durch hormonale Reizsubstanzen ausgelöst werden könnte. Es gelingt auch tatsächlich, durch künstlich von außen zugeführte Reizstoffe Zellteilungen zu veranlassen. Vor allem enthalten bestimmte Wundstoffe, die sich nach Gewebeverletzungen bilden, solche Substanzen. Ob derartige Stoffe auch bei den normalen Zellteilungen in den Geweben ursächlich beteiligt sind, ist noch nicht bekannt. Besonders häufig erfolgen im allgemeinen die Zellteilungen in embryonalen Geweben, noch bevor die Zellen eine besondere Differenzierung erfahren haben, doch können auch Teilungen in ausgewachsenen Zellen eintreten, etwa bei Verwundungen oder bei der Bildung sekundärer Bildungsgewebe (Kambien).

Es ist klar, daß für die spätere Gestaltung der sich entwickelnden Organe die Lage der neuen Querwände sehr bedeutsam ist. Ihre Anlage muß Ausdruck einer bereits stattgefundenen Festlegung sein. Eine solche Festlegung einer bestimmten Entwicklungsweise unter mehreren, ursprünglich möglichen, kann man z. B. bei der Keimung von Sporen oder befruchteten Eizellen mancher Pflanzen beobachten, so etwa, wenn beim zweizelligen Keimling die eine Zelle das erste Wurzelhaar bildet, während aus der anderen der übrige Teil des Lagers hervorgeht Auch bei den Sproßpflanzen zeigt bereits die keimende Eizelle eine polare

Festlegung, welche nach der Zellteilung durch die Lage der ersten Wand sichtbar fixiert ist und die weitere Entwicklung beeinflußt. Die Polarisierung ist offenbar eine Grunderscheinung der Zellorganisation. Selbst einzellige Organismen können deutlich polar gebaut sein und ein Vorder- und Hinterende erkennen lassen. Bei gewissen Keimzellen können Außeneinflüsse, wie Licht oder Schwerkraft, auf die zunächst noch nicht festgelegte Polarität einen bestimmenden Einfluß haben. Entwickelte Körperzellen halten eine einmal in ihnen festgelegte Polarität meist hatnäckig fest. Sehr wichtig ist zum Beispiel die Tatsache, daß gewisse Zellen Stoffe nur in einer Richtung durch die Zelle transportieren. Die Ausbildung ungleichwertiger Seiten, die Polarität, der Zelle vermag im Zellverband über die Grenzen der Einzelzelle hinaus auch eine Polarität ganzer Organe zu bewirken. Wie bei einem Magneten kleine Bruchstücke dieselbe Polarität zeigen, so sind auch in polarisierten Organen die einzelnen Zellen mit der entsprechenden Polarität ausgestattet:

Hängt man beispielsweise abgeschnittene Stücke von Weidenzweigen im feuchten Gewächshaus auf, so treiben nach einiger Zeit bei den Stücken, welche in ihrer normalen Lage hängen, aus den dem oberen Ende nahen Knospenanlagen beblätterte Stämmchen aus, während sich am unteren Ende Wurzeln bilden; bei umgekehrt aufgehängten Zweigstücken entwickeln sich am oberen Ende abwärtswachsende Wurzeln und unten entspringen aufwärtswachsende Zweiglein mit Blättern.

b) Wachstumszonen

Durch das Streckungs- und Differenzierungswachstum eines jungen Keimpflänzchens erfährt immer nur eine gewisse Anzahl der embryonalen Zellen eine Ausgestaltung, während ein anderer Teil auf seinem Embryonalstadium verharrt. Dadurch behält die Pflanze dauernd gewisse Bezirke embryonalen, teilungsfähigen Gewebes bei und kann unter gegebenen Umständen stets neue Teile bilden. Die Anordnung dieser embryonalen Gewebe ist die Ursache dafür, daß die in ihrem Gefolge auftretenden eigentlichen Wachstumszonen, das sind die Stellen des Streckungswachstums, stets an bestimmten Stellen der Pflanzen auftreten. Die Zone des Streckungswachstums der typischen Wurzeln liegt direkt hinter den Spitzen und hat einige Millimeter Länge. Beim Sproß findet man sie ebenfalls an den Spitzen, doch kann sie hier bis zu einem halben Meter lang sein. Dadurch, daß die am Sproßende im Wachstums- oder Vegetationskegel gebildeten embryonalen Zellen der Blattanlagen gleich hinter der Spitze in die Wachstumszone gelangen, wo sie eine ausgiebige Streckung erfahren, eilen die oberen Blätter im Wachstum der Stammspitze voraus. Diese Blätter schließen, da sie auf der Unterseite stärker wachsen, über dem Wachstumskegel zusammen und schützen diesen sowie die jüngeren, noch nicht gestreckten Blattanlagen. Man bezeichnet ein solches noch nicht fertig entwickeltes

Sproßende als Knospe. Stengel, an denen typische Knoten ausgebildet sind, haben über jedem Knoten eine Wachstumszone. Auch Blätter haben häufig an ihrem Grunde eine Zone des Streckungswachstums.

Die Wachstumsgeschwindigkeit von Pflanzenorganen ist sehr verschieden, im allgemeinen ist das Wachstum mit bloßem Auge nicht wahrzunehmen.

Die Fruchtkörper des Pilzes Dictyophora können sich in der Minute um 5 mm verlängern, auch die der Stinkmorchel kann man direkt wachsen sehen. Die Staubfäden vieler Gräser strecken sich zur Reife um etwa 1,5 mm in der Minute. Bambusschößlinge können sich um 0,75 mm, Blattscheiden der Banane um 1 mm und selbst Kürbisstengel um 0,1 mm in der Minute verlängern. Die Mehrzahl der höheren Pflanzen wächst durchschnittlich etwa 0,005 mm in der Minute.

c) Wechselbeziehungen

Wenn durch Teilung und Wachstum aus Embryonalzellen schließlich bestimmte Organe hervorgehen, ist das nur dadurch erklärlich, daß sich die zahlreichen Zellen nach einem gemeinsamen Plan entwickeln. Es müssen zwischen den Zellen, die sich zu einem übergeordneten Gebilde gestalten und unter denen es verschiedene Arbeitsteilungen gibt, sehr enge Wechselbeziehungen bestehen, diese bezeichnet man als Korrelationen. Unter den Korrelationen spielen die Ernährungsverhältnisse beziehungsweise die Stoffzufuhr zu den einzelnen Zellen eine wichtige Rolle, wobei die Polarität, welche die Richtung der Stoffströme bestimmt, ein bedeutender Faktor ist. Wenn man bedenkt, daß viele Teile einer Pflanze, wie Wachstumskegel, Samen und dergleichen, auf eine starke Nährstoffzufuhr durch andere angewiesen sind, kann man sich vorstellen, daß Unterschiede in der Versorgung zwischen einzelnen Zellen auftreten können, die sich auch auf deren Ausgestaltung auswirken müssen. Die Lage der Zelle in bezug zum Außenmedium, oberflächlich oder zentral, in direktem oder indirektem Kontakt mit der Atmosphäre, all das ist ebenfalls von ausschlaggebender Bedeutung.

Regeneration. Die embryonalen Zellen der Wachstumskegel scheinen zunächst noch die Fähigkeit zu haben, sich zu irgendeinem beliebigen Bestandteil eines späteren Gewebes entwickeln zu können. Ihre während der Differenzierung sich herausbildende, endgültige Ausgestaltung dürfte in einer unter der Einwirkung der Nachbarzellen zustandekommenden Hemmung eines Teiles ihrer Fähigkeiten und in einer einseitigen Förderung der anderen begründet sein. Solche Folgerungen ergeben sich aus den Erscheinungen der Regeneration. Man versteht darunter die Wiederbildung verlorener oder sonstwie ausgeschalteter Organteile durch den Organismus. Dabei handelt es sich entweder um einen Ersatz durch Auswachsen bereits vorgebildeter, aber ruhender embryonaler

Anlagen oder um eine völlige Neubildung, wobei oft auch bereits differenzierte Zellen ihre allseitigen Fähigkeiten verraten.

An einem abgeschnittenen, auf feuchten Sand gelegten Blatt einer Begonie können sich beispielsweise nicht nur am unteren Ende des Stieles Wurzeln bilden, sondern an der Blattspreite kann es, besonders wenn man einige Blattnerven durchschnitten hat, zu Neubildungen kommen, aus welchen sich ganz neue Pflanzen entwickeln. Wie die Untersuchung zeigt, erhält in diesem Fall knapp über der Schnittstelle eine gewöhnliche Oberhautzelle plötzlich wieder Teilungsfähigkeit und bildet unter vielfacher Teilung einen Wachstumspunkt, aus dem schließlich eine ganze Pflanze hervorgeht.

Diese bereits ausgebildete Oberhautzelle mußte also noch das Vermögen zur Gestaltung einer ganzen Pflanze in sich getragen haben. Solange das Blatt mit der Mutterpflanze in Verbindung war, hatte demnach vom Ganzen her ein Einfluß in die Oberhautzellen gewirkt, der sie hinderte, alle in ihnen ruhenden Entfaltungsmöglichkeiten zu verwirklichen, und sie zwang, die Eigenschaften einer Oberhautzelle auszubilden. Wenn dieser Einfluß durch Abtrennung, beziehungsweise durch Einschneiden aufgehoben wird, regt sich der unterdrückte Entfaltungstrieb in einigen Zellen wieder und sie beginnen eine neue Pflanze zu bilden.

Die Fähigkeit bereits ausgebildeter Zellen zur Regeneration ist nicht bei allen Pflanzen gleich. Oft sind differenzierte Zellen nicht mehr teilungsfähig. Häufig bildet sich bei Verwundung durch Teilung der an die Wunde angrenzenden Zellen eine Gewebewucherung, ein sogenannter Kallus, wobei besonders die noch weniger differenzierten Zellen in Teilung übergehen und zunächst einen undifferenzierten Zellhaufen liefern. Die Wiederaufnahme der Teilungsfähigkeit und des plasmatischen Wachstums bei bereits ausgewachsenen Zellen wird wahrscheinlich durch Wundstoffe, die von den verletzten Zellen stammen, verursacht. Wenn der Kallus gebildet ist, setzt in einigen Zellen die Differenzierung ein, wobei in der Regel das wieder hergestellt wird, was verlorengegangen war.

Pfropfung. Man kann abgeschnittene, knospentragende Teile einer Pflanze („Reiser“) mit entsprechend zugeschnittenen Teilen einer anderen Pflanze („Unterlage“), die gewöhnlich verwandt sein muß, durch einen an der Wundstelle sich bildenden Kallus zur Verwachsung bringen. In diesem entstehen bald Gefäße und Siebröhren, welche die Leitbündel von Reis und Unterlage verbinden.

Pfropfungen haben für den Gärtner und Landwirt große Bedeutung, weil man auf diese Weise z. B. Obst oder Blumen vermehren kann, ohne daß man dazu Samen benötigt. Auch hier müssen gegenseitige Beeinflussungen vorhanden sein, damit nicht unabhängig voneinander etwa das Reis Wurzeln und die Unterlage einen Sproß ausbildet, sondern daß durch Verwachsung ein einheitlicher Organismus gebildet wird. Allerdings hält in diesem jeder Partner, auch nach der Verwachsung, seinen Artcharakter bei.

Entstehen aus dem Kallus der Pfropfstelle Sprosse, die aus den miteinander verwachsenen Geweben beider Partner zusammengesetzt sind, so bilden sich sogenannte Pfropfbastarde (Chimären)[1]. Bei diesen kann je eine Hälfte der Neubildung vom Zellgewebe des Reises, die andere von dem der Unterlage abstammen oder es liefert der eine Partner die Zellen der oberflächlich liegenden Schichten, der andere die der inneren, des Kernes. Äußerlich kann der Eindruck eines echten, geschlechtlich entstandenen Bastardes hervorgerufen werden, obwohl diese Bildungen mit den Bastarden der Erblehre nichts zu tun haben. Es handelt sich hier ja nicht um eine Kombination von Eigenschaften, welche durch Verschmelzung verschiedener Geschlechtszellen zustande kam, sondern es liegen die von verschiedenen Partnern stammenden Gewebe nebeneinander, und wenn auch gewisse wechselseitige Einflüsse sich in der Gesamtgestaltung deutlich geltend machen, so bewahrt doch jede Zelle den Charakter ihrer Art.

Wuchsstoffströme. Wo es sich bei Gestaltungsvorgängen um Wachstumserscheinungen handelt, spielen auch Wuchsstoffe eine große Rolle. Da diese von bestimmten Bildungszentren aus die Nachbargewebe durchströmen, haben sie auch auf diese einen gestaltenden Einfluß. Daß z. B. bei älteren Pflanzen auch durch die von den Wachstumskegeln der Wurzel- und Sproßspitzen ausgehenden Wuchsstoffströme solche Wirkungen verursacht werden können, kann man daraus ersehen, daß durch sie die in den Blattachseln ruhenden Seitenknospen am Austreiben gehindert werden. Es wurde schon erwähnt, daß nicht alle Zellen gleich auf Wuchsstoffe reagieren und zu starke Konzentrationen sogar das Wachstum hemmen können. Letzteres ist bei den Achselknospen der Fall, die schon durch die Konzentration des von der Gipfelknospe kommenden Wuchsstoffstromes unterdrückt werden. Das heißt aber, daß die Gipfelknospe auf die Ausbildung der Seitenachsen eine gestaltende Wirkung ausübt. Schneidet man den Gipfeltrieb ab, treiben tatsächlich in der Regel die Seitenknospen aus. Trägt man nach Abschneiden des Gipfeltriebes auf den Stumpf wieder künstlich Wuchsstoff auf, etwa in Form einer auxinhältigen Fettpaste, so wird dadurch dieselbe Hemmung auf die Seitenknospen ausgeübt wie durch die Gipfelknospe selbst.

Organbildende Substanzen. Es gelingt durch Auftragen bestimmter Substanzen, an Pflanzenstengeln die Entwicklung von Wurzeln zu verursachen. In manchen Fällen kann man auch bei Pflanzen, die erst im zweiten Jahre blühen, den Wachstumskegel schon im ersten Jahr umstimmen und zur Bildung von Blüten veranlassen, wenn man in seiner unmittelbaren Nähe das Reis einer blühenden Pflanze einpfropft.

Gallenbildungen sind in der Natur in verschiedenen Formen an Pflanzen zu sehen. Sie entstehen durch Einwirkungen auf junge Gewebe, die teils von Parasiten, vor allem von schmarotzenden Pilzen, teils aber auch von dem Einstich und der Eiablage bestimmter Insekten oder Milben ausgehen.

---

[1]) *Chimaira*, griechisches Fabelwesen.

So entstehen an den Wurzeln der Schmetterlingsblütler durch die Anwesenheit von stickstoffbindenden Bakterien knöllchenartige Wucherungen. Die eigenartigen Bildungen, welche man als Hexenbesen bezeichnet, werden bei Weißbuchen und Kirschbäumen durch Schlauchpilze, bei den Tannen durch Rostpilze hervorgerufen. Besonders interessant sind solche Gallen, die durch den Stich von Insekten entstehen, weil hier die verschiedenen Formen der verursachten Neubildungen der Pflanze selbst überhaupt keinen Nutzen bringen, dafür aber oft den besonderen Lebensbedürfnissen des Tieres ausgezeichnet angepaßt sind. Dabei ist von Bedeutung, daß auf derselben Pflanze verschiedene Tiere auch verschiedengestaltete Gallen verursachen, woraus zu erkennen ist, daß es sich nicht nur um eine allgemeine Reizwirkung bei der Eiablage handeln kann. Wahrscheinlich wirken ganz bestimmte Reizstoffe auf die Gewebe ein, welche sie zu den jeweiligen Bildungen veranlassen. Sehr verbreitet sind Beutelgallen, wie sie etwa an Ulmen- oder Lindenblättern als blasen- oder kegelförmige Bildungen entstehen. Sie kommen dadurch zustande, daß der vom Ei winziger Gallmilben beziehungsweise von dem sich bereits entwickelnden Tier ausgehende Reiz ein vermehrtes Flächenwachstum an der befallenen Blattstelle verursacht, die sich schließlich sackartig einwölbt und am Grunde nur einen engen Ausgangskanal beibehält. Durch Aussteifung entsteht schließlich ein festes Gehäuse, das dem sich entwickelnden Tier zum Schutze dient, aber oft auch durch besondere Haarbildungen oder andere zartwandige, nährstoffreiche Zellen Nahrung liefert. Bekannte Gallen sind auch die von der Fichtengallaus verursachten kleinen zapfenähnlichen Gebilde oder die moosigen Gallen an den Stengeln der Rosen, die „Rosenäpfel“, in welchen junge Gallwespen ihre Entwicklung durchmachen und schließlich die auffallenden kugeligen „Galläpfel“ an Eichenblättern, die ebenfalls durch Gallwespen hervorgerufen werden.

Die ganze Erscheinung der Gallenbildungen zeigt, wie plastisch die Pflanzengewebe sind und wie stark die Gestalt eines Organs durch stoffliche Einflüsse bestimmt werden kann und demzufolge doch wohl auch im normalen Entwicklungsgang bestimmt wird.

d) Gewebekulturen auf künstlichen Nährböden

Man kultiviert heute bereits verschiedene Pflanzengewebe auf künstlichen Nährböden im Reagenzglas („in vitro“). Man verwendet dazu beispielsweise Nährböden aus Agar-Agar mit allen Mineralsalzen, die eine Pflanze braucht, zusätzlichem Zucker und Wachstumsstoffen (Vitamine, Auxine). Der Nährboden muß über einen bestimmten Säuregehalt, eine angemessene Temperatur und eine entsprechende Luftzufuhr verfügen. Alles muß steril sein. Unter diesen Bedingungen können isolierte Pflanzengewebe viele Jahre gedeihen und ein wucherndes Wachstum zeigen.

Isoliert man eine Zelle steril aus dem künstlich gezogenen Gewebe und bringt sie auf ein Filterpapier, das auf einer anderen, im Wachstum begriffenen Gewebekultur liegt, so beginnt sich die Zelle zu teilen und bringt schließlich eine Anhäufung von undifferenzierten Zellen, einen Kallus, hervor. Nach Erreichen einer gewissen Größe kann man das entstandene Gebilde direkt auf einen geeigneten Nährboden übertragen und erhält dadurch Gewebekulturen, die von einer einzigen Zelle abstammen. Durch Abtrennen von Stücken, die man auf neue Nährböden überträgt, kann man immer wieder neue Kallusse hervorbringen.

Man kann durch Behandlung mit bestimmten Wuchsstoffen (Auxinen, vgl. S. 129) die Kallusse zur Bildung von Wurzeln anregen, durch Zusatz anderer Wirkstoffe zum Nährboden kann man die Bildung von Trieben erzwingen. Wenn man derartige Stoffe in geeigneter Weise dosiert, wird es also möglich, vollständige Pflanzen zu erzeugen. So wird in Zukunft die Aufzucht ganzer Pflanzen, ausgehend von einer einzigen Zelle, die man in einer Kultur „in vitro" vermehrt hat, möglich sein.

Man kann heute aber nicht nur aus undifferenzierten Gewebekulturen Organe entstehen lassen, sondern auch Organe, getrennt von der Pflanze, kultivieren. Der verwendete Nährboden muß ebenfalls außer Mineralsalzen noch Zucker und auch verschiedene Vitamine enthalten. Wurzeln, Triebe und sogar isolierte Blätter lassen sich „in vitro" kultivieren.

Schließlich ist es möglich, den in noch unreifen Samen enthaltenen, ganz jungen Keimling aus den Samen herauszulösen und auf einem künstlichen Nährboden wachsen und reifen zu lassen. Erst bis das Keimpflänzchen sich entsprechend entwickelt hat, überpflanzt man es in einen natürlichen Boden. Dadurch kann nicht nur die Keimung, die bei manchen Pflanzenarten viele Jahre dauert, abgekürzt werden, sondern bei vielen Pflanzen wird erst auf diese Weise eine Keimung möglich. Gerade bei Neuzüchtungen, besonders bei solchen, die durch Rassenkreuzungen entstanden, sterben die Embryonen oft vorzeitig ab oder können sich nicht aus ihren Hüllen befreien. So wird die Embryonenkultur für die Land- und Forstwirtschaft noch große Dienste leisten.

Zusammenfassung. Beim Wachstum der Zelle kann man drei Phasen unterscheiden: Plasmawachstum durch Vermehrung der organischen Substanz, Streckungswachstum durch Wasseraufnahme unter der Einwirkung von Wuchsstoffen (Auxine) und Differenzierungswachstum. Beim Wuchs der Pflanze und bei der Ausgestaltung der Organe machen sich neben der Polarität der Zellen und der Anordnung der Wachstumszonen vor allem die zwischen den einzelnen Teilen bestehenden Wechselwirkungen bemerkbar. Diese Korrelationen bewirken eine planvolle Entwicklung aller Teile. Sie sind auch verantwortlich für sinnvolle Regenerationen und ermöglichen auch die Pfropfung. Organbildende Substanzen — Gallenbildungen. Gewebe- und Organkulturen auf künstlichen Nährböden.

Fortpflanzung

Da der Pflanzenkörper nach einer Zeit des Wachsens und der Ausgestaltung heranreift, dann altert und schließlich stirbt, ist für den Fortbestand die Fortpflanzung ebenso wichtig wie etwa die Ernährung.

Es muß also vom Organismus bestimmten Teilen, die zu neuen Pflanzen werden sollen, über sein eigenes Leben hinaus der Fortbestand gesichert werden.

Meist erfolgt die Fortpflanzung durch die Ausbildung besonderer Keime, die sich von der Mutterpflanze loslösen und später durch Keimung zu Keimlingen beziehungsweise zu neuen Pflanzen heranwachsen. Die Keime sind im allgemeinen sehr klein, dadurch kann die Mutterpflanze ohne allzuviel Materialaufwand eine große Menge davon erzeugen. Eine große Zahl von Keimen ist aber unbedingt notwendig, denn nur wenige kommen an Stellen, wo sie geeignete Lebensbedingungen vorfinden. Den Keimen müssen soviel Reservestoffe mitgegeben werden, daß sie sich davon soweit entwickeln, bis sie sich selbständig ernähren können. Viele Keime sind sehr unempfindlich gegen schädigende Einflüsse, wie Trockenheit oder extreme Temperaturen, weshalb ihnen auch oft die Aufgabe zufällt, die Erhaltung der Art über ungünstige Klimaperioden zu sichern. Das gelingt ihnen meist in einem Ruhezustand, in welchem sie besonders widerstandsfähig sind.

a) Ungeschlechtliche oder vegetative[1]) Fortpflanzung

Teilung. Die einfachste Art der Fortpflanzung findet man bei vielen einzelligen Pflanzen. Diese teilen sich in zwei Tochterzellen, die sich voneinander trennen und selbständig weiterleben. Ähnlich verhalten sich aber auch bestimmte vielzellige Algen. Sie zerfallen zu gewissen Zeiten in ihre einzelnen Zellen, die dann durch Teilung wieder neue Algen bilden. Selbst bei höherorganisierten Meeresalgen oder bei Flechten können losgerissene Stücke zu neuen Pflanzen auswachsen.

Sporen sind einzellige Keime, Keimzellen, die entweder aus dem Zellverband des Körpers nach außen abgeschnürt werden, wie dies bei vielen Pilzen der Fall ist, oder sie entstehen in besonderen Sporenbehältern (Sporangien), wie bei anderen Pilzen, vielen Algen, Moosen und Farnpflanzen. Die Sporenbehälter sind bei den Lagerpflanzen Einzelzellen, deren Inhalt in mehrere Keimzellen zerfällt, bei den Sproßpflanzen aber kompliziert gebaute, vielzellige Körper. Die Sporen können entweder der Verbreitung durch das Wasser angepaßt sein, dann sind sie meist mit Geißeln ausgestattet (Schwärmsporen, Zoosporen), oder sie werden durch die Luft vertragen, dann sind sie von einer dicken Haut umgeben und sehr widerstandsfähig gegen Vertrocknung.

Brutkörper nennt man vielzellige Keime, die der ungeschlechtlichen Vermehrung dienen. Solche Brutkörperchen gibt es außer bei Samenpflanzen auch bei Farnpflanzen und Moosen, z. B. beim Brunnenlebermoos, wo sie in eigenen Organen, den Brutbechern, gebildet werden.

---

[1]) *vegetare*, wachsen.

Bei den Samenpflanzen werden diese vegetativen Fortpflanzungsorgane aus zurückgebliebenen Bildungsgeweben der Wurzeln, Stämme oder Blätter gebildet. Es lösen sich nicht selten Seitenknospen ab, die oft durch einen besonderen Bau als Fortpflanzungskörper kenntlich sind, so etwa an unter- oder oberirdischen Ausläufern. Letztere wachsen z. B. bei der Erdbeere als kriechende Seitenzweige aus der Blattrosette hervor und tragen Knospen, welche sich bewurzeln und neue Pflanzen bilden, die nach Absterben der Ausläufer selbständig werden. Aus den Knospen der Blattachseln bilden sich bei manchen Pflanzen (Scharbockskraut, Knöllchentragende Zahnwurz, Feuerlilie, Zwiebeltragender Steinbrech und andere) kleine Körperchen in der Größe eines Getreidekornes, Brutknöllchen oder Brutzwiebeln, die abfallen und im nächsten Jahr eine neue Pflanze entwickeln. Wieder anders können sich die Brombeeren vermehren, indem sich die Stengel zur Erde neigen und an den Stellen, wo sie aufliegen, Wurzeln treiben. Schließlich verdorrt bei diesen Absenkern die Verbindung mit der Mutterpflanze und es entwickeln sich selbständige Pflänzchen. Diese Möglichkeit nützt man bei der künstlichen Vermehrung vieler Sträucher aus. Auch unterirdische Stammbildungen, wie Wurzelstock, Knolle und Zwiebel, sind Fortpflanzungseinrichtungen und, wenn sie mehrere Knospen ausbilden, zugleich Vermehrungsorgane.

Ebenso können Wurzeln in den Dienst der ungeschlechtlichen Vermehrung treten. So schwellen bei bestimmten Pflanzen, wie beim Scharbockskraut, bei Orchideen und anderen, einige Nebenwurzeln durch Speicherung von Vorratsstoffen an und treiben im nächsten Jahr, nachdem die oberirdischen Organe zugrunde gegangen sind, eine neue Pflanze. An den Wurzeln von Laubbäumen kann es zur Bildung von Wurzelschößlingen kommen, die sich nach Ausbildung eigener Wurzeln selbständig machen.

Selbst aus Laubblättern können Knospen und neue Pflanzen hervorgehen. Schön ist dies an dem tropischen Bryophyllum, aus der Familie der Dickblattgewächse, zu sehen, wo sich in den Kerben des Blattrandes Brutknospen befinden, die sich noch auf der Mutterpflanze zu kleinen Keimpflänzchen entwickeln können. Oft bilden sich aus abgeschnittenen Blättern, wenn man sie auf feuchten Sand legt, neue Pflänzchen, wie dies von der Begonie bereits geschildert wurde.

Die ungeschlechtliche Vermehrung der Pflanzen ist sehr wichtig für den Menschen, der sie sich in der **künstlichen Vermehrung** zunutze macht. Bei dieser werden Pflanzen zerteilt, um, wie bereits erörtert wurde, durch die dabei auftretenden Wundstoffe bestimmte Zellen zur Teilung und zur Bildung neuer Pflanzen anzuregen. So vermehrt man mehrjährige Zimmerpflanzen durch Ableger, indem man abgebrochene Seitentriebe bewurzeln läßt. Auch Wurzelstöcke, Zwiebeln und Knollen verwendet der Mensch zur Vermehrung von Pflanzen, wobei man oft, wie bei der Kartoffelknolle, dieses Organ in so viele Stücke zerteilt, als Knospen („Augen") vorhanden sind. Abgeschnittene Sprosse, welche man zur Bewurzelung in die Erde einsetzt, bezeichnet man als Stecklinge.

Auch von der Überpflanzung (Transplantation) eines Pfropfreises auf eine andere Unterlage macht man Gebrauch. Besonders bei unseren Obstbäumen wendet man dieses Verfahren an, da aus den Samen nur wilde Stammformen entstehen, welche veredelt werden müssen. Dies geschieht durch Pfropfen und Kopulieren, wenn Edelreiser aufgesetzt werden, oder durch Okulieren („Äugeln"), wenn unter die T-förmig aufgeschnittene Rinde der Unterlage eine Seitenknospe („Äugel") der gewünschten Pflanze eingesetzt wird.

b) Geschlechtliche oder sexuelle[1]) (generative)[2]) Fortpflanzung

Bei der geschlechtlichen Fortpflanzung werden Keimzellen zweierlei Geschlechtes gebildet, man nennt sie Geschlechtszellen (Sexualzellen) oder Gameten. Diese sind in der Regel allein nicht keimfähig, sondern zwei verschiedenen Geschlechtes müssen mitsammen verschmelzen (Befruchtung, Kopulation), erst das Verschmelzungsprodukt (Zygote) kann sich zu einer neuen Pflanze entwickeln.

In Ausnahmefällen kann sich eine Geschlechtszelle ohne Befruchtung weiterentwickeln, man spricht dann von eingeschlechtlicher Fortpflanzung oder Jungfernzeugung (Parthenogenese)[3]). Sie ist im Pflanzenreich bekannt bei vielen niederen Pilzen und Algen sowie bei der Keimbildung aus unbefruchteten Eizellen höherentwickelter Pflanzenfamilien (Korbblütler, Rosengewächse u. a.).

Die Gameten können äußerlich gleich oder verschieden sein, in letzterem Falle nennt man den größeren (Makrogamet) reservestoffreichen, wenn er unbeweglich ist, Eizelle, während man den kleineren (Mikrogamet), wenn er beweglich ist, als Spermatozoid oder Spermium bezeichnet. Eizellen und Spermien werden in verschiedengestalteten Geschlechtsorganen gebildet.

Für den Entwicklungsgang der meisten Pflanzen ist ein Generationswechsel bezeichnend, man versteht darunter die regelmäßige Aufeinanderfolge von Generationen, die sich in ihrer Fortpflanzungsweise unterscheiden, z. B. pflanzt sich die eine Generation ungeschlechtlich durch Sporen (Sporophyt), die andere geschlechtlich durch Ei- und Samenzelle fort (Gametophyt).

---

[1]) *sexus*, Geschlecht.
[2]) *generare*, erzeugen.
[3]) *parthenos* (gr.) Jungfrau; *genesis* (gr.) Zeugung.

Zusammenfassung. Ungeschlechtliche Fortpflanzung durch einzellige Keime, Sporen, oder durch vielzellige Brutkörper (Brutbecher, Ausläufer, Brutknöllchen, Absenker). Auch Zwiebel, Knolle und Wurzelstock dienen der ungeschlechtlichen Fortpflanzung, manchmal sogar die Wurzel (Schößling), ganz selten das Laubblatt. Anwendung bei der künstlichen Vermehrung (Ableger, Steckling, Pfropfen, Okulieren). — Geschlechtliche Fortpflanzung durch Verschmelzung von Gameten, Eibefruchtung durch Samenzellen. In seltenen Fällen Eientwicklung ohne Befruchtung: Parthenogenese. Bei Aufeinanderfolge von Generationen mit unterschiedlicher Fortpflanzung spricht man von Generationswechsel.

Pflanze und Umwelt

Aus der Betrachtung der Lebensvorgänge der Pflanze geht hervor, wie sehr das ganze Leben von der Umwelt abhängig ist. Die auf eine Pflanze einwirkenden Umweltbedingungen sind sehr mannigfaltig, man kann sie gliedern in solche, die durch das Klima, den Boden oder durch Lebewesen gegeben sind. Die Abhängigkeit der Pflanze von den einzelnen Umweltfaktoren kann sehr verschiedenen Grades sein, manche sind unbedingte Voraussetzung für das Leben. Es kommt aber nicht nur auf das Vorhandensein der lebensnotwendigen Umweltfaktoren an, sondern besonders auf deren Ausmaß. Jeder einzelne Faktor, ob Wärme, Licht, Salze, Wasser oder andere, muß in einem bestimmten Ausmaß vorhanden sein, soll die Pflanze normal gedeihen können. Man kann bei der Wirkung einer lebensnotwendigen Umweltbedingung auf die Pflanze drei Hauptgrößen (Kardinalpunkte) unterscheiden: eine geringste Einwirkung (Minimum) als mindeste Voraussetzung für das Leben, bei ihrer Unterschreitung tritt der Tod ein; nimmt von hier an die Stärke des wirkenden Umwelteinflusses zu, so steigern sich auch die Lebensvorgänge, welche bei einer bestimmten Größe (Optimum) am günstigsten ablaufen; bei Überschreitung des Optimums sinken bei weiterer Steigerung der Einwirkung die Lebenserscheinungen rasch ab und hören schließlich ganz auf, wenn der betreffende Umwelteinfluß über ein letztes erträgliches Maß (Maximum) hinaus weiter zunimmt.

Ein Umwelteinfluß darf also nur innerhalb zweier Extremwerte, Minimum und Maximum, auf eine Pflanze wirken, wobei ein gewisser Mittelwert die optimalen Lebensbedingungen schafft. Werden die Extremwerte überschritten, tritt der Tod ein. Die einzelnen Werte sind nun von Pflanze zu Pflanze ganz verschieden und können sich bei geänderten Bedingungen sogar bei der gleichen Pflanze verschieben. Eine Polarpflanze stellt natürlich andere Anforderungen an die Temperatur als eine Tropenpflanze, eine Schattenpflanze andere an das Licht als eine Sonnenpflanze oder eine Landpflanze andere an das Wasser als eine Wasserpflanze. Es ist aber stets zu bedenken, daß in der Natur nicht ein einzelner, sondern viele Umwelteinflüsse zugleich auf die Pflanze einwirken, die sich dabei in ihrer Wirkung verstärken oder verringern können. Jedenfalls kann aber ein zu geringes Ausmaß eines lebensnotwendigen Faktors nicht durch ein Übermaß eines anderen ausgeglichen werden oder umgekehrt.

Um die Abhängigkeit der Pflanze von den einzelnen Umweltfaktoren genau erforschen zu können, baut man heute sogenannte Phytotrone. Ein **Phytotron** besteht aus riesigen Treibhausanlagen mit den entsprechenden Laboratorien und mit den modernsten technischen Einrichtungen zur Erzeugung eines bestimmten Klimas. Man kann hier jeden einzelnen Umweltfaktor (Temperatur, Licht, Feuchtigkeit, Zusammensetzung der Luft und der Nährflüssigkeit, Wind usw.) einzeln regeln, automatisch konstant halten oder in beabsichtigter Weise variieren lassen. So werden in verschiedenen Abteilungen des Phytotrons Pflanzen unter ganz ungleichen Umweltverhältnissen gezüchtet und dabei die Bedingungen erforscht, die eine Pflanzenart für ihre Keimung, ihr Wachstum, ihr Blühen und ihre Fruchtbildung braucht. Die genauen Kenntnisse sind notwendig, um die Maßnahmen ergreifen zu können, die die Erzielung bester Erträge der Nutzpflanzen und die richtige Ortsbestimmung ihrer Kultur zum Ziel haben.

Jede Pflanze ist irgendwie den Umweltverhältnissen ihres natürlichen Standortes angepaßt. Es ist daher nicht verwunderlich, wenn gelegentlich Pflanzen aus ganz verschiedenen Familien infolge gleicher äußerer Lebensbedingungen ein ähnliches Aussehen haben. So ähneln z. B. die Wolfsmilchgewächse des Kaplandes sehr den Kakteen Mexikos und Zentralamerikas. Man bezeichnet solche, in Anpassung an gleiche Umweltverhältnisse entstandene, äußerlich ähnliche Formen als konvergent. Wenn andererseits nicht alle Pflanzen desselben Standortes gleich sind, ist dies ein Ausdruck der Tatsache, daß ein und dasselbe Problem von den Pflanzen je nach ihren Fähigkeiten verschieden gelöst werden kann. So wird z. B. eine zu starke Verdunstung bei der einen Pflanze durch schmale Blätter, bei der anderen aus derselben Familie durch dichte Behaarung verhindert.

Im folgenden sollen nun die Beziehungen der Pflanze zu den einzelnen Umweltbedingungen genauer besprochen werden.

Die einzelnen Umweltbedingungen

1. Die Temperatur

Wie bereits erwähnt, ist jede Pflanze nur innerhalb eines oberen und unteren Grenzwertes lebensfähig. Für jede Pflanzenart und für die einzelnen Leistungen derselben Pflanze sind diese Grenzwerte verschieden. Ein Samen kann z. B. bei vielen Graden unter Null leben, zum Keimen benötigt er aber zumindest + 5° C.

Untere Grenzwerte. Ruhende Samen und Sporen können vielfach fast beliebig tief abgekühlt werden, ohne Schaden zu leiden. Am Kältepol der Erde, in der Gegend von Jakutsk und Werchojansk in Ostsibirien, leben einige hundert Pflanzenarten, die Temperaturen von — 64° C ertragen. Dagegen gehen viele tropische Pflanzen schon bei + 2° bis + 5° C durch Kältetod zugrunde. Für die meisten Arten ist wohl der Eispunkt die untere Grenze, wobei vielleicht der Umstand eine wichtige Rolle spielt, daß durch den Wechsel des Aggregatzustandes rein mechanische Schädigungen auftreten können.

Obere Grenzwerte. Dauersporen der Spaltpilze vertragen Temperaturen von weit über 100° C. Trockene Hefe wird erst bei 115 bis 120° C getötet. Manche Wüstenpflanzen, wie z. B. die Mannaflechte, werden so wie das heiße Gestein, dem sie auflagern, oft auf + 70° C erhitzt, ohne zugrunde zu gehen. In heißen Quellen leben Algen noch bei + 80° C.

Die optimalen Temperaturbereiche bei denen die einzelnen Pflanzen am besten gedeihen, sind von Pflanze zu Pflanze, wie schon gesagt, ganz verschieden. Es kann aber auch der Temperaturanspruch derselben Pflanze zu bestimmten Zeiten anders sein. Er kann sich periodisch mit der Tageszeit oder mit der Jahreszeit ändern (Thermoperiodismus). So gedeihen gewisse Pflanzen besser, wenn sie während der Nacht kühleren Temperaturen ausgesetzt werden als bei Tag, andere bevorzugen eine konstante Temperatur. Viele benötigen eine mehrwöchige Periode sehr niederer Temperatur, während andere dabei zugrunde gehen würden. Es reagieren daher verschiedene Pflanzenarten auf künstlich geschaffene Rhythmen thermischer Veränderungen ganz ungleich. Bei vielen ändern sich auch die Temperaturbedürfnisse mit dem Alter.

Einrichtungen zur Ausnützung der Wärme findet man hauptsächlich bei den Pflanzen der kalten und gemäßigten Zone. So nützen Polar- und Gebirgspflanzen die Wärmerückstrahlung des Bodens aus, indem sie sich der Erde anschmiegen. Es entstehen so die am Boden kriechenden Spaliersträucher sowie Formen mit rasenartigem Wuchs und schließlich Pflanzen mit Polsterwuchs. Ein ausgezeichnetes Mittel, andauernder Kälte zu entgehen, besteht darin, das aktive Leben auf die warme Jahreszeit zu beschränken und die Kältezeit im Samenzustand zu überdauern. Diese Lösung der einjährigen Pflanzen ist nur dort in der gemäßigten Zone, wo die Vegetationszeit für die Ausbildung einer vollständigen Generation ausreicht, möglich. Im polaren und alpinen Klima ist die Zeit zu kurz, während in den Tropen eine Veranlassung zur Ausbildung einjähriger Kräuter fehlt. Die mehrjährigen Kräuter oder Stauden opfern meist vor Eintritt des Winters sämtliche oberirdischen Teile, welche der Gefahr des Erfrierens beziehungsweise Vertrocknens ausgesetzt sind, und überwintern nur mit Erdsprossen und den daran sitzenden Knospen. Diese geschützten unterirdischen Organe sind reich an Reservestoffen, da sie den im Frühjahr austreibenden Erneuerungsknospen Nahrungsstoffe zuführen müssen. Je nach dem Bau dieser Speicherorgane unterscheidet man Wurzelstöcke, Sproßknollen, Zwiebeln oder Wurzelknollen. Auch viele Holzpflanzen werfen über den Winter das empfindliche Laub ab und ziehen das Leben auf die geschützten Teile von Stamm und Wurzel zurück.

Die Verhütung der Eisbildung ist für die Pflanze von größter Wichtigkeit, da das Gefrieren mit einem bedeutenden Wasserentzug verbunden ist und außerdem durch die Vergrößerung des Rauminhaltes leicht Gewebezerreißungen vorkommen können. Enthält ein Pflanzenteil wenig oder kein Wasser, so ist er widerstandsfähiger gegenüber der Temperatur und auch die Gefahr der Eisbildung ist gebannt (Samen, Sporen, Holz, Knospenschuppen). Je konzentrierter eine Lösung ist, um so tiefer liegt ihr Gefrierpunkt. Daher wandeln viele Pflanzen (Schöllkraut, Fetthenne, Hauswurz u. a.) zu Beginn des Winters die in ihren oberirdischen Teilen befindliche unlösliche Stärke zur Gänze in löslichen Zucker um. Auch das Süßwerden der Kartoffelknolle bei Abkühlung bis zum Gefrierpunkt beruht darauf.

Einen ausgezeichneten Kälteschutz für die Pflanze bildet die Schneedecke. Sie ist infolge des starken Luftgehaltes ein schlechter Wärmeleiter. So ergab eine Messung bei einer Außentemperatur von — 15° C unter einer 50 cm dicken Schneedecke — 1° bis — 2° C. Sie schützt die unter ihr befindlichen Pflanzen auch vor dem Austrocknen. Bei den nicht bedeckten Pflanzen ist durch die Winterstürme die Verdunstung stark gefördert, während aus dem trockenen, gefrorenen Boden kein Wasser aufgenommen werden kann, weshalb sie vertrocknen („ausfrieren"), wenn sie nicht entsprechende Schutzeinrichtungen besitzen. Besonders wertvoll ist, daß die Schneedecke Licht durchläßt, wodurch die darunter befindlichen Pflanzen sogar assimilieren können.

Die Schwimmpflanzen in den Binnengewässern kälterer Zonen schützen sich gegen die Vernichtung durch die Eisdecke, indem sie das Leben auf Organe, welche sich unter dem Wasser befinden, zurückziehen, um im nächsten Frühjahr wieder in die Höhe zu wachsen.

Die Temperatur hat auch auf das Wachstum und die Entwicklung der Pflanze einen maßgebenden Einfluß. Das Wachstum erfolgt nur innerhalb gewisser Temperaturen, der Spielraum ist von Art zu Art verschieden und deckt sich nicht mit dem, innerhalb welchem das Leben der Pflanze überhaupt möglich ist, sondern ist kleiner. Auch im Verlauf der Entwicklung derselben Pflanze wechseln die Ansprüche an die Temperatur. So benötigen Keimpflanzen andere Wärmegrade als ausgewachsene Pflanzen. Merkwürdig ist die Tatsache, daß kurzdauernde, extreme Temperaturreize die spätere Entwicklungsgeschwindigkeit vieler Pflanzen verändern können. Man kann durch kurze Kältebehandlung gequollener Samen oft erreichen, daß die sich daraus entwickelnden Pflanzen um 2 bis 3 Wochen früher blühen (Vernalisation). Versuche haben gezeigt, daß für viele Pflanzen die Einwirkung der Winterkälte erst die Voraussetzung schafft, daß die Samen, Knollen, Knospen usw. normal austreiben und die Blüten hervorgebracht werden können.

Zusammenfassung. Ansprüche an die Einwirkungen (Minimum, Optimum, Maximum) der einzelnen Umweltfaktoren bei verschiedenen Pflanzen sehr ungleich. Erforschung im Phytotron! Durch gleiche Anpassungen konvergente Formen. Temperaturansprüche — Thermoperiodismus. Ausnutzung der Wärme des Bodens: Polsterwuchs, Überwintern mit unterirdischen Organen. Verhütung des Gefrierens. Einwirkung der Winterkälte — Kältebehandlung.

2. Das Licht

Das Licht ist im allgemeinen für die Lebenstätigkeiten der Pflanze unentbehrlich, und doch gibt es Pflanzen, die infolge einer besonderen Lebensweise, wie Parasiten und Saprophyten, vom Licht unabhängig sind, ja manche gehen sogar im Licht zugrunde (z. B. gewisse Bakterien).

Es gibt alle Übergänge von ausgesprochenen Lichtpflanzen über Schattenpflanzen zu den eigentlichen Dunkelpflanzen, und man findet die verschiedensten Einrichtungen, welche die am besten entsprechende Lichteinwirkung ermöglichen sollen.

a) Einrichtungen zur Ausnützung des Lichtes

Für die Pflanzen ist das zerstreute Licht viel zuträglicher als direktes Sonnenlicht, das vielfach sogar schädigend wirkt. Der räumlichen Ausnützung der günstigsten Lichtverhältnisse dient eine gesetzmäßige Anordnung der Blätter, die Blattstellung. Meist stehen die Blätter so, daß sie sich gegenseitig so wenig als möglich beschatten. Vielfach führen Blätter Bewegungen aus, die sie in eine bestimmte Lage zum Licht einstellen. Im Schatten des Waldes breiten sich die Blätter eines Baumes in einer waagrechten Ebene aus, da das stärkste Licht von oben kommt. An Ästen, die der direkten Lichteinwirkung ausgesetzt sind, ist die Lage der Blätter ganz anders, und zwar so,

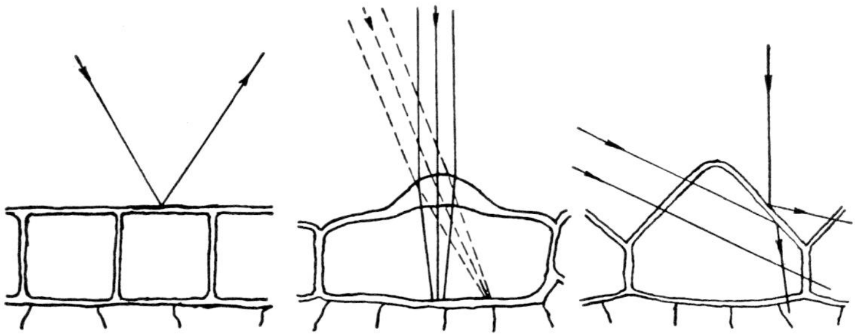

Abb. 69. Strahlengang des Lichtes beim Auftreffen auf Oberhautzellen verschiedener Form (vergr.)

daß die Sonnenstrahlen nur schräg auftreffen oder dem Licht nicht die ganze Blattfläche geboten wird. Auch die Beschaffenheit der Oberhaut spielt für die Ausnützung des Lichtes eine bedeutende Rolle (Abb. 69). So haben z. B. die im Schatten des Tropenwaldes wachsenden Begonien samtige Blätter, deren Oberhautzellen linsenartig vorgewölbte Zellwände ausbilden, die die Lichtstrahlen sammeln.

Nahe der Oberfläche des Meeres überwiegen die Grünalgen, einige Meter tiefer die Braunalgen und in größeren Tiefen die Rotalgen. Das hängt damit zusammen, daß jeder farbige Körper die Lichtstrahlen seiner Komplementärfarbe am stärksten absorbiert. So werden von einer roten Fläche die roten Lichtstrahlen zurückgeworfen, dafür die anderen, vor allem die grünen und blauen, verschluckt. Auch das Meerwasser absorbiert Licht, und zwar besonders die roten und gelben Strahlen, so daß mit zunehmender Tiefe das Wasser zunächst grün und schließlich blau erscheint. Dieses blaugrüne Licht kann am besten von einem roten Körper absorbiert werden und daher finden sich in größeren Tiefen hauptsächlich Rotalgen. Für die Verarbeitung des normalen Tageslichtes erweist sich die grüne Färbung der assimilierenden Pflanzenteile am vorteilhaftesten.

Im Kampf um das Licht sind zwei Formen von Pflanzen ganz besonderer Eigenart entstanden, nämlich die Kletterpflanzen (Lianen) und Epiphyten[1]). Erstere vermögen ohne großen Materialaufwand in kurzer Zeit ihr Laub aus dem Schatten an die Peripherie der Laubkronen zu bringen, indem sie an Baumstämmen oder Ästen zum Licht emporklettern. Die Epiphyten bringen sich dadurch in günstiges Licht, daß sie nicht im Boden wurzeln, sondern sich von vornherein auf Stämmen oder Ästen der Baumkronen ansiedeln. Die Bäume dienen ihnen nur als Unterlage und sie entziehen diesen keinerlei Nahrungsstoffe. Da für sie die Wasserversorgung besonders schwierig ist, besitzen sie meist Einrichtungen zum Auffangen von Wasser (vgl. S. 170). Eine zeitliche Ausnützung des Lichtes kann man dort beobachten, wo das Licht nur kurze Zeit des Jahres in ausreichender Stärke zur Verfügung steht. So sieht man, wie viele Pflanzen des Waldbodens zu einer Zeit, in welcher der Wald noch unbelaubt ist, ihre Blüten und sogar Früchte bilden.

b) Schutzeinrichtungen gegen zu starkes Licht

Übermäßige Belichtung schädigt die Pflanze, indem sie das Chlorophyll zerstört. Daher findet bei gewissen Pflanzen (Wasserlinse, Moose) eine Verschiebung der Farbstoffträger statt, wodurch sie einer zu starken Lichteinwirkung entzogen werden (Abb. 70). Ein einfacher Lichtschutz besteht darin, daß die Blätter von Haaren (Edelweiß) oder von einer Wachsschicht überzogen sind. Letztere bewirkt ein trüb-grünes Aussehen. Ein wirksamer Schutz ist auch die Reflexion der Lichtstrahlen, die sich bei Pflanzen der Tropen und Mittelmeerländer findet, wo Licht in Überfülle vorhanden ist. Die lackartig glänzenden Blätter werfen dabei den Überschuß an Licht zurück, ohne ihn ins Blattinnere gelangen zu lassen. Bei bestimmten Pflanzen sind die Oberhautzellen so gebaut, daß der steil einfallende Lichtstrahl der überstarken Mittagssonne an steil vorspringenden Zellwänden total reflektiert wird und nur der schräge Strahl in das Innere gelangen kann (Abb. 69). Bei uns haben manche Knabenkräuter der sonnigen Wiesen solche glänzende Blätter, die einen Teil des Lichtes zurückwerfen.

Auch Wasserflächen reflektieren Licht, daher sind einerseits die unter der Oberfläche befindlichen Pflanzen als Schattenpflanzen zu betrachten, andererseits sind die über dem Wasserspiegel befindlichen

---

[1]) *epi* (gr.) darauf; *phyton* (gr.) Gewächs.

Pflanzenteile gewissermaßen von oben und unten beleuchtet. Dieser Doppelwirkung der Lichtstrahlen weichen solche Pflanzen vielfach dadurch aus, daß sie die Blätter senkrecht stellen. Bei einer Betrachtung des Röhrichts kann man deutlich das Überwiegen der senkrechten Linien feststellen. Auch in den Eukalyptuswäldern Australiens sind die Blätter senkrecht gestellt, so daß sie nur einen sehr geringen Schatten werfen.

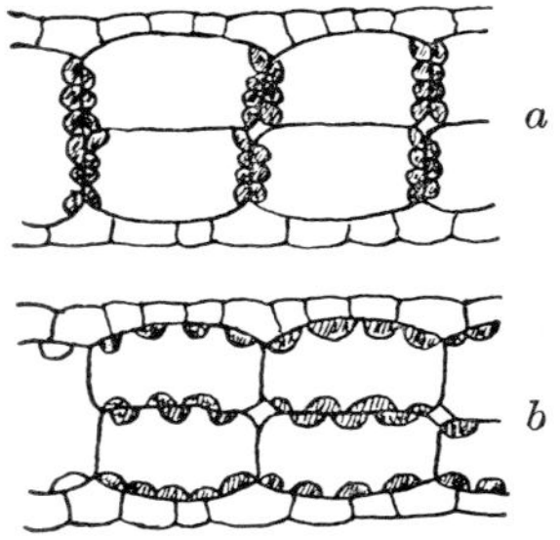

Abb. 70. Stellung der Chlorophyllkörner in den Zellen einer Wasserlinse. *a* bei unmittelbarem, *b* bei zerstreutem Licht (vergr.)

Manche Pflanzen ändern ihre Blattlage nach der jeweils herrschenden Lichtstärke. So breitet z. B. der Sauerklee bei zerstreutem Licht die Blättchen waagrecht aus (Abb. 71), stellt sie aber bei Einwirkung des direkten Sonnenlichtes senkrecht.

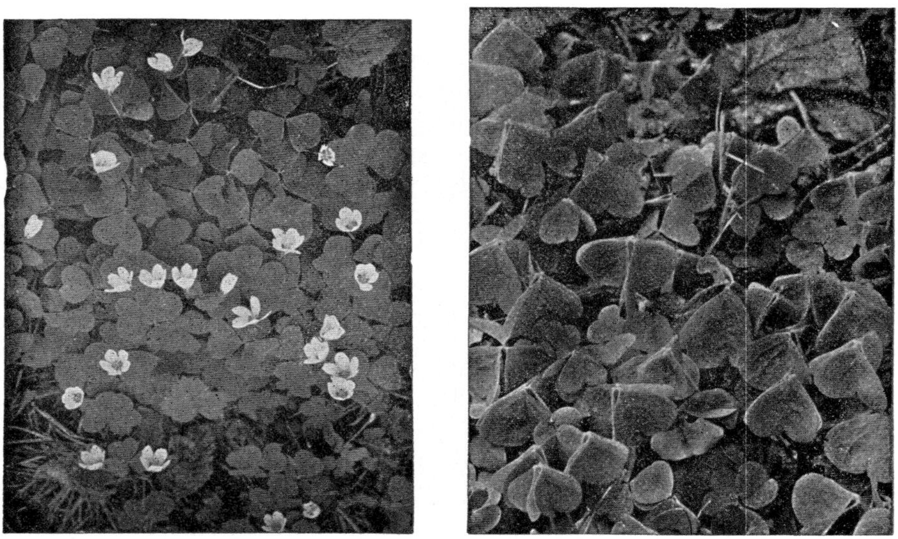

Abb. 71. Sauerklee im Schatten (links), in der Sonne (rechts).

c) Die Wirkung des Lichtes auf die Entwicklung der Pflanze

Wenn Pflanzen, die normalerweise das Licht brauchen, sich im Dunkeln entwickeln müssen, so nehmen sie eine ganz andere Gestalt an. Die Stengel und Blattstiele wachsen sehr stark in die Länge, während die Blätter ganz klein bleiben, außerdem erhält die ganze Pflanze ein bleiches, gelbliches Aussehen („Wassertrieb") und hat nur ein gering entwickeltes Festigungsgewebe. Man nennt diese Erscheinung Vergeilung (Etiolement). Auch manche Hutpilze verlängern im Dunkeln ihre Stiele beträchtlich, während ihre Hüte klein bleiben. Das Licht hat also auf verschiedene Organe eine ungleiche Wirkung, die einen werden durch das Licht in ihrer Entwicklung gefördert, die anderen gehemmt. Das starke Längenwachstum im Dunkeln, das übrigens häufig dazu führt, daß die Pflanze wieder in günstige Lichtverhältnisse gelangt, läßt den Schluß zu, daß Licht auf das Längenwachstum hemmend wirkt. Deshalb haben auch die Alpenpflanzen, welche einer intensiveren Bestrahlung durch die Lichtwellen ausgesetzt sind, einen auffallend gedrungenen Wuchs. Sie nehmen, in die Ebene verpflanzt, durch vermehrtes Längenwachstum eine ganz andere Gestalt an (z. B. Gartenedelweiß). Auch auf den Bau der Blätter hat das Licht einen gestaltenden Einfluß, so daß man zwischen „Schattenblättern" und „Sonnenblättern" unterscheiden kann.

Von besonderem Interesse ist die Erkenntnis, daß die jahreszeitliche Einordnung der Blütezeiten und Ruhezustände im wesentlichen dadurch geregelt wird, daß die Pflanzen auf das Verhältnis zwischen der Länge von Tag und Nacht ansprechen (Photoperiodismus). Das Verhalten der einzelnen Pflanzen bei einer bestimmten, im täglichen Rhythmus sich wiederholenden Licht-Dunkel-Periode ist verschieden. Sogenannte Langtagpflanzen blühen erst, wenn das täglich einwirkende Licht eine gewisse Mindestdauer überschritten hat. Je länger die tägliche Belichtung, desto früher blühen sie. Kurztagpflanzen benötigen längere Nächte, um Blüten bilden zu können. Unterbricht man die notwendige Dunkelperiode durch vorübergehende Belichtung, kann die Blütenbildung unterdrückt werden.

Die Chrysanthemen sind z. B. Kurztagpflanzen, die erst unter den photoperiodischen Bedingungen der kürzer werdenden Herbsttage blühen. Eine solche Aufeinanderfolge von Tagen mit entsprechender Länge, kann man aber heute künstlich in geeigneten Gewächshäusern zu jeder Jahreszeit nachahmen und dadurch Chrysanthemen zum Blühen bringen. Es ist also möglich, durch entsprechende Verkürzung bzw. Verlängerung der Dauer des täglich einwirkenden Lichtes die Blütezeit einer Pflanze in beliebiger Richtung zu verschieben. Es ist dadurch sogar gelungen, Kreuzungen von solchen Pflanzen zustande zu bringen, die unter normalen Bedingungen zu ganz verschiedenen Zeiten blühen. Durch künstlich verlängerte Tage kann man auch Laubbäume im Treibhaus dazu bringen, bis in den Winter das Wachstum fortzusetzen und Laub zu tragen. Wie man sieht, ergeben sich für den Pflanzenzüchter viele neue Möglichkeiten.

Zusammenfassung. Licht-, Schatten-, Dunkelpflanzen. Ausnützung des Lichtes durch Blattstellung, Beschaffenheit der Oberhaut, Streben zum Licht (Lianen, Epiphyten). Schutz gegen zu starkes Licht: Verschiebung der Farbstoffträger, Haarüberzüge, Wachsschicht, Blattlage. Wirkung des Lichtes auf das Längenwachstum und auf den Blattbau. Langtag- und Kurztagpflanzen. Künstliche Verschiebung der Blütezeiten.

3. Das Wasser

Das Leben einer Pflanze ist in besonderem Maße von den Wasserverhältnissen abhängig, die daher auch die Zusammensetzung der Pflanzendecke ausschlaggebend bestimmen. Die Pflanze nimmt einen Teil ihrer Nahrung in wäßriger Lösung auf und ist ständig von Betriebswasser durchströmt. Wasseraufnahme und Wasserabgabe müssen in einem Gleichgewicht stehen, wobei es nicht auf die absolute Menge des aufgenommenen und abgeschiedenen Wassers ankommt, sondern entscheidend ist das Verhältnis dieser Mengen zueinander. Man unterscheidet je nach der Art des Wasserhaushaltes Wasserpflanzen, Feuchtigkeitspflanzen, Pflanzen mittleren Wasserhaushaltes und Trockenlandpflanzen.

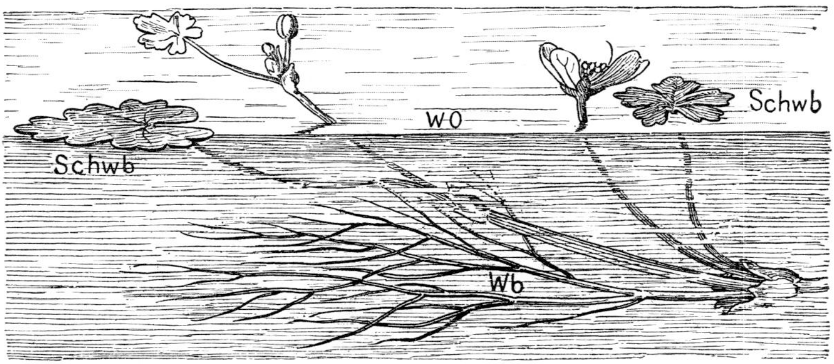

Abb. 72. Wasserhahnenfuß. *Wb* Wasserblatt; *Schwb* Schwimmblatt; *WO* Wasseroberfläche.

Bei den **Wasserpflanzen** kann man Unterwasserpflanzen, Schwimmpflanzen und solche, die ihre oberen Teile über das Wasser erheben, unterscheiden. Letztere leiten zu den Sumpfpflanzen über. Einen besonderen Bau haben jene Stengel und Blätter, die sich unter Wasser befinden: Sie zeigen das Bestreben, die Oberfläche möglichst zu vergrößern, damit die in geringer Menge vorhandenen Gase und Nährsalze aufgenommen werden können. Meist besitzen diese zarten Gebilde recht dünne Oberhäute und im Innern ein mit sehr großen Zwischenzellräumen versehenes Durchlüftungsgewebe. Wasserleitende sowie der Festigung dienende Gewebe sind schwach entwickelt. Interessant sind die Unterschiede, welche die über und unter dem Wasser ausgebildeten Blätter bei derselben Pflanze aufweisen können (Abb. 72).

An Standorten, wo der Boden ständig stark feucht ist und außerdem eine hohe Luftfeuchtigkeit vorherrscht, leben die **Feuchtigkeitspflanzen.** Diese haben verschiedene Einrichtungen, welche die Wasserabgabe fördern. Die Blätter sind groß, dünn und saftreich, häufig auch in viele Abschnitte zerteilt. Das Wurzelsystem und die Gefäße sind meist nicht stark entwickelt. Hierher gehören viele Schattenpflanzen.

Bei den Pflanzen mittleren Wasserhaushaltes ist die Oberfläche der Blätter nicht mehr so groß. Sie besitzen Einrichtungen, die sie über ungünstige Klimaperioden hinüberretten und ein Vertrocknen verhindern. Dazu gehören verdunstungshemmende Bildungen, Knospenschutz, Laubabwurf und anderes.

Dort, wo bei trockener Luft der Wassernachschub aus dem Boden nur schwer möglich ist, wachsen die **Trockenlandpflanzen.** Diese besitzen meist ein stark ausgebildetes System langer Wurzeln, vor allem aber Einrichtungen, die eine starke Hemmung der Wasserabgabe bewirken, und in manchen Fällen wird auch Wasser für die Zeit der Not gespeichert:

a) Einrichtungen zur Herabsetzung der Transpiration

Solche sind vor allem: Verkleinerung der Blattfläche und besondere Ausgestaltung der Oberhaut (Tafel 8).

Zur Verminderung der transpirierenden Fläche werden sowohl die Blattzahl als auch die Blattspreiten verkleinert (Nadelhölzer, Zwergschwertlilie, Karthäusernelke, Kornrade, Heidekraut, Besenstrauch, Leinkraut, Labkraut u. v. a.), es gibt alle Übergänge von kleinen Blättern über nadel-, borsten- und schuppenförmige Blättchen bis zu den blattlosen Pflanzen (Kakteen, manche Wolfsmilchgewächse). Mit dem Schwund der Blätter übernimmt der Stamm die Assimilation und kann dabei oft blattähnliche Formen annehmen. Viele Pflanzen sind zeitweise blattlos, indem sie vor Beginn einer Trockenzeit das Laub abwerfen, um nicht zu vertrocknen.

Bei der Ausgestaltung der Blätter findet man meist Einrichtungen, die über den Spaltöffnungen dampfgesättigte Räume schaffen, welche eine weitere Verdunstung verhindern. Außerdem ist die Zahl der Spaltöffnungen oft stark vermindert. Auch sind die Spaltöffnungen vertieft oder gar in krugförmigen Höhlungen untergebracht, die nur durch enge Kanäle nach außen münden. Demselben Zweck dienen verschiedene Haarüberzüge, die zugleich die Sonnenstrahlen abhalten (Kuhschelle, Kornrade, Königskerze, Edelweiß, Schneeball, Mehlbeere, Lungenkraut u. v. a.). Manche Pflanzen schützen sich gegen Vertrocknung durch Einrollung der Blätter, wodurch die Spaltöffnungen in einen windgeschützten Raum zu liegen kommen, z. B. Frühlingsheidekraut, Gemsenheide (Abb. 73). Auch Blattrosetten sind dadurch, daß sich die Blätter gegenseitig etwas bedecken und vor allem die Erde darunter vor schneller Austrocknung bewahren, ein wirksamer Schutz.

Abgesehen von der Ausscheidung wasserundurchlässiger oder nur schwer durchlässiger Stoffe (wachsartige Ausscheidungen bei Tanne, Tulpe, Seerose, Kohl, Wachsblume; firnisartiger Überzug bei Schwarzerle, Birke, Kirsche; Kalkkrusten bei Steinbrecharten) hat die Außenwand der Oberhautzellen oft selbst eine derartig dicke und derbe Beschaffenheit, daß sie für Wasser kaum durchlässig ist. Dies ist der Fall bei den Hartlaubgewächsen, deren meist kleine immergrüne Blätter dicklich, lederartig und saftarm sind (Ölbaum, Myrte, Oleander, Efeu, Buchsbaum).

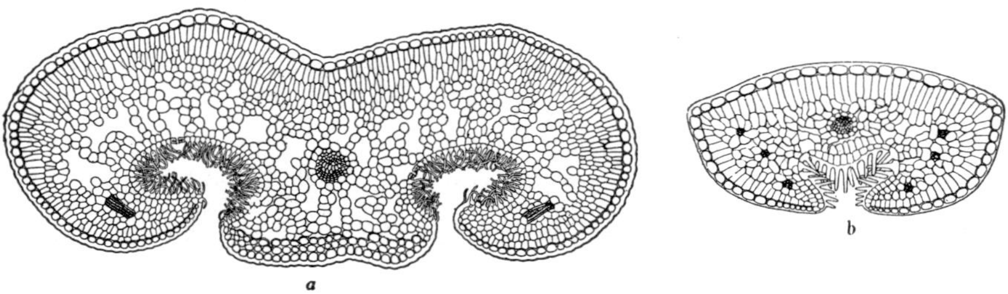

Abb. 73. Querschnitte durch eingerollte Blätter (stark vergr.). *a* Gemsenheide *b* Frühlingsheidekraut.

b) Die Speicherung von Wasser

Wasserspeichernde Pflanzen können durch Ausbildung eigener Speicher, die aus fleischigem, mit schleimigem Inhalt erfülltem Gewebe der Blätter oder des Stammes bestehen, Wasser für Notzeiten aufbewahren. Sie sind vielfach durch eine derbe Haut geschützt. Zu den Pflanzen, deren Blätter als Wasserspeicher dienen, gehören die Hauswurz und der Mauerpfeffer (Tafel 8) sowie die Agave. Bei Kakteen, manchen Wolfsmilchgewächsen und bei bestimmten Bäumen bilden die Stämme die Wasserspeicher.

Zusammenfassung. Wasserpflanzen mit starker Oberflächenvergrößerung und Durchlüftungsgewebe. Feuchtigkeitspflanzen mit großen, dünnen, saftreichen Blättern. Trockenlandpflanzen mit Verdunstungsschutz: kleine Blätter (Nadeln, Schuppen) oder blattlos (Kakteen), versenkte Spaltöffnungen, Einrollung der Blätter, Haarüberzüge, wasserundurchlässige Ausscheidungen (Wachs, Kork). Wasserspeicherung in Blättern oder Stämmen.

4. Der Boden

Der Boden hat nicht nur wegen der Wasser- und Nährstoffversorgung die größte Bedeutung für die Pflanze, er hat auch sonst noch chemische und physikalische Wirkungen.

a) Physikalische Beschaffenheit

Als lockeren oder unsicheren Boden bezeichnet man jenen, bei dem sich die Teilchen leicht gegeneinander verschieben lassen. In den zwischen den Bodenteilchen befindlichen Hohlräumen befindet sich dann entweder Wasser (Schlammböden) oder Luft (Sandböden). In lockeren Böden kann die Pflanze nur schwer einen festen Halt erlangen. So entwickeln in lockeren Sanddünen viele Pflanzen (Strandhafer, Strandgerste, Strandsegge) weitverzweigte, oft viele Meter lange Wurzelstöcke, die den Boden durchspinnen und an vielen Stellen oberirdische Sprosse entwickeln. Dadurch wird sogar der Boden verfestigt, und man macht davon Gebrauch, indem man z. B. das Wachstum des Strandhafers künstlich fördert, um Wanderdünen zur Ruhe zu bringen.

Überall innerhalb der Wendekreise, wo die Meeresküste flach ist, in geschützten Buchten und an Flußmündungen, wächst auf den tonigsandigen Schlammböden der Gezeitenzone eine eigenartige Pflanzengesellschaft, die **Mangrove.** Sie besteht aus immergrünen Küstengehölzen von meist baumartigen Wuchs, die verschiedene Anpassungen an den durch die Flut dauernd in Bewegung gehaltenen Boden zeigen. So bilden diese Bäume Stelzenwurzeln (Abb. 75, Hintergrund) aus, um den nötigen Halt zu gewinnen. Sie stehen auf dem weitausgebreiteten Wurzelgerüst wie auf weitgespreizten Beinen und heben die Blätter aus dem Bereich der Gezeiten heraus. Im Zusammenhang mit den unsicheren Keimungsbedingungen sind viele Formen lebendgebärend. Das heißt, die Samen keimen an der Mutterpflanze, wobei der sich entwickelnde Keimling meist eine besonders geformte, große Wurzel ausbildet. Hat die Keimpflanze eine gewisse Größe erreicht, löst sie sich ab und fällt zu Boden. Dabei bohrt sich die schwere, spitze Wurzel in den Schlamm ein, und eine junge, lebensfähige Pflanze steckt im Boden.

Als bindiger Boden wird der bezeichnet, dessen Teilchen fest miteinander verbunden sind. Hier haben die Pflanzen genügend Halt, dafür haben durchbrechende Sprosse oder Keimlinge große Widerstände zu überwinden (z. B. im Tonboden). Deshalb brechen viele Pflanzen nicht zuerst mit dem empfindlichen Blatt, sondern mit dem knieförmig zurückgekrümmten Stengel durch die Erde (Buschwindröschen, Schneerose). Schneeglöckchen, Frühlingsknotenblume und andere Pflanzen besitzen besondere Bohrspitzen an den Blättern, um damit den Boden zu durchstoßen und dabei den Weg für die zarte Blüte freizumachen.

Die **Durchlässigkeit für Wasser** ist in verschiedenen Böden sehr ungleich. Sand- und Kalkböden lassen das Niederschlagswasser leicht, Tonböden nur schwer oder gar nicht durch. Von der verschiedenen Wasserdurchlässigkeit hängt auch die ungleiche Erwärmung der Böden ab. So sind Sandböden warm und Tonböden kalt, auf letzteren bleibt auch der Schnee länger liegen.

b) Chemische Beschaffenheit

Die chemische Zusammensetzung eines Bodens kann so sein, daß von dem einen oder anderen Stoff zuwenig oder zuviel vorhanden ist. Wenn nur ein einziger lebenswichtiger Stoff in zu geringer Menge zur Verfügung steht, nützt auch ein Überfluß aller anderen nichts, das Gedeihen der Pflanze richtet sich immer nach dem in kleinster Menge vorhandenen Stoff (Gesetz des Minimums). Hat die Pflanze zuwenig Nährstoffe, so antwortet sie zunächst mit Zwergwuchs. Das kann man schon bei manchen Hochmooren unserer Alpen beobachten. Da stehen an den Berghängen die mächtigen Nadelhölzer, wo aber der Hang in den ebenen, nährstoffarmen Moorboden übergeht, werden die Bäume rasch kleiner, nehmen mit weiterem Vordringen in das Moor krummholzartige, verkrüppelte Zwergformen an und fehlen schließlich weit innen ganz.

Manchmal haben Pflanzen ganz merkwürdige Einrichtungen, um sich den im Boden **fehlenden Nährstoff** anderwärts zu beschaffen. So fangen die im Moor lebenden Torfmoose, wie bereits gesagt wurde, mit eigens dafür ausgebildeten Zellen große Mengen des Niederschlagswassers auf und decken ihren Bedarf an Mineralstoffen aus den geringen Mengen des mit dem Regenwasser niedergeschlagenen Staubes. Andere Pflanzen verschaffen sich Stickstoff mit Hilfe einer Symbiose mit Bakterien, die den Luftstickstoff verarbeiten können, oder durch Wurzelpilze (vgl. S. 41). Auch die **fleischverdauenden Pflanzen** verschaffen sich aus den Tierkörpern hauptsächlich Stickstoff und können daher auf stickstoffarmen Böden gedeihen.

Die **fleischverdauenden Pflanzen** (Tafeln 9, 10) sind mit Einrichtungen zum Fangen und Festhalten kleinerer Tiere (Insekten) versehen und können durch ausgeschiedene Enzyme die Beute auflösen und verdauen. Der Insektenfang dient vor allem dem Gewinn von stickstoffhaltiger, eventuell auch phosphorhaltiger Substanz, denn in bezug auf Kohlenstoff sind sie autotroph, sie besitzen ja sämtlich Chorophyll und können auch bei guter anorganischer Stickstoffernährung leicht ohne jede tierische Nahrung gedeihen. Die zusätzliche Stickstoffernährung aus dem Tierkörper stellt eine Anpassung an den Standort dar, indem die meisten fleischverdauenden Pflanzen auf stickstoffarmen Böden oder in nährsalzarmen Wassern leben. Die einheimischen Sonnentauarten und Fettkrautarten bewohnen die nährsalzarmen Moorböden, die Wasserschlaucharten Moorwasser oder Tümpel. Eine größere Zahl insektenfressender Pflanzen wächst auf den Mooren Nordamerikas.

Beim Fettkraut sind die Blätter von einer klebrigen Flüssigkeit überzogen, daran haftenbleibende kleine Insekten werden zersetzt und verdaut. Der Wasser-

Tafel 9.

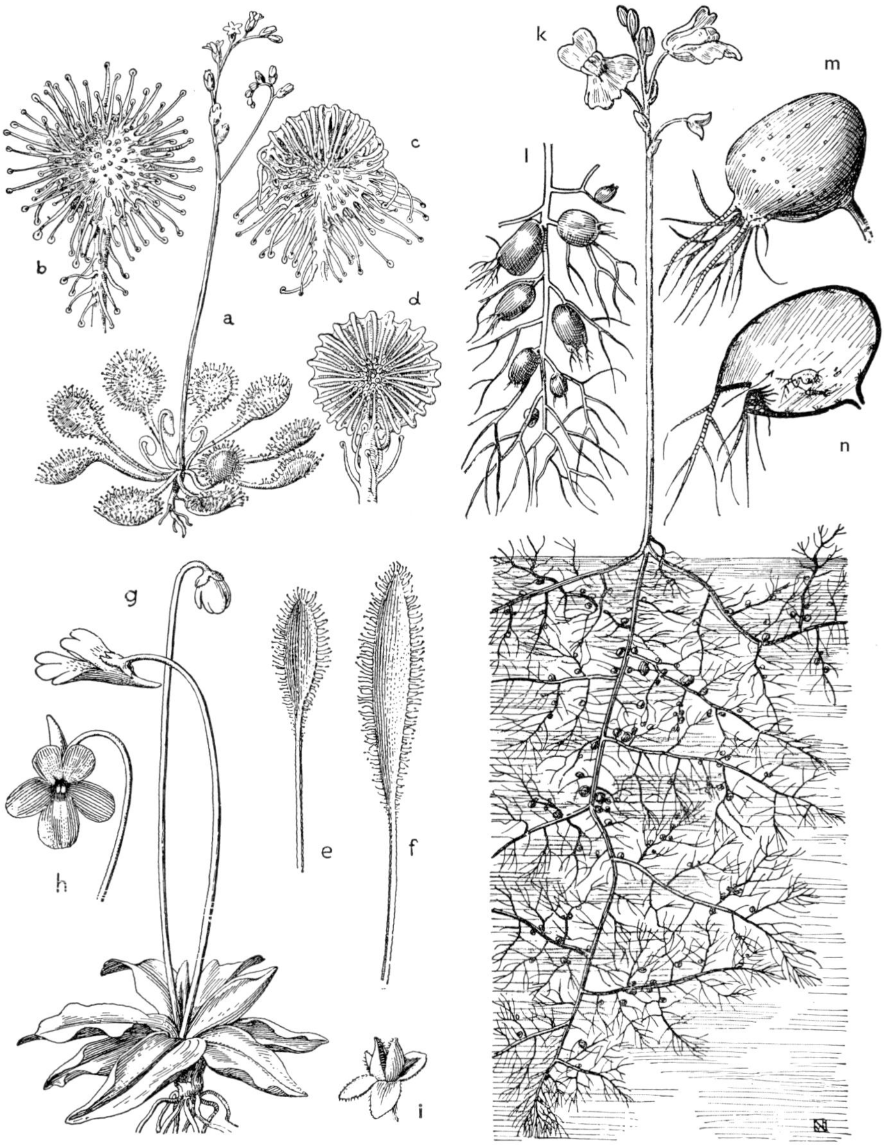

Einheimische fleischverdauende Pflanzen

Rundblättriger Sonnentau. *a* Blühende Pflanze, *b* Blatt mit ausgebreiteten Drüsenhaaren (vergr.), *c, d* Blätter mit eingebogenen Drüsenhaaren (vergr.), *e* Blatt vom Mittleren Sonnentau, *f* Blatt vom Langblättrigen Sonnentau. — **Gemeines Fettkraut.** *g* Blühende Pflanze (verkl.), *h* Blüte, *i* Frucht. — **Gemeiner Wasserschlauch.** *k* Blühende Pflanze, *l* Zweig mit Blasen, *m* Blase (vergr.), *n* Blase im Schnitt mit gefangenem Krebschen (vergr.).

Tafel 10.

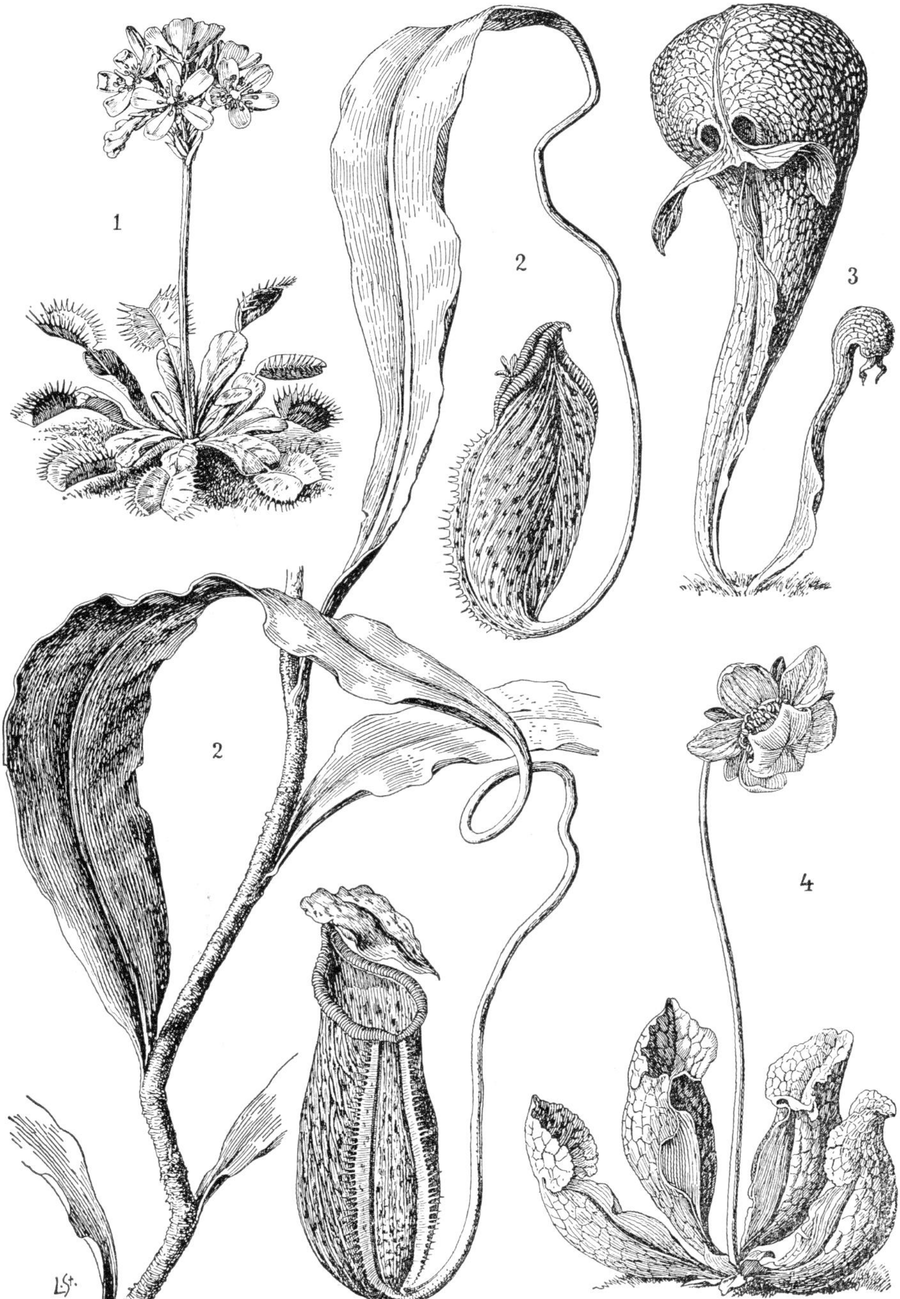

Ausländische fleischverdauende Pflanzen

Venusfliegenfalle (verkl.). 2 **Kannenpflanze.** 3 **Darlingtonia.** 4 **Sarracenia** (verkl.).

schlauch hat seine Blätter zu kleinen Fangblasen umgebildet, mit denen er kleine Krebse (Wasserflöhe, Hüpferlinge) und Wasserinsekten erbeutet. Diese Blasen sind mit Klappen verschlossen, welche den Tieren zwar das Eindringen gestatten, aber den Austritt verwehren. Der Sonnentau entwickelt normale, runde Blätter, die dicht mit klebrigen Drüsenhaaren besetzt sind. Sobald sich ein Insekt an diesen gefangen hat, krümmt sich das Blatt derart, daß das Insekt ganz von Drüsenhaaren eingewickelt ist, durch deren Ausscheidungen das Tier verdaut wird (Tafel 9). Bei Sarracenia sind die Blätter zu kannenartigen Fangapparaten zusammengerollt. Besonders deutliche Fangkannen zeigt die im indomalaischen Urwald wachsende Kannenpflanze. Die Endabschnitte ihrer Blätter sind krugförmig ausgebildet. Am oberen Rande des Kruges befindet sich eine äußerst glatte Gleitzone, auf welcher die durch Honigausscheidungen angelockten Tiere den Halt verlieren und in die in der Kanne angesammelte Verdauungsflüssigkeit hineinfallen.

Eine nordamerikanische Verwandte unseres Sonnentaus ist die Venusfliegenfalle, die ihre kammartig gezähnten, oberseits dicht mit Verdauungsdrüsen besetzten Blatthälften zusammenklappt und das berührende Insekt gefangennimmt (Tafel 10).

Die **Konzentration der Nährstoffe** darf auch nicht zu groß sein. Selbst die sonst unentbehrlichen Stoffe können sogar giftig wirken, wenn sie in zu großer Menge vorhanden sind. Die Konzentrationen, die die einzelnen Pflanzen noch vertragen, sind von Art zu Art verschieden.

Es gibt Böden, die bestimmte Salze in hoher Konzentration enthalten und dabei nur von bestimmten Pflanzen besiedelt werden können. So findet man auf den kochsalzhaltigen Böden der Meeresküsten, der Salzsteppen und an den Rändern salziger Binnengewässer (z. B. Neusiedler See) eine eigenartige Pflanzengesellschaft, die **Salzpflanzen.** Sie haben den Charakter von Trockenlandpflanzen, da das Salz durch seine starke osmotische Wirkung die Wasseraufnahme sehr erschwert. Da dem Kochsalz keinerlei Bedeutung als Nährstoff zukommt, können die Salzpflanzen auch auf kochsalzfreien Böden leben, sie benötigen also Kochsalz nicht als Nährstoff, weil sie aber seine schädlichen Wirkungen selbst in relativ hohen Konzentrationen vertragen, sind sie konkurrenzlos auf die Salzböden vorgedrungen. Manche Wüstenpflanzen speichern sogar Kochsalz im Zellsaft, um den osmotischen Wert der Salze des Bodenwassers zu übertreffen.

Auf Kalkboden enthält das geringe Bodenwasser verhältnismäßig viel Kalk, den nur bestimmte Pflanzen, die **Kalkpflanzen,** in dieser Konzentration vertragen. Typische Kalkpflanzen verkümmern auf kalkarmen Böden, aber nicht deshalb, weil sie zu wenig Kalk für den Körperaufbau bekommen, sondern deshalb, weil mit dem hohen Kalkgehalt auch bestimmte andere chemische und physikalische Eigenschaften des Bodens verbunden sind. So ist vor allem für das Leben der Pflanze der **Säuregehalt** (Wasserstoffionenkonzentration, p_H-Wert) des Bodenwassers außerordentlich bedeutungsvoll, wobei die Ansprüche verschieden sind. Manche benötigen eine mehr saure, andere eine mehr alkalische Reaktion des Bodens. Kalkboden ist alkalisch, die kieselsäurereichen Böden im kristallinen Gestein sind sauer. Man unterscheidet Pflanzen, die auf beiden Böden vorkommen (bodenvage), dann bodenholde (kalkholde, kieselholde), die einen Boden bevorzugen, und schließlich bodenstete Arten (z. B. kalkliebend, kalkfliehend), die ausschließlich nur auf einem bestimmten Boden wachsen. In den Alpen gibt es Beispiele dafür, daß sich sogar nahe verwandte Arten in ihrer Verbreitung ausschließen. So sind die stets nur auf Kalk vorkommende Behaarte Alpenrose und die Schwarze Schafgarbe auf kristallinem Gestein durch die Rostrote Alpenrose beziehungsweise die Bisamschafgarbe vertreten.

c) Humus

Abgestorbene Pflanzenteile werden ebenso wie alle toten Organismen durch Bakterien und Pilze allmählich zersetzt und bis zu anorganischen Stoffen abgebaut. Die Zwischenstufen dieser verwesenden Pflanzenmassen bezeichnet man als Humus. Da es sich bei der Humusbildung um Lebensvorgänge saprophytischer Organismen handelt, ist sie von bestimmten Faktoren abhängig. So beginnt die Humusbildung oberhalb des Gefrierpunktes, steigt dann bis zu einem Optimum an, um etwa bei 60° C wieder aufzuhören, wo dann andere, rein chemische Prozesse einsetzen. In kühleren Gebieten kommen reichlich Humusablagerungen vor, weil die Verwesungsvorgänge hier langsam verlaufen und eine Anhäufung der Zwischenprodukte stattfinden kann. Dagegen tritt in wärmeren Gegenden die Zersetzung viel rascher ein, wodurch es nicht zu solchen Ansammlungen von Humus kommt, in den Tropen fehlt er häufig ganz.

Die Verwesungsorganismen benötigen auch ein bestimmtes Maß von Feuchtigkeit, um ihre Nahrungsstoffe aufnehmen zu können. Ist zuviel Wasser vorhanden, so leiden sie an Sauerstoffmangel, und es setzt ein rein chemischer Prozeß der Torfbildung ein. In Wüstengebieten fehlt der Humus wegen der Trockenheit. Er ist für die gemäßigten Zonen charakteristisch (Braun-, Schwarzerden), wo er in größeren oder geringeren Mengen den mineralischen Bodenbestandteilen beigemischt ist.

Humus hat, ähnlich wie der Stallmist, größte Bedeutung für die Beschaffenheit des Bodens. Er lockert diesen, erhöht die wasserhaltende Kraft und das Absorptionsvermögen für Wärmestrahlen. Der Humus erzeugt sogar Wärme, die bei den durch Bakterien (vgl. S. 50) verursachten Zersetzungsvorgängen frei wird, wobei auch das für die Pflanzen wichtige CO_2 entsteht. Die auftretenden Humussäuren spielen ebenfalls für die Zusammensetzung des Bodens eine wichtige Rolle.

In zu großer Menge kann aber auch Humus für die Pflanzen nachteilig werden, wie die Rohhumusböden der Wälder. Rohhumusbildung ist oft auf Sauerstoffmangel infolge zu vielen Wassers zurückzuführen. Die Verwesungsvorgänge lassen nach, es kommt zur Anreicherung von Humussäuren. Diese Humussäuren entstehen auch bei normaler Humusbildung in geringerer Menge, werden aber durch alkalische Bodenbestandteile gebunden. Dort, wo eine Durchmischung der organischen Abbaustoffe mit den Bestandteilen des Bodens nicht genügend möglich ist, kommt es zur Bildung von Rohhumus, so auch auf trockenen Sandböden.

Zusammenfassung. Im lockeren Boden weitverzweigte Wurzelstöcke, in der Mangrove sogar Stelzenwurzeln. Zum Durchdringen fester Böden Bohrspitzen an den Blättern (Schneeglöckchen). In stickstoffarmen Böden Pflanzen oft in Symbiose mit Stickstoffbakterien oder Wurzelpilzen, aber auch fleischverdauende Arten. In Salzböden eigene Salzpflanzen, die an Trockenlandpflanzen erinnern. Vegetationsunterschiede zwischen Kalkboden und saurem Boden. Entstehung und Bedeutung von Humus.

5. Luft und Wind

Alle Teile der Pflanze benötigen für die Atmung den Sauerstoff und sind daher an Luft gebunden. Die Wurzeln können sich aber in manchen Bodenarten nur sehr schwer die nötige Luft verschaffen. Das ist

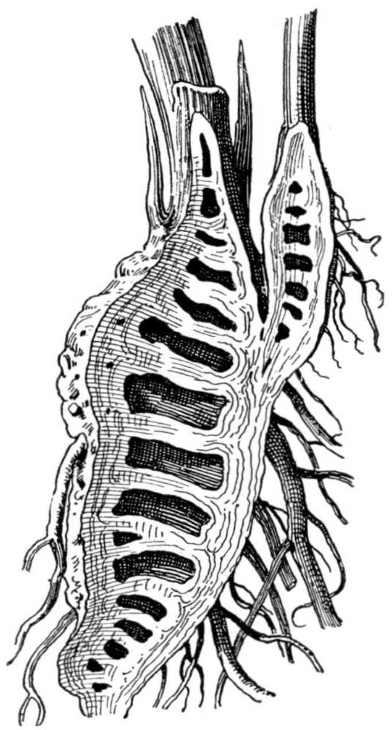

Abb. 74. Luftkammern im Wurzelstock des Wasserschierlings.

hauptsächlich bei Schlamm, Moor- und Seeböden der Fall. Deshalb haben viele Pflanzen, wie die Stengel der Binsen, der Seerosenblätter, des Schilfrohres und des Wasserschierlings (Abb. 74), große Hohlräume im Inneren, die als Luftkanäle der Zufuhr von Sauerstoff zu den Wurzeln dienen. Gewisse Mangrovebäume entwickeln besondere Atemwurzeln, die aus dem Schlamm emporragen und das übrige Wurzelsystem mit Luft versorgen (Abb. 75).

Abb. 75. Mangrove in Siam. *Sonneratia alba* mit Atemwurzeln. Im Hintergrund Bäume mit Stelzenwurzeln.

Die bewegte Luft, der Wind, hat auf die Ausbildung der Pflanzenformen einen starken Einfluß. Der Wind verursacht nicht nur Brüche und knickt Pflanzen um, sondern trocknet auch die Pflanzen aus. Dort, wo der Wind beständig aus derselben Richtung weht, wie auf Gebirgspässen oder an Küsten, nehmen infolge der Austrocknung der an der Windseite befindlichen Knospen die Bäume und Sträucher eine einseitige Windfahnenform an (Abb. 76). In windreichen Gegenden (Hochgebirge, Wüste) schließen sich bei vielen Pflanzen die Einzelsprosse zum gegenseitigen Schutz eng zusammen und bilden Polster.

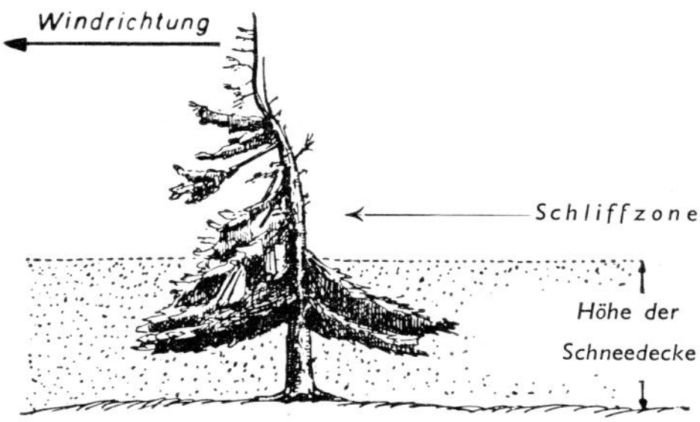

Abb. 76. Windschliff und Fichtenfahne im Windbereich an der Waldgrenze auf der Gerlitzen.

Besonders stark ist die indirekte Wirkung des Windes auf die Pflanze durch Beeinflussung der klimatischen Verhältnisse. So ist die Schneedecke in den Alpen örtlich stark von den Windverhältnissen abhängig (Schneewächten), was sich auf die Pflanzendecke auswirkt. Man findet zum Beispiel auf der Gerlitzen in Kärnten die Alpenrose nur dort, wo der aus dem Drautal kommende Wind den Schnee zusammenträgt, der die Sträucher vor dem Erfrieren im Winter und dem zu frühen Austreiben im Frühjahr schützt (Abb. 77). Auf demselben Berg gibt

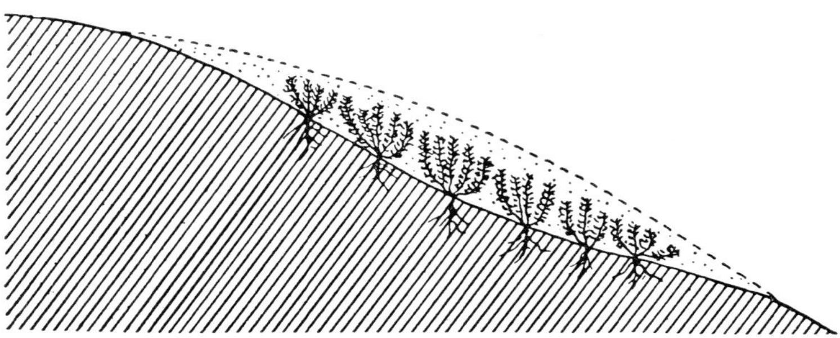

Abb. 77. Alpenrosenbestände, geschützt durch die Schneedecke. — Gipfel der Gerlitzen.

es auch Fichten mit der in Abb. 76 dargestellten Wuchsform, an der man die Höhe der Schneedecke und die herrschende Windrichtung ablesen kann.

Große Bedeutung hat der Wind auch für die Bestäubung und für die Verbreitung der Samen. In offenen Gegenden, Wüsten, Steppen, Hochgebirgen usw. sind die Samen meist für die Verbreitung durch den

Wind eingerichtet, Beerenfrüchte wird man hier in der Regel nicht finden. Unter den Sträuchern und Kräutern der Büsche und Wälder sind dagegen infolge der geschwächten Windwirkung die Windfrüchtler selten, hier haben die Pflanzen gewöhnlich Beerenfrüchte sowie auch andere Einrichtungen, die enge Beziehungen zu den Tieren des Waldes zeigen.

6. Lebewesen

Wie bereits erwähnt, wirken in der Natur auf die Pflanze nicht nur Klima und Boden ein, sondern auch Lebewesen. Die Beziehungen von Pflanzen untereinander werden im Kapitel über Pflanzengesellschaften behandelt. Zunächst bildet die assimilierende Pflanze die Grundlage auch für das Leben der Tiere. Im Verlauf der Entwicklung wurden aber die verschiedensten Beziehungen zwischen Pflanze und Tier geschaffen. Schließlich hat die Tierwelt einen entscheidenden Einfluß auf die Pflanzenwelt genommen, und in vielen Fällen wurde die Pflanze vom Tier abhängig. Es sei nur an die Bestäubung durch Tiere erinnert, wobei allerdings sehr oft gegenseitige Abhängigkeiten und Anpassungen vorliegen. Der Eisenhut ist beispielsweise ganz auf Bestäubung durch Hummeln angewiesen, er kann daher außerhalb des Verbreitungsgebietes der Hummel nicht leben. Da die Hummel hingegen auch aus anderen Blüten ihre Nahrung beziehen kann, ist sie in ihrer Verbreitung nicht an den Eisenhut gebunden. Eine solche Anpassung an die Bestäubung durch ein ganz bestimmtes Tier findet man bei mehreren Pflanzen. Bringt man diese aus dem natürlichen Verbreitungsbereich des bestäubenden Tieres heraus, muß man entweder die Tiere mitverpflanzen oder die Pflanzen künstlich bestäuben, wenn Samen entstehen sollen. So bleibt in Neuseeland der Klee durch das Fehlen von Hummeln unfruchtbar. Die Vanille bestäubt man außerhalb ihres Verbreitungsgebietes künstlich.

Oft ist aber nicht nur die Pflanze in der Fortpflanzung auf ein bestimmtes Tier, sondern ebenso auch umgekehrt dieses auf die Pflanze angewiesen, so daß beide ohne einander nicht bestehen könnten. Dies ist dort der Fall, wo ein Tier eine komplizierte Bestäubung durchführt, dafür aber seine Eier in den Fruchtknoten ablegt, weil die Brut sich nur in dieser Frucht entwickelt. Ein solches Verhältnis besteht zwischen der Feige und einer Gallwespe (vgl. S. 123) und ähnlich auch zwischen der Yuccapflanze und einer Motte. Es ist hier nicht möglich, eingehender auf die verschiedenen Anpassungen der Pflanzen an die Bestäubung durch Insekten, Vögel und sogar Fledermäuse einzugehen, einiges wurde schon bei der Besprechung der Blüte gesagt (vgl. S. 122).

Weitere Beziehungen der Pflanze zu den Tieren finden in den mannigfaltigen Einrichtungen für die Verbreitung der Früchte und

Samen einen deutlichen Ausdruck. Das Wichtigste hierüber wurde bei der Besprechung der Früchte bereits behandelt (vgl. S. 127).

Eine besondere Form von Anpassung an die belebte Umwelt sind die verschiedenen Schutzmittel der Pflanze gegen Tierfraß. Als Gegenstück dazu wären auch nochmals die Einrichtungen zu erwähnen, die es Pflanzen ermöglichen, Tiere zu verdauen.

Besonders nachhaltig hat der Mensch auf die Pflanzenwelt eingewirkt. Er hat nicht nur durch Züchtung die Einzelpflanze umgewandelt und Kulturrassen gezogen (vgl. Kohl, Obst, Getreide, Rose), sondern überhaupt die ursprüngliche Pflanzendecke der Erde gründlich verändert. Es gibt daher in unseren Kulturlandschaften nur mehr wenig Reste unveränderter Pflanzenbestände, diese sollten geschützt und als Naturdenkmäler erhalten werden. Hier hat der **Naturschutz** noch große Aufgaben zu erfüllen (vgl. Anhang III).

Zusammenfassung. Bedeutung des Windes für die Wuchsform der Pflanze. Wind und Tiere führen die Bestäubung durch und verbreiten die Samen. Entsprechende Anpassungen der Pflanzen. Gegenseitige Abhängigkeiten zwischen Pflanze und Tier. Eingriffe des Menschen in die ursprüngliche Pflanzendecke der Erde. Aufgaben des Naturschutzes.

Bewegung und Reizbarkeit

Die Ursache der Bewegungen von Pflanzenteilen kann in Schwankungen des Wassergehaltes der Zellwände (Quellungsbewegungen) oder des Innenzelldruckes (Turgorbewegungen) sowie im Wachstum (Wachstumsbewegungen) zu suchen sein. Man kann Bewegungen beobachten, die autonom, das heißt unabhängig von äußeren Reizen, erfolgen und solche, die erst durch einen äußeren Reiz hervorgerufen, induziert, werden müssen.

a) Von äußeren Reizen unabhängige Bewegungen

Quellungsbewegungen werden überhaupt nicht durch lebende Zellen bewirkt, sondern durch die rein physikalischen Prozesse der Quellung und Austrocknung toter Zellen oder Zellwandteile. Es handelt sich dabei immer darum, daß sich die quellenden Teile bei Befeuchtung vergrößern, bei Austrocknung verkleinern. Zu Bewegungen kommt es dadurch, daß die Zellwände der das Organ aufbauenden Zellen infolge ihrer Struktur oder Anordnung in verschiedenen Richtungen ungleich quellen, dadurch entstehen in den Geweben Spannungen, die zu Krümmungen, schraubenartigen Einrollungen oder gar zu Zerreißungen führen können. So beruht das Aufspringen vieler Sporenbehälter und Samenkapseln auf einer ungleichen Kontraktion beim Austrocknen, wobei oft derartige Spannungen entstehen, daß bei plötzlicher Überwindung des Hindernisses die Samen weit fortgeschleudert werden

(Wolfsmilchgewächse, Storchschnabelgewächse). Manche Kapseln öffnen und schließen sich je nach der Feuchtigkeit und schützen dabei meist nicht nur die Samen vor ungünstigem Wetter, sondern erleichtern auch ihre Ausstreuung. Einzelne Früchte führen beim Wechsel ihres Wassergehaltes auch Drehbewegungen aus, wie etwa die Fruchtschnäbel des Reiherschnabels. Diese als „Schnabel" bezeichneten Grannen, die jedem Teilfrüchtchen aufsitzen, rollen sich in trockener Luft korkzieherartig ein, bei Zutritt von Feuchtigkeit strecken sie sich wieder gerade und können dabei die Früchtchen in denn Erdboden bohren.

Eine besondere Form des Öffnens liegt zum Beispiel bei den Sporangien des Wurmfarnes (Abb 56 d) vor. Die Zellen des über die Kapsel hinziehenden sogenannten Ringes haben sehr stark verdickte Innen- und Zwischenwände. Bei der Reife sterben diese Zellen ab und ihr Füllwasser verdunstet. Je mehr das Wasser verdunstet und sich das Restwasser in jeder Zelle des Ringes auf einen kleineren Tropfen zusammenzieht, um so mehr werden die Zellwände infolge des starken Zusammenhaltens der Wasserteilchen (Kohäsion) und der Haltekräfte (Adhäsion) zwischen der Zellwand und den Wasserteilchen zusammengezogen. Der dadurch in dem Ring entstehende Zug reißt das Sporangium an einer vorgebildeten Stelle auf. Schließlich tritt aber jener Augenblick ein, wo die elastischen Gegenkräfte der Membran so groß werden, daß doch ein Abreißen des Wassers erfolgt, dabei schnellt der zurückgezogene Ring samt der Sporangienwand wieder vor und schleudert die Sporen aus. Solche sogenannte Kohäsionsmechanismen sind auch zum Öffnen der Staubbeutel eingerichtet.

Durch Turgor bewirkte Schleuderbewegungen stehen durchwegs im Dienste der Verbreitung von Fortpflanzungskeimen. Der osmotische Innenzelldruck ist in den Zellen verschiedener Gewebe selbst bei derselben Pflanze nicht gleich. Die zwischen bestimmten Gewebeschichten herrschende Turgordifferenz führt zu Gewebespannungen, die schließlich zu Trennungen der Schichten und infolge des dadurch frei in Erscheinung tretenden Dehnungs- oder Kontraktionsbestrebens der betreffenden Gewebeschicht zu plötzlichen Krümmungen führen. Durch solche ruckartige Bewegungen können Samen ausgeschleudert werden, wie das zum Beispiel von den Früchten des Springkrautes bekannt ist.

Durch Turgor bewirkte Blattbewegungen kann man vor allem an Blättern beobachten, die einen Blattpolster an der Basis des Stieles haben. In diesen Gelenkspolstern herrschen Gewebespannungen, indem der Innenzelldruck der oberen und unteren Zellen verschieden ist. Nimmt der Turgor in der unteren Polsterhälfte zu, so wird das Blatt gehoben, läßt er hier wieder nach, dann sinkt das Blatt nach unten.

Hierher gehören auch die sogenannten Schlafbewegungen, man versteht darunter, daß manche Blätter bei Tag eine andere Stellung einnehmen als bei Nacht. So senken sich bei vielen Pflanzen, wie bei der Feuerbohne, der Robinie („Akazie") und anderen, am Abend die Fiederblättchen nach abwärts, am Morgen erheben sie sich wieder. Die regelmäßige Periodizität dieser Bewegungen ist durch Außeneinflüsse besonders durch Licht oder durch Temperatur beeinflußbar, kann aber auch ganz unabhängig von solchen Reizen verlaufen, was darauf schließen läßt, daß die Ursache in der Pflanze selbst liegt.

Selbständige Wachstumsbewegungen äußern sich in eigentümlichen und wechselnden Krümmungen junger Sproß- und Blütenteile; sie beruhen auf einem zeitweilig ungleichen Wachstum verschiedener Seiten des Organs. Junge Sprosse führen oft kreisende oder pendelnde Bewegungen aus. Diese Bewegungen sind äußerst langsam und nicht direkt zu verfolgen, schön kann man sie in Laufbildern beobachten, die mit Zeitraffer hergestellt wurden.

Ranken führen kreisende Bewegungen aus und benötigen dabei je nach der Art für einen Umlauf dreiviertel bis mehrere Stunden. Die Bewegung kommt dadurch zustande, daß jeweils eine Seite der Ranke stärker wächst als die andere. Worauf diese einseitige, dauernd um die Achse herumkreisende Wachstumsförderung zurückzuführen ist, weiß man noch nicht.

Auch die Winde- oder Schlingpflanzen führen kreisende Bewegungen aus, wodurch sie ihre Stützen finden, um die sie sich schraubenartig herumwinden. Bei der Feuerbohne beschreibt die Sproßspitze in 24 Stunden etwa 12 Kreise.

Die Entfaltungsbewegungen der Knospen und Blüten werden ebenfalls durch einseitige Wachstumsvorgänge bedingt, indem z. B. die Oberseite der Knospen- oder Blütenblätter plötzlich stärker zu wachsen beginnt als die Unterseite.

Zusammenfassung. Autonome Bewegungen unabhängig von äußeren Reizen. Quellung oder Entquellung bewirkt Spannungen, die zu Bewegungen führen: Öffnen von Sporangien und Kapselfrüchten. Turgordifferenzen können in lebenden Geweben ebenfalls Spannungen erzeugen, die Bewegungen verursachen: Ausschleudern von Samen, Schlafbewegungen von Blättern. Durch zeitweilig ungleiches Wachstum verschiedener Organseiten kommt es zu Wachstumsbewegungen: Kreisen der Ranken und der Windepflanzen, Entfalten der Knospen und Blüten.

b) Durch äußere Reize ausgelöste Bewegungen

Man unterscheidet zwischen Bewegungen, die eine Beziehung zur Richtung des Reizes erkennen lassen, den Richtungsbewegungen oder **Tropismen**[1]), und solchen, die unabhängig von der Reizrichtung erfolgen, den **Nastien**[2]). In beiden Fällen können die Bewegungen entweder durch verschieden starkes Wachstum einzelner Organseiten (Nutationsbewegungen) oder durch Turgorschwankungen (Variationsbewegungen) zustandekommen.

Die Erscheinung, daß eine Bewegung auf einen Berührungsreiz oder eine Erschütterung hin erfolgt, wird als **Seismonastie**[3]) bezeichnet, wenn keine Beziehung zur Reizrichtung zu erkennen ist. Es handelt sich dabei um Turgoränderungen bestimmter Gewebeschichten.

---

[1]) *tropos* (gr.) Wendung.
[2]) *nastos* (gr.) zusammengedrückt.
[3]) *seismos* (gr.) Erschütterung.

Bewegungen der Staubblätter nach Berührung kann man bei verschiedenen Blüten beobachten, so z. B. bei der Berberitze, wo die nach außen gespreizten Staubgefäße nach einer Berührung an der Innenseite des Staubfadengrundes innerhalb eines Bruchteiles einer Sekunde gegen die Mitte klappen. Bei den Flockenblumen zieht sich die Staubbeutelröhre rasch zusammen, wenn die Staubgefäße berührt wurden, wodurch der innen stehende Griffel hervortritt und den ausgepreßten Pollen gegen das berührende Insekt schiebt. Sofort nach solchen Bewegungen tritt wieder Erholung ein, die Organe nehmen die ursprüngliche Lage ein und sind wieder reaktionsfähig.

Die auffallendsten seismonastischen Bewegungen zeigen bestimmte Mimosen, vor allem die Sinnpflanze (Abb. 78). Es sitzen hier an dem mit einem Blattpolster am Stamm entspringenden Blattstiel vier ebenfalls mit Gelenkpolstern beginnende Fiederblattstiele, an welchen paarweise die Fiederblättchen wiederum mit Polstern befestigt sind.

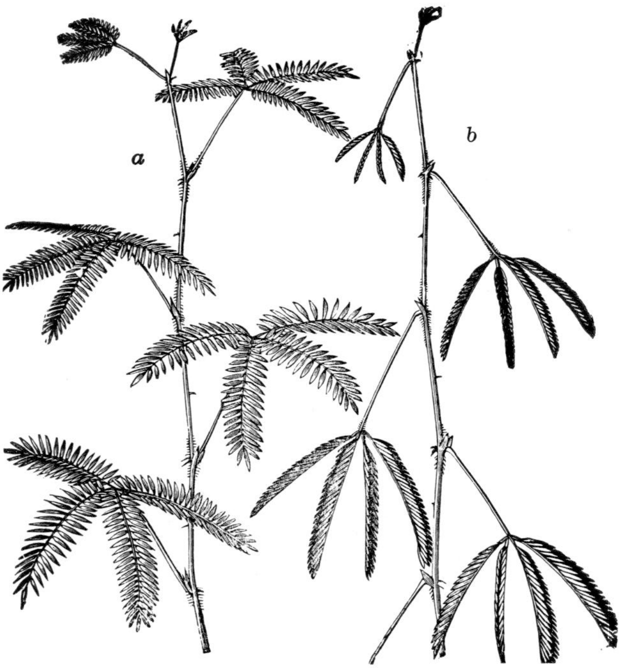

Abb. 78. Sinnpflanze, *Mimosa pudica*. — Fig. *a*. Zweig mit ausgebreiteten Blättern. — Fig. *b*. Derselbe Zweig nach erfolgter Berührung. — Verkleinert. (Nach der Natur.)

Berührt man ein solches doppelt zusammengesetztes Blatt, so klappen die kleinen Fiederchen paarweise zusammen, die Fiederblattstiele legen sich seitlich aneinander und der Blattstiel senkt sich nach unten. Die Erholung dauert 15—20 Minuten. Besonders deutlich kann man hier die Reizleitung beobachten. Von der gereizten Stelle aus klappt ein

Fiederpaar nach dem anderen zusammen. Wird das Fiederblattgelenk erreicht, so führt es seine Bewegung aus, und die Reizleitung läuft von hier teils in die Nachbarfiederblätter zurück, was man an den Bewegungen der Fiederchen erkennt, zum anderen Teil den Blattstiel hinab, bis das Hauptgelenk reagiert. Schließlich geht die Reizleitung stammauf- und -abwärts, so daß zunächst die benachbarten Blätter ihre Bewegungen durchführen. Die Geschwindigkeit der Reizleitung beträgt 3—4 cm pro Sekunde. Es handelt sich auch hier um Turgoränderungen in den Zellen der Gelenkpolster, wobei Zellsaft in die Zwischenzellräume ausgeschieden wird.

Viele Blüten antworten auf eine Temperaturänderung mit Öffnungs- oder Schließbewegungen, die auf einem ungleichen Wachstum der Blütenblattseiten beruhen. Man spricht von **Thermonastie**[1]).

Auch Schwankungen der Lichtstärke können nastische Wachstumsbewegungen veranlassen, **Photonastie**[2]). Wieder sind solche Bewegungen gerade bei Blüten weit verbreitet und können hier ebenfalls ein Öffnen oder Schließen herbeiführen.

So kommt es, daß Blumenwiesen an trüben Tagen einen anderen Eindruck machen können als bei Sonnenschein. Allerdings ist hier oft nicht leicht zu entscheiden, ob die Temperatur oder das Licht der hauptsächlich auslösende Faktor ist.

Photonastisch sind z. B. die Blüten vieler Seerosen und Kakteen sowie die Blütenköpfchen vieler Korbblütler. Meist bewirkt Belichtung Öffnung, Beschattung dagegen Schließung der Blüten, doch verhalten sich sogenannte Nachtblüher gerade umgekehrt.

Die **Bewegungen fleischverdauender Pflanzen** sind sowohl in bezug auf den auslösenden Reiz als auf den zugrundeliegenden Mechanismus verschieden. Bei der Venusfliegenfalle klappen die Blätter auf einen leichten Stoßreiz hin seismonastisch zusammen, bei günstigen Bedingungen in 0,01—0,02 Sekunden. Die Bewegung wird besonders rasch durch die Berührung eigenartiger Haare der Blattoberseite ausgelöst.

Viele Pflanzen zeigen Krümmungsbewegungen, die in einer bestimmten Richtung zum einfallenden Licht erfolgen, man bezeichnet diese Erscheinung als **Phototropismus**[3]). Ein Organ, das sich zu der Lichtquelle hinwendet, ist positiv, eines, das sich wegwendet, negativ phototropisch. Den ersten Fall findet man bei den aufrecht wachsenden oberirdischen Sproßachsen, den zweiten bei vielen Wurzeln. Da bei Blättern gewöhnlich die Oberseite dem Licht zugewendet, die Unterseite abgewendet wird, stellt sich das ganze Organ quer zur Einfallsrichtung des Lichtes.

---

1) *thermos* (gr.) warm.

2) *phos* (gr.) Licht.

3) *phos* (gr.) Licht; *tropos* (gr.) Wendung.

Phototropismus ist gut an einseitig beleuchteten Pflanzen zu beobachten, etwa an den Pflanzen des Waldrandes oder an Zimmerpflanzen. Man sieht hier deutlich, wie sich die Organe zum Licht einstellen. Man findet diese Erscheinungen auch bei niederen Pflanzen, so bei Algen und Pilzen. Ein Schimmelpilz (Pilobolus crystallinus), der auf Pferdemist wächst, stellt seine Sporangienträger genau in die Richtung des Lichteinfalles ein. Gibt man daher eine Kultur dieses Pilzes in einen Dunkelkasten, welcher nur ein kleines Fensterchen hat, so kleben nach der Reife die in der Verlängerung ihrer Träger abgeschleuderten Sporangien alle genau auf dem Glas des Fensterchens.

Belichtet man bei einem Haferkeimling die Keimblattscheide kurze Zeit von der Seite, so erkennt man ungefähr nach einer Stunde, wie sich die Spitze in die Richtung des ehemaligen Lichteinfalles zu krümmen beginnt. Im Verlauf weniger Stunden rückt die Krümmung nach unten vor, bis etwa nach 24 Stunden das ganze Organ in der Lichtrichtung eingestellt ist.

Es kann also ein einmaliger Reiz nach einer gewissen Reaktionszeit eine Bewegung auslösen. Man kann schon Reaktionen nach Lichteinwirkungen von nur wenigen Tausendstelsekunden beobachten, wenn der Lichtblitz genug stark war. Die Reaktion ist nämlich, zumindest bei nicht allzu starken Einwirkungen, abhängig von dem Produkt aus der Lichtstärke und der Dauer, das man als Reizmenge bezeichnet. Es können auch Lichreize, die allein keine Reaktion auslösen, weil sie zu schwach sind, dennoch eine Bewegung der Pflanze veranlassen, wenn man sie wiederholt mit nicht zu langen Pausen einwirken läßt. Offenbar summieren sich die einzelnen unterschwelligen Reize, bis sie den für die Reaktion notwendigen Schwellenwert erreicht haben, das ist aber nur dadurch möglich, daß auch der Einzelreiz bereits irgendwie wahrgenommen wurde.

Mit Hilfe angebrachter Tuschemarken läßt sich leicht feststellen, daß die phototropische Krümmung eine Wachstumsbewegung ist. Die dem Lichte zugewendete Seite wächst bei positiver Reaktion langsamer als die Schattenseite, wodurch eine Krümmung zum Licht erfolgen muß.

Die Reizaufnahme ist häufig an bestimmte Stellen des Organs gebunden. Bei Blättern findet zum Beispiel, auch wenn die Krümmung in den Stielen erfolgt, die Aufnahme des Reizes vorwiegend in den Blattspreiten statt. Bei der Keimblattscheide des Hafers ist besonders nur die äußerste Spitzenzone in einer Länge von einem viertel Millimeter empfindlich, obwohl die Krümmung in dem darunterliegenden Teil erfolgt. Man kann durch einseitige Belichtung der Spitze eine Krümmung der unteren Teile hervorrufen, wenn diese auch von einer für Licht undurchlässigen Hülle umgeben sind. Überdeckt man dagegen die Spitze, so findet trotz einseitiger Belichtung der übrigen Teile keine Krümmung statt. Es geht daraus hervor, daß zwischen der reizaufnehmenden Spitze und den unterhalb liegenden Stellen der Krümmung eine Reizleitung vorhanden sein muß. Diese Reizleitung hat eine stoffliche Grundlage. Wenn man die allein von einem einseitigen Lichtreiz getroffene Spitze sofort nach der Belichtung abschneidet und mit Gelatine wieder dem Stumpf des Haferkeimlings aufkittet, kann eine normale phototropische Krümmung erzielt werden. Es muß also ein Stoff durch die Gelatine durchdiffundieren, der den auf die Spitze getroffenen Reiz weiterleitet und in den unten liegenden Teilen die Krümmung veranlaßt. Es handelt sich um den Auxin[1]) genannten Wuchsstoff (vgl. S. 129). Dieser wird in den Zellen der Keimlingsspitze gebildet, fließt von dort allseitig herab und veranlaßt das Wachstum. Wenn daher bei einer phototropischen Krümmung das Wachstum auf der Schattenseite stärker ist als auf der Lichtseite, so muß durch den Lichtreiz die Wuchsstoffwirkung verändert worden sein.

Dabei kann durch die Lichteinwirkung der Wuchsstoff zerstört werden oder die Reaktionsfähigkeit des Plasmas für Wuchsstoff auf der Lichtseite abnehmen, schließlich kann aber auch eine Verschiebung des Wuchsstoffes durch das Licht stattfinden. Es kann bei Haferkeimlingen nachgewiesen werden, daß auf der Schattenseite mehr Wuchsstoff vorhanden ist als auf der Lichtseite. Schneidet man die Keimlingspitze ab, so hört das Wachstum des Keimlings auf. Setzt man die abgeschnittene Spitze auf ein Gelatinescheibchen, so kann man den abfließenden Wuchsstoff damit auffangen und dann durch Aufkleben der Gelatine das Wachstum des Keimlings wieder anregen. Klebt man dabei die Gelatine einseitig auf, so setzt das Wachstum nur auf einer Seite ein und der Keimling krümmt sich. Je stärker die Konzentration des Wuchsstoffes, um so stärker das Wachstum. Schneidet man die Spitze eines Haferkeimlings, nachdem dieser kurz einseitig belichtet wurde, ab und fängt wieder die Wuchsstoffe durch Aufsetzen auf ein Gelatinescheibchen auf, so kann man die Gelatine so in zwei Hälften teilen, daß sich in einer die Wuchsstoffe aus der unbelichteten Keimspitzenseite, in der anderen die der belichteten befinden. Erstere bewirkt, einseitig auf einen ungereizten, im Dunkeln stehenden Keimlingsstumpf aufgeklebt, eine deutliche Krümmung, während die Gelatine von der Lichtseite keine oder nur eine sehr schwache Wirkung ausübt. Hätte man dieses Gelatinescheibchen ungeteilt dem Stumpf aufgeklebt, wäre ebenfalls durch den ungleichen Wuchsstoffgehalt eine Krümmungsbewegung erfolgt.

Der Sinn des Phototropismus ist, die Pflanze immer in die günstigste Lichtlage zu bringen. Wird eine Pflanze gleichzeitig von verschiedenen Seiten beleuchtet, so krümmt sie sich in der Richtung der Resultierenden, welche sich aus den Richtungen und den Reizstärken der einwirkenden Lichstrahlen ergibt.

Die Erscheinung, daß viele Pflanzen durch die Schwerkraft zu gerichteten Krümmungsbewegungen veranlaßt werden, bezeichnet man als **Geotropismus**[2]). Unsere Bäume wachsen z. B. auf einem steilen Hang nicht senkrecht zu diesem, sondern immer in der Richtung des Lotes. Auch andere Pflanzen verhalten sich so, und werden sie aus ihrer Lage gebracht, dann krümmen sie sich so lange, bis sie wieder in der Lotrichtung stehen. Bekannt ist, daß die Halme der Gräser,

---

[1]) *auxo* (gr.) wachsen lassen.

[2]) *ge* (gr.) Erde.

besonders des Getreides, die durch Unwetter umgelegt worden sind, durch Krümmung in den Knoten sich wieder aufrichten. Man nennt ein Organ, das in der Lotrichtung vom Erdmittelpunkt wegwächst, negativ geotropisch. Demgegenüber wachsen die Hauptwurzeln gewöhnlich zum Erdmittelpunkt, sie sind positiv geotropisch. Die Seitenwurzeln stellen sich in bestimmter Richtung schräg zur Schwerkraft, transversal, ein, ebenso sind viele Seitenzweige und Blätter sowie unter der Erde kriechende Sproßteile transversal geotropisch. Geotropische Reaktionen sind auch bei niederen Pflanzen weit verbreitet. Die Art und Weise, wie Pflanzenorgane auf die Schwerkraft reagieren, kann sich, wie beim Phototropismus, im Verlauf der Entwicklung oder durch äußere Ursachen ändern.

Die junge nickende Knospe ist positiv, während die geöffnete Mohnblüte bereits negativ geotropisch ist. Wird bei einer Fichte der negative Gipfeltrieb abgeschnitten, so richtet sich einer der Seitenäste aus seiner transversalen in die negative Stellung auf und nimmt unter Änderung seiner Reaktionsweise die Stelle der verlorengegangenen Hauptachse ein.

Daß bei allen diesen Richtungsbewegungen die Schwerkraft der *auslösende Faktor* ist, kann leicht gezeigt werden. Befestigt man am Rande eines um eine horizontale Achse rotierenden Rades keimende Samen und läßt sie fortgesetzt mit diesem rasch rotieren, so wachsen alle Wurzeln nach außen, dagegen die Sprosse in der Richtung zum Radmittelpunkt. Es ist in diesem Fall die Wirkung der Schwerkraft durch die Zentrifugalkraft ersetzt, die von der Pflanze offenbar als gleichwertig empfunden wird, weil vermutlich eine ausgesprochene Empfindlichkeit für Massenbeschleunigung besteht. Läßt man das Rad horizontal rotieren und regelt die Umdrehungsgeschwindigkeit so, daß die Zentrifugalkraft ungefähr der Schwerkraft entspricht, so wachsen die Wurzeln der Keimlinge unter 45° schräg nach außen abwärts, die Sprosse im selben Winkel schräg nach innen aufwärts, also genau in der Richtung der Resultierenden aus beiden Kräften. Dreht man eine zunächst aufrecht gewachsene Pflanze in Horizontallage langsam um ihre Längsachse (Umdrehungsdauer $\frac{1}{4}-\frac{1}{2}$ Stunde), wodurch von allen Seiten eine gleich starke Schwerewirkung ausgeübt wird, so unterbleibt sowohl eine Krümmung der Wurzel als auch des Sprosses.

Auch beim Geotropismus erfolgt die Krümmungsbewegung durch *ungleiches Wachstum* der verschiedenen Seiten eines Organs. Daher sieht man bei einer waagrecht gelegten Pflanze die Krümmung stets in den direkt hinter der Spitze gelegenen Hauptwachstumszonen der Wurzeln und Sprosse eintreten.

Bei der *Verarbeitung des Reizes* spielen wieder *Wuchsstoffe* eine wichtige Rolle. Es ist sicher, daß sich in der Pflanze auf der dem Erdmittelpunkt zugewendeten Seite immer mehr Wuchsstoff befindet als in der Gegenseite. Bringt man junge Pflanzen (z. B. Keimpflänzchen) in horizontale Lage und läßt sie nun weiterwachsen, so sammelt sich an der Unterseite Wuchsstoff an. Beim Sproß ist es ohne weiteres zu verstehen, daß dadurch die Unterseite stärker wächst und eine negativ geotropische Krümmung erfolgt. Bei der Wurzel aber, wo die positive Reaktion gerade ein schwächeres Wachstum auf der wuchsstoffreicheren Seite verlangt, liegt die Erklärung in der überaus hohen Empfindlichkeit der Wurzeln, für die jede Steigerung der Wuchsstoffkonzentration eine Wachstumshemmung zur Folge hat, da der Wuchsstoff bei empfindlichen Zellen in zu starker Konzentration eben eine Hemmung statt eine Förderung des Wachstums bewirkt.

Viele Pflanzen zeigen eine tropistische **Reaktion auf Berührungsreize** (Haptotropismus)[1]). Man kann bei Keimlingen, Blattstielen, Stengeln und Blütenstengeln nach einer Berührung eine deutliche Krümmungsbewegung zu der berührten Seite hin oder von dieser weg beobachten. Besonders ausgeprägt ist diese Erscheinung bei Ranken. Wenn eine Ranke mit einer nicht zu dicken Stütze in Berührung kommt, beginnt sie sich an der Berührungsstelle konkav einzukrümmen und die Stütze zu umgreifen, und zwar dadurch, daß an der der Berührungsstelle gegenüberliegenden Seite ein plötzliches Wachstum einsetzt. Diese Reaktion ist an einen ganz bestimmten Reizvorgang geknüpft. Keine Ranke wird durch Regentropfen oder einen Strahl von reinem Wasser oder Öl, ja nicht einmal von Quecksilber, welches mit Kraft gegen sie gespritzt wird, zu einer Krümmungsbewegung veranlaßt. Dieselbe Ranke reagiert sofort, wenn der Wasserstrahl kleine Teilchen fester Körper enthält. Auch die Berührung mit einem Glasstab, der mit feuchter Gallerte überzogen ist, bleibt ohne Erfolg. Dagegen kann man in manchen Fällen schon durch Auflegen eines feinen Wollfädchens eine Bewegung verursachen. Es wird also nicht irgendein Druck, sondern eine Art Tastreiz aufgenommen. Offenbar müssen an unmittelbar benachbarten Stellen Druckdifferenzen erzeugt werden, wie dies bei der Berührung durch die rauhe Oberfläche eines festen Körpers der Fall ist. Ein Stoß, der die Punkte eines größeren Flächenstückes etwa gleich stark trifft, führt zu keiner Reaktion.

Auch auf **chemische Reize** können Richtungsbewegungen erfolgen. Dabei können Organe entweder zur stärkeren Konzentration eines Stoffes (positiv) oder in der Richtung der abnehmenden Konzentration (negativ chemotropisch) wachsen. Im ersten Fall tritt eine Krümmung zur Stoffquelle ein, im zweiten Fall von dieser weg. Diese Erscheinungen sind vor allem für die parasitischen Pflanzen (Pilze) von großer Bedeutung für das Eindringen in das Wirtsgewebe und Auffinden der Nahrung. Auch die wachsenden Pollenschläuche finden durch chemische Reize zu den Samenanlagen. Das Hinwachsen vieler Wurzeln zu den Orten höherer Wassersättigung wird auch als Hydrotropismus[2]) bezeichnet.

Zusammenfassung. Durch Reize ausgelöste Bewegungen können in einer bestimmten Richtung zum Reiz erfolgen, Tropismen, oder unabhängig von der Reizrichtung sein, Nastien. In beiden Fällen kann es sich entweder um Wachstumsvorgänge oder um Turgorschwankungen handeln. Durch Berührung ausgelöste, seismonastische Turgorbewegungen der Staubgefäße, der Fiederblättchen (Mimose) oder der Fangblätter (Fliegenfalle). Durch Wärme, thermonastische,

[1]) *hapto* (gr.) berühren.
[2]) *hydor* (gr.) Wasser.

oder durch Licht bewirkte, photonastische, Wachstumsbewegungen bei Blütenblättern (Öffnen und Schließen). Phototropische Krümmungsbewegungen zum Licht bei einseitiger Beleuchtung erfolgen durch stärkeres Wachstum der Pflanze auf der unbeleuchteten Seite: Hemmung der Wuchsstoffwirkung durch Licht. Durch den Einfluß der Schwerkraft auf die Wuchsstoffe wachsen Pflanzenteile in einer bestimmten Richtung zur Schwerkraft: Geotropismus.

Pflanzengesellschaften

Bei den auf die Pflanzenwelt wirkenden Einflüssen der unbelebten Umwelt kann man solche des Klimas und des Bodens unterscheiden. Da der Einfluß des Bodens dem des Klimas untergeordnet ist, kann man zunächst einer Gliederung der Pflanzendecke oder Vegetation der Erde die großen Klimagebiete zugrunde legen. Dabei ist es möglich, die Hauptzüge der Vegetation auf drei klimatisch bedingte Pflanzengesellschaften zurückzuführen: Gehölz, Grasflur und Wüste.

Beim Gehölzklima muß ein feuchter Untergrund vorhanden sein, da der Baum das Wasser aus der Tiefe des Bodens holt. Zu welcher Jahreszeit sich die Feuchtigkeit im Untergrunde bildet, ist dabei gleichgültig.

Beim Grasflurklima muß während der Vegetationszeit der Obergrund feucht sein, da die kurzen Wurzeln der Gräser oberflächlich verlaufen. Sie benötigen weniger Niederschläge als die Hölzer, dafür aber auf die Vegetationszeit verteilt.

Dort, wo weder die Bedingungen des Gehölz- noch des Grasflurklimas erfüllt werden, ist die Wüste. Diesen klimatisch bedingten Formen stehen bodenbedingte Pflanzengesellschaften gegenüber, wie Sümpfe, Moore, Dünen, Felsfluren, Oasen u. a.

Nun wirken an einem bestimmten Standort Klima und Boden zugleich auf die Pflanze ein, und es finden sich hier zunächst solche, die ähnliche Ansprüche an Klima und Boden stellen, zusammen. Dadurch sind die Pflanzen nicht regellos über die Erde zerstreut, sondern treten in regelmäßig wiederkehrenden Verbänden, den Pflanzengesellschaften oder Pflanzenformationen, auf (z. B. Nadelwald, Wiese u. a.).

Die Zusammensetzung einer Pflanzengesellschaft ist aber nicht nur vom Boden und vom Großklima abhängig, sondern von allen an einem Standort (Lebensstätte, Biotop)[1]) auf sie einwirkenden Faktoren. Zu diesen Standortsbedingungen gehören besonders die Einwirkungen des Kleinklimas und der anderen, am selben Ort vorkommenden Lebewesen.

Das Standortklima kann selbst innerhalb kleiner Räume außerordentlich stark verschieden sein. Ja, an ein und demselben Felsen ist es nicht gleichgültig, ob eine Pflanze nordseitig oder südseitig wächst, denn die einwirkenden Tem-

[1]) *bios* (gr.) Leben; *topos* (gr.) Ort.

peraturen können bei Nord- und Südlage im Jahresmittel um 20° differieren. Die Steilheit des Hanges, seine Lage zum Wind und vieles mehr wirkt sich hier ebenfalls auf die Pflanze aus.

Mannigfach sind die Einwirkungen der Lebewesen eines Standortes aufeinander. So wird die Zahl der dauernd hier lebensfähigen Arten durch den Wettbewerb eingeschränkt. Viele Formen, besonders die durch Größe und Zahl hervortretenden, verändern auch die ursprünglichen Bedingungen eines Standortes, so daß nur Arten, die diesen veränderten Verhältnissen entsprechen, in dieser Pflanzengesellschaft verbleiben können. Diese indirekten Beziehungen zwischen den Pflanzen durch Einwirkung auf das Kleinklima und den Boden des Standortes können sehr verschieden sein. So ändern vor allem größere Pflanzen die Lichtverhältnisse in ihrer Umgebung, wobei die Art der Veränderung im Verlauf des Jahres wechseln kann (laubabwerfende Wälder). Sie setzen dem Wind einen Widerstand entgegen und bieten daher schwächeren Gewächsen Schutz. Die größeren Pflanzen haben durch die Veränderung der Strahlungsverhältnisse und der Luftbewegung auch einen Einfluß auf die Temperatur des Standortes. Für die Boden- und Luftfeuchtigkeit ist die Pflanzendecke ebenfalls von Bedeutung. Schließlich wird auch der Boden verändert, indem bestimmten Schichten mineralische Bestandteile entzogen werden, welche dann bei Zersetzung toter Pflanzenteile gemeinsam mit deren organischen Stoffen an die Bodenoberfläche kommen. Die sich zersetzenden Pflanzenteile sind an der Bildung des Humus beteiligt.

Im Verlauf längerer Zeiträume können Pflanzengesellschaften in andere übergehen. Dies hängt meist von einer Änderung der Standortverhältnisse ab, deren Ursachen in Klimaänderungen, geologischen Vorgängen, Eingriffen des Menschen oder in der Pflanzengesellschaft selbst liegen können. Letzteres ist beispielsweise der Fall, wenn sich aus den abgestorbenen Pflanzenresten am Grunde eines Gewässers ein Schlamm bildet, der die Wassertiefe immer mehr verringert. Da sich die Wasser- und Ufervegetation vor allem nach dieser gliedert, tritt eine Verschiebung der einzelnen Zonen (untergetauchte Wasserpflanzen, Schwimmpflanzen, Röhricht, Sumpfwiese) gegen die Mitte ein, bis das Gewässer verlandet. Die freie Wasserfläche wird durch das vordringende Röhricht immer mehr eingeengt. Die abgestorbenen Teile des Röhrichts verdichten sich und ermöglichen verschiedenen Riedgräsern und anderen Pflanzen die Bildung von Sumpfwiesen, welche, immer weiter vordringend, schließlich die ganze Fläche des früheren Gewässers einnehmen. Während dieses Wiesenmoor immer trockener wird, fassen bereits die ersten Erlen und Weiden, später auch andere Holzpflanzen Fuß, es entsteht der Erlenbruchwald.

Die innerhalb einer **Standortsgemeinschaft** (Siedlungsgemeinschaft, Biozönose)[1]) zu einer Pflanzengesellschaft zusammengeschlossenen Pflanzen treten auch in bald losere oder festere **direkte Beziehungen** und Abhängigkeiten. Die Abhängigkeit kann so weit gehen, daß eine Pflanze ohne die andere nicht leben kann.

---

[1]) *bios* (gr.) Leben; *koinos* (gr.) gemeinsam.

Bei den indirekten Beziehungen über den Umweg von Klima- oder Bodenwirkungen handelte es sich etwa darum, daß ein Baum durch den von ihm geworfenen Schatten einer Schattenpflanze die nötigen Lebensbedingungen schafft. Bei den direkten Beziehungen kommen die Lebewesen in persönlichen Kontakt. So etwa, wenn sich eine Pflanze auf einer anderen ansiedelt. Diese Form des Zusammenlebens, bei der ein Lebewesen auf oder in einem anderen siedelt, ohne daß dabei ein Stoffaustausch eintritt, bezeichnet man als **Wohngemeinschaft.** Zwei Formen von Pflanzen kommen in dieser Beziehung auf anderen vor, nämlich die Kletterpflanzen, Lianen, und die Epiphyten.

Lianen sind Gewächse, die an anderen Pflanzen (meist Bäumen) emporklettern, um aus dem Dunkel des Waldes ans Licht zu kommen, wobei sie den Aufbau eines Traggerüstes ersparen. Besonders reich an Lianen ist der tropische Regenwald. Einheimische Lianen: Efeu, Hopfen, Waldrebe, Weinstock u. a.

Das Klettern wird in sehr verschiedener Weise bewerkstelligt. Bei den Spreizklimmern durch spreizende Widerhaken, wie Stacheln, Dornen und besondere Haare. Wurzelkletterer haben Klammerwurzeln, wie der Efeu. Die Schlingpflanzen klettern durch windende Bewegungen des Stengels (Winden, Bohnen, Hopfen, Geißblatt). Die Rankenpflanzen halten sich mit besonderen Befestigungsorganen, den Ranken, fest. Diese können umgebildete Stengel (Weinstock), Blätter (Kürbis) oder Teile von Blättern (Erbse) sein.

Während die Kletterpflanzen noch im Boden wurzeln, siedeln sich die **Epiphyten** von vornherein ganz auf den Stämmen und Ästen anderer Pflanzen an und begnügen sich dabei mit dem bißchen Humus, der sich in Astgabeln, auf Stämmen und Blättern ansammelt. Sie keimen und entwickeln sich auf anderen Pflanzen, ohne diese zu schädigen. Auch die Epiphyten kommen vorwiegend in tropischen Wäldern vor, z. B. die epiphytischen Orchideen.

Für die epiphytischen Pflanzen ist die Beschaffung des nötigen Wassers und der Nährsalze sehr schwierig und sie kommen daher auch nur in Gegenden mit reichlichem Regenfall und großer Luftfeuchtigkeit wie in den tropischen Regenwäldern vor. Sie haben vielfach Wasserspeicher und Einrichtungen zum Auffangen von Wasser. Die Wurzeln der Epiphyten sind meist Haftwurzeln, manchmal auch sehr lange Nährwurzeln, welche frei durch die Luft wachsen, bis sie den Boden erreichen, um daraus Nährstoffe zu holen. Manche epiphytische Orchideen und Arongewächse der Tropen besitzen Luftwurzeln mit wasserspeicherndem Gewebe. Diese Wurzeln bilden oft ein Flechtwerk, in dem sich Humus sammelt. Zu diesem Zwecke bilden epiphytische Farne eigenartige Nischenblätter und andere Pflanzen besitzen krugförmige Blätter, in denen sich auch das Wasser sammelt. In diese Krüge sendet nun die Pflanze Wurzeln, um das Wasser auszusaugen. Dort finden sich häufig auch Ameisen, wodurch Erde und andere Stoffe eingeschleppt werden.

Während in unseren Gegenden die Epiphyten nur durch rindenbewohnende Algen, Flechten und Moose vertreten sind, gibt es in den Tropen auch zahlreiche epiphytische Farnpflanzen und Blütenpflanzen, von letzteren besonders Orchideen und Aronstabgewächse.

Wenn zusammenlebende Organismen in einen direkten Stoffaustausch miteinander treten, so wird aus der Wohngemeinschaft eine **Lebensgemeinschaft** im engsten Sinne des Wortes. Ist dabei die Art des Zusammenlebens so, daß jeder der Beteiligten dadurch einen Nutzen hat, so spricht man von **Symbiose.** Symbiosen zwischen pflanzlichen Lebewesen wurden bereits bei den Flechten (S. 75) und den Wurzelknöllchen der Schmetterlingsblütler besprochen (S. 41).

Eine Lebensgemeinschaft, bei welcher der Stoffaustausch derart verläuft, daß nur der eine Partner einen Vorteil hat, indem er dem anderen Nahrungsstoffe entzieht, bezeichnet man als **Parasitismus** oder Schmarotzertum. Es gibt eine Reihe chlorophyllfreier Pflanzen, die ihre Nahrung anderen lebenden Pflanzen entnehmen (vgl. S. 40). Im Pflanzenreich gibt es auch **Halbparasiten,** die grün gefärbt sind und assimilieren können, aber das Wasser mit den Nährsalzen anderen Pflanzen entziehen, so etwa die Mistel.

Eine besondere Form von Abhängigkeit besteht dann noch darin, daß die abgestorbenen und verfaulenden Pflanzenteile den **Saprophyten,** Fäulnisbewohnern oder Verwesungspflanzen, als Nahrung dienen, da diese kein Chlorophyll besitzen und nur auf diese Art sich ihre organischen Stoffe verschaffen können.

Zusammenfassung. Die Zusammensetzung einer Pflanzengesellschaft hängt von allen am Standort einwirkenden Faktoren ab: Kleinklima, Boden, Lebewesen. Beziehungen zwischen den Pflanzen einer Standortgemeinschaft (Biozönose). Indirekte Beziehungen durch Einwirkungen auf das Kleinklima und auf den Boden. Direkte Beziehungen durch persönlichen Kontakt bei Wohngemeinschaften (Kletterpflanzen, Epiphyten), Symbiosen und Parasitismus. Anpassungen und Abhängigkeiten.

Die Vegetation der Erde

Die starke Abhängigkeit der Pflanzenwelt vom Klima führt zu einer Gliederung der Vegetation, die im wesentlichen mit den Klimazonen übereinstimmt (vgl. Übersicht). Innerhalb der einzelnen Zonen machen sich dann besonders die Bodenverhältnisse bei der Bildung von Pflanzengesellschaften bemerkbar.

1. Die tropische Zone

Während die Temperatur in den Tropen im Verlauf des Jahres wenig schwankt und im Mittel 20—28° beträgt, kann die jährliche Regenmenge zwischen wenigen Zentimetern in den Wüstengebieten bis über 5 m in den Regengebieten betragen. Die Niederschläge sind mit Ausnahme der Inselgebiete ungleichmäßig über das Jahr verteilt, so daß man Trocken- und Regenzeit unterscheiden kann.

Die wichtigsten klimabedingten Pflanzengesellschaften der Tropen sind, nach abnehmender Niederschlagsmenge gereiht, die Regenwälder, Monsunwälder, Savannen und Dornwälder.

Die Abhängigkeit der Pflanzengesellschaften vom Klima ist sowohl aus der Übersicht auf S. 173 als auch aus den graphischen Darstellungen der entsprechenden Klimatypen zu ersehen. Bei den Klimazeichnungen betrachte man zuerst die Temperatur, weil sich daraus die Zone ergibt, dann die Niederschlagsmenge und überlege, ob diese bei den gegebenen Temperaturen zur Waldbildung ausreichen kann. Schließlich untersucht man die jährliche Verteilung der Niederschläge, weil sich daraus wichtige Schlüsse auf die Pflanzendecke ziehen lassen.

Der **tropische Regenwald** befindet sich in den heißen immerfeuchten Gebieten, in denen vielfach zu bestimmten Tageszeiten regelmäßig Regengüsse niedergehen (Abb. 79). Er ist durch eine üppige Vegetation ausgezeichnet und findet sich auf den pazifischen Inseln, dem Malaiischen Archipel, auf Madagaskar, im Gebiet der großen afrikanischen Seen und im Amazonasbecken. Der Regenwald ist ungemein reich an immergrünen Bäumen (aber fast frei von Nadelhölzern). Im feuchten, schattigen Waldinneren befindet sich ein dichter Unterwuchs mit meist großen und verhältnismäßig zarten Blättern. Es herrscht ein Reichtum an Lianen und Epiphyten. Wo das Klima etwas kühler wird, etwa in höheren Lagen, läßt die Üppigkeit nach, und es treten hier unter den Epiphyten besonders Moose und Farne hervor, auch die Baumfarne sind häufiger vertreten.

Regenwälder bedecken nur den kleineren Teil der Tropen, da die periodisch trockenen Gebiete, besonders im Inneren der Festländer, viel ausgedehnter sind als die immerfeuchten. Wo im Laufe des Jahres ausgeprägte Trocken- und Regenzeiten abwechseln (Abb. 80), befinden sich die regengrünen **Monsunwälder,** die zu Beginn der Trockenzeit das Laub abwerfen. Man findet sie besonders in Indien und Afrika. Die veränderten Feuchtigkeitsverhältnisse prägen sich gegenüber dem Regenwald nicht nur im periodischen Laubfall, sondern auch in meist geringerer Stammhöhe, dickerer Borke und kleineren Blättern aus.

In Gebieten mit weiterer Verringerung der Niederschläge setzt eine zunehmende Lichtung des Waldes ein. Die Stämme werden noch niedriger, die Borken noch dicker und die Blätter der Trockenheit angepaßt. Es entsteht eine lichte Parklandschaft, in der der Wald nur noch entlang den Flüssen als „Galeriewald" dicht zusammenschließt. Im Unterwuchs solcher **Trockenwälder** (xerophiles Gehölz)[1]) kann dorniges Gestrüpp herrschen und bei zunehmender Trockenheit

[1]) *xeros* (gr.) trocken; *philos* (gr.) Freund.

Die klima- und bodenbedingten Pflanzengesellschaften der Erde

Nach Schimper.

Zone	Temperatur	Niederschläge im Jahre: Menge	Niederschläge im Jahre: Verteilung	Klimabedingte Formationen	Bodenbedingte Formationen
I. Tropische Zone	Temperatur: 20 bis 26° C gleichmäßig, geringe Schwankungen	$\geqslant$ 180 cm	Zu allen Zeiten	**Tropischer Regenwald**	Im Binnenland: Sumpfwälder. Fehlen der Torfbildung Am Meeresstrande: Strandgehölz ober der Flutlinie **Mangrove**
			Mit ausgeprägten Trockenzeiten	**Monsunwald**	
		100 – 150 cm	Trockener Winter, feuchtes Frühjahr	**Savanne**	
			Längere Trockenzeiten, feuchter Winter	**Xerophiles Gehölz**	
		$\leqslant$ 90 cm		**Dornwald** **Dorngebüsch** **Halbwüste, Wüste**	
II. Gemäßigte Zonen	Warmgem. Gürtel. Alle Monate über + 6° C. Milde Winter	$\geqslant$ 150 cm	Trockenzeit fehlt, höchstens 1 – 3 Trockenmonate	**Temperierter Regenwald**	Strandformationen: **Strandsümpfe**, **Strandwiesen**, **Dünen** Die **Heide** Die Moore: **Flachmoor**, **Hochmoor** Süßwasservegetation
		50 – 90 – 150 cm	Trockenzeit im Winter	**Savanne**	
			Trockenzeit im Sommer	**Hartlaubgehölz**	
		$\leqslant$ 50 cm	Trockenzeit mehr als 9 Monate	**Dorngebüsch**	
		$\leqslant$ 30 cm		**Halbwüste, Wüste**	
	Kaltgem. Gürtel. 1 Monat unter + 6° C	$\geqslant$ 50 cm	Günstig feuchter Winter	**Laubabwerfender Wald**	
		30 – 40 cm	Günstig feuchtes Frühjahr und feuchter Frühsommer	**Steppe**	
		$\leqslant$ 30 cm		**Wüstenartig**	
III. Arktische Zone	Arktische Zone. 9 Monate unter + 6° C			**Tundra** { Moostundra, Flechtentundra	**Tundramoore** **Wärmeoasen** **Zwergstrauchformation** **Weidengebüsche**

als **Dornwald** oder **Dornbusch** den Wald vertreten, um schließlich selbst in Halbwüsten oder Wüsten überzugehen (Abb. 81).

In anderen Trockenwäldern bedecken nicht Dornsträucher, sondern Gräser und krautige Pflanzen den Boden. Diese Wälder leiten zu den

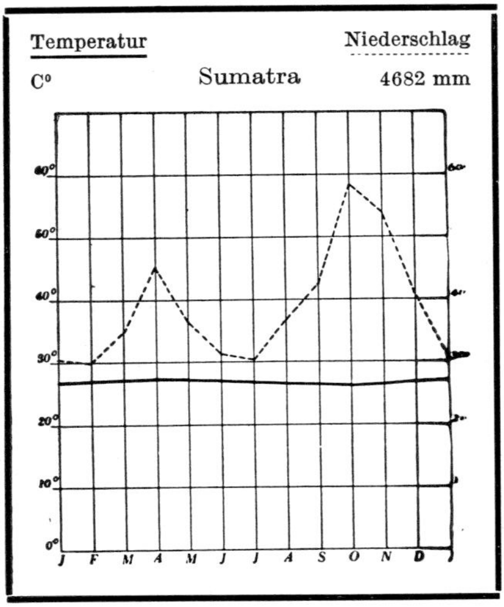

Abb. 79.
Tropischer Regenwald.
Reiche Niederschläge zu allen Jahreszeiten; immer feucht.

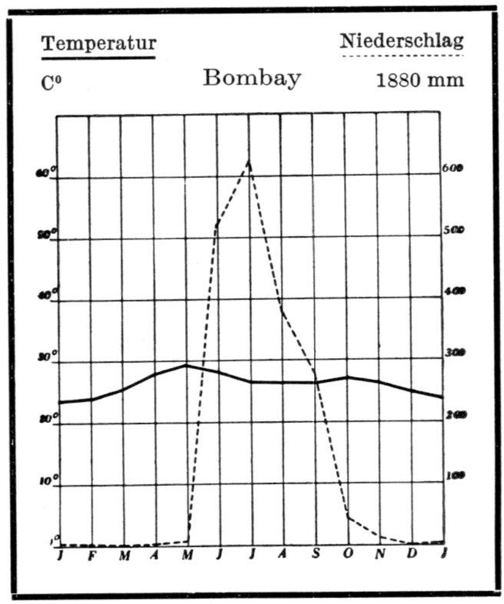

Abb. 80.
(Laubabwerfender) Monsunwald.
In Anpassung an die ausgeprägte Trockenzeit werfen die Bäume das Laub ab.

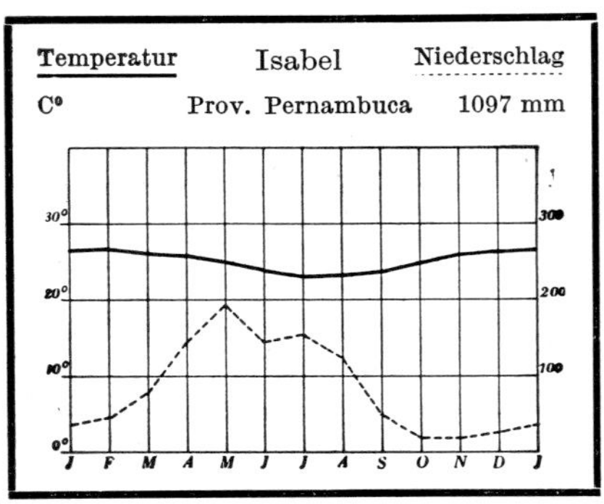

Abb. 81.
Brasilianisches xerophiles Gehölz.
Die geringe Niederschlagsmenge ist waldfeindlich; die große Trockenheit im Sommer grasflurfeindlich. Der feuchte Winter fördert das xerophile Gehölz.

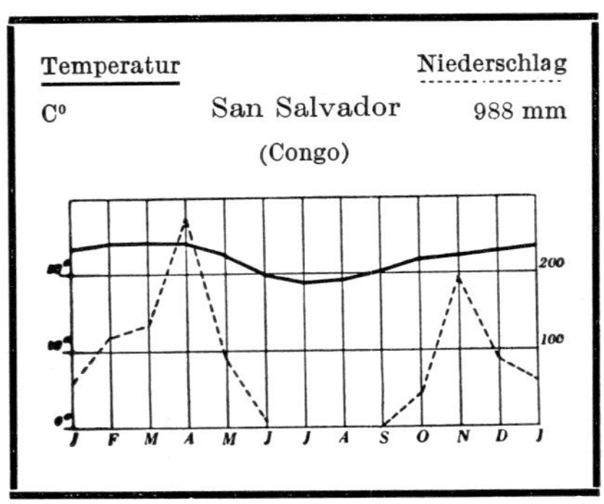

Abb. 82.
Westafrikanische Savanne.
Die geringe Niederschlagsmenge (unter 180 cm) bei hoher Temperatur ist waldfeindlich; gutes Grasflurklima, weil zur Vegetationszeit der Gräser genügend Regen fällt.

während der Trockenheit verdorrenden tropischen Grasfluren über, die meist von hohen, oft übermannshohen Gräsern gebildet werden, welche häufig in dichten, durch nackte Zwischenräume getrennten Büscheln den Boden bedecken. In der Regel erheben sich in diesen tropischen Grasfluren in größeren und kleineren Abständen, einzeln oder gruppenweise, Bäume und Sträucher, sie werden dann als **Savannen** bezeichnet. Solche findet man vor allem in Afrika (Abb. 82) und Südamerika. Für die Gehölze in diesen sonnendurchfluteten Gegenden sind verschiedene Anpassungen an das Trockenklima charakteristisch. Manchmal haben sie dicke, wasserspeichernde Stämme, wie der afrikanische Affenbrotbaum, oder es sind niedrige ,,Schirmbäume", wie die bekannten Schirmakazien. Besonders auffallende Trockenlandgewächse sind die wasserspeichernden, baumartig wachsenden Kakteen Amerikas (Abb. 97) und Wolfsmilcharten Afrikas.

Von den bodenbedingten Pflanzengesellschaften der Tropen wurden schon die Strandgehölze der **Mangrove** besprochen (vgl. S. 151).

Zusammenfassung. Tropische Formationen je nach Niederschlagsmenge sehr unterschiedlich. Immergrüner Regenwald in immerfeuchten Gebieten. Wo Trocken- und Regenzeit wechseln, wachsen regengrüne Monsunwälder. Bei noch geringerer Feuchtigkeit finden sich Trockenwälder, die schließlich je nach der zeitlichen Verteilung der Niederschläge in Dornbusch oder Savanne übergehen. Strandgehölze der Mangrove.

2. Die gemäßigten Zonen

Gemäßigte mittlere Jahrestemperaturen, aber große Schwankungen zwischen Winter- und Sommertemperaturen. Das Festlandsklima im Inneren der Kontinente hat stärkere Schwankungen als das Seeklima in der Nähe des Meeres. Die Pflanzen zeigen verschiedene Anpassungen an die klimatischen Unterschiede zwischen Sommer und Winter und weisen eine Reihe periodischer Erscheinungen auf, wie etwa eine besondere Blütezeit (Frühling) und Fruchtzeit (Herbst). Die Winterkälte hat für die Pflanze die Bedeutung einer Trockenzeit. Man kann diese Zone gliedern in einen warmgemäßigten Gürtel mit mildem Winter und immergrünen Gehölzen, sowie einen kaltgemäßigten Gürtel mit kaltem Winter und winterkahlen, sommergrünen Laubhölzern.

a) Die warmgemäßigten Gebiete

In Gegenden, wo eine ausgesprochene Trockenzeit fehlt und reichlich Niederschläge fallen (Abb. 83), tritt der **gemäßigte Regenwald** auf, welcher eine Fortsetzung der tropischen Regenwälder darstellt und besonders in Südjapan, Tasmanien und Südchile zu finden ist.

In Gebieten, die eine Trockenzeit im Winter haben, während der sommerlichen Vegetationszeit aber durch häufige, wenn auch wenig starke Regen feucht sind, tritt eine Grasflur auf, die wegen der milden Wintertemperatur die tropische Form der **Savanne** zeigt. Hierher gehören die Savannenwälder Australiens mit ihren zerstreuten Beständen von Eukalyptusbäumen. Baumarme bis baumlose Grasfluren sind auf der südlichen Erdhälfte weit ausgedehnt in Südafrika, Australien und in den **Pampas** Südamerikas (Abb. 84), dagegen auf der nördlichen Hälfte nur weniger vertreten, so in den Wüstensteppen Nordafrikas, in den Steppen und Steppenheiden der spanischen Hochflächen sowie in Texas.

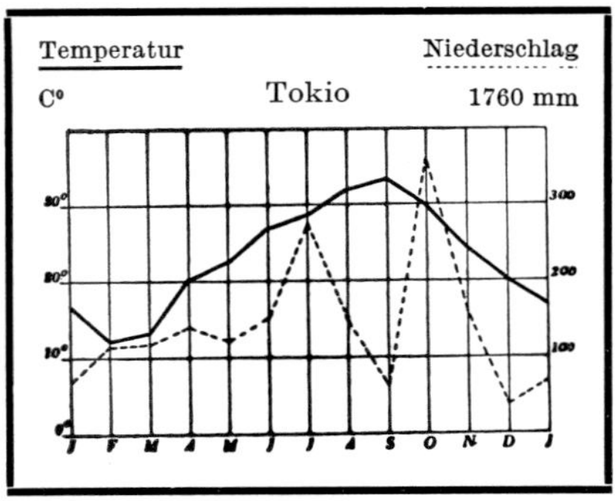

Abb. 83.
Regenwald der gemäßigten Zone.
Reichliche Niederschläge zu allen Jahreszeiten bedingen das Auftreten des Regenwaldes.

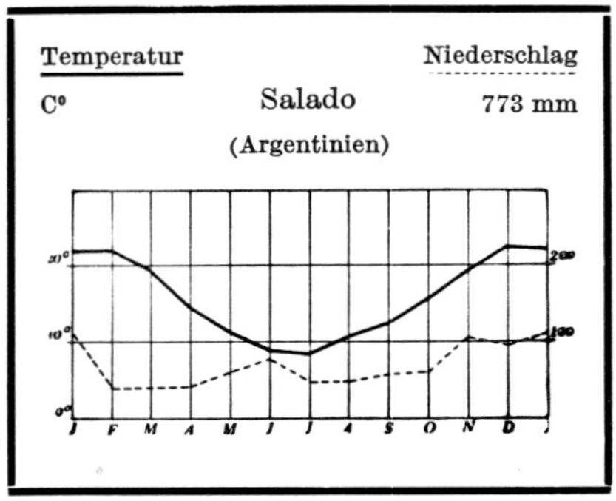

Abb. 84.
Pampas.
Die geringen Niederschläge sind waldfeindlich, fördern aber die Grasflur, weil sie zu allen Jahreszeiten fallen.

Die sommertrockenen Gebiete mit ihren feuchten Wintern sind durch die immergrünen **Hartlaubgehölze** ausgezeichnet (Abb. 85). Diese findet man vor allem in den Mittelmeerländern, Südwestaustralien, Südwestafrika und Kalifornien. Die festen Blätter zeigen Anpassungen an Trockenheit, ebenso steht die Ausbildung vieler Zwiebel- und Knollengewächse mit der Sommertrockenheit im Zusammenhang. Bekannte Hartlaubgehölze der Mittelmeerländer sind Ölbaum, Korkeiche, Lorbeer, Oleander, Orange u. v. a. Von den Nadelhölzern sind vor allem die Pinien und Zypressen zu erwähnen. Der ursprüngliche Wald ist oft zu einem **Hartlaubgebüsch,** der „Macchie“, oder gar zu einer strauchigen Heide umgewandelt. Hier spielen immergrüne Sträucher (Erica- und Cistusarten, Dornsträucher, Erdbeerbaum) und aromatisch duftende Gewächse, besonders viele Lippenblütler, wie Rosmarin, Lavendel, Thymian, Salbei und andere, eine wichtige Rolle.

Weitere Verringerungen der Niederschläge, die während der Vegetationszeit durch Trockenzeiten unterbrochen werden, sind für Grasfluren ungünstig, es gedeiht nur noch genügsames **Dorngehölz.** Noch größere Trockenheit führt zur Bildung der Wüste.

b) Die kaltgemäßigten Gebiete

Diese liegen hauptsächlich in der nördlichen Erdhälfte auf einem breiten, von Amerika durch Europa nach Asien reichenden Gürtel. Die Winterkälte ist von ausschlaggebender Bedeutung für die Ausbildung der **Wälder.** Im kälteren Teil wachsen Nadelwälder, im wärmeren sommergrüne Laubwälder, besonders Eichen- und Buchenwälder. Das Hauptkennzeichen der sommergrünen **Laubwälder** (Abb. 86) ist der herbstliche Laubfall, wodurch sie den schädigenden Wirkungen des strengen Winters entgehen. Zur besseren Ausnützung des vorhandenen Lebensraumes, besonders des Lichtes, ist innerhalb

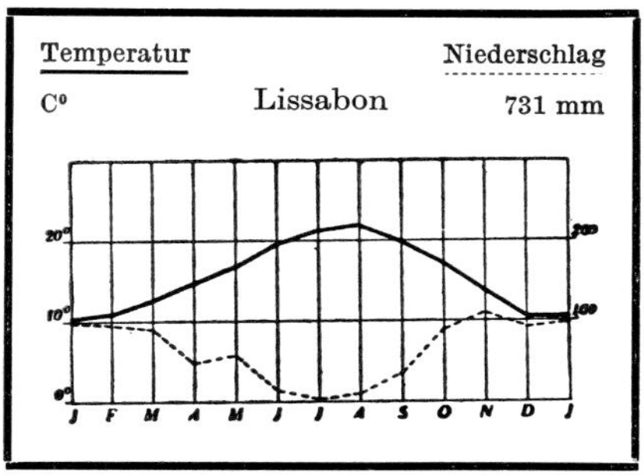

Abb. 85. Hartlaubgehölz. Milde, feuchte Winter fördern Gehölze, die den trockenen Sommer mit hartem Laub überdauern.

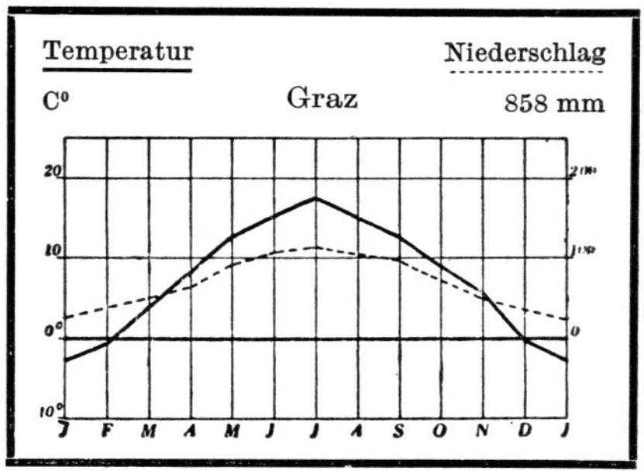

Abb. 86. Laubabwerfende Wälder. Im kalten, trockenen Winter werfen die Bäume das Laub ab: nur Nadelhölzer können überdauern.

dieser Pflanzengesellschaften eine deutliche Stockwerkgliederung in Baum-, Strauch-, Kraut- und Moosschicht zu erkennen. Im Inneren der Laubwälder sind besondere Verhältnisse, die für die vorhandenen Pflanzen von großer Bedeutung sind. So ist vor der Belaubung mehr Licht im Waldesinneren als im Sommer. Es fehlen heftige Winde und Schlagregen. Im Waldesschatten herrscht eine kühlere Temperatur, was gemeinsam mit dem Fehlen starker Winde die Transpiration vermindert. Der Boden ist humusreich. Die Zusammensetzung des kaltgemäßigten Waldgürtels ist trotz seiner ungeheuren Ausdehnung im großen und ganzen ziemlich einheitlich, doch sind die ostasiatischen Gebiete reicher an Arten als Europa und Amerika.

Bleiben die jährlichen Niederschläge unter 50 cm, so können sich keine Bäume mehr entwickeln, dafür entstehen in diesen Gebieten, wo Frühjahr und Frühsommer günstig feucht sind, Grasfluren, denen auch der trockenkalte Winter und der trockenheiße Sommer nichts anhaben können. Diese Grasfluren sind in der kaltgemäßigten Zone durch Steppen (russische, ungarische) und Wiesen vertreten. **Steppen** (Abb. 87) sind Pflanzengesellschaften, in denen Trockenlandsgräser, daneben Stauden und niedrige Halbsträucher vorherrschen. Gegen den Spätsommer zu pflegen die Pflanzen zu verdorren, der kalte Winter bewirkt eine völlige Vegetationsruhe. Die Getreidefelder kann man als **Kultursteppen** bezeichnen, da die Getreidearten größtenteils von Steppengräsern abstammen und daher auch den Vegetationsrhythmus ihrer Heimat beibehielten. Es reift das Getreide schon Juli-August und nützt die günstigsten Temperaturen von August-September nicht mehr aus, weil auch in der Steppenheimat die Gräser vor Eintritt der Sommertrockenzeit absterben. Die nordamerikanische **Prärie** ist ebenfalls ursprünglich eine Steppe, die aber durch die Tätigkeit des Menschen immer mehr in eine Kultursteppe von Getreidefeldern umgewandelt wurde.

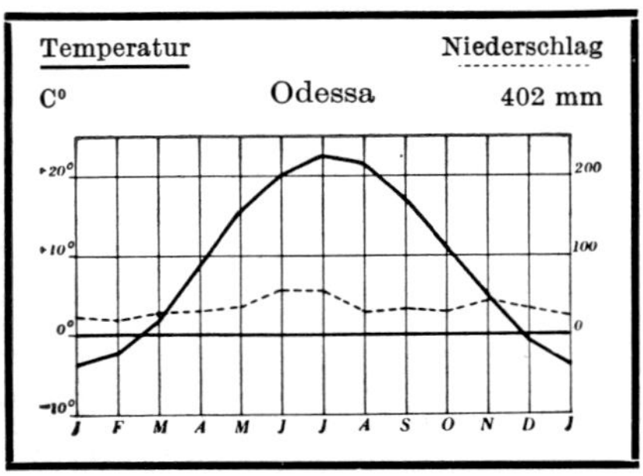

Abb. 87. Steppe.
Die gleichmäßige Verteilung der für den Wald zu geringen Niederschläge begünstigt die Grasflur.

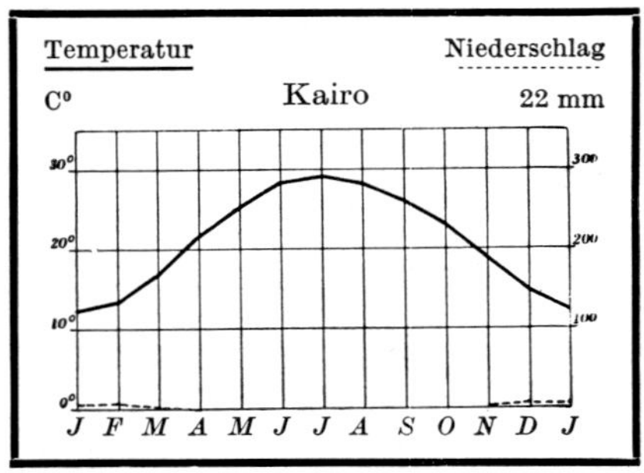

Abb. 88. Wüste.
Hohe Temperaturen bei fehlenden Niederschlägen hemmen den Pflanzenwuchs.

Auch die **Wiesen** sind größtenteils erst vom Menschen geschaffen. Es sind gehölzfreie Grasfluren auf mäßig bis stärker durchfeuchteten Böden, in welchen zahlreiche Gräser, Seggen und verschiedene krautige Pflanzen herrschen. Während die Gräser der Steppen über den Winter größtenteils vertrocknet sind, bleiben die der Wiesen unter der Schneedecke immergrün. Die Wiese ist für diese Zone eigentümlich und fehlt im Mittelmeergebiet und in den Tropen. Natürliche Wiesen sind im Gebirge oberhalb der Waldgrenze zu finden. Die meisten Wiesen sind offenbar so entstanden, daß der Wald erst durch den Menschen vernichtet wurde und die regelmäßige Mahd (Mähwiesen) oder Beweidung

(Weiden) sein Wiederaufkommen verhindert. Somit stehen die Wiesen auf ursprünglichem Waldboden und werden vom Menschen hauptsächlich deshalb erhalten, damit er für das Vieh Winterfutter (Heu) gewinnt.

c) Die Wüsten

Die größten Wüstengebiete liegen in der Nähe der Wendekreise. So einerseits in Südafrika, Australien und Südamerika, andererseits im nördlichen Afrika (Sahara) und Arabien, von wo ein breiter Wüstengürtel quer durch Asien bis in die Mandschurei zieht. In ähnlicher Breitenlage wie letztere liegen in Nordamerika die Wüstengebiete von Arizona und Nevada. Die Niederschläge sind in den einzelnen Wüstengegenden verschieden, betragen aber nie mehr als 30 cm im Jahr, meist viel weniger (Abb. 88). Außer der großen Trockenheit herrschen noch große Temperaturgegensätze, starke Strahlung und Stürme. Trotz dieser Verhältnisse sind in der Wüste meist nur die Sanddünen ganz pflanzenleer, im übrigen findet sich stellenweise eine dürftige Vegetation. Die Pflanzen besitzen verschiedene Einrichtungen, um diesem Klima standhalten zu können. Es gibt einjährige oder mit unterirdischen Organen ausgestattete Pflanzen, sogenannte „Regenpflanzen", die den größten Teil des Jahres mit ihren Samen oder unterirdischen Überdauerungsorganen ruhend verleben, sich aber nach Regen, besonders zur Zeit der kurzen Frühlingsregen, sehr rasch entfalten, blühen und fruchten, um nach wenigen Tagen wieder zu verschwinden. Außer diesen wachsen aber auch ausdauernde, extreme Trockenlandspflanzen, die selbst mit diesem wenigen Wasser das ganze Jahr oberirdisch aushalten können. Teilweise sind es wasserspeichernde Pflanzen, wie etwa die Kakteen, meist aber niedrige, vielfach verdornte, nicht selten laubabwerfende oder mit den Sproßachsen assimilierende Sträucher oder auch Stauden und Gräser, die ein reiches Wurzelsystem und große Saugkräfte entwickeln. Viele der Wüstenpflanzen zeigen Polsterwuchs, was einen Schutz gegen die Winde bedeutet. Einen großen Einfluß auf die Pflanzen hat hier selbstverständlich das Grundwasser, dieses tritt in den Oasen zutage (Dattelpalmen). Es ist selbstverständlich, daß in den nördlichen asiatischen Wüsten die Winterkälte eine andere Zusammensetzung der Pflanzendecke bedingt, als etwa in den südlicheren afrikanischen Wüstengebieten.

d) Bodenbedingte Pflanzengesellschaften

Bekannte Pflanzengesellschaften der kaltgemäßigten Zone sind die unter bestimmten Bodenbedingungen auftretenden Heiden und Moore. Besonders typisch sind die an ein ozeanisches Klima gebundenen nordwestdeutschen **Heiden** (z. B. Lüneburger Heide), in welchen das gemeine Heidekraut (Besenheide) vorherrschend ist; daneben finden sich auch andere Zwergsträucher (Glockenheide, Ginster u. v. a.) und im allgemeinen als einziges Gehölz der Wacholder. Nur an feuchten Stellen wachsen hier und da auch Birken. Die Heiden besiedeln immer nährstoffarme, sandige Böden. **Moore** können im Bereich des Grundwassers entstehen, etwa bei der Verlandung eines stehenden Gewässers (vgl. S. 169), man bezeichnet solche als Flachmoore (Wiesenmoore, Waldmoore). Die vordringenden Sumpfpflanzen engen die ursprünglich freie Wasserfläche immer weiter ein, ihnen folgen die den Boden verfestigenden Uferpflanzen. Es bildet sich eine den Schlamm überziehende Pflanzendecke, die noch durch einzelne Wasserbecken unterbrochen ist. Dieser Sumpf wird schließlich, wenn sich die Pflanzendecke geschlossen hat, zum Moor. Befindet sich unter der Pflanzendecke noch halbflüssiger Schlamm, so nennt man eine solche trügerische Fläche auch Schauckelmoor. Pflanzen des Moores sind Schilf, Binsen, Rohrkolben, besonders aber Riedgräser, dann Gräser, Moose und eine Reihe blühender Begleitpflanzen, später auch vereinzelt Erlen, Weiden und Birken. Noch bevor der Schlamm durch die in ihm versinkenden Pflanzenleichen ganz verfestigt und somit das Moor trocken wird, setzen sich auf dem feuchten Rasen oft Torfmoose an, die dann über dem alten Flachmoor ein Hochmoor (Heidemoor) bilden. In einem niederschlagsreichen Klima können sich aber die Torfmoose auch auf der ständig durchfeuchteten Bodenoberfläche ansiedeln. Die Moospolster halten das Niederschlagswasser wie ein Schwamm fest (vgl. S. 104). Während die unteren Teile absterben und in Torf übergehen, wachsen die Moose oben ständig weiter, so daß sich der ganze Torfmoosrasen emporwölbt, weshalb man ja von Hochmoor spricht. Da durch die Torfschichten eine Nährsalzzufuhr von unten unmöglich ist, muß das Moor mit dem im Regenwasser vorhandenen Staub sein Auslangen finden, es ist daher sehr nährsalzarm. Auf der schwammigen, wassergetränkten Hochfläche eines solchen Hochmoores wechseln meist kleine Hügel (Pulte) mit nassen Senken (Schlenken) ab. Auf den weniger feuchten Hügeln bilden sich Polster von anspruchslosen Pflanzen, in erster Linie von Heidekraut, weshalb man auch von Heidemoor spricht. Auf diesen Heidepolstern siedeln eine Reihe weiterer Pflanzen, wie die Moorbeere, Krähenbeere, Rosmarinheide und andere. Besondere Charakterpflanzen sind auch das Wollgras und der Sonnentau.

Zusammenfassung. In warmgemäßigten Gebieten mit reichlich Niederschlägen zu allen Jahreszeiten tritt der gemäßigte Regenwald auf. Trockene, aber milde Winter und häufige schwache Regen im Sommer lassen Savannen und Pampas entstehen. Immergrüne Hartlaubgehölze gedeihen in sommertrockenen Gebieten mit feuchten Wintern. In den kaltgemäßigten Zonen ist die Winterkälte ausschlaggebend für die Ausbildung der Wälder. In kälteren Gebieten Nadelwälder, in wärmeren die sommergrünen Laubwälder. Wo Niederschläge für den Baumwuchs nicht ausreichen, wachsen Grasfluren, Steppen und Wiesen. Besonderheiten der Pflanzen in Wüstengebieten.

3. Die arktische Zone

Jenseits der polaren Baumgrenze folgt nach einem Gebüschgürtel (Birken, Weiden) das arktische **Tundrengebiet** (Abb. 89). Die kurze und kühle Vegetationszeit macht einen Baumwuchs hier unmöglich. Eine, wenn auch dürftige Pflanzendecke findet man aber überall, wo der Boden im Sommer eisfrei ist. Die Pflanzen müssen an die im Winter herrschende Trockenheit, Dunkelheit, Kälte und die Stürme angepaßt sein. Durchschnittlich ist die Zeit der Vegetation auf zwei Monate beschränkt. Es finden sich vielfach immergrüne Zwergsträucher mit kleinen, ledrigen Blättern, die mit einem Verdunstungsschutz (Haare, Wachs) ausgestattet sind. Auch Polsterwuchs und Rollblätter sind

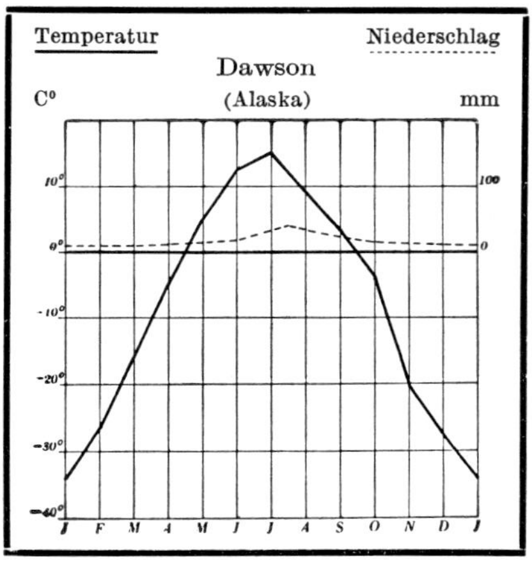

Abb. 89. Arktische Tundra.
Kurze Vegetationszeit.

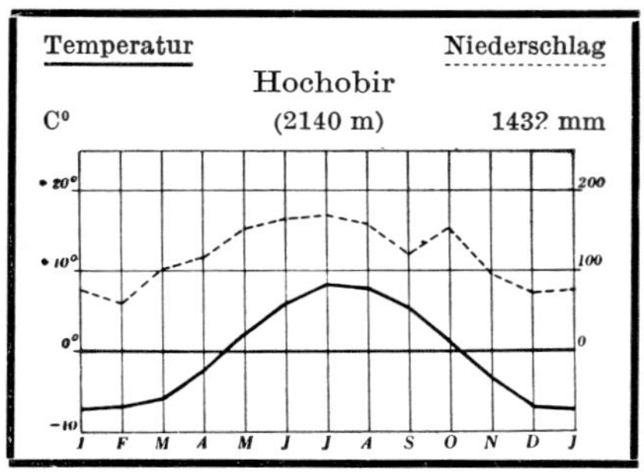

Abb. 90. Alpine Vegetation.
Die kurze Vegetationszeit hindert den Baumwuchs. Hohe Niederschläge fördern die Grasflur (Alpenmatten).

häufig zu beobachten. Wegen der kurzen Vegetationszeit werden die Blüten schon meist im Vorjahr angelegt, damit sie sich bei den ersten wärmenden Sonnenstrahlen entfalten können, so daß noch genug Zeit zur Fruchtbildung bleibt. Es wachsen hier verschiedene Heidekrautgewächse, Zwergbirken und dem Boden anliegende Polarweiden, die mit anderen Pflanzen eine Zwergstrauchheide zusammensetzen. Die weitaus vorherrschenden Pflanzen sind aber die auf weiten Flächen oft allein vorkommenden Moose und Flechten (Renntierflechte, Isländisches Moos u. a.). Man spricht dann von Moos- und Flechtentundra. Dort, wo sich in der Tundra Schmelzwasser in flachen Becken ansammelt, bilden sich Tundramoore, auf welchen Riedgräser, Wollgräser und andere gegen Kälte widerstandsfähige Moorpflanzen wachsen.

An windgeschützten Südhängen (Wärmeoasen) treten auch freundliche Blumenmatten hervor, die aus hübsch blühenden Steinbrecharten, Silberwurz und anderen Pflanzen gebildet werden.

4. Die Gebirge

Das alpine Klima (Abb. 90) hat durch die niedrigen Temperaturen, die kurze Vegetationszeit und die Trockenheit infolge der austrocknenden Wirkung der Winde eine Ähnlichkeit mit den arktischen Verhältnissen. Da die klimatischen Bedingungen des Höhenklimas erst allmählich mit zunehmender Höhe auftreten, findet man vom Fuße eines Gebirges bis zum Gipfel verschiedene Abstufungen des Klimas, was in verschiedenen Höhenstufen eine andere Pflanzendecke zur Folge hat. Die Veränderungen der Pflanzendecke in den übereinanderfolgenden Höhenstufen gleicht in vielem dem Wandel der Vegetation bei Annäherung an die Pole. Bei den aus dem tropischen Regenwald aufsteigenden asiatischen Hochgebirgen folgt zum Beispiel über der tropischen Stufe eine subtropische, dann ein Laub- und Nadelwaldgürtel und schließlich nach einer Gebüschregion die alpine Grasflurstufe, die in die Fels- und Eisregion übergeht. Wo sich ein Gebirge aus einem Waldland erhebt, dringt der Wald bis zu einer bestimmten Höhe vor, wobei die oberen Zonen meist von Nadelhölzern eingenommen werden. Wenn der Gebirgsfuß ein waldloses Trockengebiet ist, so tritt eine nach oben und unten begrenzte Waldstufe überhaupt erst in höherer Lage auf. Die Waldregion, die oft als Bergstufe bezeichnet wird, ist durch die regenbringenden Winde niederschlagsreich und daher günstig für den Baumwuchs. Die darüberliegende Hochgebirgsstufe, die eigentliche alpine Region, hat geringere Niederschläge. Hier schaffen kurze, häufige Regenschauer die Voraussetzung für eine Grasflur in Form der alpinen Wiesen und Matten. Über dem Grasflurklima folgt die alpine Eiswüste. In der alpinen Stufe sind die Pflanzen mit Verdunstungsschutz ausgestattet (z. B. Edelweiß) und wegen der heftigen Winde sowie der niederen Temperaturen in der Regel dem Erdboden anliegend, was häufig zu Polsterwuchs führt. Sattere Blütenfarben sowie verschiedene Einrichtungen zum Schutz gegen zu starke Bestrahlung stehen im Zusammenhang mit den hier herrschenden Lichtverhältnissen.

Zusammenfassung. Die kurze und kühle Vegetationszeit läßt nur bestimmte Pflanzen in der arktischen Tundra gedeihen: meist immergrüne Zwergsträucher, Moose und Flechten. Das alpine Höhenklima hat eine gewisse Ähnlichkeit mit den arktischen Verhältnissen. In der über der Waldregion liegenden Hochgebirgsregion folgen auf einen Strauchgürtel mit Alpenrosen, Grünerlen und Legföhren die Alpenmatten mit Spaliersträuchern, Flechten, Gräsern und Blütenstauden, die besondere Schutzeinrichtungen für dieses Klima besitzen.

Die Pflanzendecke Österreichs und der angrenzenden Gebiete

Die Alpen bilden eine wichtige Klimascheide, deshalb stoßen hier auch mehrere, verschiedenen Klimaten zugehörige **Florengebiete** zusammen. In den Ostalpen kann man eine mediterrane, illyrische, pannonische, baltische und alpine Flora[1]) unterscheiden. Jede dieser Floren ist bestimmten klimatischen Verhältnissen angepaßt und daher in ihrer Verbreitung gebunden.

Die **mediterrane Flora** oder Mittelmeerflora entstammt einem Klima mit einer mittleren Jahrestemperatur von über 15° C, mit mildem Winter und trockenem Sommer, wo die Pflanzen zwei Ruhezeiten (Winter, Sommer) haben.

Dieser Flora gehören hauptsächlich Hartlaubgehölze, Halbsträucher, Knollen- und Zwiebelpflanzen mit Schutzeinrichtungen gegen Trockenheit an. Die verschiedenen Vertreter ziehen von den Küsten des Mittelmeeres über die am Südfuß der Alpen liegenden Hügelketten in einzelne, nach Süden offene Alpentäler (Etschtal) ein und finden sich im Bereich der Ostalpen in der Gegend des Gardasees und Görz. Hier gedeihen Ölbaum, Orangen und Zitronen, der Wein rankt sich in Lauben. Lorbeer und Zypressen, sogar Agaven und Opuntien (Feigenkakteen) vervollständigen das Bild des sonnigen Südens.

Die **illyrische Flora** stammt von den Höhen des Karstes und den Gebirgen des Balkans. Sie besetzt das südsteirisch-krainische Hügelland meist in Form des Karstwaldes mit Edelkastanie, Flaumeiche, Hopfenbuche, Mannaesche und anderen charakteristischen Vertretern, vermischt sich aber vielerorts stark mit baltischen Formen (Buche, Eiche), die ihrerseits vom Norden bis ins Flußnetz der Save vordringen. Auf den Schotterböden von Laibach und Pettau wachsen Föhrenwälder. Der illyrische Karstwald zieht westwärts am Südfuß der Alpen weiter, er verläuft dabei nördlich der mediterranen Flora und dringt viel tiefer in die Alpentäler ein (im Etschtal bis Bozen und Meran). In Istrien und im Ostteil des Karstes mußte der Karstwald infolge der starken Rodungen der Karstheide weichen. Im illyrischen Gebiet herrscht bei kalten Wintern und trockenen Sommern eine mittlere Jahrestemperatur von über 10° C, die winterliche Vegetationsruhe dauert etwa vier Monate.

Die **pannonische Flora** dringt vom Osten durch das Wiener Becken bis an den Alpenostrand vor und erreicht nördlich der Donau eine Linie, die von der Wachau über Znaim nach Brünn verläuft. Sie ist an ein Grasflurklima mit kaltem Winter und trockenem Sommer, bei einer mittleren Jahrestemperatur von etwa 9° C und fünf Monaten

---

[1]) Flora = der gesamte Bestand an systematischen Sippen in einem bestimmten Gebiet; Vegetation = die aus bestimmten Gesellschaften bestehende Pflanzendecke eines Gebietes.

Vegetationsruhe angepaßt. Es handelt sich hauptsächlich um Steppengräser, Halbsträucher, Zwiebel- und Knollenpflanzen. Am Alpenostrand steigen pannonische Pflanzen wie das Federgras und Flaumeichenwälder bis etwa 400 m empor, um dort endgültig von dem mitteleuropäischen, baltischen Laubwald (Buche, Stieleiche) abgelöst zu werden. Ebenfalls am Ostabbruch der Alpen von der Rax bis gegen Wien findet sich auf Kalkboden die der pannonischen Flora zugehörende, teilweise angepflanzte Schwarzföhre. Sie bildet aber auch in der Gegend von Wiener-Neustadt und im Marchfelde ausgedehnte Wälder. Die ursprüngliche Pflanzendecke des Wiener Beckens ist durch die Tätigkeit des Menschen weitgehend verändert. Sie ist aber teilweise noch erhalten, so z. B. am Ostfuße der Berge von Baden bis Perchtoldsdorf. Hier findet sich die alte Steppenformation mit Kuh- oder Küchenschellen (Tafel 8), Schwertlilien (Tafel 8), bestimmten Knabenkräutern, Diptam oder Spechtwurz, Sibirischer Glockenblume, Gelbstern und Federgras. Auch pannonisches Buschgehölz tritt hier mit Flaumeichen und Zwergweichsel bei Gumpoldskirchen auf. Das pannonische Florengebiet ist durch bestimmte Kulturpflanzen ausgezeichnet, vor allem durch den Weinstock, eignet sich aber auch für Mais und anderes Getreide sehr gut, ebenso für Obstbäume, darunter Pfirsich und Aprikose, schließlich auch für den Nußbaum.

Die **baltische Flora** zieht sich hauptsächlich über das nördliche und mittlere Rußland, Skandinavien, die Ostseeländer (Ostsee = Baltisches Meer) bis zum Nordfuß der Alpen, wo sie sich stark verbreitet und tief in die Alpentäler eindringt. Das baltische Florengebiet hat im Durchschnitt eine mittlere Jahrestemperatur von 7 bis 9° C, einen kalten Winter und feuchten Sommer. Die Vegetationsruhe dauert je nach der Lage 4 bis 8 Monate. Das Klima ist günstig für Bäume, es ist die Zone der mitteleuropäischen Wälder, mit sommergrünen Laubwäldern und Nadelgehölzen. Die im Norden der Alpen befindlichen Laubwälder sind meist Mischwälder, in denen aber gewöhnlich Buchen oder Eichen (Stiel- und Traubeneiche) überwiegen. Daneben finden sich Ahorn, Ulme, Esche, Linde und andere Bäume. Die Rotbuchenmischwälder nehmen meist die höheren, die Hainbuchen-Eichen-Mischwälder die tieferen Lagen ein. Auf grundwassernahen Böden, etwa in Flußniederungen, finden sich die Auenwälder, in denen besonders Pappeln, Weiden und Erlen hervortreten. Auf nährstoffarmen, sauren Böden treten die Birken hervor. Auf trockenen Sandböden bildet die Rotföhre oder Kiefer auffallende Bestände.

Die **alpine Flora** unserer Berge hat sich zum Teil hier selbst aus Formen der Ebene entwickelt, zum Teil stammt sie aus entfernten Gebirgen oder dem hohen Norden. An ihrer Ausbildung war vielfach die Eiszeit schuld, indem mit dem anderen Klima auch andere Pflanzen kamen, beziehungsweise sich aus den vorhandenen neue kältefeste Formen entwickelten. Als sich später das Eis zurückzog, gingen die Pflanzen mit und kamen dabei zum Teil nach Norden, zum anderen Teil in die Gebirge. Die Hügelstufe des Alpenvorlandes ist von Laubwäldern, Äckern und Wiesen bedeckt. Innerhalb der Moränenwälle der Eiszeitgletscher finden sich als Reste verlandeter Seen Hochmoore, die auch in den ehemals vergletscherten Flußtälern (Ennstal) häufig auftreten. Diese Hügellandstufe reicht selten über 500 bis 800 m, darüber folgt die Bergwaldstufe (Bergstufe, subalpine oder Voralpenstufe). In der unteren Bergwaldstufe der Kalkalpen wächst ein Buchenwald, der die ganzen Ostalpen umschließt. Er geht nach oben in einen

Abb. 91. Silberwurz und Polstersegge. Bezeichnend für Kalkgebirge.

Mischwald mit Bergahorn, Tanne und Fichte über. In dieser Zone lohnt sich vielfach noch der Ackerbau. In der oberen Bergwaldstufe oder Nadelwaldstufe herrscht der Fichtenwald, dieser steigt in den Zentralalpen höher als in den Kalkalpen und erreicht seine obere Grenze zwischen etwa 1700 bis 2300 m. In den Zentralalpen bilden häufig Zirbe und Lärche die höchsten Waldbestände, dort fehlen auch vielfach die Laubwälder der unteren Bergstufe; es tritt an ihre Stelle eine untere Waldkiefernstufe und darüber gleich die obere Nadelwaldstufe, in der frühzeitig Lärchen und Zirben die Herrschaft gewinnen.

Über der Baumgrenze liegt die eigentliche alpine oder Hochgebirgsregion. Der Strauchgürtel der Krummholzstufe vermittelt mit Alpenrosengebüsch und Legföhren, die oft, besonders auf kristallinem Gestein, durch das feuchtigkeitsliebende Grünerlengebüsch vertreten werden, sowie mit verschiedenen Zwergsträuchern den Übergang zu den

Alpenmatten. Hier herrscht bei einer mittleren Jahrestemperatur von etwa 2 bis 5° ein kalter Winter und ein feuchter Sommer, es ist ein Grasflurklima mit ungefähr 8 bis 9 Monaten Vegetationsruhe. Bäume oder einjährige Pflanzen können hier nicht gedeihen. Diese Stufe reicht bis zur Schneegrenze (2400 bis 3200 m). Die hier noch vorkommenden Holzpflanzen sind kleine, dem Boden anliegende, sogenannte Spaliersträucher, wie z. B. einige Weiden. Die bunte Farbenpracht und den Duft der vielen verschiedenen Blüten der hier wachsenden Alpenpflanzen, wie Enzian, Steinbrech, Primeln, Glockenblumen, Nelken, Korbblütler und Orchideen, zu schildern, wäre ebenso unmöglich wie sie hier aufzuzählen. Die Naturschönheiten unserer Bergwelt muß man selbst erleben, um sie für immer zu lieben. Diese Liebe verlangt dann aber auch, daß man die zartesten Kinder der Natur, die Blumen, schützt und nicht zerstört!

Abb. 92. Gemsenheide und Krummsegge. Bezeichnend für kristallines Gestein.

Die Grundlage des Blumenteppichs der Alpenmatten bilden Rasen aus Gräsern und Seggen. So bilden in den Kalkalpen die büscheligen Stöcke der Polstersegge, aus der die weißen Blüten der Silberwurz hervorleuchten, die Grundlage der ausgedehnten Polsterseggenmatten (Abb. 91). In den Zentralalpen bildet die Krummsegge mit der widerstandsfähigen, hartblättrigen, rosenrot blühenden Gemsenheide die Krummseggenrasen (Abb. 92). In den niederen Ausläufern der kristallinen Alpen (Koralpe, Stubalpe, Wechsel usw.) übernimmt diese Rolle das Bürstlinggras (Abb. 126), welches die Bürstlingrasen zusammensetzt. Dort, wo sich auf den Matten in einzelnen Mulden der Schnee recht lange hält, in den „Schneetälchen", wachsen bezeichnende Pflanzengesellschaften mit Kriechweiden, verschiedenen Primeln, Soldanellen und Moosen.

Über den Alpenmatten folgt die Fels- und Eisregion, in der sich über Geröllhalden steile Felswände erheben. Hier gibt es keine geschlossene Pflanzendecke mehr, nur einzelne Pflanzen dringen noch weiter empor und nehmen an Ritzen und Spalten geschmiegt den

Kampf gegen die Unbilden des hier herrschenden Klimas auf. Steinbrecharten, Edelraute, Edelweiß und der Gletscherhahnenfuß sind die am höchsten vordringenden Blütenpflanzen. Flechten stoßen bis in die Gipfelregionen vor. Selbst die Firnfelder sind nicht ohne Pflanzenleben, und eine Alge kann hier manchmal in solchen Massen auftreten, daß sie als „Roter Schnee" auffällt. So streben die Alpenpflanzen selbst noch zwischen Fels und Eis zu den lichtumfluteten Höhen unserer herrlichen Berge.

Zusammenfassung. Verschiedene Florengebiete in den Ostalpen. Vom Süden mediterrane Flora bis in den Raum des Gardasees. Von den Höhen des Karstes illyrische Flora bis in das südsteirische Hügelland und entlang dem Südfuß der Alpen bis Meran. Vom Osten die pannonische Flora durch das Wiener Becken an den Alpenostrand, in die Wachau und gegen Znaim. Die waldreiche baltische Flora vom Norden bis an die Alpen. Die alpine Flora umfaßt die Hügelstufe des Vorlandes, untere Bergwaldstufe (Laubwald), obere Bergwaldstufe (Nadelwald), Krummholzstufe, schließlich Alpenmatten bis zur Fels- und Eisregion.

Nutzung der Pflanze

Von der Wildpflanze zur Kulturpflanze

Der Mensch hat schon in vorgeschichtlicher Zeit Wildpflanzen, die ihm für irgendeinen Zweck wertvoll erschienen (Nahrung, Heilmittel u. a.), in Kultur genommen. Bei der Weiterzucht hat er immer wieder jene Formen zur Fortpflanzung ausgewählt, die dem gewünschten Zweck am besten entsprachen. Durch diese fortgesetzte Auslese oder Zuchtwahl hat er bestimmte Eigenschaften (Größe, Fruchtertrag, Gehalt an gewissen Stoffen usw.) bei den Kulturpflanzen im Vergleich mit der Wildpflanze wesentlich verändert. Später lernte man, günstige Eigenschaften, die auf verschiedene Formen oder Sorten verteilt waren, durch Kreuzung in einer Pflanze zu vereinen (z. B. durch Kreuzung einer Sorte mit kleinen, süßen Früchten und einer mit großen, bitteren Früchten kann man unter anderen auch Pflanzen mit großen, süßen Früchten erhalten).

Während durch Jahrhunderte die Fortschritte in der Pflanzenzüchtung dem Zufall und der Erfahrung zu verdanken waren, begann man in unserem Jahrhundert, gestützt auf die Erkenntnisse der Vererbungslehre, die Züchtung von neuen und besseren Formen mit wissenschaftlichen Methoden planvoll zu betreiben. Man erkannte, daß von der Fülle der Merkmalsänderungen, die von Natur aus bei Pflanzen auftreten, nur bestimmte vererbbar sind, die man als Mutationen bezeichnet. Sie allein bilden die Grundlage einer zielführenden Auslese. Man arbeitete Methoden zum Erfassen der gesuchten Mutationen aus.

Die aufgefundenen neuen Erbmerkmale kombinierte man unter Anwendung der Vererbungsgesetze durch entsprechende Kreuzungen bis man die gewünschten Formen erhielt.

Erstaunlich, was die Pflanzenzüchtung auf diese Weise alles erreicht hat: Z. B. winterharten ertragreicheren Weizen, bitterstoffreie Futterlupinen, Zuckerrüben mit vier- bis fünffachem Zuckergehalt, die verschiedenen Zuchtformen des Kohles, gegen Schädlinge unempfindliche Wein- und Kartoffelsorten, samenlose Früchte (Trauben, Melonen, Bananen, Tomaten, Gurken), Gemüse und Früchte mit veränderter Reifezeit, neue Blütenformen, neue Öl- und Faserpflanzen usw.

Heute ist man bestrebt, die Anzahl der in der Natur auftretenden erblichen Merkmalsänderungen, die Mutationsrate, durch chemische und physikalische Einwirkungen künstlich zu steigern. Dadurch soll das für die Auslese zur Verfügung stehende Material vermehrt werden. Sehr erfolgreich werden beispielsweise Pflanzen in großem Maß in eigenen Anlagen verschiedenen ionisierenden Strahlungen (Gamma-, Röntgen-, Neutronenstrahlen u. a.) ausgesetzt. Aus der Menge ihrer Nachkommenschaft liest dann der Züchter die wenigen Formen mit neuen, für ihn günstigen Eigenschaften für die Weiterzucht aus. Auf diese Weise wurden bereits viele neue Pflanzenvarietäten auf den Markt gebracht.

Die Erfahrung hat gezeigt, daß bei der Kreuzung zweier Rassen nicht nur neue Merkmalskombinationen entstehen, sondern daß bei der ersten Mischlingsgeneration häufig im Vergleich zu den Ausgangsrassen eine auffallende Steigerung der Lebenskraft und der Leistungsfähigkeit zu beobachten ist. Diese auf einer günstigen Kombination der Erbanlagen oder Gene beruhende Erscheinung wird als Heterosis[1]) bezeichnet. Sie wird im Lauf der folgenden Generationen rasch schwächer und man muß daher immer wieder Rassenkreuzungen durchführen. Nur wenn die erste Mischlingsgeneration vegetativ, z. B. durch Ableger, vermehrt werden kann, dann bleibt die Heterosiswirkung auch in den folgenden, vegetativ entstandenen Generationen erhalten.

Die Heterosis zeigt sich nicht nur in einer Steigerung der Lebenskraft der Pflanzen, sondern auch in anderen Eigenschaften, wie etwa in einer Frühreife oder in einem verstärkten Widerstand gegen Krankheiten usw. Die Heterosiszüchtung wird daher bereits landwirtschaftlich und gärtnerisch genützt. Durch sie konnten z. B. in Amerika die Erträge von Maisernten um etwa 50% erhöht werden.

Gewisse Stoffe, z. B. das aus der Herbstzeitlose gewonnene Kolchizin, verursachen, wenn sie in geeigneter Weise auf keimende Samen oder Organe einwirken, eine Verdoppelung der Chromosomenzahl. Die Zellen sind dann statt diploid tetraploid und das kann ganz bestimmte Auswirkungen haben: z. B. höhere, steifere, aber

[1] *heteros* (gr.) anders.

weniger verzweigte Stengel; größere, dickere, dunkelgrüne Blätter; größere und auffallender gefärbte Blüten; größere Früchte und Samen.

Zahlreiche tetraploide Zierpflanzen haben durch ihre auffallenden Blüten bereits ihre diploiden Ahnen verdrängt. Tetraploide Zuckerrüben, Gemüsepflanzen, Roggen und Kleesorten ergeben bessere Erträge. Bei einigen Kulturpflanzen, z. B. bei bestimmten Rosensorten, ist durch weitere Verdoppelungen der Chromosomensatz gegenüber der Ausgangsform auf das Sechzehnfache angestiegen.

Massenkulturen von Algen

Die von der traditionellen Landwirtschaft jährlich produzierte organische Substanz könnte bedeutend gesteigert werden (bis zum Zehnfachen pro Flächeneinheit), wenn man unter geeigneten Bedingungen winzige Algen (Chlorella, Scenedesmus u. a.) kultivierte. Da die Algen besonders nahrhaft sind (50% Eiweiß, 20% Kohlenhydrate, 20% Fette, 10% Mineralstoffe, verschiedene Vitamine), versucht man bereits dort und da (z. B. in Japan), sie industriell herzustellen.

Man stellt den Algen speziell gebaute Freilandbecken zur Verfügung, denen entsprechend Licht, Kohlendioxid und Mineralsalze zugeführt werden. Durch geeignete Apparaturen werden die Algenkulturen von Zeit zu Zeit umgerührt. Die Becken werden das ganze Jahr in Betrieb gehalten. Es wurde festgestellt, daß der Ertrag der Algenkulturen mit der Jahreszeit schwankt, aber mit einem Durchschnittsertrag von 8 g Trockengewicht pro Tag und Quadratmeter, was im Jahr für einen Hektar Nutzfläche 30 Tonnen Algen mit einem Gehalt von 15 Tonnen Eiweiß ergibt, jede andere Art der Nutzung wesentlich übertrifft. Vergleichsweise liefert in der gleichen Zeit eine gleich große Fläche bepflanzt mit Sojabohnen etwa 1200 kg, mit anderen Feldfrüchten zwischen 300—800 kg Eiweiß, genützt als Weideland (in Amerika) durchschnittlich gar nur etwa 250 kg Rindfleisch.

Zwei Schwierigkeiten sind aber noch zu überwinden. Für die industrielle Produktion und den Bau der Becken muß ein zugleich sparsames und wirksames System gefunden werden, andererseits entsprechen die mit Algen zubereiteten Speisen nicht dem allgemeinen Geschmack.

Verwendung der Pflanze

Die Pflanze stellt die Quelle dar, die direkt oder indirekt alle Nahrungsmittel, Kleidung und viele andere lebensnotwendige Dinge liefert.

Natürliche Pflanzenfasern wie Baumwolle, Hanf, Flachs und Nessel werden heute mehr durch Kunstfasern, die großenteils aus dem Rohstoff Holz hergestellt werden, verdrängt.

Die Bedeutung des Holzes als Baustoff für Behausung, Verkehrsmittel und Werkzeuge ist seit ältesten Zeiten bekannt. Brennstoff und Beleuchtung stammen ursprünglich auch aus der Pflanzenwelt. Später kam die Verwendung der aus Pflanzen entstandenen Kohle mit ihrem Nebenprodukt, dem Leuchtgas, hinzu.

In allen Bereichen menschlicher Tätigkeit spielt die Pflanze eine wichtige Rolle. Die Öle und Harze der Firnisse und Farben sind ebenso pflanzlichen Ursprungs wie der Kautschuk oder die meisten Duftstoffe.

Heute stellt das Holz einen der wichtigsten Rohstoffe für die chemische Industrie dar, die daraus durch entsprechende Verfahren Kunstfasern, zellulosehaltige Filme, Azetatseide, Firnisse, Zelluloid, Lacke, Sprengstoffe u. v. a. erzeugt.

Der Wert der Pflanzen liegt aber auch noch auf ganz anderen Gebieten. So gleicht der Wald einem riesigen Baldachin, der den Boden gegen direkte Sonnenbestrahlung und somit gegen die Austrocknung schützt. Dadurch kann sich Humus bilden, der das Regenwasser wie ein Schwamm aufsaugt. Diese Schicht verhindert die Auswaschung und Abtragung des Bodens. Der Wald übt auf die Temperatur einen regulierenden Einfluß aus. Es ist bei warmem Wetter tagsüber im Wald kühler als auf den Feldern, in der Nacht ist es umgekehrt. Da die Bäume mit ihren Wurzeln das Wasser aus tiefen Schichten beziehen und dann an die Luft abgeben, tragen sie besonders in trockenen Gegenden durch Erhöhung der Luftfeuchtigkeit zur Verbesserung der klimatischen Bedingungen bei. Schließlich bildet der Wald die Lebensgrundlage sehr vieler, oft recht nützlicher Tiere. Leider wird der Wald durch Landwirtschaft und menschliche Siedlungen immer mehr verdrängt. Gerade für größere Siedlungsgebiete ist die Erhaltung reicherer Baumbestände nicht nur wegen der klimatischen Wirkung, sondern besonders wegen der Verbesserung der Luft von außerordentlicher Wichtigkeit für die Volksgesundheit.

Die Bedeutung der Pflanzen für unsere Gesundheit ist recht verschieden, ob sie das Klima verbessern oder uns etwa nur durch ihre Schönheit Freude und Erholung bringen oder Nahrungsstoffe, Gewürze, Genußmittel, Gifte und Arzneien liefern. Letzteres ist bei den sogenannten Heilpflanzen der Fall.

Zu den Heilpflanzen muß man auch gewisse Niedere Pilze und andere Mikroorganismen rechnen, die sogenannte Antibiotika erzeugen. Unter einem Antibiotikum versteht man einen Stoff, der das Wachstum und die Entwicklung bestimmter Bakterien hemmt. Seit der Entdeckung des Penicillins durch Flemming 1929 (vgl. S. 71) wurden viele Antibiotika gefunden, manche bilden bekannte Heilmittel (Penicillin, Streptomycin, Chloromycetin, Aureomycin, Terramycin u. a.).

Ernährungsgrundlage der Zukunft

Die Erzeugung von Nahrungsmitteln auf der Erde ist schon heute nicht mehr ausreichend. Der größere Teil der Weltbevölkerung ist deshalb unterernährt. Millionen Mitmenschen leiden Hunger. Bei Fortdauer der explosionsartig raschen Vermehrung der Menschheit muß in wenigen Jahrzehnten eine katastrophale Ernährungslage eintreten, wenn es nicht gelingt, die Nahrungsmittelproduktion im gleichen Maß zu steigern. Dazu wird es notwendig sein, die Landwirtschaft auf der ganzen Erde unter Anwendung neuer wissenschaftlicher Erkenntnisse und moderner technischer Verfahren intensiver zu betreiben. Man wird einerseits die landwirtschaftlich genutzten Flächen ausdehnen und andererseits neue Nahrungsquellen erschließen müssen. Die Nahrung der Menschen beschränkt sich im wesentlichen auf die angebauten Pflanzen bzw. auf die davon lebenden Tiere. Der größte Teil der Nahrungsstoffe, die im Ozean vorhanden sind, bleibt ungenützt, auch die im Laub der Holzgewächse enthaltene Substanz wird nicht verwertet.

Die Geschwindigkeit der Produktionssteigerung in der Landwirtschaft ist leider durch verschiedene Faktoren sehr stark beschränkt und beträgt derzeit im Weltdurchschnitt kaum 1% pro Jahr. Man muß eine große Zahl von Bauern belehren, Fabriken für Düngemittel und Schädlingsbekämpfungsmittel bauen, Forschungsinstitute schaffen, Staudämme und Bewässerungsanlagen errichten, das Straßennetz verbessern usw.

In Zukunft werden Teiche und Seen (genießbare Wasser- und Sumpfpflanzen), vor allem aber die Ozeane besser ausgenützt werden müssen, wobei in erster Linie an Massenkulturen von Algen und an die Züchtung algenfressender Tiere zu denken wäre.

Durch entsprechende Bewässerung und Klimabeeinflussung könnte man Steppen- und Wüstengebiete der landwirtschaftlichen Nutzung erschließen. Viele Bewässerungsprobleme werden sich lösen lassen, wenn man rationelle Methoden der Entsalzung des Meerwassers gefunden haben wird.

Man wird immer neue Kulturpflanzen züchten mit besseren Eigenschaften, höheren Erträgen, größerer Widerstandsfähigkeit gegen Erkrankungen und gegen extreme klimatische Einwirkungen.

Wenn man mit Hilfe von Wissenschaft und Technik in den alten und in den neuerschlossenen Anbaugebieten die jeweils bestgeeigneten und ertragreichsten Kulturpflanzen mit modernsten Methoden züchten wird, dann wird im Verein mit Maßnahmen auf anderen Gebieten auch das Ernährungsproblem für die Menschheit zu lösen sein.

Zusammenfassung. Durch Auslese und Kreuzung der einem Zweck am besten entsprechenden Mutationsrassen wurden viele neue Kulturformen geschaffen. Zur Steigerung der Mutationshäufigkeit werden verschiedene Mittel, vor allem ionisierende Strahlen, angewendet. Durch Kreuzung Heterosiswirkung in der ersten Mischlingsgeneration. Wirkung der Verdoppelung der Chromosomenzahl. Verwendungsmöglichkeiten verschiedener Pflanzenprodukte, von Fasern und Baustoffen über Nahrungs- und Genußmittel bis zu Arzneien und Antibiotika. Welternährungsproblem. Notwendigkeit der Intensivierung der landwirtschaftlichen Produktion durch moderne Methoden und bessere Kulturpflanzen, Erschließung neuer Anbaugebiete und Ausnutzung der Ozeane (Zucht von Algen und geeigneten Meerestieren).

Anhang I

Übersichtstabelle der Basidienpilze

Blätterpilze

a) Eßbare

Art	Vorkommen	Merkmale
Wiesenchampignon	Mai bis Oktober. Gedüngte Wiesen	Weißlicher bis gelbbräunlicher, sehr veränderlicher Hut; breite, bauchige, zuerst schön rosa, dann braunschwarze, zuletzt feucht werdende Blätter; weißliches, bei Bruch rosa verfärbendes Fleisch. Dünner, zerrissener Ring.
Echter Reizker	Juli bis November. Nadelwälder, feuchte Waldwiesen	Rötlichgelber, gezonter, nicht zottiger Hut; orangerote, grünfleckige Blätter; orangerote Milch; milder Geschmack.
Mehlpilz	Juni bis Oktober. In Wäldern, zwischen Gras an Wegrändern und Waldschneisen	Der weißlichgraue, dickfleischige Hut im Alter oft in der Mitte vertieft und verbogen. Die am Stiel herablaufenden Lamellen lange weißlich, zuletzt rosa. Stiel nach oben breiter werdend und in den Hut übergehend. Schmeckt und riecht stark nach frischem Mehl.
Eierschwamm, Pfifferling	Juni bis November. Wälder aller Art, Waldschläge	Dottergelb; Lamellen am Stiel herablaufend; Hut gewölbt, später trichterförmig; Hutrand anfangs eingerollt, im Alter gelappt; weißlichgelbes, festes Fleisch; Geschmack pfefferartig.

Art	Vorkommen	Merkmale
Parasolpilz, Riesenschirmpilz	Trockene, sonnige Wälder; grasige Hänge	Größter Blätterpilz (35 cm); bräunlich geschuppter Hut mit braunem Buckel; derber, verschiebbarer Ring; weißes Fleisch; gebrechlicher, schuppiger Stiel. Junge Pilze ähneln einem Paukenschlegel.
Graukopf	Sept. bis Nov. Wälder, Parks, Gebüsche. In Reihen oder Ringen wachsend	Hut anfangs stark vorgewölbt, später flach bis vertieft. Grau mit weißlichem Puderbelag. Die am Stiel herablaufenden Lamellen sind weiß bis gelblich. Weißes Fleisch mit kräftigem, süßlichwürzigem Geruch und Geschmack.
Hallimasch	Spätherbst. An Baumstümpfen und Wurzeln	Büschelig wachsend, braun, mit vielen braunschwarzen Schüppchen auf der Oberhaut des Hutes. Hellgelbe Blätter, weißlicher Ring.
Stockschwämmchen	April bis Spätherbst. Morsche Laubhölzer und Stümpfe	Büschelig an Laubhölzern; bräunlichgelber Hut, dunkle Mitte, dunkle Randzone; schuppiger Stiel mit kleinem braunem Ring.
Speisetäubling	Juli bis Oktober. Trockene Wälder	Oberhaut des Hutes matt-fleischrot, oft ganz wenig vom Rande zurückgezogen; die gedrängten Blätter sind weiß, ebenso der am Grunde oft zugespitzte Stiel. Kein Ring. Geschmack süßlich.
Brätling	Juli bis November. Laub- und Nadelwälder	Orangebrauner Hut; derbes, mildes Fleisch; Heringsgeruch; reichliche weiße Milch, die an der Luft grau wird.
Maipilz	April bis Juni. Wiese, Feld, Wald	Im Mai; rasig und in Ringen wachsend; weiß bis elfenbeinfarbig; Mehlgeruch.
Austernpilz	Spätherbst bis Winter. An Stämmen und Stümpfen von Laubbäumen in dichten Kolonien	Der meist nur halbrunde, muschelförmige Hut ist dunkelgrau mit verschiedenen Tönungen. Die Lamellen laufen am weißen Stiel herab, der seitlich dem Hut ansitzt und am Grunde steife Haare besitzt. Es wachsen stets mehrere Pilze dachziegelig übereinander.

Art	Vorkommen	Merkmale
Kahler Krempling	Frühling bis Herbst. Wälder, Moore, Gärten	Lederbrauner Hut; filziger, umgekrempelter Rand; herablaufende, leicht lösliche Blätter; druckempfindlich. Säuerlich. Roh genossen giftig.
Schopftintling	April bis November. Müllplätze, Wiesen, Äcker, Gärten	Walzenförmiger, weißlicher Hut mit sparrigen, bräunlichen Schuppen und zuerst weißen, dann rosa und schließlich schwarz werdenden und zerfließenden Blättern. Jung eßbar.
Perlpilz	Juni bis Oktober. Wälder	Braunrötlicher Hut mit leicht abwischbaren, graulichblassen bis rötlichen Warzen bedeckt. Die große weiße Manschette ist gerieft, ebenso der Stiel oberhalb von ihr. Derbe, wenig abgesetzte Knolle. Fleisch weiß, an der Luft langsam rötend.
Kaiserling	August bis Oktober. Lichte Wälder und Heiden	Blätter, Fleisch, Stiel und Ring gelb; Hut gelblichrot mit wenigen weißen Hautfetzen bedeckt; Stiel am Grunde von einer scheidenartigen Hülle umgeben.

b) Giftige

Grüner Knollenblätterpilz	Juli bis Oktober. Laubwälder, Parkwiesen, besonders unter Eichen	Olivgrüner Hut, weiße Blätter, weiße faltige Manschette (Ring) am Stiel, knolliges Stielende in einer scheidenartigen, gelappten Hülle.
Gelblicher Knollenblätterpilz	Juli bis November. Nadel- und Laubwälder	Der gelbliche Hut hat eine leicht klebrige, leicht abziehbare Oberhaut und ist mit warzen- oder schuppenförmigen Hautfetzen bedeckt. Blätter weiß. Der schlanke, hohle Stiel trägt einen dünnhäutigen Ring und endet in einer kugeligen, locker-schwammigen, scharf umrandeten Knolle. Kartoffelgeruch.
Giftreizker	August bis Oktober. Wälder, Gebüsch, meist unter Birken	Ähnlich dem echten Reizker, aber weiße Milch, zottiger Rand, weißes Hutfleisch, brennender Geschmack.

Art	Vorkommen	Merkmale
Schwefelkopf	Frühling bis Spätherbst. In Büscheln auf Stümpfen und Wurzeln	Ähnelt dem Stockschwämmchen, aber: Hut und Stiel schwefelgelb, grünliche Blätter, brauner Staub, bitterer Geschmack.
Speitäubling	Juli bis Herbst. An feuchten Stellen in Laub- und Nadelwald	Roter Hut mit feuchter, schmieriger, leicht abziehbarer Oberhaut, weiße Blätter. Brennend scharfer Geschmack. Kaut man ein Stück eines rohen Täublings und der Geschmack bleibt mild oder nur wenig scharf, dann ist er nicht giftig.
Roter Fliegenpilz	August bis November. Wälder	Leuchtend roter, glänzender Hut; Oberhaut mit weißen oder gelblichen Warzen; Hutrand oft gerieft; Fleisch und Blätter weiß; der Stiel trägt einen schlaffen Ring und bildet am Grunde eine Knolle, auf welcher Hüllenreste warzig-schuppige Gürtel bilden.

Röhrenpilze

a) Eßbare

Herrenpilz, Steinpilz	Sommer und Herbst. Laub- und Nadelwälder. Bis 1800 m	Erst weißlichgrauer, hell- bis dunkelbrauner Hut; erst weißliche, dann gelblichgrüne Röhren; knolliger bis walzenförmiger, oben genetzter Stiel. Weißes Fleisch.
Maronenröhrling	Juli bis November. Nadel- und Laubwälder	Kleiner als der Steinpilz, mit kastanienbraunem Hut, grünlichgelben, bei Druck grünlichblau verfärbbaren Röhren; braunem glattem Stiel und bläulich anlaufendem Fleisch.
Ziegenlippe	Juli bis November. In Wäldern weit verbreitet	Olivbraune, samtfilzige Oberhaut, die sich wie Handschuhleder anfühlt; sattgelbe, weite Röhren; langer, schlanker, oft bräunlich gestreifter Stiel.
Birkenpilz	Juni bis Oktober. Birkenwälder, lichte Laubwälder, Gebüsch und Heide	Graubrauner Hut; weißes Fleisch; schmutziggraue lange Röhren; schlanker, weißer, dunkel flockigschuppiger oder schwärzlich gefaserter Stiel.

Art	Vorkommen	Merkmale
Rotkappe	Wie Birkenpilz	Ähnlich dem Birkenpilz, aber Hut mit rotbrauner, filziger Oberhaut; Fleisch weiß, grauschwärzlich anlaufend.
Butterpilz	Sommer bis Herbst. Feuchte Nadelwälder	Huthaut braungelb, dick, schleimig, leicht abziehbar. Hutfleisch gelblichweiß, weich (Name). Röhren hellgelb. Weißer Schleier zwischen Hutrand und Stiel, der später zuerst als weißer, dann als brauner Ring am Stiel hängen bleibt.
Schafeuter	Sommer und Herbst. Nadelwälder	Oft gruppenartig verwachsen, graugelb, mit kurzen, weißlichen, überaus feinen Röhren mit grünem Anflug. Ältere Pilze schuppiggefeldert aufgesprungen und unregelmäßig verbogen.

b) Giftige und ungenießbare

Satanspilz	Juli bis September. In lichten Laubwäldern, auf Kalkboden	Huthaut blaßgrau, trocken, nicht abziehbar. Röhren gelblich, bei Verletzung blaugrün, Mündungen rot, bei Druck grünblau. Der dickbauchige Stiel ist oben blaßgelb, weiter abwärts rötlich, teilweise mit rotem Adernetz. Das weiße Fleisch bei Bruch blau anlaufend. Sehr giftig.
Gallenröhrling Bitterling	Juni bis Oktober. Nadelwald	Steinpilzähnlich, mit fahlem, bräunlichfilzigem Hut; zuerst weißlich, dann zart rosa gefärbte, schaumig gewölbte Röhren; bräunlicher, stark genetzter Stiel. Sehr bitter.
Zunderpilz, Feuerschwamm	Auf Buchen	Wurde zur Bereitung des Zunders verwendet. Er ist so wie die anderen „Baumschwämme" ungenießbar.
Hausschwamm	Auf altem Gebälk	Hautartige Fruchtkörper. Ist nahezu unausrottbar, zerstört altes Balkenwerk und Fußbodenbretter.

Eßbare Vertreter der **Stachelpilze** sind der gelbe Semmelstoppelpilz und der Habichtschwamm, dessen schokoladebrauner Hut auf der Oberseite sparrige, fast kreisförmig angeordnete Schuppen, auf der Unterseite graue, an ein Rehfell (Rehpilz) erinnernde Stacheln zeigt.

Zu den eßbaren **Keulenpilzen** gehört die Bärentatze oder Rötliche Koralle.

Die **Bauchpilze** oder Boviste sind zum Teil im Jugendzustand, bevor sich das Innere in Sporenpulver verwandelt, genießbar, so etwa der Riesenstäubling.

Anhang II

Übersicht der Blütenpflanzen

unter besonderer Berücksichtigung der Nutz- und Heilpflanzen

1. Unterabteilung: Nacktsamige

Die Nacktsamigen sind Holzpflanzen mit sehr regelmäßig verzweigten Stämmen. Die Blätter sind meist schraubig angeordnet und von derber, ledriger Beschaffenheit, mit Anpassungen an Trockenheit; manche können mehrere Jahre auf der Pflanze verbleiben. Die Blüten sind eingeschlechtlich und haben keine oder eine nur unbedeutende Hülle. Die Samenanlagen liegen offen auf den Fruchtblättern und werden in der Regel durch den Wind bestäubt. Dadurch, daß die Fruchtblätter sich übereinanderlagern (Zapfenblüten), werden die Samenanlagen geschützt.

Die Nacktsamigen dürften von farnähnlichen Pflanzen abstammen. Die lebenden Formen sind die Reste einer ehemals reich entfalteten Pflanzengruppe.

Familie der **Zykadeen oder Palmfarne.** In den Tropen lebende Pflanzen mit gefiederten Blättern. Palmenähnliche Arten der Gattung Zykas werden häufig in Gewächshäusern gezogen. Die Befruchtung erfolgt wie bei der nahestehenden Familie der **Ginkgogewächse** durch Spermatozoiden. Einziger Vertreter Ginkgo in Ostasien; wird in Europa oft in Gärten gezogen. Die fächerförmigen Blätter fallen im Herbst ab.

Familie der **Nadelhölzer.** Holzpflanzen mit meist nadelförmigen und in der Regel mehrjährigen Blättern. Die Blüten sind eingeschlechtlich. Hauptsächlich in der kalten und gemäßigten Zone. Viele sind wichtige Waldbäume.

Eine bekannte Art ist die in unseren Gebirgswäldern wachsende Fichte, deren aufrechter Stamm von rötlichbrauner Borke bedeckt ist und in ziemlich regelmäßigen Abständen die wirteligen Äste trägt. Die nadelförmigen, in eine stechende Spitze endenden Blätter haben einen vierkantigen Querschnitt; sie können einige Jahre erhalten bleiben. Die Pflanze ist einhäusig. Die Staubblüten bestehen aus vielen, unterseits 2 Pollensäcke tragenden Staubblättern, die kätzchenartig vereint sind und seitwärts an den Zweigen stehen. Die Fruchtblüten bestehen aus einer fleischigen Fruchtschuppe, die am Grunde eine häutige Deckschuppe sowie 2 Samenanlagen trägt. Die aus den rotgefärbten Fruchtblüten zusammengesetzten Zapfen stehen an den Zweigenden. Die Bestäubung erfolgt durch den Wind. Die während der Reife verholzenden, dachziegelartig übereinanderliegenden Fruchtschuppen bilden den Fruchtzapfen, der schließlich, abwärts hängend, die geflügelten Samen entläßt.

Die Nadelhölzer kann man in Unterfamilien einteilen:

Einzelne Samen; ohne Fruchtschuppe: Die Eibe mit dunkelgrünen Blättern und giftigen Samen, die von einem roten, saftigen Fruchtwulst umgeben sind, kommt in Europa vor.

Fruchtzapfen aus wirtelig gestellten Fruchtschuppen: Die Zypresse, ein in der Kulturform pyramidenförmiger Baum mit schuppenförmigen Blättern. Mittelmeergebiet. — Der Lebensbaum, zypressenähnlich, wird bei uns häufig auf Friedhöfen gezogen. — Der Wacholder mit scharfspitzigen, wirteligen Nadeln ist zweihäusig und bildet blauschwarze, weiche Beerenzapfen.

Fruchtzapfen aus schraubig gestellten Fruchtschuppen: Die Tanne hat stumpfe, unterseits zwei weiße Wachsstreifen zeigende Nadeln. Die aufrechten Zapfen haben abfallende Schuppen. — Die Fichte mit vierkantigen, spitzen Nadeln hat hängende Zapfen, die nach der Reife als Ganzes abfallen. — Die Lärche wirft im Herbst ihre in Büscheln stehenden Nadeln ab. Gebirge Mitteleuropas. — Die Zeder, der Lärche ähnlich, hat immergrüne Blätter. Kleinasien, Libanon. — Die Kiefer, gemeine Föhre oder Rotföhre, hat eine rötliche Rinde und gepaarte, stechende Nadeln. — Die Schwarzföhre mit grauer Rinde, gepaarten, langen, dunkelgrünen Nadeln, kommt nur im südöstlichen Europa vor. Oft kultiviert. — Die Pinie ist ein Baum mit schirmförmiger Krone. Die bis 20 cm langen Nadeln stehen paarweise. Samen genießbar (Pignoli). Mittelmeergebiet. — Die Zirbelkiefer oder Arve der Alpen und Karpaten hat die Nadeln zu fünf beisammenstehend. — Die Legföhre, Krummholzkiefer, „Latschen", mit niederliegendem Stamm und gepaarten Nadeln, kommt in den Gebirgen von Mittel- und Südeuropa vor.

Zu einer weiteren Unterfamilie gehören die Sumpfzypresse, welche in Nordamerika ausgedehnte Sumpfwaldungen bildet, und der Mammutbaum Kaliforniens, der bei einem Stammdurchmesser von 10 m eine Höhe von 140 m und ein Alter von 3000 Jahren erreichen kann.

Das Harz fossiler Nadelhölzer ist als Bernstein erhalten. Das Harz vieler lebender Bäume findet die verschiedensten Verwendungen als Terpentin, Kolophonium, Pech, Balsam usw.

2. Unterabteilung: Bedecktsamige

1. Klasse: Zweikeimblättrige

1. Unterklasse: Kronenlose

Bei allen Bedecktsamigen sind die Samenanlagen in Fruchtknoten eingeschlossen. Bei den Zweikeimblättrigen besitzt der Keimling 2 Blätter und der junge Stengel hat ringförmig angeordnete Gefäßbündel.

Die Besprechung der Bedecktsamigen wird mit jenen Familien begonnen, die sich durch Vorherrschen von eingeschlechtlichen Blüten, Windbestäubung und einfachen Bau der Blütenhülle an die Nacktsamigen anschließen. Auch die Beteiligung von Blatt- und Achsenbildungen an der Ausgestaltung des Fruchtstandes erinnert bei manchen an ähnliche Bildungen der Nacktsamigen (Abb. 93).

Die Kronenlosen lassen sich in mehreren Ordnungen zusammenfassen, welche jede für sich eine selbständige Entwicklung zeigt. Jedenfalls waren die Kronenlosen in früheren Erdzeitaltern relativ viel zahlreicher als jetzt.

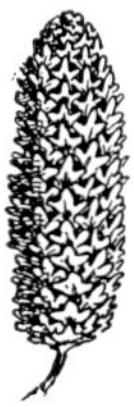

Birke

Erle

Hopfen

Abb. 93. Fruchtstände von Kronenlosen.

1. Ordnung: Buchenartige

Einhäusige Holzpflanzen mit Windblüten. Ganz ausnahmsweise, z. B. Edelkastanie, Insektenblüten. Ungeteilte Blätter mit hinfälligen Nebenblättern. Blütenhülle fehlend oder kelchartig. Staubgefäße stehen vor den Blütenhüllblättern. Von den 2 bis 6 Fruchtknotenblättern kommt nur 1 Samen zur Entwicklung. Frucht nußartig.

Familie der **Birkengewächse.** Holzpflanzen mit ungeteilten Blättern und einhäusigen Blüten. Staub- und Fruchtblüten zumeist in Kätzchen. Die Nüßchen sitzen bei der Birke und Erle in der Achsel holziger Schuppen (Deckblatt), die zur Reifezeit bei der Birke abfallen, während sie bei der Erle an dem zapfenähnlichen Fruchtstand verbleiben. Bei der Hasel und bei der Hainbuche aber werden die Nüsse von einer Fruchthülle umgeben, die jeweils aus 3 verwachsenen Vorblättern besteht. Bei der Hainbuche fällt dieses dreilappige Hochblattgebilde samt dem Nüßchen ab und dient ihm als Flugorgan.

Die gewöhnliche Birke oder Weißbirke hat eine weiße, glatte, quergestreifte (Rindenporen) Korkhülle und dreieckige, zugespitzte, doppeltgesägte Blätter an den hängenden Zweigen. Im Frühling entfalten sich zweierlei hängende, ährenartige Blütenstände, sogenannte Kätzchen (Abb. 94). Die männlichen Kätzchen (Staubkätzchen) stehen einzeln oder 2 bis 3 an den Enden der vorjährigen Zweige und haben unter jedem Deckblatt 3 Blüten, bestehend aus 2 kleinen schuppenartigen Blütenhüllblättern sowie 2 zweispaltigen Staubgefäßen. Die kleineren weiblichen Kätzchen (Stempelkätzchen) stehen an heurigen Zweigen und tragen in den Achseln dreilappiger Deckblätter 3 Fruchtknoten ohne Blütenhülle. Nach der Fruchtreife lösen sich die mit 2 häutigen Flügeln versehenen Nüßchen los und werden vom Wind verbreitet, während die Deckblätter ebenfalls vom Stiele des Kätzchens abfallen. Die Birke ist ein anspruchsloses Gewächs armer Böden (Sand, Moor). Das helle Holz ist leicht, hart und zäh.

Eine Charakterpflanze des Nordens ist die kleine, rundblättrige Zwergbirke. — Die Erlen mit ihren zapfenähnlichen Fruchtständen kommen in verschiedenen Arten bei uns vor: die Schwarzerle (Abb. 95) in nassen Gehölzen der Niederung, mit klebrigen Blättern; die Grauerle mit unterseits grauen Blättern, meist in gebirgigen Gegenden, auf Flußschottern; die strauchige Grünerle. — Der Haselstrauch hat die Staubblüten in hängenden Kätzchen vereint, während die weiblichen Blüten, welche zu 8 bis 16 von einer gemeinsamen Hülle aus schuppenförmigen Blättern umgeben sind, ein knospenartiges Gebilde zusammensetzen, aus dem oben die roten fädigen Narben herausschauen (Abb. 95). Die Blüten erscheinen vor den herzförmigen Blättern. Die Haselnüsse sitzen in einer aus Hochblättern entstandenen grünen, zerschlitzten Hülle. — Die Hainbuche oder Weißbuche hat scharf doppeltgesägte Blätter. Die Früchte stehen in hängenden Ähren in den Achseln großer, dreilappiger Hochblätter.

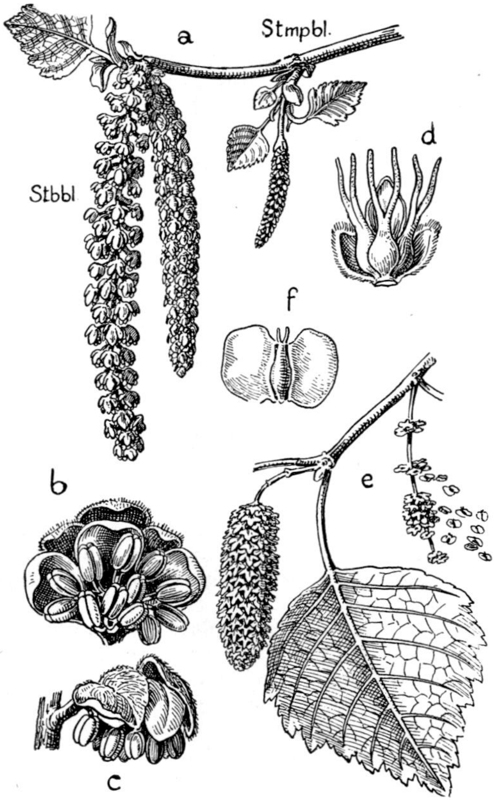

Abb. 94. Gemeine Birke. *a* Zweig mit Staubblüten (*Stbbl.*) und Fruchtblüten (*Stmpbl.*), *b* Staubblüte von unten (vergr.), *c* Staubblüte von der Seite (vergr.), *d* Fruchtblüte (vergr.), *e* Zweig mit Fruchtstand, *f* Same (vergr.).

Familie der **Buchengewächse.** Holzpflanzen mit ungeteilten Blättern und einhäusigen Blüten. Staubblüten kätzchenförmig. Die einsamigen Nüsse sind einzeln oder zu mehreren von einem verholzenden Fruchtbecher umgeben.

Die Rotbuche hat ganzrandige Blätter. An den heurigen Zweigen entwickeln sich die Staubblüten in Köpfchen vereint, während die Stempelblüten zu zweien beisammenstehen. Die dreikantigen, ölreichen Nüßchen, die „Bucheckern", sitzen zu zweien in einer vierspaltigen, außen stacheligen Hülle. — Die Eichen haben gelappte Blätter, die männlichen Blüten stehen in Kätzchen und bestehen aus einer 4- bis 8-teiligen unscheinbaren Hülle mit 4 bis 8 Staubgefäßen. Die Stempelblüten haben ebenfalls eine 4- bis 8-lappige, sehr kleine Hülle und sind am Grunde von sehr kleinen schuppenförmigen Hochblättern umgeben (Abb. 95). Die Frucht, die Eichel, ist eine Nuß, welche in einem außen beschuppten Fruchtbecher steckt. Die Stiel- oder Sommereiche hat langgestielte Früchte und sitzende Blätter. Die Trauben- oder Wintereiche, auch Steineiche genannt, hat sitzende Früchte und gestielte Blätter. Die Flaumeiche hat auch die alten Blätter unterseits flaumig behaart. Die Zerreiche hat spitzige Blattlappen und stachelige Becher. Die Rinde der Korkeiche liefert den Flaschenkork. — Die echte Kastanie oder Edelkastanie ist ein Baum mit großen, scharf gesägten Blättern. Die Früchte (Maroni) sind zu drei bis fünf von einem langstacheligen Becher umschlossen. Südeuropa, kultiviert auch in Mitteleuropa (Abb. 95).

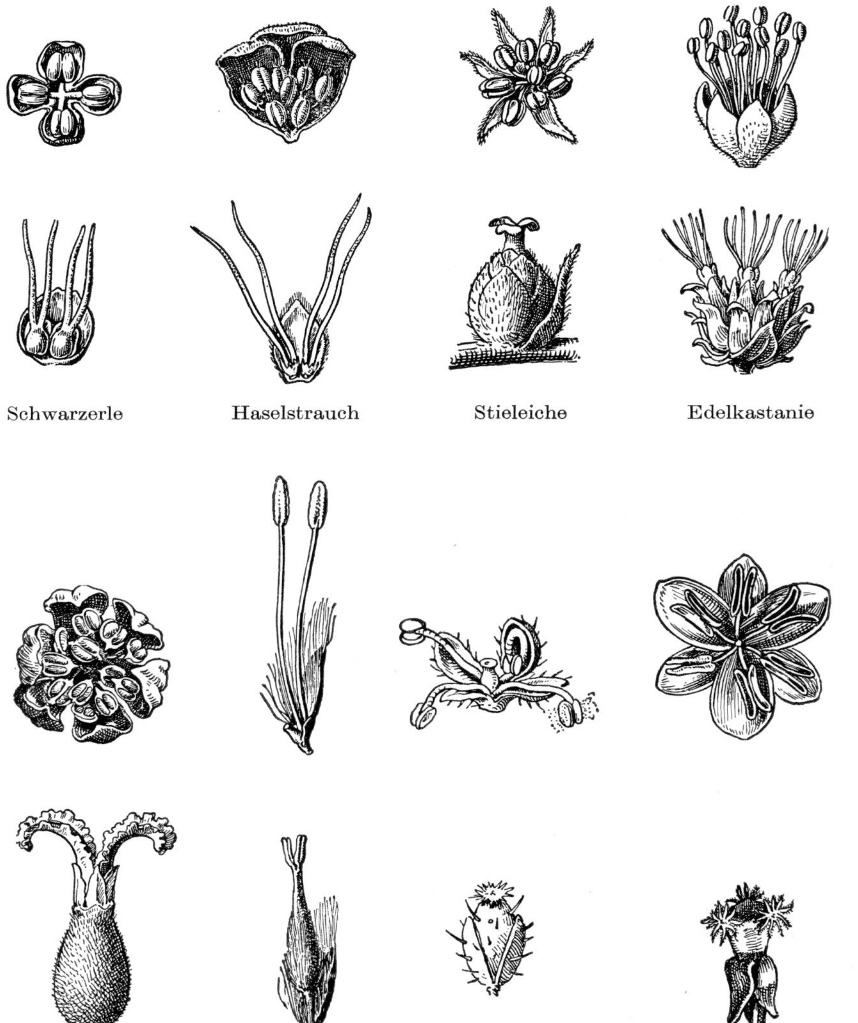

Abb. 95. Einzelblüten von Kronenlosen.

2. Ordnung: Walnußartige

Bäume mit einhäusigen Windblüten. Blätter unpaarig gefiedert, ohne Nebenblätter. Staubblüten in Kätzchen mit unscheinbarer Blütenhülle. Auch die weiblichen Blüten haben eine unscheinbare Hülle und einen unterständigen Fruchtknoten, aus dem sich eine Steinfrucht entwickelt (Abb. 95).

Zur Familie der **Walnußgewächse** gehört der Walnußbaum, der „Nußbaum", dessen als „Nüsse" bezeichnete Steinfrüchte einen Samen mit genießbaren, wellig gefalteten Keimblättern enthalten. Mittelmeergebiet bis Himalaja, bei uns gepflanzt. Sein Holz sowie das Holz einiger nordamerikanischer (Hickory) und kaukasischer Verwandter ist sehr geschätzt.

3. Ordnung: Weidenartige

Holzpflanzen mit einfachen Blättern und Nebenblättern. Blüten zweihäusig. in Kätzchen und ohne deutliche Blütenhülle. Frucht eine vielsamige Kapsel.

Einzige Familie der **Weidengewächse.** Die verschiedenen Arten der Weide haben kurzgestielte Blätter. Die männlichen Kätzchen bestehen aus Blüten mit 2 Staubgefäßen, welche in der Achsel einer seidig behaarten Deckschuppe stehen. Statt der fehlenden Blütenhülle sind am Grunde der Staubgefäße 1 oder 2 kleine honigabsondernde Läppchen vorhanden. Die weiblichen Blüten sind ähnlich, nur besitzen sie anstelle der Staubgefäße einen Fruchtknoten mit 2 Narben (Abb. 95). Die Frucht ist eine zweiklappig aufspringende Kapsel, die zahlreiche kleine, mit langen Haaren (Flugeinrichtung) versehene Samen enthält. Insektenbestäubung.

Silberweide, Bruchweide und Purpurweide meist an Bachrändern. Die in Bergwäldern verbreitete Salweide liefert in ihren unreifen Blütenständen die „Palmkätzchen". Die Zweige mancher Weiden werden zum Korbflechten verwendet. Werden für diesen Zweck die Äste jährlich abgeschnitten, entsteht die Form der „Kopfweide". Im Hochgebirge und in der Arktis finden sich kleine, am Boden kriechende Zwergweiden. — Die Pappeln unterscheiden sich von den Weiden durch langgestielte Blätter, becherförmige Bildungen am Grunde der Blüten und eine große Anzahl von Staubgefäßen in den Staubblüten. Schwarzpappel, Silberpappel und Zitterpappel oder Espe in Wäldern und Auen. Die Pyramidenpappel wird als Alleebaum gezogen. Die Pappeln sind Windblütler.

4. Ordnung: Nesselartige

Holzige und krautige Pflanzen mit unscheinbaren, meist zu dichten Blütenständen vereinigten Blüten. Die Blattstiele tragen (öfters hinfällige) Nebenblätter.

Familie der **Nesselgewächse.** Ein bekannter Vertreter ist die Brennessel, eine Schuttpflanze mit Brennhaaren (Abb. 95).

Die Familie der **Ulmengewächse** besteht aus Holzgewächsen. Flatterulme, Feldulme, Bergulme.

Die Familie der **Hanfgewächse** umfaßt krautige Pflanzen. Der Hopfen ist eine zweihäusige, ausdauernde Pflanze unserer Auenwälder. Der rechtswindende Stengel ist widerhakig-rauh behaart und trägt handförmig gelappte Blätter. Die zapfenähnlichen Fruchtstände (Abb. 93) tragen auffallende Vorblätter, die von harz- und bitterstoffreichen Drüsen bedeckt sind, auf die die Verwendung der Pflanze in der Brauerei und Heilkunde (Beruhigungsmittel) zurückgeht. — Der Hanf stammt aus Südasien, wird bei uns wegen seiner 1 bis 2 m langen Bastfaserstränge, weniger wegen der ölreichen Samen angebaut. Eine Abart liefert das Narkotikum „Haschisch".

Die Familie der **Maulbeergewächse** umfaßt vorwiegend milchsaftführende Holzpflanzen. Die Maulbeerbäume sind zweihäusig. Die Frucht ist eine Steinfrucht, doch werden die Früchte eines Fruchtstandes durch die fleischig gewordenen Blütenhüllen zu einer Sammelfrucht vereinigt („Maulbeere"). Der Weiße Maulbeerbaum, mit glatten Blättern, hat weiße oder rötliche Früchte; er ist für die Seidenraupenzucht sehr wichtig. Der Schwarze Maulbeerbaum, mit dichtbehaarten Blättern, hat schwarzrote Früchte. Beide sind im Orient heimisch und werden bei uns kultiviert. — Der Brotfruchtbaum wird wegen seiner genießbaren großen Fruchtstände in den Tropen allgemein gezogen. — Der Feigenbaum des Mittelmeergebietes besitzt handförmig gelappte Blätter und genießbare Fruchtstände („Feigen") mit fleischigem, krugförmigem Achsengebilde. — Der bei uns als Zimmerpflanze beliebte Gummibaum ist in seiner ostindischen Heimat ein wichtiger Lieferant von Kautschuk, den man aus dem Milchsaft gewinnt.

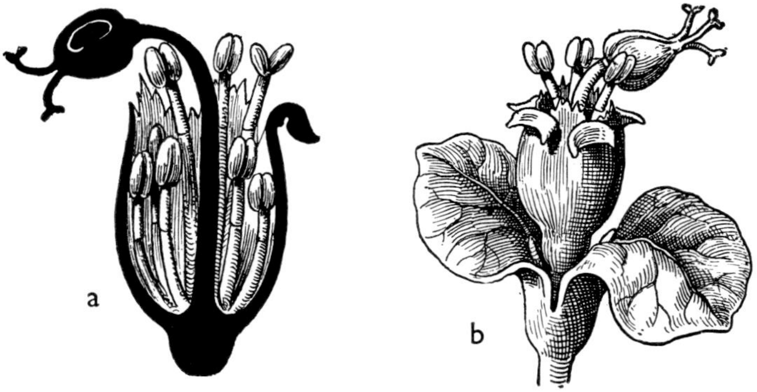

Abb. 96. Zypressenwolfsmilch. *a* Längsschnitt eines Blütenstandes (vergr.), *b* einzelner Blütenstand (vergr.).

5. Ordnung: Wolfsmilchartige

Kräuter oder Holzpflanzen mit eingeschlechtlichen Blüten und wenig ausgebildeter oder fehlender Blütenhülle. Der oberständige dreifächerige Fruchtknoten liefert eine dreifächerige Kapsel.

Familie der **Wolfsmilchgewächse.** Die Arten der Gattung Wolfsmilch führen Milchsaft in allen Teilen. Sie haben Blütenstände, die einer Einzelblüte ähnlich sehen und meist von gelben Hochblättern umgeben sind. Ein einzelner Blütenstand (Cyathium) besteht aus einer langgestielten, hüllenlosen Stempelblüte in der Mitte, um diese stehen viele Staubblüten, von denen jede aus einem Staubgefäß besteht, das an einem kurzen Blütenstiel in der Achsel eines winzigen Deckblattes steht. Der ganze Blütenstand wird von 5 Hochblättern, den Tragblättern der Staubblüten, eingehüllt. Zwischen diesen Blättern befinden sich elliptische oder halbmondförmige Organe, welche Honig absondern (Abb. 96).

Häufige einheimische Arten sind die Zypressenwolfsmilch mit nadelförmigen Blättern und die Mandelblättrige Wolfsmilch. — In den tropischen und subtropischen Gebieten gibt es säulenförmige Wolfsmilcharten mit kakteenähnlichem Aussehen. — Unter den tropischen Wolfsmilchgewächsen befinden sich wertvolle Kulturpflanzen: Der brasilianische Parakautschukbaum ist der wichtigste Kautschuklieferant („Paragummi"), aber auch aus dem Milchsaft von Manihot-Arten des tropischen Amerika gewinnt man Kautschuk. Der krautige Maniok gehört zu den wichtigsten Mehlpflanzen der Tropen, er besitzt sehr stärkereiche Wurzelknollen. — Der Rizinusbaum des tropischen Afrika liefert das Rizinusöl, das in den Samen enthalten ist.

6. Ordnung: Knöterichartige

Krautige Pflanzen mit knotig gegliederten Stengeln und einfachen wechselständigen Blättern, deren Nebenblätter zu einer röhrenförmigen, den Stengel umgebenden Bildung verwachsen sind. Fruchtknoten einfächrig und oberständig mit einer Samenanlage. Die Frucht ist eine einsamige Nuß mit reichlichem Nährgewebe.

Einzige Familie der **Knöterichgewächse.** Der Sauerampfer hat eine sechsblätterige Blütenhülle in zwei Kreisen, die Blätter des inneren Kreises vergrößern sich während der Reife und dienen der Frucht als Flugorgan. Seine Blätter werden als Gemüse verwendet (Abb. 95). — Der Buchweizen hat eine fünfteilige, lebhaft gefärbte Blütenhülle (Insektenbestäubung). Seine Früchte liefern Mehl. Er wird bei uns als zweite Frucht gebaut. — Außer der Gattung Knöterich ist hier auch noch der bei uns gezogene Rhabarber zu erwähnen.

7. Ordnung: Zentralsamige

Im Innern des aus mehreren Fruchtblättern gebildeten einfächerigen Fruchtknotens befindet sich ein zentraler Samenträger, an dem eine oder zahlreiche Samenanlagen befestigt sind. Die einfachsten Formen erinnern an Nesselartige, während die höchstentwickelten Formen bereits über die Unterklasse der Kronenlosen hinausgreifen.

Familie der **Gänsefußgewächse.** Die krautigen, nebenblattlosen Pflanzen besitzen in der Regel sehr unscheinbare, grünliche, zwittrige Blüten in dichten Blütenständen. Manche Formen wachsen gerne auf salzreichen Böden und nehmen unter Reduktion der Blätter die Gestalt von Trockenlandspflanzen an. Andere bevorzugen schutt- und mistreiche Standorte. Gänsefuß und Melde sind häufige Unkräuter. Als Gemüse werden gebaut Spinat und Runkelrübe, von deren Abarten die Wurzeln als Salat (Rote Rüben), Viehfutter (Futterrüben, Burgunderrüben) und zur Zuckergewinnung (Zuckerrüben) verwendet werden.

Familie der **Kakteen.** Dickfleischige, mit Dornen bewehrte Pflanzen, deren Blütenhülle aus zahlreichen, meist prachtvoll gefärbten Blättern besteht, von denen die äußersten oft kelchartig ausgebildet sind. Diese Blütenhüllblätter sind schraubig angeordnet, ihre Zahl und Ausbildung ist unbestimmt, ebenso die Anzahl der vielen Staubgefäße. Die Kakteen gehören zu den Charakterpflanzen des zentralen Amerika. Sie zeigen mit ihren kugeligen, säulenartigen oder scheibenförmigen Stämmen weitgehende Anpassungen an große Trockenheit. Die Laubblätter sind rückgebildet oder in Dorne umgewandelt. Die dicken grünen Stämme dienen der Assimilation und Wasserspeicherung (Abb. 97). Die Blüten sind meist nur kurze Zeit geöffnet, weil sonst die zarten Blütenblätter zu viel Wasser abgeben würden.

Der „Feigenkaktus" wächst im Mittelmeergebiet gezogen und verwildert. Seine Früchte werden gegessen.

Familie der **Nelkengewächse.** Krautige Pflanzen mit einfachen, schmalen, gegenständigen Blättern. Die strahligen, manchmal von Hochblatthüllen umgebenen Blüten sind meist fünfzählig und besitzen Kelch und Blumenkrone. Staubgefäße sind in der Regel 5 oder 10 vorhanden, während die Fruchtknoten aus

2 bis 5 Blättern bestehen können. Die Frucht ist zumeist eine vielsamige, mit Zähnen aufspringende Kapsel, nur ganz selten eine Nuß. Fast ausschließlich Insektenbestäubung. Bei den Nelkengewächsen kam es im Zusammenhang mit der Insektenbestäubung durch Umwandlung eines Teiles der Staubgefäße in Kronblätter zur Ausbildung einer Blumenkrone. Durch weitere Umwandlung von Staubgefäßen in Blumenkronblätter entstanden die „gefüllten" Gartennelken.

Abb. 97. *Cereus giganteus* in Nieder-Kalifornien.

Ein bekanntes Nelkengewächs ist die Steinnelke oder Karthäusernelke, welche auf trockenen Wiesen und sonnigen Berghängen wächst. Die mit starken Wurzeln verankerten runden Stengeln tragen schmale, gekreuzt gegenständige, steife Blätter und an der Spitze trugdoldig zusammenstehende Blüten. Unter jeder Blüte stehen kleine braune Hochblätter (Kelchschuppen). Die fünfzähligen Blüten bestehen aus 5 verwachsenen Kelchblättern, 5 freien Kronblättern und zweimal 5 Staubgefäßen. Der oberständige, aus 2 Fruchtblättern gebildete Fruchtknoten trägt 2 einnarbige Griffel. Die Frucht ist eine sich an der Spitze mit 4 Zähnen öffnende einfächerige Kapsel (Abb. 98).

Die Gartennelke wird als Zierpflanze in zahlreichen Spielarten gezogen. — Der Hühnerdarm mit freien Kelchblättern und zweispaltigen Kronblättern ist ein verbreitetes Unkraut. — Das Aufgeblasene Leimkraut, die „Klatschrose", hat drei Griffel und 6- bis 10zähnige Kapseln. — Das Hornkraut hat auch gespaltene Kronblätter, aber 5 Griffel und 10zähnige Kapseln. — Die Pechnelke hat zum Schutz gegen aufkriechende Tiere die Stengelknoten klebrig. — Die Kornrade ist ein Ackerunkraut mit giftigem Samen (Tafel 8).

2. Unterklasse: Freikronblättrige

In der Regel eine doppelte, in einen Kelch und eine freiblättrige Krone gegliederte, meist auffällige Blütenhülle.

1. Ordnung: Vielfrüchtige

Diese Ordnung knüpft an die Kronenlosen an und ermöglicht andererseits den Anschluß weiterer Reihen. Die Blüten sind sehr veränderlich, enthalten aber vorherrschend mehrere Fruchtknoten, aus welchen sich dann mehrere Früchte, vielfach Balgkapseln, entwickeln.

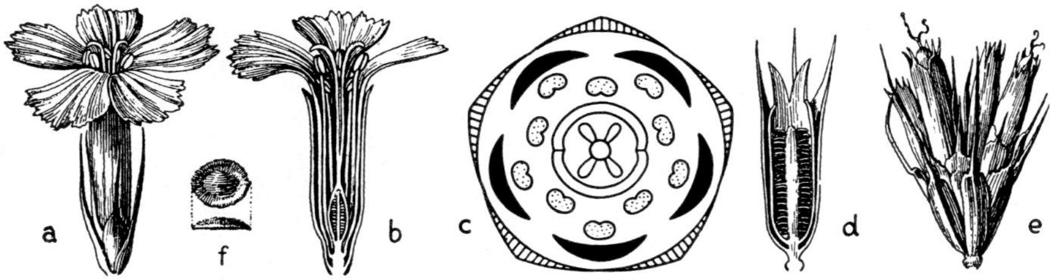

Abb. 98. Karthäusernelke. *a* Blüte (vergr.), *b* Blüte im Längsschnitt (vergr.), *c* Diagramm, *d* Frucht im Längsschnitt (vergr.), *e* Fruchtstand, *f* Same (stark vergr.).

Familie der **Hahnenfußgewächse.** Vorwiegend mehrjährige Kräuter (Stauden) mit wechselständigen, nebenblattlosen Blättern und lebhaft gefärbten Zwitterblüten, die auf gewölbtem Blütenboden zahlreiche Staubblätter und mehrere Fruchtknoten besitzen. Die Staubgefäße sind schraubig angeordnet, manchmal auch die übrigen Blütenteile. Die Blütenhülle ist entweder einfach und blumenkronartig oder doppelt. Die doppelte Ausbildung kann dadurch entstehen, daß eine aus Hochblättern gebildete, kelchartige Hülle hinzutritt (Leberblümchen, Kuhschelle) oder daß aus Staubblättern kronenartige „Honigblätter" hervorgehen. Die Früchte sind meist Balgkapseln, teils Schließfrüchte.

Zu unseren häufigsten Frühlingspflanzen gehören Arten der Gattung Windröschen (Anemone), z. B. das Buschwindröschen (Abb. 99), welches gewöhnlich in Gruppen in Wäldern und Buschwerk wächst. Zum Überwintern dient ein waagrecht im Boden kriechender Wurzelstock. Schon im Halbfrühling, ehe sich die Holzpflanzen belauben, entspringt am Vorderende des Wurzelstockes ein langgestieltes, dreischnittiges Blatt sowie ein Stengel mit einer endständigen Blüte und 3 Hochblättern, welche in gleicher Höhe stehen und in ihrer Form an das grundständige Blatt erinnern. Die Blüte besteht aus 5 bis 8 (6) weißen oder blaßrosa gefärbten Blütenhüllblättern, zahlreichen Staubgefäßen und vielen oberständigen Fruchtknoten. Die Bestäubung erfolgt durch Insekten. Aus jedem Fruchtknoten wird ein Nüßchen, das vor Eintritt des Sommers reift, worauf die Blätter absterben. Über bleibt der mit Reservestoff gefüllte Wurzelstock, der, an seinem Vorderende weiterwachsend, jährlich im Frühjahr die oberirdischen Teile emporsendet, während das hintere Ende schrittweise abstirbt.

Beim Leberblümchen sind die 3 Hochblätter der blauen Blüte so nahe gerückt, daß sie einem Kelch ähneln. Die Kuhschelle mit großen violetten Blüten (Tafel 8), hat an den Früchten einen aus dem Griffel hervorgegangenen behaarten Anhang als Flugorgan.

Ebenfalls mit Schließfrüchten: Die Waldrebe mit einfacher weißer Blütenhülle und rankenden Blattstielen. — Der Hahnenfuß (Schmalzblume) hat eine Blüte aus 5 glänzend gelben Blumenkronblättern und 3 bis 5 grünen, abfallenden Kelchblättern. Am Grunde der Kronblätter sind kleine honigabsondernde Grübchen. Zahlreiche Staubgefäße und oberständige Fruchtknoten.

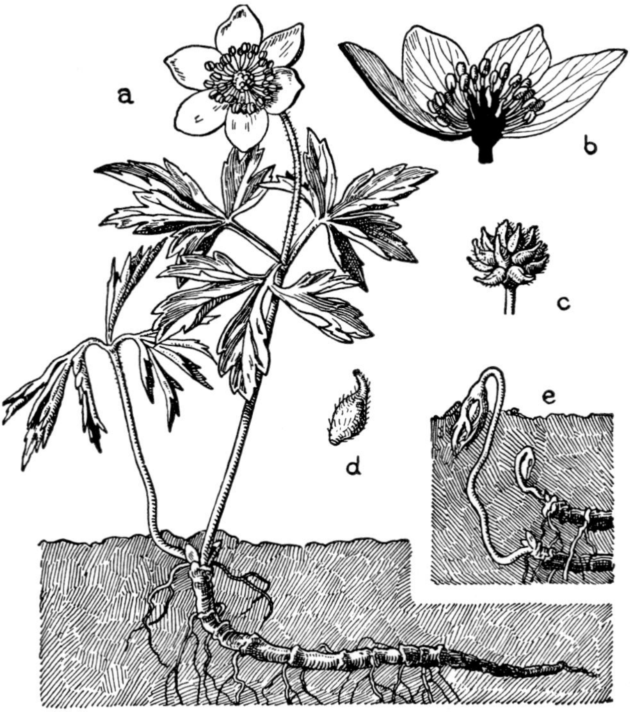

Abb. 99. Buschwindröschen. *a* Pflanze (verkl.), *b* Längsschnitt der Blüte (vergr.), *c* Fruchtstand, *d* einzelnes Früchtchen (vergr.), *e* junge Pflanzen (verkl.).

Mit Balgkapseln: Die Sumpfdotterblume wächst im ersten Frühjahr an Bachrändern und feuchten Wiesen. Sie hat herzförmig-rundliche Blätter und große dottergelbe Blüten. — Die Schneerose oder Schwarze Nießwurz zeigt schon während der Schneeschmelze ihre großen weißen Blüten. — Die Akelei besitzt 5 blumenkronartige Kelchblätter und 5 langgespornte Blumenkronblätter. — Der seitlich symmetrische Rittersporn hat 5 blumenkronartige Kelchblätter, von denen eines gespornt ist (Nektarium). — Der ebenfalls zygomorphe Eisenhut ist stark giftig, besonders die Wurzeln enthalten viele Giftstoffe (Extrakte gegen Gelenks- und Nervenschmerzen).

Familie der **Sauerdorngewächse.** Die Berberitze (Sauerdorn) ist ein häufiger Strauch, dessen Blätter der Hauptsprosse zu drei- bis fünfteiligen Dornen umgebildet sind, während die Blätter der kurzen Seitenäste normale Ausbildung zeigen. Die aus 6 gelben Kronblättern und 6 Kelchblättern bestehende Hülle umschließt einen Fruchtknoten und 6 Staubgefäße, welche bei Berührung gegen den Stempel schlagen, wodurch der Pollen auf ein besuchendes Insekt gebracht wird. Die Frucht ist eine rote, längliche Beere.

Abb. 100. Seerose. Übergangsformen der Staubgefäße in Blumenkronblätter.

Familie der **Lorbeergewächse.** Von dem immergrünen Lorbeerbaum der Mittelmeerländer werden die ledrigen Blätter als Gewürz und die Früchte als Heilmittel verwendet. — Die Rinde des asiatischen Zimtbaumes liefert Zimt, aus den Wurzeln gewinnt man Kampfer. Der eigentliche Kampferspender ist der in Japan heimische Kampferbaum, der in allen Teilen Kampferöl enthält.

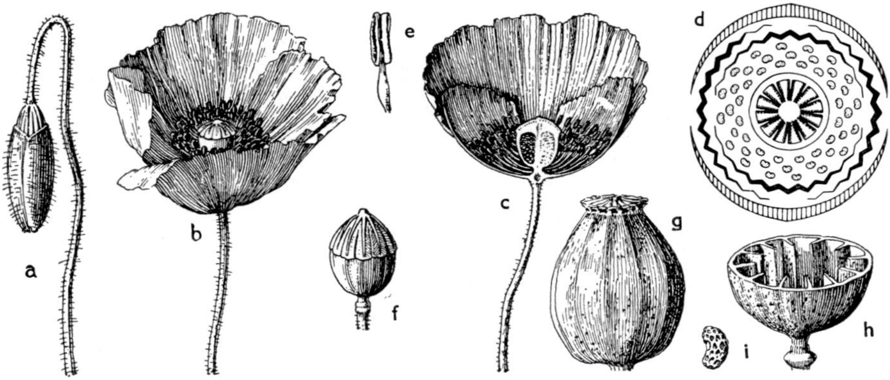

Abb. 101. Gartenmohn. *a* Knospe, *b* Blüte, *c* Blüte im Längsschnitt, *d* Diagramm, *e* Staubgefäß, *f* Fruchtknoten, *g* Frucht (vergr.), *h* Frucht im Querschnitt (vergr.), *i* Same (stark vergr.).

Familie der **Seerosengewächse.** Wasserpflanzen mit meist großen Schwimmblättern. Bei den einzeln stehenden Blüten entspricht der Kelch der Blütenhülle, während die zahlreichen, schraubig angeordneten Blumenkronblätter aus Staubblättern hervorgegangen sind. Bei der Weißen Seerose kann man verschiedene Übergangsformen von Staubblättern zu Kronblättern beobachten (Abb. 100). Einheimisch sind die Weiße Seerose und die Gelbe Teich- oder Seerose (Nixenblume). — Tropische Gewächse sind die Lotosblume und die Victoria regia. Letztere ist im tropischen Amerika beheimatet und besitzt bis 2 m Durchmesser erreichende Schwimmblätter mit aufgekrempeltem Rand.

2. Ordnung: Mohnartige

Die Zwitterblüten sind aus zweigliedrigen Wirteln aufgebaut und besitzen einen oberständigen Fruchtknoten, dessen Blätter miteinander verwachsen sind. Kapselfrüchte.

Familie der **Mohngewächse.** Milchsaft führende, meist krautige Pflanzen. Die zwittrigen Blüten haben einen zweiblättrigen Kelch, eine vierblättrige Blumenkrone und zahlreiche Staubgefäße (Abb. 101).

Der Klatschmohn ist ein einjähriges Ackerunkraut, dessen Samen reifen, bevor die Sense die Pflanze vernichtet. Der weiße Milchsaft ist giftig. Der behaarte Stengel trägt fiederspaltige, rauhe Blätter und endigt mit einer Blüte, die beim Aufblühen die beiden Kelchblätter abwirft. Die zahlreichen dunklen Staubgefäße heben sich von den 4 scharlachroten Kronblättern gut ab. Der gekammerte Fruchtknoten besteht aus mehreren Fruchtblättern. Die Frucht ist eine Kapsel, die sich am oberen Rande mit Löchern öffnet. Die sitzende Narbe bildet sich zu einem Schutzdach um, das am Scheitel der Kapsel erhalten bleibt. Wenn die Stengel vom Wind geschaukelt werden, so schüttelt die Kapsel die zahlreichen kleinen Samen wie ein Zuckerstreuer aus.

Der aus dem Orient stammende Gartenmohn wird auch bei uns viel kultiviert. Seine Samen werden zu Speisen und für Ölgewinnung verwendet, der eingedickte Milchsaft der jungen Früchte liefert Opium bzw. Morphium. — Das Schöllkraut ist ein verbreitetes Unkraut mit gelbem Milchsaft, gelben Blüten und schotenähnlichen Früchten. Es findet sich häufig auf Mauern, in deren Ritzen die Samen durch Ameisen gelangen, die sie wegen eines saftig fleischigen Anhängsels aufsuchen und verschleppen.

Familie der **Kreuzblütler.** Im allgemeinen krautige Pflanzen mit wechselständigen Blättern ohne Nebenblätter und mit deckblattlosen, traubigen Blütenständen. Die strahligen Blüten bestehen aus 2 zweizähligen Kelchblattkreisen, 4 Kronblättern, 2 äußeren kürzeren und 4 inneren längeren Staubblättern (6 viermächtige) sowie einem oberständigen Fruchtknoten. Dieser besteht aus 2 Fruchtblättern, von deren Rändern Auswüchse ausgehen, die sich zu einer den Fruchtknoten der Länge nach durchziehenden Scheidewand vereinigen. Die Frucht ist in der Regel eine Schote und öffnet sich mit 2 Klappen. Beim Öffnen verbleibt zunächst die Scheidewand mit den anhängenden Samen noch am Fruchtstiel.

Das Wiesenschaumkraut ist im Frühling auf feuchten Wiesen häufig anzutreffen. Aus einem im Boden befindlichen Wurzelstock erhebt sich eine flach ausgebreitete Rosette fiederschnittiger Blätter, in deren Mitte ein blütentragender Stengel emporragt (Abb. 102). Auch die am Stengel stehenden Blätter sind fiederschnittig, doch mit viel schmäleren Abschnitten. Der Blütenstand ist eine Doldentraube. Auch aus den Achseln der Stengelblätter entspringen blütentragende Seitensprosse. Die Blüte besteht aus 4 grünen Kelchblättern, 4 lila Kronblättern, welche einander kreuzweise (Kreuzblütler!) gegenüberstehen, 6 viermächtigen Staubgefäßen und einem länglichen, oberständigen Fruchtknoten, dessen Samen am Rande zu beiden Seiten der Scheidewand angeordnet sind. Die schmale Schote springt mit 2 Klappen von unten nach oben auf. Schaumkraut heißt die Pflanze, weil auf ihr nicht selten schaumige Massen (wie auch an anderen Pflanzen) zu sehen sind, in welchen sich die Larven der Schaumzikade befinden. Blütenformel: $* K_{2+2} C_4 A_{2+4} G_{\underline{(2)}}$.

Sehr häufige Formen sind das Hirtentäschchen mit seinen herzförmigen Schötchen und der gelbblühende Ackersenf. — Als Gemüsepflanzen werden verwendet: Der Kohl mit seinen zahlreichen Spielarten, wie Kraut, Karfiol, Sprossenkohl und Kohlrabi. Die Steckrübe oder Weiße Rübe liefert außer der Wurzel auch ölreiche Samen, wie der Raps. Bekannt sind auch Rettiche und Radieschen sowie der Meerrettich oder Kren. — Bekannte Alpenpflanzen sind das Brillenschötchen, das Hungerblümchen und die Gemskresse.

Als Zierpflanzen werden häufig der Goldlack und die Levkoje gezogen.

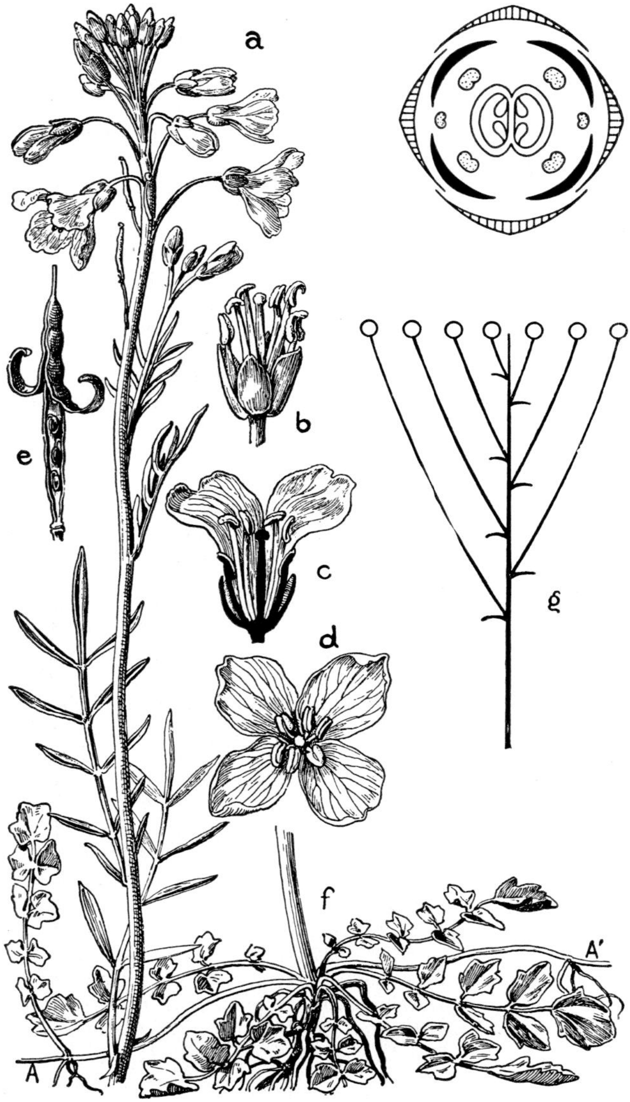

Abb. 102. Wiesenschaumkraut. *a* blühender oberer Teil der Pflanze, *b* Blüte nach Entfernung der Blumenkronblätter (vergr.), *c* Blüte im Längsschnitt (vergr.), *d* Blüte von oben (vergr.), *e* aufspringende Schote, *f* Blattrosette mit Ausläufern *A A'*, *g* Schema der Doldentraube. — Diagramm.

3. Ordnung: Wandsamige

Die in dieser Ordnung zusammengefaßten Pflanzen haben in der Regel einen aus 3 Fruchtblättern gebildeten, oberständigen, einfächrigen Fruchtknoten. Die Samenanlagen sind an der Fruchtknotenwand befestigt.

Von den hierher gehörenden Familien, unter denen sich auch die bei uns vertretenen **Cistrosengewächse** (z. B. das Sonnenröschen) und **Sonnentaugewächse** (mit insektenfressenden Formen, wie z. B. dem einheimischen Sonnentau (Tafel 9) und der nordamerikanischen Venusfliegenfalle) befinden, seien nur die Veilchengewächse besprochen.

Familie der **Veilchengewächse.** Seitlich symmetrische Blüte mit fünfblättrigem Kelch, 5 Blumenkronblättern, 5 Staubgefäßen und einem oberständigen, aus 3 Blättern gebildeten Fruchtknoten mit wandständigen Samen. Die Frucht öffnet sich mittels dreier Klappen.

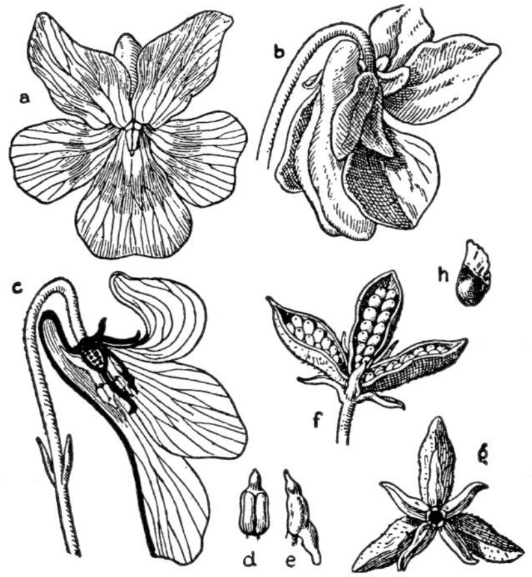

Abb. 103. Märzveilchen. *a* Blüte von vorn, *b* von der Seite, *c* im Längsschnitt, *d* ein Staubgefäß, *e* ein Staubgefäß mit Anhängsel, *f* aufgesprungene Fruchtkapsel von oben, *g* dieselbe von unten, *h* Samen mit Anhängsel. Alle Bilder vergr.

Das Wohlriechende Veilchen oder Märzveilchen entwickelt Ende März oder im April aus seinem Wurzelstock grundständige, gestielte, herzförmige, gekerbte Blätter mit je 2 Nebenblättern. In den Blattachseln entspringen einzeln die langgestielten Blüten. An den Blütenstielen befinden sich 2 kleine, schmale Hochblätter. Die Blütenhülle besteht aus 5 Kelchblättern, welche am Grunde je einen lappenförmigen Fortsatz haben, und 5 symmetrisch angeordneten, freien Kronblättern von dunkelvioletter Farbe (*Viola* — Veilchen). Das unterste Kronblatt ist am größten und am Grunde in einen kurzen Sporn erweitert. Jedes der 5 Staubgefäße wird von einem braungelben Anhängsel des die Staubbeutel verbindenden Zwischenbandes an der Spitze überragt (Abb. 103). Die 2 untersten Staubgefäße entsenden einen Nektar abscheidenden Fortsatz in den Sporn. Bienen und Hummeln, die aus dem Sporn Nektar saugen wollen, werden mit Pollen überschüttet und streifen diesen bei der nächsten Blüte an der hakenförmigen Narbe des gebogenen Griffels ab. Der oberständige Fruchtknoten besteht aus 3 Blättern, die je 2 Reihen zahlreicher Samenanlagen tragen. Die Frucht ist eine dreiklappig weit aufspringende Kapsel, welche die Samen dadurch ausschleudert, daß beim Schrumpfen der kahnförmigen Klappen die Samen mit Kraft herausgequetscht werden. Die Samen tragen fleischige Anhängsel, die von Ameisen gerne verzehrt werden, wobei die hartschaligen Samen überbleiben und verschleppt werden. Das

Veilchen hat eine ungeschlechtliche Vermehrung durch Ausläufer, die am Boden dahinwachsen, sich am Ende bewurzeln und neue Pflanzen bilden. Außer den normalen Blüten bringt das Veilchen später auch unscheinbare, kronenlose Blüten hervor, welche sich gar nicht öffnen und nach erfolgter Selbstbestäubung Früchte liefern können.

Andere häufige Veilchenarten sind: Das Rauhhaarige Veilchen, das Waldveilchen, das Stiefmütterchen des Ackers und das Gartenstiefmütterchen.

4. Ordnung: Johanniskrautartige

Die Pflanzen dieser Ordnung unterscheiden sich von der vorigen vor allem deshalb, weil die 3 Fruchtblätter derart eingefaltet sind, daß sie in der Mitte zusammenstoßen und den Fruchtknoten in 3 Fächer teilen, wobei die Samen im zentralen Winkel jedes Faches angeheftet sind (zentralwinkelständig).

Familie der **Teegewächse.** Der Teestrauch wird hauptsächlich im tropischen und subtropischen Asien gebaut, seine Blätter dienen der Teebereitung. — Die Kamelie ist ein schönblühender Zierstrauch Japans.

Die Familie der **Johanniskrautgewächse** ist vorwiegend in den Tropen verbreitet, wo viele Arten wertvolle Gummiharze liefern. Ein bekannter einheimischer Vertreter ist das Johanniskraut. Es gilt als Heilkraut (Tee gegen Nervenschmerzen).

5. Ordnung: Rosenartige

Die einzelnen Familien sind durch Zwischenformen verbunden. Die Ordnung beginnt mit strahligen Blüten und oberständigen Fruchtknoten und leitet einerseits zu Formen mit unterständigen Fruchtknoten, andererseits zu seitlich symmetrischen Blüten über. In der Regel sind die Blüten aus fünfzähligen Wirteln aufgebaut, mit einer doppelten Blütenhülle, mit 5 oder $n \times 5$ Staubblättern und einer wechselnden Anzahl, meist 5 Fruchtblättern. Häufig hat der ausgehöhlte oder verbreiterte Blütenboden einen auffälligen Anteil an der Blütenbildung.

Familie der **Dickblattgewächse.** Mehrere Arten der Gattung Fetthenne, etwa der gelbblühende Mauerpfeffer oder die Weiße Fetthenne sowie der Gattung Hauswurz kommen besonders auf trockenen oder felsigen Standorten vor. Sie speichern in ihren fleischigen Blättern Wasser und sind befähigt, große Trockenheit zu überdauern (Tafel 8).

Familie der **Steinbrechgewächse.** Aus dem Fruchtknoten, der in der Regel aus zwei Blättern gebildet ist und viele Samenanlagen sowie 2 Griffel besitzt, entwickelt sich eine Kapsel oder Beere. Zahlreiche Arten der Gattung Steinbrech leben in den Alpen, besonders auf Schutt und Fels, wo sie ihre Wurzeln in die Gesteinsspalten treiben. Auch das Studentenröschen und das Milzkraut gehören hierher. — Zierpflanzen sind der Pfeifenstrauch oder Falsche Jasmin und die Hortensie. — Wegen der genießbaren Früchte werden häufig die Stachelbeere und die Johannisbeere, Ribisel, kultiviert.

Familie der **Rosengewächse.** Krautige Pflanzen und Holzgewächse, deren wechselständige Blätter Nebenblätter besitzen. Die radiären, fünfzähligen Blüten haben meist mehr als 10 Staubgefäße. Die Blütenachse, die oft an der Ausbildung der Früchte (Schein- oder Achsenfrüchte) beteiligt ist, kann sehr verschieden gestaltet sein. Viele bilden fleischige Früchte (Obst), welche durch süßen Geschmack, Duft und leuchtende Farben Tiere anlocken, durch die dann die Samen verbreitet werden. Die unreifen Früchte sind durch den Gehalt an Säuren, Gerbstoffen u. dgl. vor Tieren geschützt.

Die Einteilung der Rosengewächse erfolgt nach dem Fruchtbau:

a) Zahlreiche Fruchtknoten auf erhöhtem Blütenboden, der an der Fruchtbildung beteiligt ist:

Die Walderdbeere entwickelt aus ihrem Wurzelstock nicht nur die langgestielten, dreizähligen Blätter mit eiförmigen, gesägten, unterseits weichbehaarten Blättchen, sondern auch Ausläufer, welche auf ungeschlechtlichem Wege neue Pflanzen bilden. Außerdem entspringen aus dem Wurzelstock behaarte Blütenschäfte, die eine armblütige Trugdolde tragen. Die Blüten haben einen fünfblättrigen Kelch und Außenkelch, so daß der Kelch zehnblättrig erscheint. Innerhalb der 5 weißen Kronblätter befinden sich meist 20 (25, 30) Staubgefäße und zahlreiche oberständige Fruchtknoten. Die Fruchtknoten stehen auf dem kegelförmig erhöhten Blütenboden und jeder einzelne wird zu einem kleinen Nüßchen. Schließlich entwickelt sich der Blütenboden zu einem fleischigen, roten

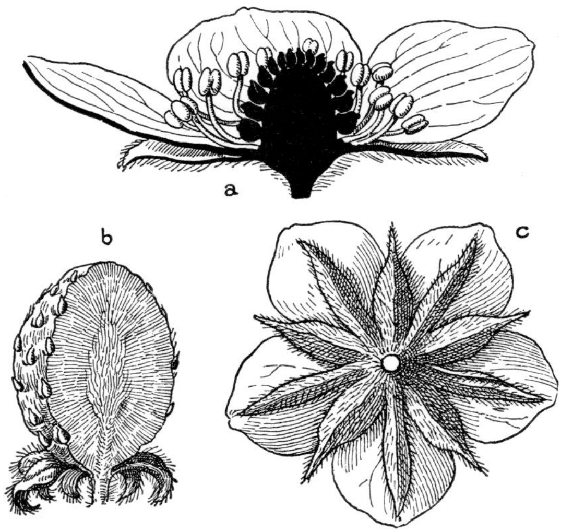

Abb. 104. Walderdbeere. *a* Blütenlängsschnitt, *b* Längsschnitt durch die Sammelfrucht, *c* Blüte von unten. Alle Figuren vergr.

Gebilde, der sogenannten „Erdbeere“, dem außen die Nüßchen aufsitzen. Botanisch handelt es sich um keine Beere, denn das fleischige Gebilde stammt von der Blütenachse und ist somit keine echte Frucht, da sich eine solche aus dem Fruchtknoten entwickeln muß. Das, was sich hier aus dem Fruchtknoten entwickelt, ist ein Nüßchen, und da viele Nüßchen vereinigt sind, handelt es sich außerdem um eine Sammelfrucht (Abb. 104).

Eine ähnliche Sammelfrucht aus Schließfrüchtchen bildet das Fingerkraut. — Sammelfrüchte, die sich aus vielen kleinen Steinfrüchten zusammensetzen, bilden die Himbeeren und Brombeeren.

b) Zahlreiche Fruchtknoten in einem vertieften Blütenboden, der an der Fruchtbildung beteiligt ist:

Hierher gehört die Gattung Rose. Der strauchig verzweigte, stachelige Stamm trägt gefiederte Blätter, deren Stiele am Grunde bleibende Nebenblätter tragen. Die strahligen Blüten haben 5 Kelch- und Kronblätter sowie zahlreiche Staubgefäße und Stempel. Die vielen einfächrigen Fruchtknoten mit fadenförmigen

Griffeln befinden sich im krugförmigen Blütenboden eingeschlossen. Dieser fleischige Blütenboden entwickelt sich zu einer roten Scheinfrucht (Hagebutte), die am Scheitel die vertrockneten Kelchblätter trägt, während im Innern die echten Früchte, kleine Nüßchen, eingeschlossen sind.

Außer den zahlreichen wildlebenden Arten gibt es auch viele, die in Gärten gezogen werden. Die gefüllten Rosen entstehen durch Umwandlung der Staubgefäße in Kronblätter.

c) Ein Fruchtknoten, unterständig, aus mehreren Fruchtblättern verwachsen. Blütenboden an der Fruchtbildung beteiligt. Kernobstgewächse (Abb. 105).

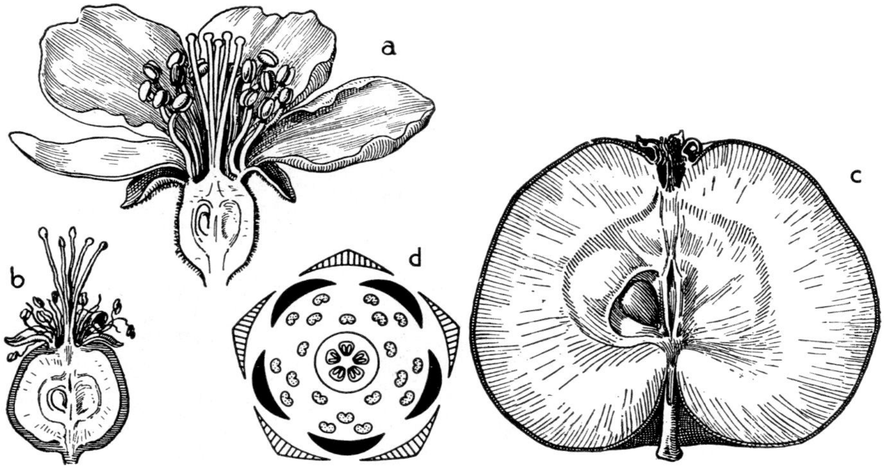

Abb. 105. Apfelbaum. *a* Blüte im Längsschnitt, *b* und *c* Entwicklung der Frucht, *d* Diagramm.

Der Apfelbaum trägt kurzgestielte, elliptische, gesägte Blätter, welche unterseits behaart sind. Die wohlriechenden Blüten stehen in Doldentrauben. Bei der Blüte stehen die 5 Kelchblätter und die 5 weißen, außen rötlich überlaufenen Kronblätter sowie die vielen Staubgefäße am Rande des krugförmigen Blütenbodens, während in seinem Inneren der aus 5 Fruchtblättern gebildete Fruchtknoten eingeschlossen ist. Der fünffächrige Fruchtknoten ist mit dem umhüllenden Blütenboden ganz verwachsen, daher unterständig. Die 5 Griffel sind am Grunde teilweise verwachsen. Bei der Fruchtreife entwickelt sich aus dem vergrößerten Blütenboden eine fleischige Hülle, welche die aus dem Fruchtknoten hervorgegangene eigentliche Frucht umschließt. Diese ist ein ledriges, fünffächriges Kerngehäuse, das in jedem Fach 2 schwarzbraune Samen enthält. Da das Fruchtfleisch aus dem Blütenboden entsteht, ist die Apfelfrucht eine Scheinfrucht (Achsenfrucht). Am oberen Ende sind die Reste der vertrockneten Blütenteile, vor allem der Kelch, zu sehen.

Andere Kernobstgewächse sind: Der Birnbaum, die Quitte und die Mispel. — Hierher gehören auch der Weißdorn (Heilpflanze; gegen Herzbeschwerden) und der Vogelbeerbaum.

d) Ein Fruchtknoten, oberständig, aus einem Fruchtblatt. Blütenboden an der Fruchtbildung nicht beteiligt. Steinobstgewächse (Abb. 106).

Der Kirschbaum hat an den Stielen der elliptischen, gesägten Blätter 2 kleine rötliche Drüsen. Die in Dolden stehenden, langgestielten Blüten besitzen einen glockenförmig vertieften Blütenboden, an dessen Rand 5 grüne Kelchblätter und 5 weiße Kronblätter sowie viele Staubgefäße entspringen. Der eingriffelige Fruchtknoten steht frei am Grunde des honigabsondernden Blütenbodens und ist daher oberständig (mittelständig). Nach dem Verblühen fällt der Blütenboden mit den übrigen Teilen der Blüte ab, während der Fruchtknoten fleischig wird. Nur sein innerster Teil verhärtet und bildet den sogenannten Steinkern, der den Samen umschließt.

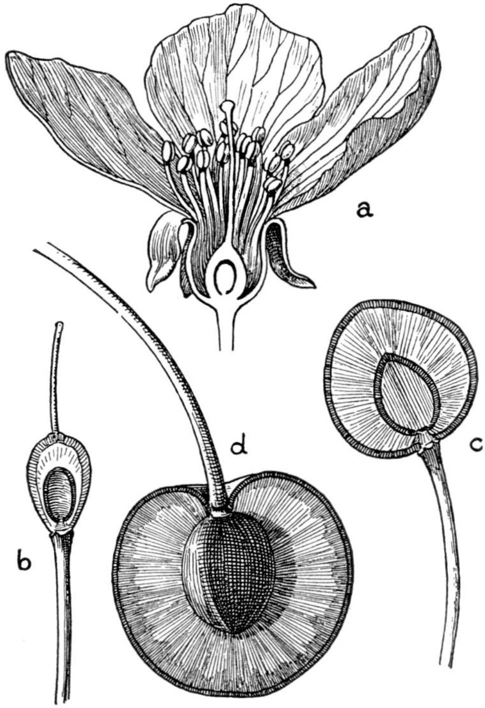

Abb. 106. Kirschbaum. *a* Blüte; *b*, *c* und *d* allmähliche Entwicklung der Frucht. *a—d* vergr.

Steinfrüchte besitzen ebenfalls: der Zwetschkenbaum, der Weichselbaum, der Marillen- oder Aprikosenbaum, der Pfirsichbaum, der Mandelbaum und der Schlehdorn.

Familie der **Hülsenfrüchtler.** In der Regel gefiederte Blätter mit Nebenblättern. Die vorherrschend aus fünfzähligen Wirteln aufgebauten Blüten haben meist 2 Staubblattkreise. Der einzige Fruchtknoten ist oberständig, besteht nur aus einem Fruchtblatt und entwickelt sich zu einer Hülse.

Die Unterfamilie der **Mimosengewächse** unterscheidet sich von den folgenden Schmetterlingsblütlern insbesondere durch strahlige Blüten. Die kleinen Blüten stehen meist in köpfchenartigen Ständen. Die Blätter sind häufig doppelt paarig gefiedert. Hierher gehört die Sinnpflanze (Abb. 78), deren Blätter auf eine

Berührung hin auffallende Bewegungen ausführen. Einige Arten der Akazien liefern in Afrika den „Arabischen Gummi“ (Gummi arabicum); andere Arten werden in Europa gezogen und kommen als „Mimosen“ auf den Markt.

Die Unterfamilie der **Schmetterlingsblütler,** die meist gefiederte Blätter mit Nebenblättern besitzt, ist ausgezeichnet durch den Bau der Blüte. Diese ist seitlich symmetrisch, mit fünfblättrigem, meist verwachsenem Kelch und 5 freien Kronblättern, von denen das oberste und zugleich größte als Fahne, die seitlichen als Flügel und die beiden untersten, welche häufig an den Rändern verwachsen, als Schiffchen bezeichnet werden. Letzteres umschließt 10 Staubgefäße

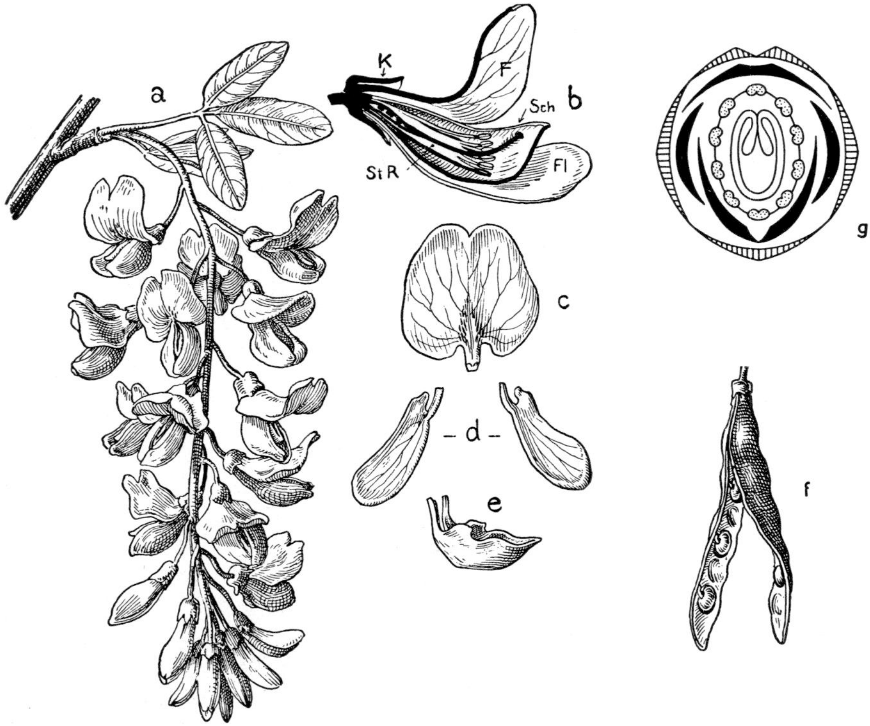

Abb. 107. Goldregen. *a* Blütentraube (verkl.), *b* Längsschnitt der Blüte, *K* Kelch, *F* Fahne, *Fl* Flügel, *Sch* Schiffchen, *StR* Röhre der Staubfäden, *c* Fahne, *d* Flügel, *e* Schiffchen, *f* aufspringende Hülse, *g* Diagramm.

und diese wiederum den Fruchtknoten, da sie in der Regel mit dem unteren Teil der Staubfäden verwachsen. Dabei bilden entweder alle zehn eine Röhre oder neun eine oben offene, vom zehnten Staubblatt bedeckte Rinne. Aus dem länglichen, oberständigen, einfächerigen Fruchtknoten entwickelt sich eine Hülse.

Der Goldregen hat langgestielte, aus 3 elliptischen Blättchen zusammengesetzte Blätter. Die auffallenden gelben Blüten stehen in hängenden Trauben (Abb. 107). Der Bau der einzelnen Schmetterlingsblüte steht mit dem Insektenbesuch im Zusammenhang. Der grüne Kelch besteht aus 5 zu einer zweispaltigen Röhre verwachsenen Blättern. Die Kronblätter (Fahne, Flügel, Schiffchen) sind frei und gelb gefärbt. Die 10 zu einer Röhre verwachsenen (einbrüderigen) Staubgefäße umschließen den Fruchtknoten, der seine Narbe durch den Kreis der Staubbeutel hindurchstreckt. Die Frucht ist eine seitlich zusammengedrückte, mehrsamige Kapselfrucht, die an der Verwachsungsnaht des Fruchtblattes (Bauchnaht) und an dessen Mittelrippe (Rückennaht) aufspringt (Hülse). Durch das Aufrollen der beiden Klappen der Hülse werden die Samen ausgeschleudert.

Das anfliegende Insekt setzt sich derart auf eine Schmetterlingsblüte nieder, daß das Schiffchen nach abwärts gebogen wird, wodurch der fremde Blütenstaub zunächst an der Narbe abgestreift wird, dann aber der eigene am Tierkörper haften bleibt.

Genießbare Früchte und Samen („Hülsenfrüchte") liefern: Die Bohne, die Erbse, die Linse, die Sojabohne (Ostasien), die Erdnuß (Südamerika) und der Johannisbrotbaum des Mittelmeergebietes. Dieser hat sehr zuckerreiche, harte Hülsen („Bockshörndln"), deren Samen als Gewicht (Karat) verwendet wurden. — Den blauen Farbstoff Indigo erhält man aus den Blättern der tropischen Indigopflanze. — Wichtige Futterpflanzen sind: Die verschiedenen Kleearten mit den dreizähligen Blättern und den köpfchenartigen Blütentrauben. Der Luzerner Klee mit seinen blauvioletten Blüten. Die Futterwicke mit gefiederten Blättern und rotvioletten Blüten in armblütigen Trauben. Die Esparsette mit rosafarbenen Blüten in verlängerten Trauben und gefiederten Blättern. Der Wundklee mit gefiederten Blättern und gelben Blüten in kopfförmigen Blütenständen. — Weiters sind bei uns sehr verbreitet der Ginster (Tafel 8), der Geißklee, die Kronenwicke, der Steinklee und die Hauhechel (Heilpflanze; harntreibende Stoffe in der Wurzel). — Außer dem Goldregen gibt es noch sehr viele Zierpflanzen. Bemerkenswert ist die in Gärten gezogene Lupine (Nordamerika), deren bitterstoffarme Formen als wertvolle Futterpflanzen verwendet werden. — Die Robinie ist ein aus Nordamerika stammender Baum, welcher fälschlich „Akazie" genannt wird. Er hat weiße, duftende Blüten und gefiederte Blätter, deren Nebenblätter in Dorne umgebildet sind.

6. Ordnung: Säulenträger

Pflanzen mit fünfzähligen Blüten, deren Kelch eine klappige, deren Krone dagegen vielfach eine gedrehte Knospenlage hat. Von den beiden Staubblattkreisen ist der äußere häufig rückgebildet, während die Glieder des inneren zumeist bedeutend vermehrt sind. Oft sind die Staubfäden zu Bündeln verwachsen oder bilden gar eine den Griffel umschließende Röhre, welche die freien Enden auf einem Säulchen (Name!) emporhebt.

Familie der **Malvengewächse.** Die strahligen Blüten besitzen einen Außenkelch und zahlreiche zu einer Säule verwachsene Staubgefäße (Abb. 108). Von einheimischen Pflanzen gehören hierher: Die Waldkäsepappel und die Rundblättrige Käsepappel mit dreiblättrigem Außenkelch, sowie der Eibisch mit sechs- bis neunblättrigem Außenkelch. Die Blätter und Blüten der Käsepappel werden für Umschläge bei Geschwüren und Entzündungen der Haut, die Blätter und Wurzeln des Eibisch wegen des Schleimgehaltes als entzündungshemmendes Mittel bei Katarrhen der Luft- und Speisewege verwendet. — Die Pappelrose wird als Zierpflanze gezogen. — Die Baumwollpflanze ist eine Staude, die an den Samen lange Haarbüscheln trägt. Diese Haare liefern die Baumwolle, weshalb die Pflanze in den Tropen allgemein kultiviert wird.

Die Familie der **Lindengewächse** hat fünfzählige Blüten mit einem oberständigen Fruchtknoten und zahlreichen zu 5 Bündeln verwachsenen Staubgefäßen.

Die Gattung Linde umfaßt Holzpflanzen mit schief-herzförmigen Blättern und liefert geschätztes Werkholz, Zeichenkohle, Bast und Lindenblütentee (krampflösend, harn- und schweißtreibend, gegen Fieber und Katarrhe). Die kleinblättrige Winterlinde hat gelbe Haarbüscheln in den Blattaderwinkeln und die großblättrige Sommerlinde weiße.

Der wichtigste Vertreter der Familie der **Kakaogewächse** ist der Kakaobaum mit stammbürtigen Blüten. Die gurkenähnlichen Früchte besitzen zahlreiche Samen („Kakaobohnen"), welche viel Fett und Theobromin enthalten. Aus diesen Samen gewinnt man das Kakaopulver. In Amerika heimisch, überall in den Tropen gepflanzt. — Der Colabaum enthält in seinen stammbürtigen Früchten Samen („Colanüsse"), die Koffein und Theobromin enthalten, daher nervenanregend wirken.

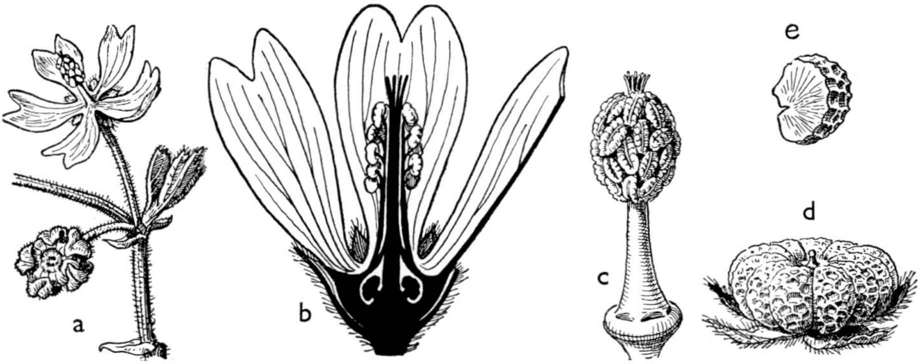

Abb. 108. Wilde Käsepappel. *a* blühender Zweig (verkl.), *b* Längsschnitt durch die Blüte *c* Staubgefäße (vergr.), *d* Spaltfrucht mit Kelch, *e* ein Teilfrüchtchen.

7. Ordnung: Storchschnabelartige

Meist krautige Pflanzen mit fünfzähligen Blüten, bei welchen die Zahl der Staubgefäße selten mehr als zehn beträgt. Fruchtknoten oberständig.

Familie der **Leingewächse.** Der Lein oder Flachs hat einfache nebenblattlose Blätter und rispige Blütenstände. Die strahligen Blüten haben 5 Kelchblätter und 5 blaue Kronblätter. Von den 10 in 2 Kreisen angeordneten Staubgefäßen tragen fünf Staubbeutel, während die anderen in kleine, zahnartige Gebilde umgewandelt sind. Der oberständige Fruchtknoten hat 10 Fächer mit je einem Samen. Die Frucht ist eine Kapsel, aus deren Samen man das Leinöl gewinnt. Aus den Bastfasern des Stengels webt man Leinen.

Zur Familie der **Sauerkleegewächse** gehört der im Schatten unserer Wälder wachsende Sauerklee (Abb. 71).

Familie der **Storchschnabelgewächse.** Hier sind eigenartige Früchte ausgebildet: Die sehr langen Fruchtblätter tragen nur am Grunde 2 Samenanlagen, von denen sich eine entwickelt, während die oberen Teile einen „Schnabel" bilden. Bei der Reife bleiben die inneren Teile der verwachsenen Fruchtblätter stehen, während sich die Außenwände, die unten je 1 Samen enthalten, aufrollen. Dabei bleiben sie entweder oben noch befestigt und schleudern den Samen nur ab (Storchschnabel) oder sie lösen sich mit dem Samen ganz ab, wobei sie durch Bewegungen, die sie bei Feuchtigkeitsschwankungen ausführen, seiner Verbreitung dienen (Reiherschnabel, vgl. S. 160).

Der Wiesenstorchschnabel wächst auf feuchten Wiesen und besitzt behaarte Stengel mit fünf- bis siebenteiligen Blättern. Aus den Blattachseln entspringen die je 2 Blüten tragenden Blütenstiele. Die Blüte hat 5 Kelchblätter und gleichviele violette Kronblätter, ferner 10 am Grunde verwachsene Staubgefäße sowie einen oberständigen länglichen Fruchtknoten, der aus 5 Blättern, welche oben in den Griffel mit 5 Narben übergehen, zusammengesetzt ist. Die Schließfrüchtchen werden durch den bereits beschriebenen Vorgang ausgeschleudert (Abb. 109).

Beim Reiherschnabel tragen von den zehn Staubgefäßen nur die inneren fünf Staubbeutel. Die Pelargonie ist eine aus dem Kaplande stammende Zierpflanze.

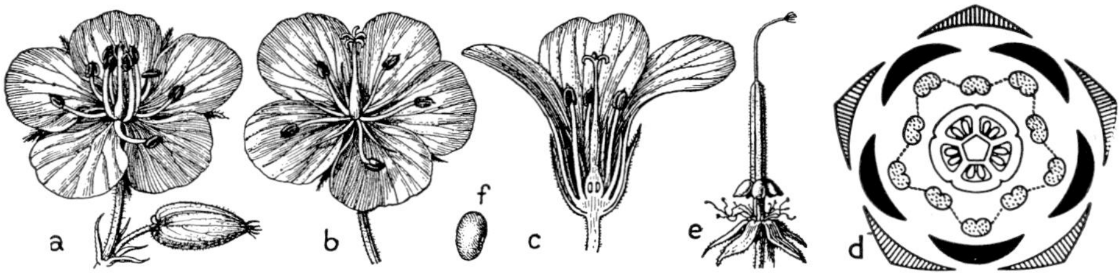

Abb. 109. Wiesenstorchschnabel. *a* Blüte, äußere Staubgefäße reif, innere unreif; *b* Blüte, äußere Staubgefäße verblüht, innere reif; *c* Längsschnitt durch die Blüte; *d* Diagramm; *e* Frucht; *f* Samen (vergr.).

8. Ordnung: Orangenartige

Vorwiegend Holzpflanzen, die im Blütenbau weitgehend mit der vorigen Reihe übereinstimmen. In den Blüten, deren Staubblätterzahl in der Regel doppelt so groß ist als die Anzahl der Kronblätter, sind meist Honigpolster ausgebildet. Die Pflanzen enthalten Öle, Harze und Balsame.

Familie der **Rautengewächse.** Enthalten stark duftende ätherische Öle, deren Behälter oft als durchscheinende Punkte an den Blättern zu erkennen sind. Hierher gehört der einheimische Diptam sowie die Weinraute der Mittelmeerländer. Die wichtigste Gattung ist Citrus, deren ursprünglich in Südasien und den Malaiischen Inseln heimische Arten in allen wärmeren Ländern in verschiedenen Kulturformen gezogen werden: Apfelsine oder Orange, Pomeranze (bittere Schale zum Kandieren), Pampelmuse (grape-fruit), Zitrone oder Limone, Zitronatzitrone und Mandarine.

Familie der **Kreuzblumengewächse.** Seitlich symmetrische Blüten, bei denen oft 2 von den 5 Kelchblättern kronenblattartig ausgebildet sind. Kreuzblume auf Wiesen. Zwergbuchsbaum oder Gelbe Kreuzblume, ein Frühblüher unserer Alpen.

Bei der Familie der **Ahorngewächse** werden die Blüten oft sekundär eingeschlechtlich. In den Blüten befindet sich eine deutliche Honigscheibe. Die Gattung Ahorn ist bei uns vertreten durch Bergahorn, Spitzahorn, Feldahorn und andere.

Die Familie der **Roßkastaniengewächse** umfaßt Holzgewächse mit seitlich symmetrischen, zwittrigen oder durch Rückbildung eingeschlechtlichen Blüten. Die Roßkastanie kommt wild auf den Gebirgen des Balkans vor, wird aber in Mitteleuropa vielfach gezogen.

9. Ordnung: Kreuzdornartige

Überwiegend Holzpflanzen, deren Blüten nur einen Staubblattkreis besitzen, nämlich den inneren, wodurch die Staubgefäße vor den Kronblättern stehen.

Die Familie der **Kreuzdorngewächse** hat Blüten mit ausgehöhlter Achse und mittel- bis unterständigen Fruchtknoten. Der Faulbaum mit fünfzähligen Zwitterblüten; seine Rinde wird medizinisch verwertet (Abführmittel). Der Kreuzdorn hat vierzählige Blüten und ist zweihäusig.

Familie der **Weinstockgewächse.** Der Weinstock, eine alte, in zahlreichen Formen gepflegte Kulturpflanze, welche Wein, Weintrauben, Rosinen, Korinthen und Weinessig liefert, besitzt handförmig gelappte Blätter und Ranken. Die unansehnlichen grünen Blüten bestehen aus einem verkümmerten, kleinen, fünfzähnigen Kelch und einer fünfblättrigen Krone, deren Blätter an der Spitze zusammenhängen und beim Aufblühen durch die 5 Staubgefäße abgehoben werden, wodurch sie abfallen. Der oberständige Fruchtknoten enthält 2 Fächer mit je 2 Samenanlagen. Die Frucht ist eine Beere. — „Wilder Wein", eine aus Nordamerika stammende Pflanze, wird als Rankengewächs an Spalieren und Lauben gezogen. Die ostasiatische „Veitsch-Rebe" hat Haftscheibenranken und wird an Mauern gepflanzt.

10. Ordnung: Doldenträger

Häufig doldige Blütenstände. Der Kelch ist meist rückgebildet, die Blumenkrone hat 4 oder 5 Blätter. In der Regel ist nur der äußere Staubblattkreis vorhanden. Der unterständige Fruchtknoten ist zweiblättrig und zweifächerig mit einer Samenanlage in jedem Fache. Durch den unterständigen Fruchtknoten zeichnet sich diese Reihe gegenüber den anderen Freikronblättrigen besonders aus. Auch der vereinfachte Blütenbau (1 Staubblattkreis, rückgebildeter Kelch, 2 Fruchtblätter mit je 1 Samenanlage) kennzeichnet die Reihe als abgeleitet.

Zur Familie der **Kornelkirschen** gehören Holzpflanzen mit vierzähligen, in Dolden stehenden Blüten und gegenständigen, einfachen Blättern. Kornelkirsche oder Dirndlbaum mit gelben Blüten und roten genießbaren Früchten. Der Hartriegel hat rote Äste, weiße Blüten und schwarze Früchte.

Ein Vertreter der Familie der **Araliaceen** ist der Efeu, der mit seinen Wurzeln an Bäumen und Felsen klettert und erst im Herbst blüht.

Familie der **Doldengewächse.** Krautige Pflanzen mit doldigen Blütenständen. Die fünfzähligen Blüten haben sehr kurze Kelche und bilden aus ihren zweifächerigen, unterständigen Fruchtknoten je 2 durch ein Mittelsäulchen zusammenhängende Schließfrüchtchen, die je einen eiweißreichen Samen enthalten. Oft sind die Wurzeln rübenartig und die Blätter fiederig geteilt. Häufig enthalten diese Pflanzen charakteristisch riechende, ätherische Öle.

Die Möhre oder Gelbe Rübe, die auf trockenen Wiesen wild wächst, hat eine fleischige, gelbe Pfahlwurzel, wegen der man sie kultivierte und daraus die wohlschmeckende Gelbe Rübe zog. Die Pflanze ist zweijährig und entwickelt den blühenden Sproß erst im zweiten Jahr, nachdem sie im ersten Jahr nur einen ganz kurzen Stengel mit einer Blattrosette gebildet hat. Bei der blühenden Pflanze entspringt aus der dicken Wurzel ein etwa einen halben Meter hoher, gefurchter, steifhaariger Stengel, welcher sich aus hohlen Gliedern aufbaut und grundständige sowie stengelständige zwei- bis dreifach fiederschnittige Blätter trägt, deren Einzelblättchen selbst wieder fiederspaltig sind und lineallanzettliche Zipfel haben. Auffallend groß sind die Blattscheiden. Die Blüten stehen in zusammengesetzten Dolden. Am Grunde der Dolden erster Ordnung befindet sich eine „Hülle" aus fiederspaltigen Hochblättern, am Grunde der Dolden zweiter Ordnung (Döldchen) ein „Hüllchen" aus einfach linealen Blättchen. Bei den fünfzähligen Blüten sind die Kelchblätter ziemlich rückgebildet. Der unterständige Fruchtknoten hat 2 Griffel, die einer fleischigen, honigabsondernden Scheibe (Griffelpolster) aufsitzen. In der Mitte des ganzen Blütenstandes ist meist eine tief dunkelrote Blüte („Mohrenblüte“), alle anderen sind weiß. Die am Rande stehenden tragen an der Außenseite ein besonders großes Kronblatt (strahlende Blüten). Die aus 2 Frucht-

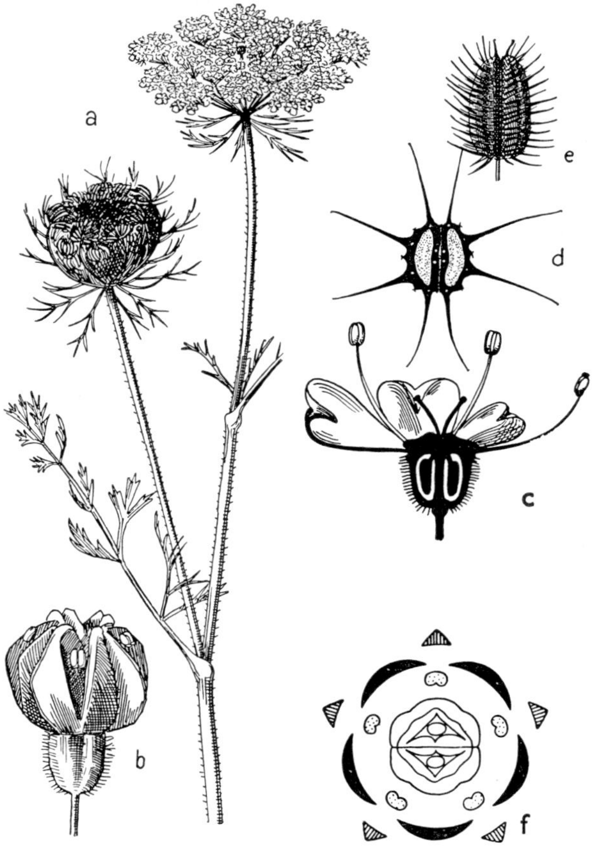

Abb. 110. Möhre. *a* Blüten- und Fruchtstand (verkl.), *b* Mittelblüte, *c* Randblüte im Längsschnitt, *d* Frucht quer, *e* Frucht (*b—e* vergr.), *f* Diagramm.

blättern entstandene Frucht teilt sich in 2 einsamige, durch ein Mittelsäulchen verbundene Teile, an welchen sich rauhe, teils widerhakig gebogene Stacheln befinden, die eine Verbreitung durch Tiere begünstigen (Abb. 110).

Andere bei uns häufig wachsende Wiesenpflanzen: Kerbelkraut, Kälberkropf, Bärenklau, Pastinak und viele andere. — Gemüsepflanzen: Petersilie, Sellerie oder Zeller, Dill. — Gewürze liefern die Früchte von: Kümmel, Anis, Fenchel und der Koriander. — Giftig sind der Wasserschierling und der Gefleckte Schierling.

3. Unterklasse: Verwachsenkronblättrige

Die verwachsene, das heißt am Grunde als geschlossene Röhre emporwachsende Blumenkrone ist das auffälligste Merkmal der durchwegs wirteligen Blüten dieser Unterklasse.

1. Ordnung: Heidekrautartige

Die Familie der **Heidekrautgewächse** soll als wichtigster Vertreter dieser Ordnung besprochen werden. Es sind vorwiegend Sträucher mit einfachen, meist immergrünen Blättern. Die vier- oder fünfzähligen Blüten haben meist 2 Staubblattkreise, deren Staubbeutel sich mit Poren öffnen und 2 hornähnliche Anhängsel tragen.

Das Frühlingsheidekraut, die Erika, wächst als niedriges Sträuchlein in den Kalkalpen und auf Heideboden (Tafel 8). Die immergrünen, nadelförmigen Blätter stehen zu dreien oder vieren in Wirteln und haben die Blattränder gegen die Unterseite eingerollt. Die Blüten, die in einseitswendigen Trauben stehen, sind strahlig, haben vier kleine rosarote Kelchblätter, ebenso gefärbte, zu einer Röhre verwachsene 4 Kronblätter, 8 Staubgefäße mit schwarzen Staubbeuteln und einen oberständigen Fruchtknoten mit einem Griffel. Die Frucht ist eine Kapsel, die sich mit 4 Klappen öffnet. Die Wurzeln leben in Gemeinschaft mit bestimmten Pilzfäden.

Andere Heidekrautgewächse mit oberständigen Fruchtknoten und Kapselfrüchten: Die Alpenrose kommt mit vielen Arten in den Gebirgen Europas, Asiens und Nordamerikas vor. In unseren Kalkbergen findet sich die Rauhhaarige Alpenrose, auf Urgestein die Rostblättrige Alpenrose. In den Gärten werden zahlreiche prächtig blühende Rhododendron-Arten aus Asien und Nordamerika gezogen; auch die sogenannten „Azaleen“ gehören hierher. — Die Gemsenheide bildet in den Alpen stellenweise eine Massenvegetation. — Das gemeine Heidekraut oder die Besenheide blüht im Spätsommer und Herbst (Tafel 8).

Einen unterständigen Fruchtknoten und als Frucht eine Beere haben: die Heidelbeere oder Schwarzbeere mit schwarzblauen und die Preiselbeere mit roten Früchten.

2. Ordnung: Schlüsselblumenartige

Die Familie der **Schlüsselblumengewächse** diene als Beispiel für die ganze Ordnung. Es sind krautige Pflanzen mit in der Regel einfachen, oft grundständigen Blättern. Die Blüten bestehen aus je 5 verwachsenen Kelch und Kronblättern, 5 Staubgefäßen, die vor den Kronblättern stehen, sowie einem oberständigen, aus 5 Fruchtblättern gebildeten Fruchtknoten. Die Samenanlagen stehen auf einem Mittelsäulchen. Die Frucht ist eine Kapsel. Stammesgeschichtlich sind die Reste eines zweiten äußeren Staubblattkreises von Bedeutung, welche uns anzeigen, daß ursprünglich 2 Staubblattkreise vorhanden waren.

Die Stengellose Schlüsselblume (Primel) ist ein bekannter Frühblüher. Aus dem Wurzelstock wachsen ungestielte, in einer grundständigen Rosette angeordnete Blätter. Der Blattrand ist anfangs nach unten eingerollt. Die behaarten Blütenstiele entspringen in einer sitzenden Dolde inmitten der Blätter, während andere Arten ihre Blütendolde auf einem Schaft emporheben. Aus dem verwachsenen fünfblättrigen Kelche ragt die ebenfalls fünfblättrige Kronröhre hervor und verbreitert sich stieltellerförmig. Ihr breiter, lichtgelber Rand löst sich in 5 zweispaltige Zipfel auf. An der Kronröhrenwand stehen 5 Staubgefäße vor den Kronblättern. Der Griffel trägt eine knopfförmige Narbe. Obwohl aus 5 Blättern gebildet, ist der oberständige Fruchtknoten einfächerig und trägt die Samenanlagen auf einem aus der Blütenachse gebildeten Vorsprung, welcher in sein Inneres emporragt. Man kann langgriffelige Blüten, bei denen die Narbe in der Höhe der Kronröhrenmündung und die Staubbeutel unterhalb etwa in der halben Höhe der Röhre stehen, sowie kurzgriffelige Blüten, bei welchen die Narben nur die halbe Höhe und die Staubbeuteln die Mündung der Röhre erreichen, unterscheiden. Durch diese Einrichtung wird die Fremdbestäubung gefördert. Da der Honig tief im Blütengrunde verborgen ist, kommen nur langrüsselige Insekten (Hummeln usw.) für die Bestäubung in Betracht. Die Frucht ist eine Kapsel, die am oberen Rande mit 10 Zähnen aufspringt (Abb. 111).

Zu der Gattung Schlüsselblume, Himmelschlüssel oder Primel, die durch lang- und kurzgriffelige Blüten ausgezeichnet ist, gehören außer der besprochenen Art noch viele bekannte Formen: Die Hohe Schlüsselblume mit

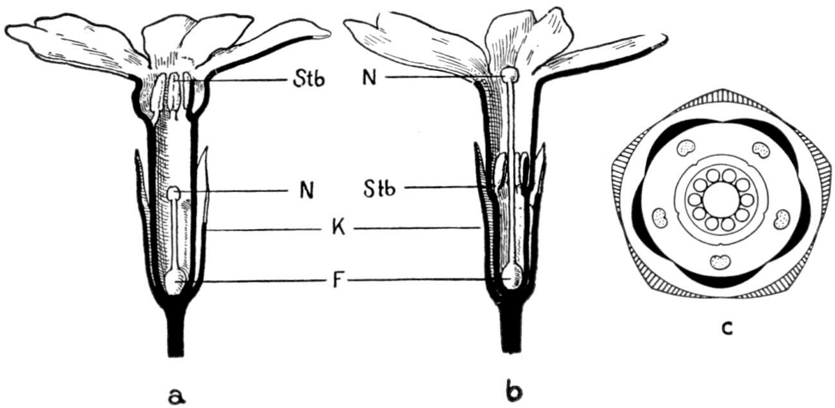

Abb. 111. Stengellose Schlüsselblume. *a* Längsschnitt einer Blüte mit kurzem, *b* einer Blüte mit langem Griffel (vergr.) (*F* Fruchtknoten, *K* Kelch, *N* Narbe, *Stb* Staubgefäße), *c* Diagramm.

langgestielten Dolden und breitem, lichtgelbem Kronensaume; die Frühlingsschlüsselblume (Himmelschlüssel) mit langgestielten Dolden und schmalem, dottergelbem Kronensaume (Wurzelextrakte geben schleimlösendes Hustenmittel); Aurikel oder Petergstamm der Kalkalpen ist gelbblühend und duftend. Die Chinesische Primel und die Gartenaurikel sind beliebte Zierpflanzen. — Verschiedene Arten der Gattung Mannsschild sind charakteristische, meist polsterbildende Gebirgspflanzen. — Das Alpenglöckchen, die Soldanelle, wächst in den Hochalpen am Rande der Schneeflecken. — Das Alpenveilchen, die Zyklame, mit kugeligen Erdknollen, rosenroten duftenden Blüten und herzförmigen, ledrigen, weiß gezeichneten Blättern kommt in Wäldern vor. Die Persische Zyklame ist eine häufig gezogene Zimmerpflanze.

3. Ordnung: Gedrehtblütige

Der Name geht auf die gedrehte Knospenlage der Blumenkrone zurück.

Die Familie der **Enziangewächse** enthält die bei uns bekanntesten Vertreter der Ordnung. Es sind krautige Pflanzen mit gegenständigen Blättern. Die strahligen Blüten sind fünfzählig, nur der Fruchtknoten besteht aus 2 Fruchtblättern. Er ist oberständig und einfächerig. Die Frucht ist eine Kapsel.

Der Frühlingsenzian ist nicht selten auf unseren Wiesen. Aus seinem Wurzelstock kommen im Frühjahr kurze, mit einer Blattrosette und gekreuzt gegenständigen Blättern versehene Stengel hervor, die an der Spitze eine blaue Blüte tragen. Die Blätter sind ganzrandig und etwas ledrig. Die Blüten haben einen fünfkantigen, in 5 Zipfeln auslaufenden, röhrigen Kelch, eine fünflappige Krone mit langer Röhre und flachem Saume, an dessen Grunde zwischen den Blumenkronblättern kurze zweispaltige Zipfelchen stehen, weiters 5 der Kronröhre eingefügte Staubgefäße sowie einen oberständigen, einfächerigen Fruchtknoten, der aus 2 Blättern gebildet ist und einen Griffel mit einer zweilappigen Narbe trägt. Die Frucht ist eine zweiklappige Kapsel mit vielen Samen. Die Bestäubung erfolgt durch Insekten (Abb. 112).

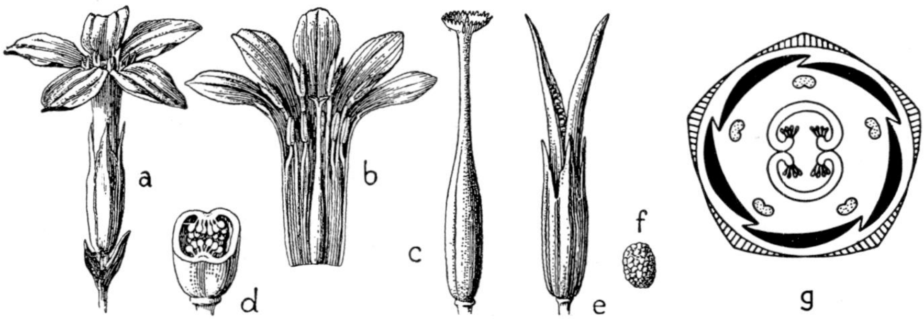

Abb. 112. Frühlingsenzian. *a* Blüte, *b* Blumenkrone geöffnet, *c* Fruchtknoten mit Griffel und Narbe, *d* Fruchtknoten quer durchschnitten, *e* zweiklappige Kapsel, *f* Samen (vergr.), *g* Diagramm.

Die einheimischen Arten der Gattung Enzian sind allgemein Alpenpflanzen. Einige enthalten in ihrem Wurzelstock medizinisch wirksame Bitterstoffe (Leber, Darm). Der Stengellose Enzian zeigt verwandte Formen auf Kalk- und auf Urgestein. Beim Feldenzian findet man neben den vierzähligen Blüten ausnahmsweise fünfzählige. Dafür findet man bei dem violetten Deutschen Enzian neben den fünfzähligen ausnahmsweise vierzählige Blüten. — Das Tausendguldenkraut hat einen reichen Blütenstand aus rosenroten Blüten und wird medizinisch (Tee gegen Magenleiden) verwendet.

4. Ordnung: Ligusterartige

Vertreten durch die Familie der **Ölbaumgewächse,** die sich von der vorigen Reihe hauptsächlich durch das Fehlen einer gedrehten Knospenlage unterscheidet. Holzpflanzen mit gegenständigen Blättern, vierzähliger Blütenhülle, 2 Staubgefäßen und einem oberständigen, zweifächerigen Fruchtknoten mit 1 bis 2 Samenanlagen.

Der aus Südosteuropa stammende Flieder wird bei uns als Zierstrauch (Bäumchen) gezogen. Die Blätter sind herzförmig, ganzrandig, gestielt und gekreuzt gegenständig angeordnet. Die Blüten stehen in geschlossenen, aufrechten Rispen und bestehen aus einem kleinen, vierzähnigen Kelch, aus einer langröhrigen, mit stieltellerartig ausgebreitetem vierlappigem Saume versehenen Blumenkrone von weißer oder lila Farbe, weiters aus 2 der Kronröhre eingefügten Staubgefäßen sowie einem oberständigen, aus 2 Fruchtblättern gebildeten Fruchtknoten mit fadenförmigem Griffel und zweiteiliger Narbe. Die Frucht ist eine zweifächerige, zweiklappig aufspringende Kapsel. Die Samen besitzen eine Flughaut. Bestäubung durch Insekten (Abb. 113).

Sehr verschieden sind die einzelnen Glieder der Familie im Fruchtbau. Kapselfrüchte haben der Flieder sowie die aus Ostasien stammende Forsythie, ein frühblühender Zierstrauch, der wegen seiner gelben Blüten auch „Goldglöckchen" genannt wird. — Die windblütige Esche ist ein verbreiteter Waldbaum, ihre geflügelten Früchte sind Nüsse. — Beerenfrüchte haben: der Liguster oder die Rainweide, ein in Gebüschen häufiges Sträuchlein mit weißen, in reicher Rispe stehenden Blüten und schwarzen Beeren; der Jasmin, ein Zierstrauch aus Südwestasien. — Die pflaumenähnlichen Steinfrüchte des Ölbaumes liefern durch Auspressen das Olivenöl.

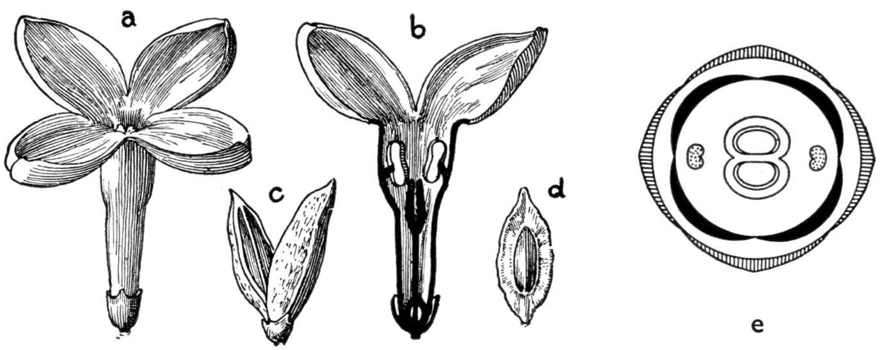

Abb. 113. Flieder. *a* Blüten (vergr.), *b* Blüte im Längsschnitt (vergr.), *c* Frucht (vergr.), *d* Samen (vergr.), *e* Diagramm.

5. Ordnung: Röhrenblütler

Die einzelnen Teile der in der Regel fünfzähligen Blüten sind in 4 Kreisen angeordnet, wobei die in nur einem Kreis vorhandenen Staubblätter zwischen die Kronblätter (Abb. 114) zu stehen kommen. Die Reihe umfaßt strahlige und zygomorphe Blüten, letztere treten in Anpassung an die Insektenbestäubung immer stärker hervor, wobei die Zahl der Staubblätter oft vermindert wird. Der in der Regel zweiblätterige Fruchtknoten trägt an jedem Fruchtblatt nur 2 Samenanlagen und zerfällt der Länge nach in 4 einsamige, als „Klausen" bezeichnete Teilfrüchtchen. Meist ist der Fruchtknoten von einem ringförmigen Nektarium umgeben.

Familie der **Rauhblättrigen.** Meist krautige Pflanzen mit einem rauhen Haarkleid und wickelartigen Blütenständen. Die Blüten bestehen aus einem fünfblättrigen, mehr oder weniger verwachsenen Kelch, einer strahligen, verwachsenblättrigen, oft mit hohlen Schüppchen oder anderen kleinen Gebilden ausgestatteten Krone, 5 Staubgefäßen und einem oberständigen, zweifächerigen Fruchtknoten mit je 2 Samenanlagen in jedem Fache. Durch früh eintretende Zweiteilung jedes Faches entstehen 4 einsamige Nüßchen.

Die Gemeine Beinwurz ist auf feuchten Wiesen nicht selten. Aus dem Wurzelstock wachsen grundständige Blätter und steifhaarige Stengel mit wechselständigen, herablaufenden Blättern. Die großen röhrig-glockenförmigen Blüten stehen in Wickeln, sind strahlig und neigen nach abwärts. Der verwachsene Kelch umschließt eine fünfteilige verwachsene Krone von violetter Farbe. Die 5 Staubgefäße sind in der Kronröhre festgewachsen und neigen mit den Staubbeuteln zusammen. Den Zwischenraum zwischen den Staubfäden versperren kleine Ausstülpungen der Kronröhre, die Schlundschuppen. Der zweiblättrige Fruchtknoten ist vierfächerig und trägt auf einem langen Griffel eine knopfige Narbe. Die Bestäubung erfolgt durch langrüsselige Insekten, die den Rüssel neben dem Griffel zwischen den Staubgefäßen zu den rings um den Fruchtknoten befindlichen Nektar führen. Kurzrüsselige Honigräuber nagen die Kronröhre seitlich an, ohne eine Bestäubung herbeizuführen. Die Frucht reift im verbleibenden Kelch und zerfällt schließlich in 4 nüßchenartige Teilfrüchtchen. Diese sind glänzend schwarz und haben einen fleischigen, weißen Anhang für die Verbreitung durch Ameisen (Abb. 114).

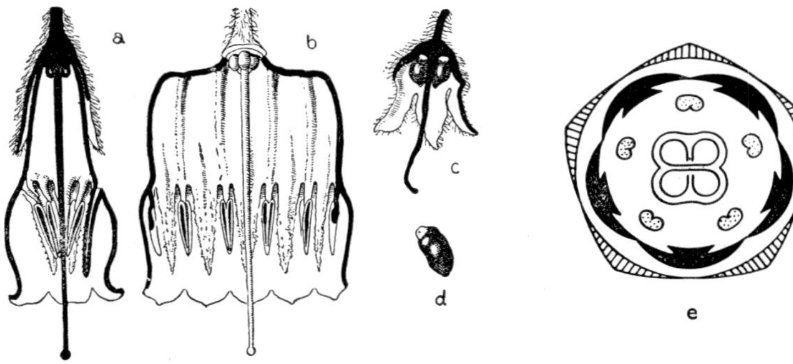

Abb. 114. Gemeine Beinwurz. *a* Längsschnitt der Blüte (vergr.), *b* geöffnete Blumenkrone (vergr.), *c* Längsschnitt des Kelches, *d* Samen (vergr.), *e* Diagramm.

Außer der besprochenen Art ist bei uns auch die Knollige Beinwurz mit gelben Blüten häufig. — Das Lungenkraut mit gefleckten Grundblättern hat langgriffelige Blüten, die anfangs rot, später blau gefärbt sind. Die Pflanze gilt als Heilkraut gegen Husten und Lungenleiden. — Das Vergißmeinnicht kommt in verschiedenen Arten bei uns vor. — Der Natterkopf mit zahlreichen blauen, leicht symmetrischen Blüten ist ein lästiges Unktaut. — Der Steinsame hat blaue Blüten und erzeugt harte weiße Samen. — Angepflanzt und verwildert findet man den Gemeinen Boretsch.

Familie der **Lippenblütler.** Vorwiegend Kräuter oder Halbsträucher mit vierkantigem Stengel und gekreuzt gegenständigen Blättern. Die seitlich symmetrischen Blüten haben einen aus 5 Blättern verwachsenen Kelch, eine langröhrige Krone mit einer aus 2 Blättern verwachsenen Oberlippe und einer dreiteiligen Unterlippe, 4 zweimächtige oder durch Verkümmerung nur 2 Staubgefäße sowie einen oberständigen, zweifächerigen Fruchtknoten, dessen Fächer wieder in 2 Abteilungen (Klausen) geteilt sind. Die Frucht besteht aus 4 einsamigen Nüßchen.

Viele Lippenblütler sind ausgezeichnet durch den Gehalt an stark duftenden ätherischen Ölen. Die Blüten zeigen zahlreiche Einrichtungen, die der Bestäubung durch Insekten dienen. Die Oberlippe übernimmt meist den Schutz der Narbe und der Staubbeutel, während die Unterlippe als Anflugstelle für die Insekten von Bedeutung ist. Trachten die Insekten den am Grunde der Blüte befindlichen Nektar zu erhaschen, so streifen sie mit dem Rücken über den Pollen beziehungsweise in einer anderen Blüte über die Narbe.

Die Weiße Taubnessel tritt stets gruppenweise auf, da der kriechende Wurzelstock zahlreiche Sprosse aufwärts treibt. Der oberirdische vierkantige Stengel ist innen hohl und trägt gekreuzt gegenständige, grob gesägte Blätter, an deren Ansatzstellen der Stengelhohlraum durch einen Knoten unterbrochen ist. In den Achseln der höheren Blätter stehen die Blüten in Trugdolden (Abb. 115). Da je 2 solcher Trugdolden gegenüber entspringen, täuschen sie Quirle vor (Scheinquirle). Der Kelch ist fünfzipflig, die röhrige Blumenkrone endigt in 2 Lippen.

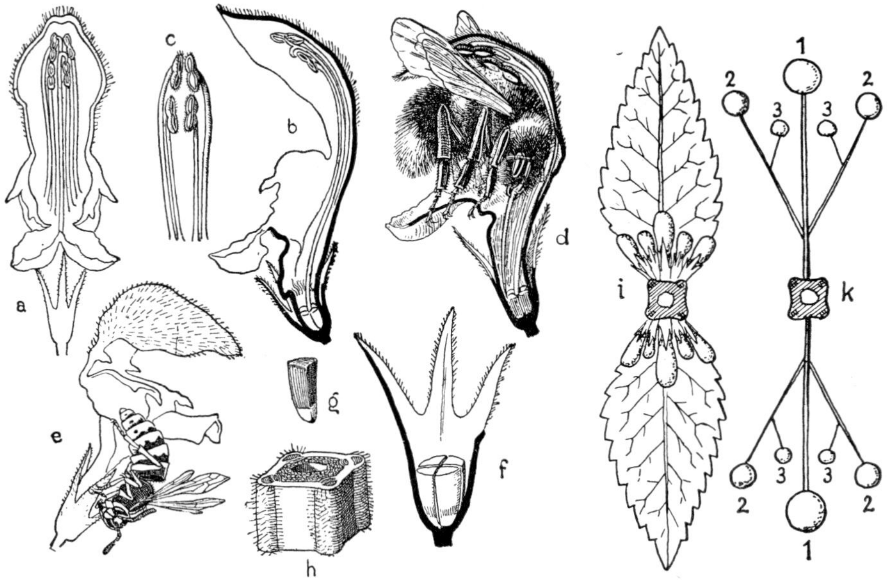

Abb. 115. Weiße Taubnessel. *a* Blüte von vorne; *b* Blüte im Längsschnitt von der Seite; *c* 4 zweimächtige Staubgefäße; *d* Blüte mit der langrüsseligen Gartenhummel, die Honig saugt; *e* Blüte, besucht von einer Wespe, die beim Herabkriechen ein Bißloch anbringt; *f* Kelch mit Fruchtknoten; *g* Frucht; *h* abgeschnittenes Stengelstück; *i* Blattpaar mit Blütenständen (Scheinquirle); *k* Ableitung der Blütenstände (Trugdolden).

Von den 4 in der Kronröhre entspringenden Staubgefäßen sind die beiden äußeren länger (4 zweimächtige). Der zweiblättrige Fruchtknoten trägt einen langen Griffel mit einer zweiteiligen Narbe, er bildet durch frühzeitige Teilung seiner

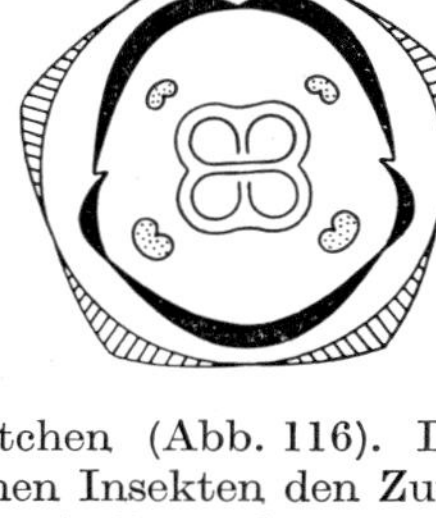

Abb. 116. Taubnessel. Diagramm.

Fächer in je 2 Klausen 4 Schließfrüchtchen (Abb. 116). Die Kronröhre trägt innen einen Kranz von Haaren, die kleinen Insekten den Zutritt zum Honig versperren. Die großen Hummeln erreichen mit ihrem langen Rüssel, wenn sie sich zwischen Ober- und Unterlippe etwas vorschieben, bequem den Nektar am Grunde der Blüte. Dabei müssen sie mit dem Rücken an Staubbeutel und Narbe anstreifen, da der Abstand zwischen den beiden Lippen gerade so groß ist, daß sich eine Hummel einzwängen kann.

Der Salbei hat zwei um eine Achse drehbare Staubgefäße, die durch anstoßende Insekten so bewegt werden, daß ihre Pollensäcke auf den Rücken des Tieres zu liegen kommen. Der Wiesensalbei mit dunkelblauen und der Quirlblütige Salbei mit violetten Blüten sind häufige einheimische Arten. Der Gebräuchliche Salbei des Mittelmeergebietes hat sehr stark behaarte Blätter

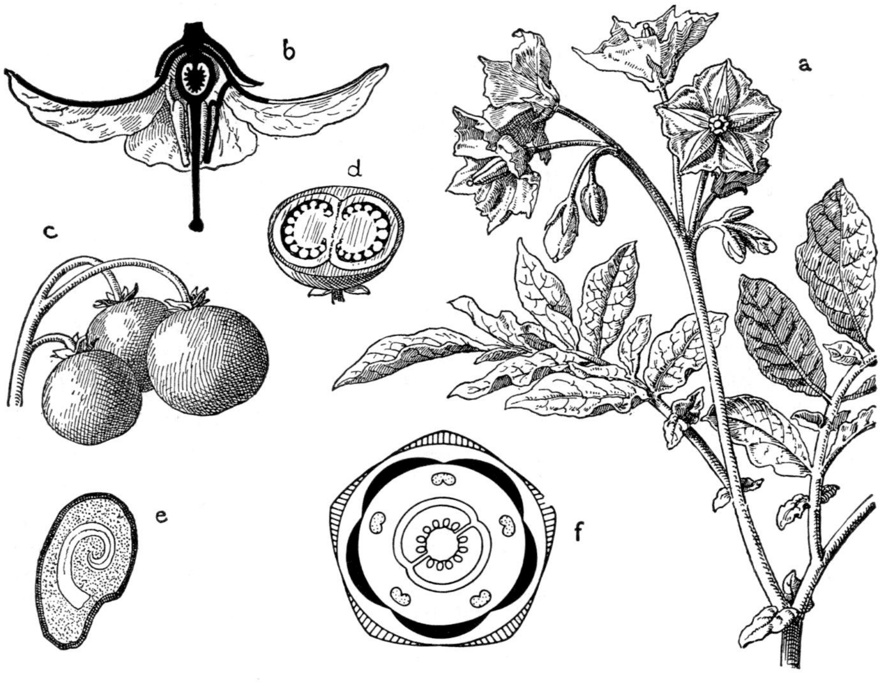

Abb. 117. Kartoffel. *a* blühender Pflanzenteil, *b* Blüte im Längsschnitt (vergr.), *c* Zweig mit Früchten, *d* Frucht im Längsschnitt (vergr.), *e* Samen im Längsschnitt (stark vergr.), *f* Diagramm.

und wird medizinisch verwertet (Tee zum Gurgeln bei Entzündungen der Mund- und Rachenhöhle, zum Trinken bei Magen- und Darmkatarrhen). — Der Kriechende Günsel hat die Oberlippe der Krone verkrümmt. — Andere häufige einheimische Gewächse sind die Gundelrebe, der Ziest, die Brunelle, die Minze (ihre Blätter enthalten das erfrischende Menthol; Tee gegen Magenverstimmung).

Aus dem Mittelmeergebiet stammen folgende Kulturpflanzen: Der Rosmarin mit lichtblauen Blüten und 2 verkümmerten Staubgefäßen; der Lavendel mit blauen, schwach zweilippigen Blüten mit 4 Staubgefäßen; die Melisse (Heilkraut; nervenberuhigend und krampflösend); der Majoran und der Thymian (Heilkraut gegen Katarrhe der Atemwege, Husten, Asthma).

6. Ordnung: Maskierte

In vielem den Röhrenblütlern ähnlich, ebenfalls strahlige und symmetrische Formen. Der oberständige, zweiblättrige und meist auch zweifächerige Fruchtknoten enthält aber in der Regel viele Samenanlagen und bildet daher vielsamige Früchte (Kapseln oder Beeren).

Familie der **Nachtschattengewächse.** Meist giftige Pflanzen mit strahligen Blüten, die, abgesehen vom Fruchtknoten, nach der Fünfzahl gebaut sind.

Die Kartoffel, auch Erdapfel genannt, stammt aus Südamerika und wird seit dem Jahre 1555 in Europa kultiviert (Abb. 117). Sie besitzt unterirdische Ausläufer, die sich an den Enden knollig verdicken, Vorratstoffe speichern und der ungeschlechtlichen Vermehrung sowie der Überwinterung dienen. Die Blätter sind gefiedert, wobei größere und kleinere Fiederblättchen regelmäßig abwechseln. Die strahligen Blüten stehen in Wickeln und haben Kelch und Krone aus je 5 Blättern verwachsen. Die Krone ist weiß bis hellviolett gefärbt. Die 5 Staubgefäße neigen mit ihren Staubbeuteln, welche sich an der Spitze mit Löchern öffnen, zu einem hohlen Kegel zusammen, der vom Griffel durchbrochen wird. Aus dem oberständigen zweifächerigen Fruchtknoten entwickelt sich eine vielsamige grüne Beere.

Mit Beerenfrüchten: Bittersüß und die auf Holzschlägen wachsende Tollkirsche haben giftige Früchte. Die Tollkirsche enthält Atropin und andere Stoffe, die auf das vegetative Nervensystem und somit auch auf die unwillkürliche Muskulatur wirken. Der Paradiesapfel oder „Paradeiser", die Tomate, stammt aus Peru und hat gefiederte Blätter, gelbe Blüten und rote genießbare Früchte. Der Paprika stammt aus dem tropischen Amerika und bildet längliche, grüne, gelbe oder rote Beeren, die scharf schmeckende Stoffe enthalten.

Mit Kapselfrüchten: Der Stechapfel und das Bilsenkraut sind einheimische Giftpflanzen, die schmerzbetäubende und gegen Asthma angewendete Drogen liefern. Der aus Südamerika stammende Tabak enthält das giftige Nikotin. Beliebte Zierpflanzen sind die aus Südamerika stammenden Petunien.

Familie der **Rachenblütler.** Die Blüten sind stets mehr oder weniger seitlich symmetrisch, Kelch und Blumenkrone bestehen aus je 5 Blättern, letztere ist verwachsenblättrig. Selten sind 5 Staubgefäße vorhanden, meist durch Rückbildung nur 4 oder 2. Der oberständige, zweiblättrige Fruchtknoten hat 2 Fächer mit meist vielen Samenanlagen. Die Früchte sind fast immer Kapseln.

Das Gemeine Leinkraut, eine an Steinbrüchen, Mauern, Schuttstellen und Wegen nicht seltene Pflanze, treibt aus dem Wurzelstock einen mit wechselständigen, ganzrandigen, sehr schmalen Blättern besetzten Stengel (oberflächliche Ähnlichkeit mit dem echten Lein). Die zweiseitig symmetrischen Blüten entspringen aus den Achseln der oberen Blätter und bilden eine Traube (Abb. 105). Aus dem fünfzipfeligen Kelch ragt eine blaßgelbe verwachsenblättrige Krone hervor, bei der 2 Blätter zu einer Oberlippe und 3 Blätter zu einer Unterlippe verwachsen sind. Die Unterlippe trägt am Schlunde einen orangefarbenen hohlen Doppelwulst (Gaumen), der den Eingang in die Kronröhre und den an ihrem Grunde anschließenden honiggefüllten Sporn verschließt. Nur größere und stärkere Insekten (Hummeln) vermögen, vom Honig angelockt, den Verschluß zu öffnen und werden dabei von dem federnden Gaumen gegen die Oberlippe gedrückt, wobei sie von den dort befindlichen Pollensäcken der 4 zweimächtigen Staubgefäße den Pollen abstreifen, den sie dann auf die kopfige Narbe einer anderen Blüte übertragen. Aus dem oberständigen, zweifächerigen Fruchtknoten entwickelt sich eine an der Spitze aufspringende Kapsel, welche zahlreiche, mit einem geflügelten Rand versehene Samen dem Winde übergibt.

Die Königskerze ist eine hohe, aufrechte, krautige Pflanze mit dichtbehaarten Blättern und gedrängten, zusammengesetzten Blütenähren (Tee aus den Blüten wird als reizmilderndes, entzündungshemmendes Mittel bei Erkältungen angewendet). Der Fingerhut hat große, glockenförmige, hängende

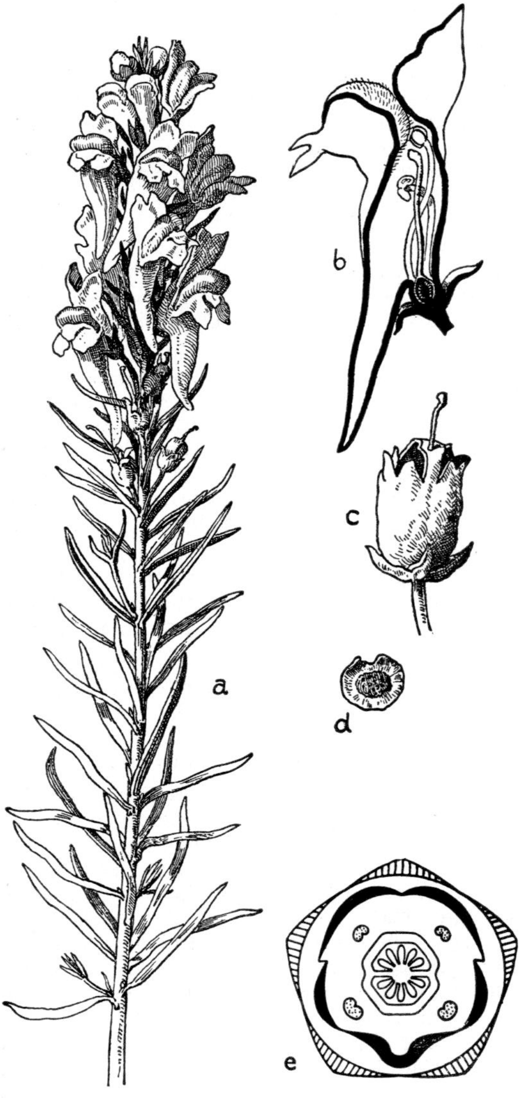

Abb. 118. Gemeines Leinkraut.
a blühender Stengel,
b Längsschnitt der Blüte (vergr.),
c Frucht (vergr.),
d Samen (vergr.),
e Diagramm.

Blüten; aus dem Roten Fingerhut gewinnt man eine bei Herzkrankheiten verwendete Droge (Digitalis). Der Ehrenpreis hat kleine blaue Blüten mit nur 2 Staubgefäßen. — Unter den Rachenblütlern gibt es viele Schmarotzer, die anderen Pflanzen die Nahrungsstoffe entziehen, und Halbschmarotzer, die nur das Wasser mit den Nährsalzen anderen Pflanzen entnehmen, aber selbst assimilieren. Erstere sind nicht grün, letztere sind grün und beide Formen saugen meist an den Wurzeln der Wirtspflanzen. Der Augentrost, ein grüner Halbparasit mit kleinen weißlichen Blüten. Der Klappertopf mit kleinen gelben Blüten hat stark aufgeblasene Kelche und ist ebenfalls ein Halbparasit, ebenso der Wachtelweizen. Die gemeine Schuppenwurz, ein chlorophyllfreier Schmarotzer mit verkümmerten Blättern, saugt an den Wurzeln von Holzpflanzen (besonders Erlen) und blüht im zeitlichen Frühjahr. — Das Gartenlöwenmaul ist eine häufige Zierpflanze, es hat Blüten, die jenen des Leinkrautes ähneln, aber ungespornt und verschiedenfarbig sind.

7. Ordnung: Krappartige

Pflanzen mit gegenständigen Blättern und vier- oder fünfzähligen strahligen oder zygomorphen Blüten. Es ist nur ein Staubblattkreis vorhanden und von dem verkümmern oft noch einzelne Glieder im Zusammenhang mit der Zygomorphie. Der ein- bis mehrfächerige Fruchtknoten ist unterständig.

Familie der **Krappgewächse.** Pflanzen mit gekreuzt-gegenständigen Blättern und Nebenblättern. Die strahligen Blüten sind meist vierzählig, selten fünfzählig. Der unterständige Fruchtknoten ist meist zweiblättrig und zweifächerig, ferner trägt er häufig nur eine Samenanlage in jedem Fach.

Die Mehrzahl der Arten dieser Familie wächst in warmen Zonen. Der einheimische Waldmeister wird wegen einer wohlriechenden Substanz (Cumarin) zur Bereitung von Getränken (Maitrank) verwendet. Der grüne vierkantige Stengel trägt die Blätter und Nebenblätter zu Scheinquirlen vereinigt und entfaltet seine kleinen, weißen, vierzähligen Blüten, die in Trugdolden angeordnet sind, schon im zeitlichen Frühjahr in unseren Wäldern. Ebenfalls einheimisch ist das dem Waldmeister ähnliche Labkraut.

Die den südamerikanischen Anden entstammenden Chinarindenbäume enthalten in der Rinde das medizinisch verwendete Chinin. — Der aus Abessinien stammende und heute in den Tropen und Subtropen der ganzen Erde kultivierte Kaffeebaum enthält in seinen dunkelroten, kirschenähnlichen Früchten 2 Kerne, die „Kaffeebohnen“.

Die Familie der **Geißblattgewächse** umfaßt meist Holzpflanzen ohne Nebenblätter. Die Blüten sind fünfzählig.

Der Schwarze Holunder oder Holler hat genießbare, schwarze Steinfrüchtchen. Der Blütentee wird bei Erkältungskrankheiten als schweißtreibendes Mittel angewendet. Der gemeine Schneeball hat dadurch sehr auffallende weiße Blütenstände, daß die am Rande stehenden, unfruchtbaren Blüten besonders große Kronen besitzen; Formen mit nur großen unfruchtbaren Blüten, „Gefüllter Schneeball“, werden als Ziersträucher in Gärten gezogen. Das Geißblatt ist ein in Gärten beliebter Kletterstrauch mit windenden Stengeln, dessen langröhrige, große, helle Blüten einen starken Duft, besonders am Abend, verbreiten. Bekannte ausländische Ziersträucher sind die aus Nordamerika stammende Schneebeere und die in Japan beheimatete Weigelie.

Der Familie der **Baldriangewächse** gehört als wichtigster einheimischer Vertreter der Baldrian an. Krautige, nebenblattlose Pflanzen mit rispigen Blütenständen. Die Blütenhülle ist fünfzählig und umschließt Staubgefäße sowie einen einfächerigen, unterständigen Fruchtknoten. Die Frucht ist von dem zu einem federigen Kranze auswachsenden Kelche gekrönt. Der Gemeine Baldrian wird medizinisch verwertet, da der Wurzelstock Stoffe enthält, die auf Nerven und Herz beruhigend wirken. Die Gattung Feldsalat oder Rapünzchen hat keine federig auswachsenden Kelche; die jungen Blattbüschel einer bestimmten Art werden als Salat („Vogerlsalat“) gegessen.

8. Ordnung: Kürbisartige

Diese Reihe umfaßt nur die Familie der **Kürbisgewächse.** Meist rauhhaarige krautige Pflanzen, deren Stengel gewöhnlich mittels Ranken klimmen. Die strahligen Blüten haben eine fünfzählige Hülle und sind in der Regel eingeschlechtig. Die 5 Staubgefäße sind sämtlich miteinander verwachsen (Kürbis), oder nur so, daß es den Anschein hat, als ob bloß drei vorhanden wären (Gurke). Der unterständige Fruchtknoten ist dreifächerig und trägt 3 Griffeln mit großen Narben. Die Frucht ist eine große Beere.

Einheimisch ist die Zaunrübe. Viele Kürbisgewächse werden wegen der Früchte kultiviert: der Kürbis aus dem tropischen Amerika, die Gurke und Melone aus dem tropischen Asien stammend. Die Gefäßbündelnetze der im tropischen Asien und Afrika wachsenden Luffafrucht werden als „Luffaschwämme" ähnlich wie Badeschwämme verwendet.

9. Ordnung: Röhrenmännige

Das wichtigste Merkmal besteht darin, daß die einwärts gekehrten Staubbeutel entweder dauernd oder in der Jugend miteinander vereinigt (Staubbeutelröhre) oder wenigstens einander auffällig genähert sind, während die Staubfäden meist freibleiben. Die Blütenhülle ist fünfzählig, der Fruchtknoten unterständig. Viele Formen enthalten Milchsaft.

Familie der **Glockenblumengewächse.** Vorwiegend milchsaftführende Kräuter oder Stauden, deren strahlige Blüten nach der Fünfzahl gebaut sind. Die lose miteinander verbundenen 5 Staubgefäße entleeren ihren Blütenstaub noch vor der Entfaltung der Narbe auf „Sammelhaare" der Griffeloberfläche. Der unterständige, meist dreiblättrige Fruchtknoten entwickelt sich zu einer samenreichen Kapsel.

Die Wiesenglockenblume ist ein zweijähriges Kraut, das wie alle Glockenblumen einen Milchsaft enthält (Schutz gegen Tierfraß). Die oberen Blätter sind lineal-lanzettlich, die unteren breiter. Die in Rispen stehenden Blüten haben einen fünfzipfeligen Kelch, eine ebenfalls fünfzipfelige trichterig-glockige, blaulila Krone, 5 Staubgefäße und einen unterständigen Fruchtknoten. Die Staubgefäße entwickeln sich viel früher als die Narben und entleeren bereits vor dem Öffnen der Blüten aus ihren zusammenhängenden Staubbeuteln den Pollen auf Haare des sich durchzwängenden Griffels, wo er wie an einer Bürste hängenbleibt. Bis die drei Narben sich entfalten, sind die Staubgefäße bereits verwelkt. Die Bestäubung erfolgt durch Insekten. Die Frucht ist eine dreifächerige Kapsel, die sich, wie bei allen Glockenblumen, nahe der Spitze mit 3 Löchern öffnet.

Die Glockenblume kommt in mehreren Arten bei uns vor: Die Rundblättrige Glockenblume wächst in Wäldern und Wiesen, hat grundständige runde sowie stengelständige lanzettliche Blätter und kleine blaue Blüten. Die Pfirsichblättrige oder Waldglockenblume hat lineale Blätter und große blaue Blüten. An Zäunen findet sich öfters die Nesselblättrige Gl. In den Voralpen und Alpen wächst die Niedrige Gl. — Im Hochgebirge findet man die Alpenglockenblume.

Familie der **Korbblütler.** Die verwachsenkronblättrigen Blüten stehen in Blütenkörben, das heißt in Köpfchen mit einer aus Hochblättern gebildeten Hülle. Der Kelch ist rückgebildet oder als Haarkelch beziehungsweise Federkelch ausgebildet. Die fünfblättrige Blumenkrone ist strahlig oder seitlich symmetrisch. Die Staubbeutel der 5 Staubgefäße sind zu einer Röhre verwachsen. Der einfächerige, unterständige Fruchtknoten enthält nur eine Samenanlage und wird zu einem Schließfrüchtchen (Achänium).

Die Kuhblume, oft auch als Frühlingslöwenzahn bezeichnet, ist eine weitverbreitete Pflanze, deren Stengel und Blätter einen weißen, bitteren Milchsaft enthalten, welcher Raupen und Schnecken vom Fraß abhält. Die kleinen, jungen Blätter werden im Frühjahr in manchen Gegenden als Salat („Röhrlsalat") gegessen. Die Pflanze hat eine ausdauernde, tief in die Erde eindringende Wurzel und kommt an trockenen und feuchten Standorten vor. Die Blätter sind grundständig, schrotsägeförmig gelappt und breiten sich auf trockenem Boden zu einer Rosette aus, während sie an feuchten Standorten aufgerichtet und weniger tief eingeschnitten sind. Der Blütenschaft ist blattlos, hohl und einköpfig. In diesem Köpfchen stehen viele gelbe Blüten auf einem verbreiterten Blütenlager nebeneinander und sind von einer gemeinsamen Hülle (Hüllkelch) aus zwei Reihen grüner Blättchen umschlossen. Die in einem solchen Blütenkörbchen beisammenstehenden Einzelblüten sind alle gleich und haben einen aus haarartigen Fäden gebildeten Kelch (Haarkelch = Pappus). Die gelbe Blumenkrone ist verwachsenblättrig und in eine am Ende fünfzähnige Zunge ausgezogen. Die Staubbeutel der 5 Staubgefäße sind zu einer Röhre verwachsen. Der unterständige, einfächerige Fruchtknoten steckt seinen fadenförmigen Griffel durch die Staubbeutelröhre hindurch und endet mit einer zweiteiligen Narbe. Zur Fruchtreife verlängert sich der Fruchtknoten und wird zu einem dünnschaligen Schließfrüchtchen, das am oberen Ende den erhalten bleibenden Haarkelch trägt (Achänium). Die Haarkelche bilden zusammen eine zierliche Kugel, die beim geringsten Luftzug zerstört wird, indem die einzelnen Haarkelche mit dem daranhängenden Früchtchen wie kleine Fallschirme dahinsegeln und so die Pflanze verbreiten.

Die Einzelblüten der Korbblütler können sehr verschieden sowohl im Aussehen als auch in ihrer Anordnung im Körbchen sein. Oft sind die im Blütenkorb außen stehenden Randblüten anders ausgebildet wie die in der Mitte stehenden Scheibenblüten. Man kann zwei Grundformen unterscheiden, und zwar die schon bei der Kuhblume besprochenen seitlich-symmetrischen Zungenblüten und die Röhrenblüten. Letztere unterscheiden sich vor allem dadurch, daß sie in der Regel strahlig sind und eine röhrig-glockige, verwachsenblättrige Blumenkrone mit fünflappigem Saume besitzen (vgl. Abb. 119). Man unterscheidet daher 2 Unterfamilien, nämlich die Zungenblütler, in deren Körbchen nur Zungenblüten vorhanden sind (Löwenzahn), und Röhrenblütler, deren Blütenkörbe entweder nur aus Röhrenblüten bestehen (Flockenblume, Distel) oder am Rande Zungenblüten (Strahlblüten) tragen (Gänseblümchen, Huflattich).

Die Ausbildung der Blütenkörbchen ist eine sehr zweckmäßige Einrichtung, da die Körbchen sehr auffallend und daher anlockend für Insekten wirken, ohne daß die Einzelblüten einen besonderen „Schauapparat" besitzen müssen. Zwischen den vielen Einzelblüten ist auch eine Arbeitsteilung möglich. So sind die Randblüten oft unfruchtbar, sind aber sehr auffallend (Strahlblüten), während die unscheinbaren Scheibenblüten der Fruchtbildung dienen. Die Hüllblätter übernehmen die Aufgaben des gemeinsamen Kelches, wodurch die Einzelblüten einen solchen entbehren können. Der Hüllkelch schützt den ganzen Blütenstand in der Jugend und häufig auch im ausgebildeten Zustand, indem der Blütenkorb bei feuchtem Wetter oder während der Nacht sich schließt. Der Blütenkorb ist biologisch einer Einzelblüte vergleichbar und hat auch auf den ersten Blick oft große Ähnlichkeit mit einer solchen.

A. Alle Blüten sind Zungenblüten. Der echte Löwenzahn, der Bocksbart und die Kuhblume sind gelbe Korbblütler der Wiese, das Habichtskraut einer des Waldes. Die blaublütige Wegwarte liefert in ihren Wurzeln einen Kaffee-Ersatz (Zichorie). Die Endivie und der Kopfsalat (Häuptelsalat) sind bekannte Gemüsepflanzen.

B. Alle Blüten oder wenigstens die in der Mitte des Körbchens sind Röhrenblüten. Bei den auf den Wiesen häufigen Gänseblümchen und Wucherblumen (Margriten) sind die weißen Randblüten (Strahlblüten) Zungenblüten, die gelben Scheibenblüten sind Röhrenblüten. Andere bekannte Formen: die Kornblume, die verschiedenen Flockenblumen, die Schafgarbe („Bauchweh-

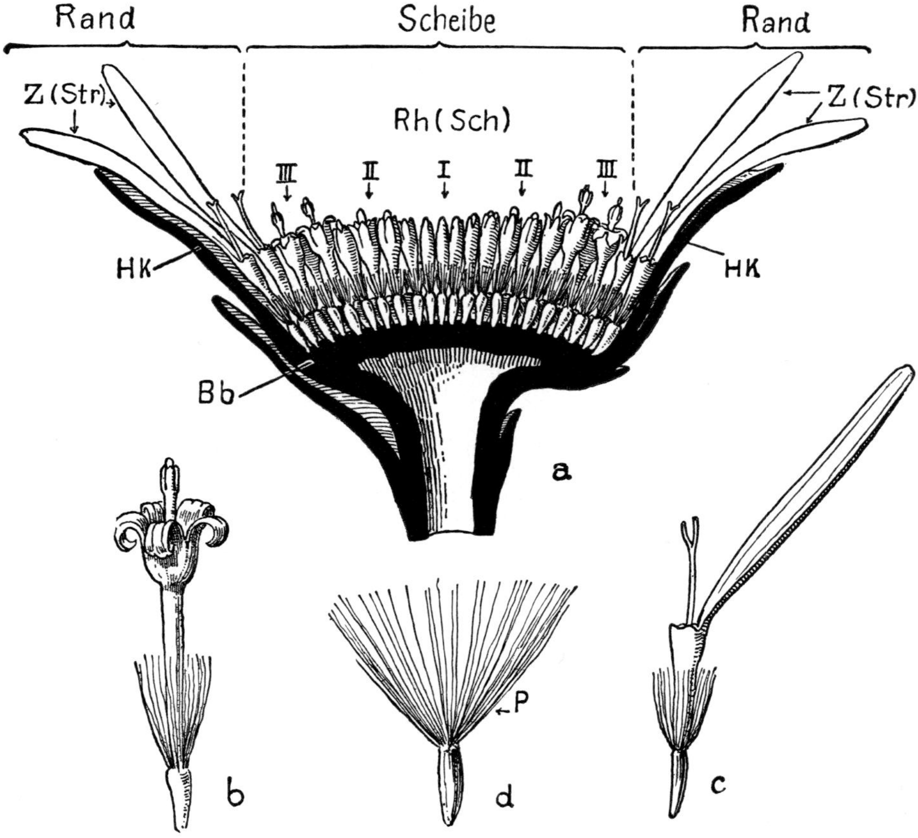

Abb. 119. Huflattich. *a* Schnitt durch den Blütenkorb; *Rh* (*Sch*) Röhrenblüten oder Scheibenblüten, von außen (III) nach innen (I) aufblühend; *Z* (*Str*) Zungen- oder Strahlblüten; *Hk* Hüllkelch; *Bb* Blütenboden; *b* Einzelblüte (Röhrenblüte); *c* Einzelblüte (Zungenblüte); *d* Frucht mit Pappus (*P*). Alle Figuren vergrößert.

kräutl“) und viele andere Wiesenblumen. Die berühmteste Alpenpflanze ist das Edelweiß, bei dem viele kleine Blütenkörbchen von einer sternförmigen Hülle filzig weißbehaarter Hochblätter umgeben sind. Kratzdistel und Klette sind Unkräuter. An Bachrändern findet sich oft der Huflattich (Abb. 119). Die große Sonnenblume wird wegen der ölreichen Früchte kultiviert, die ebenfalls aus Amerika stammende kleinere Erdbirne wegen der eßbaren Wurzelknollen. Eine Gemüsepflanze der Mittelmeerländer ist die Artischocke, deren Blütenlager und Hüllkelch im Jugendzustand gegessen werden. Bekannte Zierpflanzen sind die Georginen, die Astern, die Strohblumen, die Chrysanthemen, die Cinerarien und viele andere. Als Heilpflanzen finden Verwendung die Echte Kamille (gegen Magen-, Darmkrämpfe und Entzündungen), der Wermut (Verdauungsmittel), die Arnika oder Bergwohlverleih (Blütentinktur zur Wundbehandlung und gegen Hautentzündungen) und andere.

Von den **übrigen Familien** zweikeimblättriger Pflanzen seien noch einige **Nutzpflanzen der Tropen** erwähnt: Die „Fieberheilbäume" (Eukalyptusbäume) Australiens werden bis 150 m hoch. Die blaugrünen, lotrecht hängenden Blätter enthalten das stark riechende Eukalyptusöl, weshalb sie von Stechmücken gemieden werden. Wegen des starken Wasserverbrauches werden die Bäume zum Entwässern versumpfter Gebiete gepflanzt. Das Eukalyptusöl wird medizinisch verwendet (Atmungsorgane). — Die bekannten Gewürznelken sind die Blütenknospen des auf den Molukken heimischen Gewürznelkenbaumes. — Unter Piment, Neugewürz oder Nelkenpfeffer, versteht man die dem Pfeffer etwas ähnlichen Früchte einer westindischen, myrtenähnlichen Pflanze. — Aus den unreif getrockneten Beeren des von der Malabarküste stammenden, kletternden Pfefferstrauches gewinnt man den „Schwarzen Pfeffer". Aus den entschälten und gebleichten Samen gewinnt man den „Weißen Pfeffer".

2. Klasse: Einkeimblättrige

Die Einkeimblättrigen kann man von den Zweikeimblättrigen ableiten, und zwar am besten von den Vielfrüchtigen. Der Name der Einkeimblättrigen bezieht sich darauf, daß im Samen nur ein Keim-

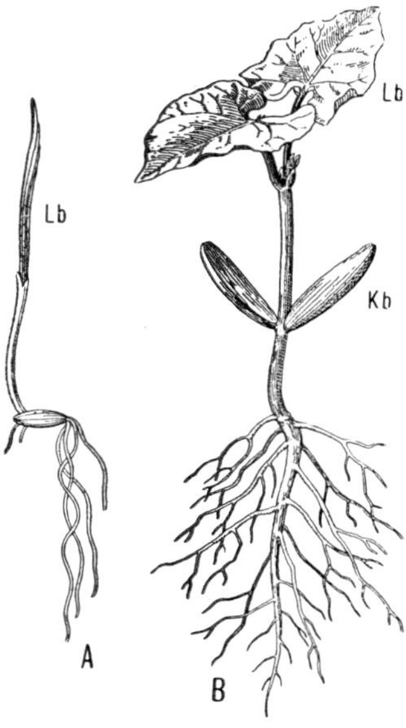

Abb. 120. Keimpflanzen. *A* Einkeimblättrige (Hafer), verkl.; *B* Zweikeimblättrige (Bohne), verkl.; *Lb* Laubblatt; *Kb* Keimblatt.

blatt vorhanden ist. Dieses tritt bei der Keimung meist aus dem Samen gar nicht hervor, sondern dient der Ernährung des Keimlings, indem es Nahrungsstoffe aus dem Nährgewebe aussaugt und dem Keimpflänzchen zuführt (Abb. 64). Es gibt aber noch viele andere Eigenschaften, welche im allgemeinen für die Einkeimblättrigen bezeichnend sind und sie von den Zweikeimblättrigen unterscheiden (Abb. 120).

	Zweikeimblättrige	Einkeimblättrige
Zahl der Keimblätter	2	1
Wurzel	Bleibende Hauptwurzel mit Nebenwurzeln	Absterbende Hauptwurzel, Adventivwurzeln aus dem Stamm
Stamm	Meist mehr oder weniger verzweigt	Meist einfach
Anordnung der Gefäßbündel im Stamm	Ringförmig	Regellos über den Stammquerschnitt verteilt
Aderung der Blätter	Netzartig	Streifig (paralleladerig)
Blattgestalt	Sehr verschieden	In der Regel ungeteilt, ganzrandig
Anheftung des Blattes	Selten scheidenartig, Stiel meist vorhanden (häufig mit Nebenblättern)	Oft scheidenartig, Stiel meist fehlend
Bauplan der Blüte	Fünf- oder Vierzahl	Dreizahl
Ausbildung der Blütenhülle	Meist Kelch und Krone	Meist gleichartige Blütenhülle

1. Ordnung: Lilienartige

Die strahligen Zwitterblüten sind dreizählig und besitzen ein aus den beiden äußeren Blattkreisen gebildetes, meist lebhaft gefärbtes Perigon, dann folgen zwei oder ein Kreis Staubblätter und schließlich ein dreifächeriger Fruchtknoten mit zahlreichen Samenanlagen.

Familie der **Liliengewächse.** Ausdauernde Pflanzen mit meistens unterirdischem Stamme und lebhaft gefärbten, strahligen Blüten. 6 Blütenhüllblätter und 6 Staubgefäße stehen in je zwei Kreisen, der oberständige, dreifächerige Fruchtknoten besteht aus 3 verwachsenen Fruchtblättern (P_{3+3}, A_{3+3}, $G_{\underline{(3)}}$).

Die Gartentulpe ist wildwachsend eine Pflanze der Steppen Südrußlands. Für diesen Lebensraum mit der großen Trockenheit des Sommers ist der Besitz einer Zwiebel sehr bedeutungsvoll. Die Zwiebel (Abb. 121) der Tulpe besteht aus einem unterirdischen, kurzen und scheibenförmig verbreiterten Stammstück (Zwiebelkuchen), an dem mehrere farblose, dicke, fleischige Blätter, die Zwiebelschuppen, entspringen, von denen die äußeren zu trockenen Schalen werden. Vom Rande des Zwiebelkuchens nach unten wachsen viele Faserwurzeln. Die Zwiebelschuppen speichern nicht nur Wasser, sondern auch Nahrungsstoffe, aus welchen sich im nächsten Jahre der junge Sproß ernährt. Während der Blüte- und Fruchtzeit schrumpft die Zwiebel zusammen, ihre Nahrungsstoffe sind aufgebraucht, dafür bildet sich in den innersten Schuppen eine junge Ersatzzwiebel, die immer mehr mit frischen Nahrungsstoffen angefüllt wird, so daß sich daraus im folgenden Jahr ein neuer Stengel entwickeln kann. Damit die Zwiebeln nicht von Tieren

Abb. 121. Zwiebel der Tulpe.

verzehrt werden, sind sie durch scharfe Stoffe geschützt. Die mit einer harten Spitze versehenen Laubblätter umschließen beim Durchbrechen der Erde schützend die Blütenknospe. Die wenigen Blätter, die am Stengel entspringen, sitzen auf ihm, indem sie ihn umfassen. Die Stellung der ganzrandigen und parallelnervigen Blätter ist derart, daß sie das Regenwasser der Zwiebel zuleiten.

Die einzige Blüte, die sich am Ende des Stengels befindet, hat ein aus 6 freien, großen, lebhaft gefärbten und in zwei Kreisen angeordneten Blättern bestehendes Perigon. Die 6 Staubgefäße stehen ebenfalls in zwei Kreisen (Abb. 122). Der oberständige, dreifächerige Fruchtknoten trägt einen kurzen Griffel mit einer

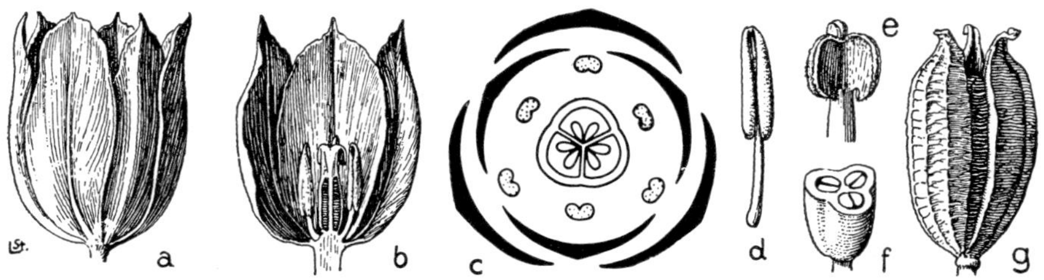

Abb. 122. Gartentulpe. *a* Blüte (verkl.), *b* Blüte im Längsschnitt (verkl.), *c* Diagramm, *d* Staubgefäß (vergr.), *e* Narbe, *f* Fruchtknoten im Querschnitt, *g* Frucht.

dreilappigen Narbe. Die Frucht ist eine am Rücken jedes Faches von oben her aufspringende (fachspaltige) Kapsel mit je zwei Reihen Samen in jedem Fach.

Man kann die Familie nach der Gestalt der Früchte einteilen:

A. Am Rücken der Fächer aufspringende (fachspaltige) Kapseln. Meist Zwiebelpflanzen (Echte Lilien).

Außer der bereits besprochenen Tulpe gehören hier weitere bekannte Formen her. Die Hyazinthe, deren Blüten in reichblütigen Trauben beisammenstehen. Die Lilien haben große, in Trauben stehende Blüten mit zurückgebogenen Perigonblättern. Auch die Kaiserkrone ist eine beliebte Gartenpflanze. — Häufige Formen des europäischen Laubwaldes sind der Blaustern, der Gelbstern, der Milchstern, die Traubenhyazinthe, der Bärenlauch. — Bekannte Küchenpflanzen: Der Knoblauch, der Porree, der Schnittlauch und die Küchenzwiebel (Sommerzwiebel, Winterzwiebel).

B. Längs den Scheidewänden aufspringende (wandspaltige) Kapseln. Wurzelstöcke, Knollen (Giftlilien):

Hierher gehört die Herbstzeitlose, die aus einer unterirdischen Knolle im Herbst eine trichterige, langröhrige Blüte, mit einem im unteren Teile verwachsenen, lila gefärbten Perigon entwickelt und die Frucht zugleich mit den Blättern erst im nächsten Frühling ausbildet; giftig. — Der Germer der Voralpenwiesen mit auffallend großen Blättern ist ebenfalls giftig.

C. Mit Beerenfrüchten; Wurzelstöcke (Spargelgewächse):

Das Maiglöckchen entwickelt aus seinem Wurzelstock zwei große elliptische Blätter und einen Blütenstengel mit einer einseitswendigen Blütentraube. Die Blüten haben ein aus 6 weißen Blättern verwachsenes, glockenförmiges Perigon. Die Frucht ist eine kugelige, rote Beere. Die Pflanze enthält Giftstoffe, die bei gewissen Herzbeschwerden medizinische Anwendung finden. Außerdem findet man in unseren Wäldern häufig das Schattenblümchen, den Salomonssiegel oder die Weißwurz und die durch vierzählige Blüten und 4 Blätter ausgezeichnete giftige Einbeere. Eine Gemüsepflanze ist der Spargel.

Die Familie der **Narzissengewächse** unterscheidet sich von den Liliengewächsen nur durch den unterständigen Fruchtknoten (P_{3+3}, A_{3+3}, $G_{\overline{(3)}}$).

Das Schneeglöckchen treibt oft schon unter dem Schnee zwei grundständige, lineale Laubblätter und einen einblütigen Stengel aus der unterirdischen Zwiebel empor. Beim Durchbrechen der Erde wird die zarte Blütenknospe von einer scheidenartigen, aus zwei verwachsenen Hochblättern gebildeten Hülle und den beiden, mit einer harten Spitze versehenen Laubblättern geschützt. Die hängende Blüte hat ein weißes, glockiges Perigon aus 6 in zwei Kreisen angeordneten Blättern. Die 3 Blätter des äußeren Kreises sind ganz weiß, während die des inneren Kreises grüngestreift und etwas kürzer sind. Die 6 Staubgefäße öffnen sich an der Spitze durch Löcher und überschütten dadurch, daß die Blüte hängt, ein anstoßendes Insekt mit Blütenstaub. Der dreifächrige Fruchtknoten ist unterständig und trägt die Narbe auf einem fadenförmigen Griffel. Wenn die Frucht, eine vielsamige, lange Zeit fleischig bleibende Kapsel, reift, dann neigt sich der Stengel zur Erde und die mit einem fleischigen Anhang versehenen Samen werden von Ameisen verschleppt.

Die Frühlingsknotenblume unterscheidet sich vom Schneeglöckchen hauptsächlich dadurch, daß alle 6 Perigonblätter gleich aussehen. Auf Wiesen bestimmter Ostalpengegenden (Ennstal, Karawanken, Lunz, Aussee) findet man im Frühjahr die Schmalblättrige Narzisse. Die verschiedenen Arten der Narzissen sind dadurch ausgezeichnet, daß die Perigonblätter zum Teil verwachsen sind und am Schlunde eine Nebenkrone ausbilden; sie stammen meist aus Südeuropa oder aus dem Orient und sind beliebte Gartenpflanzen, wie die Dichternarzisse, die häufig verwildert vorkommt. Eine andere Zierpflanze, welche ebenfalls verwildert auftritt, ist der gelbblühende Märzenbecher. Die aus Zentralamerika (Mexiko) stammende Agave kommt in Südeuropa häufig verwildert vor. Die Pflanze wird auch kultiviert. Sie bildet zunächst durch mehrere Jahre eine mächtige Rosette aus fleischigen, dornigen Blättern, aus der dann auf einem etwa 10 m hohen Schaft eine große Blütenrispe entspringt. Aus den

Blättern gewisser Agavearten gewinnt man Gespinstfasern (Mauritiushanf, Sisalhanf), aus dem Blütenschaft entzieht man große Mengen eines zuckerhaltigen Saftes, aus dem durch Vergären ein alkoholisches Getränk (Pulque) erzeugt wird.

Die Familie der **Schwertliliengewächse** ist innerhalb der Lilienartigen durch den unterständigen Fruchtknoten und den Ausfall des inneren Staubblattkreises ausgezeichnet (P_{3+3}, A_3, $G_{\overline{(3)}}$).

Die Deutsche Schwertlilie ist eine häufige Zierpflanze unserer Gärten. Aus dem verästelten Wurzelstock entspringen Sprosse, denen lange, schmale Blätter von graugrüner Farbe aufsitzen. Diese sind zweizeilig angeordnet, steil aufgerichtet, im unteren Teile längs der Mittelrippe gefaltet und umfassen mit ihrer Innenfläche die Außenfläche des nächsthöheren Blattes (reitende Blätter). Die Blüten entspringen aus Blattwinkeln und sind an ihrem Grunde je von einem trockenhäutigen Hochblatt umhüllt, das den Schutz der Knospe übernimmt.

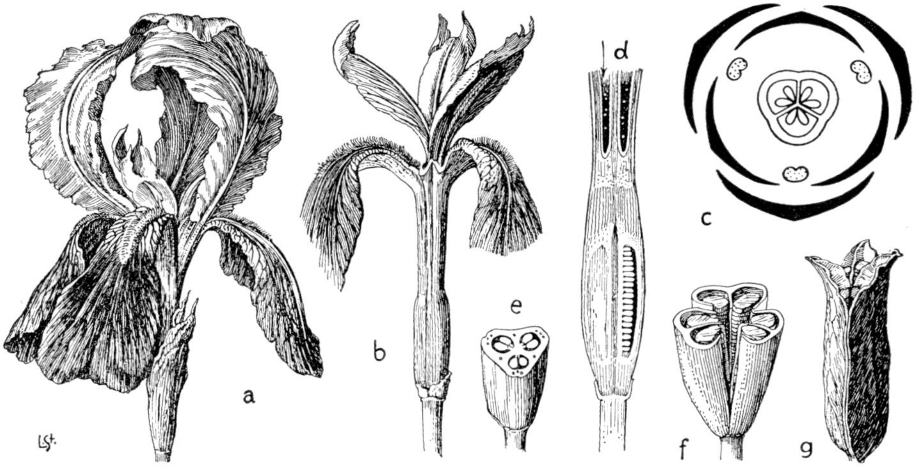

Abb. 123. Deutsche Schwertlilie. *a* Blüte (verkl.), *b* Blüte nach Entfernung der inneren Perigonblätter (verkl.), *c* Diagramm, *d* Fruchtknoten im Längsschnitt, *e* Fruchtknoten im Querschnitt, *f* fachspaltige Kapsel im Querschnitt, *g* Kapsel (verkl.).

Dieses scheidenartige Hochblatt bedeckt den glänzend grünen, unterständigen Fruchtknoten sowie einen Teil der Perigonröhre (Abb. 123). Das sechsblättrige Perigon besteht aus zwei Kreisen von Blättern, die am Grunde miteinander verwachsen sind. Die 3 Blätter des äußeren Kreises sind zurückgeschlagen, violett und oberseits durch einen Streifen gelber Haare gebärtet. Die drei inneren sind etwas kleiner, heller, aufgerichtet und zusammenneigend. Die bärtigen Streifen weisen den Hummeln den Weg zum Honig, welcher am Grunde der von den inneren Blättern überdachten Perigonröhre abgeschieden wird. Über diesen „Bärten“ befinden sich die 3 Staubgefäße, deren Staubbeutel sich nach außen öffnen, so daß die vorbeikriechende Hummel mit Blütenstaub überschüttet wird. Der Griffel ist oben dreiteilig, wobei jeder Teil blumenblattartig verbreitert ist, und dachartig das darunter befindliche Staubgefäß schützt. Jeder dieser Griffeläste trägt unter seinem zweilappigen Ende eine kleine Narbe. Durch diesen Bau wird eine Fremdbestäubung besonders gesichert, da das eindringende Insekt zunächst an den Lappen mit der Narbe anstößt, erst nachher mit dem Blütenstaub in Berührung kommt und schließlich beim Auskriechen den Narbenlappen zurückschiebt, wobei dieser nur von unten berührt wird und eine Bestäubung der Narbe durch den Pollen der eigenen Blüte ausschließt. Die Frucht ist eine dreifächerige fachspaltige Kapsel.

Die Wasserschwertlilie mit gelben, unbebärteten Perigonblättern kommt in unseren Teichen und Seen vor. — Die Arten der Gattung Krokus oder Safran sind dadurch ausgezeichnet, daß alle Perigonblätter oben zusammenneigen. Der Frühlingskrokus ist eine frühblühende Zierpflanze mit violetten, weißen oder gelben Blüten. Der Weiße Krokus blüht gleich nach der Schneeschmelze auf unseren Bergen. Die getrockneten, gelben Blütennarben des aus dem Orient stammenden Echten Safrans werden als Gewürz verwendet. Ein fast zweilippiges Perigon hat die Gladiole oder Siegwurz.

2. Ordnung: Riedgrasartige

Windblütige, oft grasartige Pflanzen mit unscheinbaren Blüten, die zum Teil noch weitgehend mit jenen der Lilienartigen übereinstimmen, zum Teil aber sehr vereinfacht sind.

Familie der **Riedgräser.** Krautige Pflanzen mit dreikantigem Stengel, der weder hohl noch knotig gegliedert ist, und mit grasähnlichen Blättern. Die in Blütenständen vereinten Blüten haben nur selten eine sechsblättrige Blütenhülle, meist ist diese in Form und Zahl rückgebildet oder fehlend. Die 3 Staubgefäße umgeben einen oberständigen Fruchtknoten, aus dem sich ein Nüßchen entwickelt.

Das Breitblätterige Wollgras tritt häufig auf nassen Wiesen und Mooren auf (Abb. 124). Die ausdauernde Pflanze hat grasähnliche parallelnervige Blätter, die den Stengel mit einer Scheide umfassen. Die Blüten haben anstelle eines Perigons einen Saum weißer Haare, die 3 Staubgefäße und einen aus 3 Fruchtblättern gebildeten, oberständigen Fruchtknoten mit einer dreiteiligen Narbe umschließen. Die Blüten stehen in den Achseln trockenhäutiger Deckblätter (Spelzen) in Scheinährchen und setzen überhängende Blütenstände zusammen, die nach dem Verblühen wie weiße Wollschöpfe aussehen, da sich die anstelle der Blütenhülle befindlichen Haare stark verlängern. Sie fallen später mit den Früchten ab und dienen zur Verbreitung der kleinen Nüßchen durch den Wind.

Die Riedgräser haben in Anpassung an die Windbestäubung die Blüte vereinfacht. Sie sind durch ihre große Artenzahl sowie durch ihr massenhaftes Auftreten auf unseren nassen und sauren Wiesen bedeutungsvoll. Sie liefern auf sumpfigem Boden ein schlechtes Futter. — Außer dem Wollgras sind verschiedene Arten von Binsen, Simsen und Seggen bei uns bekannt. — Aus dem Stengelmark der Papyrusstaude (Nilländer) wurde im Altertum eine Art Papier hergestellt.

3. Ordnung: Spelzblütige

Diese Ordnung ist durch die Familie der **Gräser** vertreten. Es sind dies Pflanzen mit hohlen, knotig gegliederten runden Stengeln („Halmen"). Die zweizeilig angeordneten Blätter sind schmal, parallelnervig, mit stengelumfassenden Scheiden und häutigen Anhängseln am Grunde der Spreite. Die Blüten stehen in Ährchen, die sich zu zusammengesetzten Blütenständen vereinen. Die Ährchen werden am Grunde von 2 Hüllspelzen umgeben und jede Blüte wird wieder von 2 weiteren Hochblättern, der Deck- und der Vorpelze, umhüllt. Die Blüten enthalten zumeist 3 Staubgefäße und einen einfächerigen, oberständigen Fruchtknoten, der sich zu einem einsamigen Schließfrüchtchen, der Kornfrucht, entwickelt.

Der Roggen, meist Korn genannt, hat büschelförmige Faserwurzeln, aus denen sich die knotig gegliederten Halme erheben. Die Knoten sind fest, während

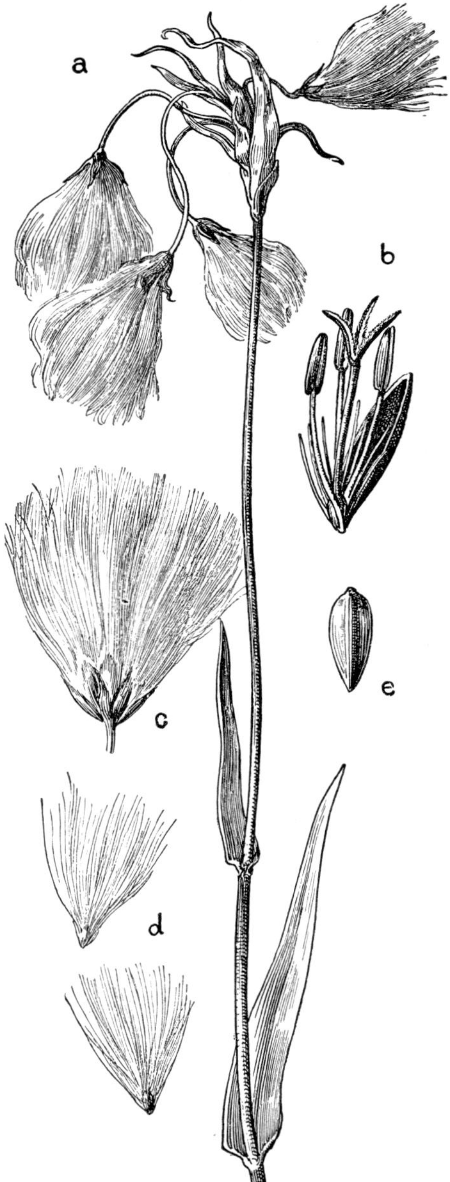

Abb. 124. Breitblättriges Wollgras. *a* Fruchtstand, *b* Blüte (vergr.), *c* Fruchtährchen, *d* Früchte, *e* Frucht ohne Fäden (vergr.).

die Zwischenstücke hohl sind. Die Blätter entspringen je an einem Knoten mit einer den Halm röhrenartig umschließenden Blattscheide, welche an diesem ein Stück aufwärts läuft und dann in die schmale, lange Spreite umbiegt. An der Ansatzstelle der Spreite befindet sich ein dünnes Blatthäutchen, welches das

Eindringen von Wasser in die Scheide verhindert. Der Blütenstand ist eine endständige, aus zweizeilig angeordneten Ährchen zusammengesetzte Ähre. Jedes Ährchen enthält zwei entwickelte und dazwischen eine verkümmerte Blüte (Abb. 125). Jedes Ährchen ist von 2 Hochblättern, den Hüllspelzen, umgeben. Vor jeder Einzelblüte steht eine mit einer langen, stachelig behaarten Granne versehene Deckspelze. Bei der ursprünglich dreizähligen Blüte sind verschiedene Glieder rückgebildet, so fehlt in jedem Perigonkreis je ein Blatt. Die beiden übriggebliebenen Blätter des äußeren Perigonkreises bilden, miteinander verwachsen, die Vorspelze. Die beiden Blätter des inneren Kreises sind zu ganz kleinen Schwellblättchen geworden, die zur Blütezeit anschwellen und dadurch die Spelzen auseinanderdrängen, damit die 3 Staubgefäße und die 2 federigen Narben frei werden. Der aus 3 Blättern gebildete Fruchtknoten ist einfächerig und enthält nur eine

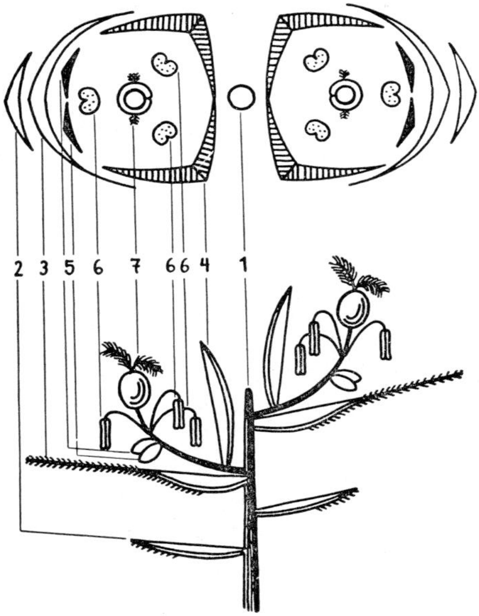

Abb. 125. Übersicht des Aufbaues eines 2blütigen Roggenährchens mit stark verlängert dargestellten Stengelgliedern.
1 Achse mit verkümmerter Blüte,
2 Hüllspelze, 3 Deckspelze, 4 Vorspelze,
5 Schwellblätter, 6 Staubgefäße,
7 Fruchtknoten.

Samenanlage. Die Bestäubung erfolgt durch den Wind. Die Frucht ist eine einsamige Schließfrucht (Kornfrucht, Grasfrucht), bei der die Fruchtschale mit der Samenschale verwachsen ist. Das Korn ist hauptsächlich von Vorratsstoffen erfüllt, denn der Keimling selbst ist sehr klein und nimmt nur wenig Platz in Anspruch (Abb. 64). Da die zweizeilig stehenden Ährchen je 2 Körner enthalten, erscheint die Fruchtähre vierzeilig. Beim Dreschen lösen sich die Körner des Roggens, wie beim Weizen, aus den Spelzen, während bei Hafer und Gerste die Körner samt den Spelzen von der Ährenspindel getrennt werden.

Die Gräser sind typische Windblütler: unscheinbare Blüten, keine Nektarabsonderung, trockener, stäubender Pollen, federige große Narben, pendelnde Staubgefäße und andere Merkmale hängen damit zusammen.

Die sehr große und artenreiche Familie ist über die ganze Erde, soweit Pflanzenleben überhaupt möglich ist, verbreitet. Durch massenhaftes Auftreten prägen manche Gräser der Landschaft einen bestimmten Charakter auf (Wiesen, Steppen, Prärien, Savannen usw.). Dem Menschen haben die Gräser wichtige Nutzpflanzen

(Getreide, Futterpflanzen, Zuckerrohr, Reis usw.) gegeben, so daß er ihr Verbreitungsgebiet, meist auf Kosten des Waldlandes, künstlich erweitert hat (Äcker und Wiesen, alpine Weiden, in den Tropen Zuckerrohr- und Reisfelder).

Getreide (Zerealien) und andere Kulturgräser: Der Weizen unterscheidet sich vom Roggen hauptsächlich durch seine vierkantigen Ähren, drei- bis fünfblütigen Ährchen, breit-eiförmigen Spelzen mit oder ohne Grannen (Grannenweizen und Kolbenweizen) und die lichteren, gelblichen, breiteren Körner. Die Gerste hat Ähren, in denen einblütige Ährchen in auffallend regelmäßigen Reihen (2-, 4-, 6zeilig) angeordnet sind und sehr lange, steife Grannen besitzen. Der Hafer hat seine meist zweiblütigen Ährchen in lockeren Rispen vereint.

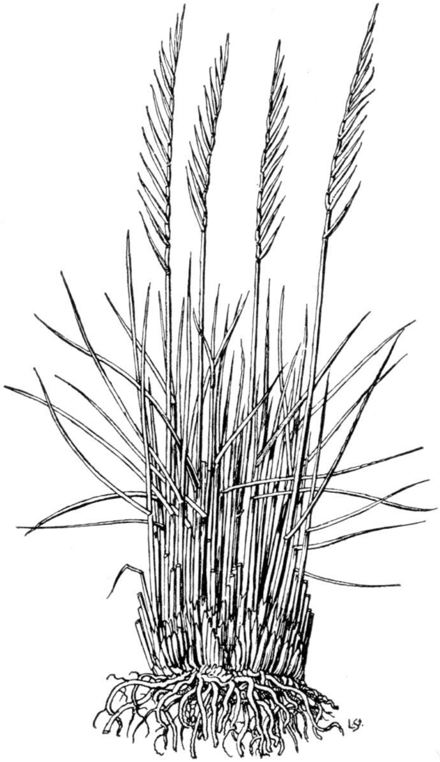

Abb. 126. Bürstlinggras.

Die Hirse hat einblütige Ährchen in rispigen, überhängenden Blütenständen Der Mais (Kukuruz) besitzt dicke Halme und einhäusige Blüten, von denen die Staubblüten in gipfelständigen Rispen, die Fruchtblüten am unteren Teile des Halmes in blattwinkelständigen Kolben stehen (die langen Griffelfäden bilden die „Barthaare" des Kukuruz). Der Reis mit aufrechten rispigen Blütenständen und einblütigen Ährchen ist ein tropisch-subtropisches Gewächs, welches auf bewässerten Feldern gebaut wird. Das Zuckerrohr ist ein übermannshohes, im tropischen Asien beheimatetes, aber überall in den Tropen kultiviertes Gras. Aus dem Mark seines Stengels wird Rohrzucker gewonnen. Das Bambusrohr des tropischen Asien hat bis 25 m hohe, einen halben Meter dicke, verzweigte, holzige Halme, die eine vielseitige Verwendung finden.

Futtergräser der Wiesen: Knäuelgras, Zittergras, Wiesenschwingel, Wiesenlieschgras, Gemeiner Windhalm oder Straußgras, Wiesenrispengras und viele andere.

Sonstige Gräser: Elfengras, Bürstling (Abb. 126), Federgras. An sumpfigen Stellen und im Röhricht findet sich das Schilfrohr, das auch Verwendung zu Flechtarbeiten, Wandbekleidungen usw. findet.

4. Ordnung: Knabenkrautartige

Diese Ordnung ist durch die Familie der **Knabenkräuter** oder **Orchideen** vertreten. Krautige Pflanzen mit in der Regel zygomorphen Zwitterblüten. Das Perigon ist aus 6 in zwei Kreisen stehenden Blättern gebildet. Von den 6 in der Anlage vorhandenen Staubgefäßen entwickelt sich meist nur eines, selten zwei. Am häufigsten kommt dabei das der Honiglippe gegenüberliegende Staubgefäß des äußeren Kreises zur Entwicklung. Das mittlere Blatt des inneren Perigonkreises ist im allgemeinen zu einer auffallenden, an der blühenden Pflanze nach unten gekehrten Lippe umgebildet und ist nach hinten häufig noch in einen Sporn verlängert. Der unterständige Fruchtknoten ist in der Regel gedreht, dreiblättrig, drei- oder meist einfächerig. Der Griffel ist mit dem Staubblatt zu einem eigenartigen Säulchen verwachsen. Die Frucht ist meist eine Kapsel mit zahllosen, winzigen Samen.

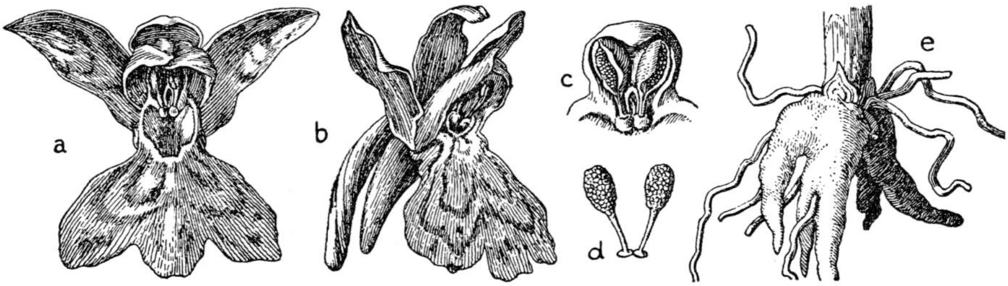

Abb. 127. Breitblättriges Knabenkraut. *a* Blüte (vergr.), *b* Blüte von der Seite (vergr.), *c* Narbe und Staubgefäß (stark vergr.), *d* Pollinien, *e* Knolle.

Das Breitblättrige Knabenkraut (Abb. 127) besitzt so wie alle Arten des Knabenkrautes am Grunde des Stengels 2 Wurzelknollen, von denen die eine zur Blütezeit verschrumpft, die andere bleibt saftig; die erstere wurde im Vorjahr gebildet und ernährt den jungen Sproß, die letztere wird für das nächste Jahr angelegt und mit Vorratsstoffen angefüllt. Im Frühjahr entwickelt sich aus der überwinterten Knolle im Schutze farbloser Hüllblätter ein einziger Stengel, dieser ist unverzweigt und trägt länglich-ovale, bräunlich-gefleckte, sitzende Blätter, die das Regenwasser zur Knolle und zu den saftigen Wurzeln ableiten. Die aus den Achseln von Deckblättern entspringenden Blüten bilden eine endständige Ähre. Die Blüte hat einen unterständigen Fruchtknoten, der einem Blütenstiel ähnlich sieht und eigentümlich gedreht ist. Das symmetrische Perigon besteht aus zwei Kreisen purpurfarbener Blätter, wovon die des äußeren Wirtels annähernd gleich sind, während von den inneren nur zwei übereinstimmen, indem das dritte zur Honiglippe umgebildet ist. Diese ist größer, am Rande dreiteilig und geht am Grunde in einen Sporn aus. Die ursprüngliche Lage der Lippe wäre in der Blüte oben, sie kommt aber infolge der Drehung des Fruchtknotens nach unten und bildet so einen günstigen Anflugplatz für die Insekten. 2 Perigonblätter stehen seitlich ab, die übrigen drei neigen zu einem Schutzdach über den inneren Blütenteilen zusammen. Von den zu erwartenden 6 Staubgefäßen ist nur das der Lippe gegenüberstehende ausgebildet. Dieses ist mit dem Griffel verwachsen. Die Pollenmassen jedes der beiden Fächer des Staubbeutels hängen zusammen und bilden einen keulenförmigen Körper (Pollinium), der in einen zarten, am Ende klebrigen Stiel ausgezogen ist. Will ein Insekt, etwa eine Hummel, mit dem Rüssel in den Sporn der Honiglippe gelangen, so berührt es unbedingt den Staubbeutel und zieht dabei die Pollenkölbchen heraus, die mit ihrem Stielchen am Kopf des Tieres wie zwei Hörnchen kleben bleiben (Versuch mit der Bleistiftspitze!). Während das Insekt zur nächsten Blüte fliegt, biegen sich die Kölbchen um, dadurch wird beim Eindringen in die Blüte der Pollen direkt auf die unter dem Staubgefäß befindliche Narbe geschoben. Die Frucht ist eine Kapsel, die eine ungeheure Menge winziger Samen, welche durch den Wind verbreitet werden, enthält. Die kleinen Samen haben keine Vorratsstoffe und keimen daher erst dann, wenn Pilzfäden in sie eindringen, die ihnen die nötigen Baustoffe liefern. Ein Knabenkraut erzeugt etwa 180.000 Samen.

Die artenreiche Familie der Orchideen ist besonders in den Tropen zahlreich. Es herrscht eine große Mannigfaltigkeit der Formen, die zum Teil auf Anpassung an die Lebensweise zurückzuführen ist (Baumbewohner, Fäulnispflanzen, Parasiten, Wurzelkletterer, Dornenbildungen, Luftwurzeln, Vorratsspeicher), zum Teil auf komplizierte Bestäubungseinrichtungen. Wegen der herrlichen Blüten und des Duftes werden viele Orchideen in Gewächshäusern bei uns gezogen, doch ist dazu die Kultur der entsprechenden Wurzelpilze, welche das Keimen erst ermöglichen, von größter Bedeutung.

Die unreifen Früchte eines in Mexiko heimischen, in den Tropen auch sonst gebauten Wurzelkletterers liefern die Vanille.

Einheimische Orchideen: der Frauenschuh hat eine pantoffelartig aufgetriebene, ungespornte Lippe und ein blumenblattartig umgestaltetes sowie zwei normal entwickelte Staubgefäße. Die Gattung Knabenkraut ist in vielen Arten vertreten. Die Stendelwurz oder Waldhyazinthe, das Friggagras und viele andere Gattungen kommen bei uns vor. Das Kohlröserl ist eine bekannte Alpenpflanze. Zwei durch den Mangel an Chlorophyll ausgezeichnete Saprophyten sind die Nestwurz und die Korallenwurz.

5. Ordnung: Kolbenblütige

Die vorwiegend eingeschlechtlichen Blüten sind zu dichten Blütenständen vereinigt. Die Einzelblüten sind verhältnismäßig einfach. Für den ganzen Blütenstand übernehmen besondere Organe die Aufgaben, welche sonst in jeder Einzelblüte von bestimmten Teilen ausgeführt werden. So findet man in der Regel ein auffallendes Hochblatt oder auch mehrere, die den jungen Blütenstand schützend einhüllen oder als Schaueinrichtung dienen (Blütenscheide, Spatha) (Abb. 128).

Familie der **Palmen.** Meist Bäume mit einem langen, schlanken und unverzweigten, überall fast gleich dicken Stamm, der an seinem oberen Ende einen Schopf mächtiger, meist langgestielter und fiedrig oder fächerig zerteilter Blätter trägt, die schraubig angeordnet sind. Der Blütenstand ist rispig, in der Jugend vollständig, später nur am Grunde von einem großen Hochblatte (Blütenscheide, Spatha) eingehüllt. Das Perigon besteht aus 6 in zwei Kreisen angeordneten Blättern. Staubgefäße sind meist 6 vorhanden. Die 3 Fruchtknotenblätter stehen frei oder bilden einen ein- bis dreifächerigen Fruchtknoten.

Die Dattelpalme wächst in den Oasen des asiatisch-afrikanischen Wüstengürtels. Der unverzweigte Stamm erreicht 10 bis 20 m Höhe und bis 1 m Dicke. Er ist durch kräftige Nebenwurzeln im Boden verankert und trägt eine Krone schraubig angeordneter Blätter, die in der Jugend ungeteilt sind, aber später vom Rande gegen die Mittelrippe einreißen und so im ausgebildeten Zustand den Eindruck eines gefiederten Blattes machen. Der ganze Stamm ist mit großen Narben abgefallener Blätter bedeckt. Die windblütige Pflanze ist zweihäusig und bildet die Blütenrispen zwischen den Blättern aus. Das sechsblättrige Perigon umschließt bei den männlichen Blüten 6 Staubgefäße, bei den weiblichen 3 getrennte, aus je einem Fruchtblatt gebildete, oberständige Fruchtknoten. Im allgemeinen kommt von den 3 Fruchtknoten der Blüte nur einer zur vollen Entwicklung und bildet eine Beerenfrucht mit süßem Fleisch und einem länglichen, harten Samen (Dattelkern). Da man wegen des Fruchtertrages vorwiegend weibliche Bäume pflanzt, pflegt man zur Blütezeit in deren Kronen männliche Blütenstände zu befestigen, damit die Bestäubung gewährleistet wird. Die Bedeutung der Dattelpalmen für die heißen Gebiete beruht nicht nur auf ihren Früchten, sondern vor allem auch darauf, daß in ihrem Schatten erst andere Pflanzen gedeihen können (Orangen, Feigen, Mandeln, Getreide usw.).

Die Palmen sind vorwiegend Tropenbewohner, kommen aber auch in Subtropen vor. In gemäßigte Zonen können Palmen nicht eindringen, denn ein kalter Winter kann die einzige Endknospe des unverzweigten Stammes vernichten und in Ermangelung von Ersatzknospen muß der ganze Baum zugrunde gehen. Es handelt sich bei den Palmen um eine alte Pflanzenfamilie, die auch fossil bekannt ist. Fossile Funde aus Grönland zeigen, daß sie früher einmal eine andere Verbreitung hatten. Viele Palmen werden in ihrer Heimat für technische Zwecke (Stämme, Blätter und Fasern) sowie für Nahrungsstoffe (Früchte, Gemüse aus Knospen, Öl und Fett, Zucker, Palmwein) verwertet.

Man unterscheidet nach den Blättern Fiederpalmen mit fiedrig zerteilten Blättern (Dattelpalme) und Fächerpalmen mit fächerigen Blättern (Zwergpalme).

Die Kokospalme ist eine Fiederpalme der Tropen, vor allem der Alten Welt, wo sie gerne an Meeresküsten wächst. Die Frucht (Kokosnuß) ist eine Steinfrucht mit einer dreischichtigen Schale: Außen eine feste Schicht, dann eine faserige, aus der man die „Kokosfasern" gewinnt, und schließlich die innere Steinschale, welche zu Knöpfen verarbeitet wird. Der eingeschlossene Samen enthält eine milchartige, eiweißhaltige Flüssigkeit. Sein fleischig fester Teil wird frisch verzehrt oder getrocknet als „Kopra" in den Handel gebracht und zur Herstellung von Pflanzenfett sowie für Seifen und Kerzen verwendet. Die Stämme können bis 25 m Höhe erreichen. — Die Sagopalme ist eine auf den Sundainseln heimische Fiederpalme mit bis 10 m hohen Stämmen und fast ebenso langen Blättern. Aus der im Stamminneren enthaltenen Stärke gewinnt man den Sago. — Aus dem Saft der Zuckerpalme, einer Fiederpalme der Sundainseln, gewinnt man Palmzucker und Palmwein. — Arten der Gattung Rotangpalme liefern das „Spanische Rohr" (für Korbmöbel). Diese Fiederpalmen mit sehr langen und dünnen Stämmen klettern mit Hilfe von Klimmblättern (Abb. 53). — Die Ölpalme im äquatorialen Amerika und Afrika liefert Palmöl aus den Früchten. — Die steinharten Samen der Elfenbeinpalme des tropischen Amerika bilden als „vegetabilisches Elfenbein" einen wichtigen Handelsartikel, der zu verschiedensten Gegenständen (Knöpfe) verarbeitet wird. — Die Zwergpalme ist eine Fächerpalme mit 1 bis 3 m hohem Stamme und einzige wildwachsende Palme Europas (Mittelmeerländer), die häufig als Dekorationspflanze verwendet wird, vor allem aber liefern ihre Blattfasern das vegetabilische Roßhaar, Crin d'Afrique. — Die Früchte der in Südasien und Ostafrika heimischen Betelnußpalme enthalten weiße, rotgeäderte Samen, die sogenannten „Betelnüsse", die von den Eingeborenen gerne gekaut werden.

Familie der **Arongewächse.** Hauptsächlich in den Tropen verbreitete Familie aus fast immer krautigen Pflanzen. Die meist ungeteilten Blätter sind nicht selten netznervig. Die vielgestaltigen, meist sehr vereinfachten Blüten sitzen tragblattlos an einer unverzweigten, oft zu einem fleischigen Kolben verdickten Achse und der ganze Blütenstand wird von einem auffälligen Hochblatte umgeben. Die Früchte sind meistens Beeren.

Der Aronstab kommt in den Wäldern und Auen Mitteleuropas vor (Abb. 128). Aus einer unterirdischen Knolle kommen jährlich langgestielte Blätter mit pfeilförmiger Spreite und netzig verzweigten Gefäßbündeln hervor. Der am unteren Teile eines Kolbens befindliche Blütenstand ist von einem tütenförmigen Hochblatt (Spatha) eingehüllt. Die Früchte sind rote Beeren. Über die besonderen Bestäubungsverhältnisse s. S. 122. In Europa findet sich auch der Kalmus mit schmaler, grasblattartiger Blütenscheide und Zwitterblüten. Die Wurzelstöcke werden medizinisch verwertet (Magenmittel). In Gewächshäusern und als Zimmerpflanzen werden wegen der schönen Blütenscheiden oder wegen der großen Blätter Verschiedene Arongewächse gezogen (Monstera, Philodendron, Calla u. a.).

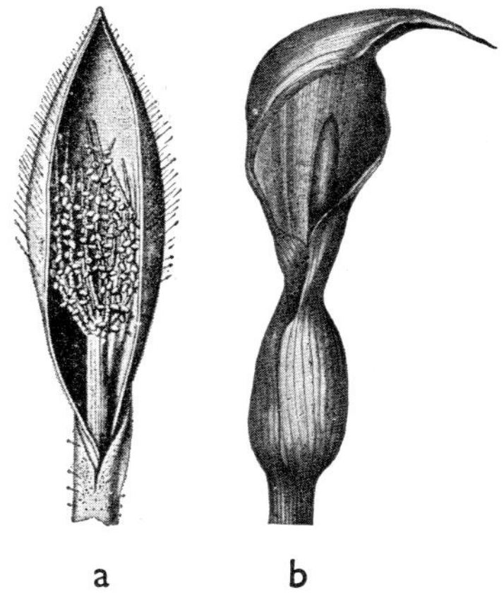

Abb. 128. Blütenstände der Kolbenblütigen mit Hochblatt. *a* Dattelpalme (verkl.), *b* Aronstab (verkl.).

Von den **übrigen Familien** einkeimblättriger Pflanzen seien noch einige **Nutzpflanzen der Tropen** erwähnt: Die Früchte der aus Asien stammenden, heute aber überall in den Tropen kultivierten Bananen sind ein wichtiges Nahrungsmittel. Auf den Philippinen beheimatete Bananenpflanzen liefern aus den Fasern ihrer Blattscheiden den zähen „Manilahanf“. — Die Ananas stammt aus Südamerika, wird aber wegen der zapfenähnlichen, riesigen Sammelfrüchte überall gezogen.

Anhang III

Naturschutz

Der Naturschutz gliedert sich in den Schutz der:

a) Naturdenkmale (Naturdenkmalschutz),
b) Landschaft (Landschaftsschutzgebiete),
c) Naturgebiete (Naturschutzgebiete),
d) wildwachsenden Pflanzen und freilebenden Tiere.

Zu a): **Naturdenkmale** (Quellen, Wasserfälle, Teiche, Seen, Felsbildungen, erdgeschichtliche Aufschlüsse, Standorte seltener Pflanzen oder Tiere, landschaftlich hervorragende Bäume oder Gehölzgruppen u. a.) sind von den Landesregierungen gekennzeichnet, jede Veränderung oder Gefährdung ist verboten.

Zu b): Zu **Landschaftsschutzgebieten** können Gebiete erklärt werden, die eine hervorragende landschaftliche Schönheit aufweisen oder die für die Erholung der Bevölkerung und für den Fremdenverkehr bedeutsam sind. Bei Bauvorhaben in diesen Gebieten ist die Zustimmung der Landesregierung zu erwirken. Wenn Eingriffe erlaubt werden, dann ist dabei Rücksicht zu nehmen auf das Landschaftsbild und den Landschaftshaushalt (Klima, Boden, Grundwasser, Pflanzen, Tiere). Geachtet wird auf den Schutz vor Schäden, Verunreinigung und Verunstaltung (Anbringung von Ankündigungen und Reklame, Ablagern von Müll). Verboten sind auch Trockenlegungen, Rodungen, Anlegen von Steinbrüchen oder Schottergruben.

Zu c): Zu **Naturschutzgebieten** können von den Landesregierungen erklärt werden:

1. Gebiete mit seltenen Pflanzen und Tieren oder mit vielen Naturdenkmalen als Teilnaturschutzgebiete. In diesen kann die Landesregierung einzelne Eingriffe gestatten, soweit sie aus volkswirtschaftlichem Interesse erforderlich sind und dem beabsichtigten Zweck der Schutzmaßnahmen nicht widersprechen.
2. Gebiete von weitgehender Ursprünglichkeit (Urwald, Ödland, Steppenreste, Moore u. dgl.) als Vollnaturschutzgebiete. Hier ist jeder Eingriff in die Natur verboten. Nur von der Landesregierung können Maßnahmen zur Abwehr drohender Schädigungen (z. B. Schädlingsfraß) angeordnet werden.

Überblick über die wichtigsten Naturschutzgebiete in den einzelnen Bundesländern:

Burgenland

Zitzmannsdorfer Wiesen, Unterer und Oberer Stinkersee, Kirchsee, Illmitzer Zicksee, Neubruchlacke, Wörtenlacke, Fuchslochlacke, Lange Lacke, Hackelsberg und Junger Berg (Gem. Jois), Neusiedler Wiesen, Grundlacke (Gem. Podersdorf), Pusztalandschaft östl. Apetlon. Das Natur- und Landschaftsschutzgebiet Neusiedlersee und Umgebung ist ein Teilnaturschutzgebiet.

Kärnten

Gartnerkofel, Großglockner mit Pasterze und Gamsgrube, Dobratsch, Gut Walterskirchen (Gem. Krumpendorf), Trögener Klamm (Gem. Eisenkappel), Bodental und Vertatscha (Gem. Wind. Bleiberg), Meerspitz am Ossiachersee, Spintik-Teiche (Gem. Maria Wörth), Tiebelmündung und Jammernspitz (Ossiachersee), Hallegger Teiche, Strussnigteich, Vellacher Kotschna, Goggausee, Grünsee (Gem. Landskron), Schobergruppe.

Niederösterreich

Rothwald (Gem. Langau und Neuhaus), Lechnergraben (bei Lunz), Kothbergbachtal (bei Lunz), Lassee, Weikendorfer Remise, Zeiserlberg (Ottenthal), Mühlberg (Gem. Goggendorf), Blockheide Eibenstein, Eichkogel (bei Mödling), Sandberge Oberweiden, Braunsberg und Hundsheimer Berg.

Oberösterreich

Fischlhamer Au, Dachstein, Pesenbachtal, Neydhartinger Moor, Traunstein, Nordmoor am Irrsee, Katrin, Heratingersee, Höllerersee, Holzöstersee, Seeleithensee, Almsee, Gosauseen, Laudachsee, Langbathsee, Ödseen, Offensee, Nussensee, Schwarzensee, Gleinkersee, Irrsee, Egelsee, Jackenmoos auf dem Mühlberg, Hagenauer Bucht (Braunau), Planwiesengebiet in Leonstein, Gebiet Brunnsteinersee—Teichlboden.

Salzburg

Gebiet Hohe Tauern (Gerlostal, Krimmlertal, Sulzbachtal, Hollersbachtal, Habachtal, Ammertal, Fuschertal, oberstes Seidlwinkeltal, obere Teile des Kötschbach- und Anlauftales).

Steiermark

Gesäuse, Wildalpener Salzatal, Altausseersee, Grundlsee, Toplitzsee, Kammersee, Ödensee, Pfaffenkogel—Gsollerkogel (Deutschfeistritz).

Tirol

Ahrenwald bei Vill, Karwendelgebiet, Kranebitter Innau, Patscherkofel, Rosengarten bei Patsch, Ahrnspitzgebiet, Gschnitztal, Mutterer Alpe, Reither Moor (Seefeld), Inneres Valsertal, Zirmberg (Innsbruck), Kaisergebirge, Vilsalpsee, Bereich der Achenseestraße, Penkengebiet, Schutz für sämtliche Seen und ihre Ufer (500-m-Bereich), weiters für die Ufer der fließenden Gewässer (15 m über den Hochwasserabflußbereich hinaus).

Vorarlberg

Rheinau (Bodensee), Schutz der Alpenpflanzen in den Bereichen: Silvretta—Hochalpenstraße, Nenzinger Himmel, Körbersee, Lünersee, Muttersberg, Bazora, Hochifen, Grenzgebiet Vandans—Tschagguns.

Wien

Lainzer Tiergarten.

Der **Pflanzenschutz** verbietet jede böswillige oder mißbräuchliche Beschädigung, Vernichtung oder Verwertung auch von nichtgeschützten Pflanzen. Es ist verboten, wildwachsende Pflanzen — gleich welcher Art — zwecklos zu vernichten oder ihre Bestände durch mutwilliges Niederschlagen, Abreißen von Zweigen und Ästen, Niedertreten oder Abbrennen zu schädigen. Auch bei nur teilweise geschützten Pflanzen ist es verboten, die unterirdischen Teile (Wurzeln, Wurzelstöcke, Knollen, Zwiebel) zu beschädigen oder von ihrem Standort zu entfernen (auszureißen, auszugraben), zu übertragen oder feilzubieten. Mit Ausnahme der gänzlich geschützten Pflanzen und außerhalb von Naturschutzgebieten darf ein Handstrauß für den persönlichen Bedarf gepflückt werden.

Die geschützten Pflanzen Österreichs*)

Innerhalb der geschützten Pflanzen werden verschiedene Stufen des Schutzes unterschieden: gänzlich oder vollkommen geschützte sowie teilweise geschützte und vor erwerbsmäßigem Sammeln (durch Handelsverbot) geschützte Arten. Es bedeutet dies im einzelnen:

G (V) = *Gänzlich* (oder vollkommen) geschützte Pflanzen. Diese dürfen nicht von ihrem Standort entfernt, beschädigt oder vernichtet, in frischem oder getrocknetem Zustande übertragen, erworben, befördert oder feilgeboten werden. Dieser Schutz bezieht sich auch auf die einzelnen Pflanzenteile (Wurzeln, Zwiebeln, Knollen, Wurzelstöcke, Blüten, Blätter, Zweige usw.).

H = Geschützt vor erwerbsmäßigem Sammeln, Handeln usw. (*Handelsverbot*). Diese Pflanzenarten sind teilweise geschützt, dürfen jedoch für das gewerbsmäßige Sammeln, Handeln und Feilbieten nicht freigegeben werden.

*) Nach einer Zusammenstellung, verfaßt vom Institut für Naturschutz und Landschaftspflege, veröffentlicht in „Natur und Land" (Heft 3, Mai/Juni 1965) der Zeitschrift des Österreichischen Naturschutzbundes.

T = *Teilweise* geschützte Pflanzen, deren oberirdische Teile (Blüten, Blätter, Zweige) für das erwerbsmäßige Sammeln, Handeln und Feilbieten freigegeben werden können: bei Erteilung der Sammelbewilligung für diese Pflanzen ist auf die Bedürfnisse der Bienenzucht besondere Rücksicht zu nehmen. Der teilweise Schutz von Pflanzen und Tieren beschränkt sich auf bestimmte Entwicklungsformen, Zeiten, Örtlichkeiten, Verwendungsarten oder Teile.

	Bundesländer								
	B	K	N	O	S	St	T	V	W
Farne (*Filicinae*)									
Serpentinfarn (*Asplenium Forsteri* = *Asplenium cuneifolium*)	H	—	—	—	—	—	—	—	—
Hirschzunge (*Phyllitis Scolopendrium*)	—	T	G	G	—	T	—	H	G
Kleefarn (*Marsilia quadrifida*)	—	—	—	—	—	G	—	—	—
Nadelhölzer (*Coniferae*)									
Eibe (*Taxus baccata*)	H[1]	H[1]	H[1]	H	T	—	H[1,2]	H	H
Wacholder (*Juniperus*), alle Arten	—	—	—	H	—	—	—	H	—
Wacholder, Kranawett (*Juniperus communis*)	H	H[2]	H[2]	H	—	—	—	H[2]	H[2]
Sadebaum, Segenbaum (*Juniperus Sabina*)	—	—	—	H	T	—	—	H	—
Zirbe, Zirbelkiefer (*Pinus Cembra*)	—	H	—	H	—	—	—	G	—
Zweikeimblättrige (*Dicotyledones*)									
Kronenlose (*Apetalae*)									
Birken (*Betula*), alle Arten	—	—	—	—	—	—	H	—	
Strauchbirke (*Betula humilis*)	—	H	—	—	—	—	H	—	—
Zwergbirke (*Betula nana*)	—	H	—	—	G	—	H	—	—
Hopfenbuche (*Ostrya carpinifolia*)	—	—	—	—	—	—	H	—	—
Erlen (*Alnus*), alle Arten	—	—	—	—	—	—	H	—	—
Haselnuß (*Corylus Avellana*)	—	—	—	—	—	—	H	—	—
Weiden (*Salix*), alle Arten (H) bzw. mit Palmkätzchen (T)	T	—	T	T	—	—	H	H	T
Zwergseifenkraut (*Saponaria pumila* = *Saponaria nana*)	—	—	—	—	—	T	—	—	—
Alpennelke (*Dianthus alpinus*)	—	—	H	H	—	—	—	—	H
Federnelke (*Dianthus plumarius*	—	—	—	H	—	—	—	—	—
Prachtnelke (*Dianthus superbus*)	—	—	—	H	—	—	—	—	—
Stengelloses Leimkraut (*Silene acaulis*) ..	—	H	H	H	—	T	H	—	H
Buchsbaum (*Buxus sempervirens*)	—	—	—	T	—	—	—	—	—
Freikronblättrige (*Dialypetalae*)									
Nießwurz, weißblühende Schneerose (*Helleborus niger*)	T	T	T	T	—	T	H	H	T
Grüne Schneerose (*Helleborus viridis*) ...	H	—	H	H	—	—	—	—	H
Akelei (*Aquilegia*), alle Arten..........	H	H	H	H	G	—	H	—	H
Alpenakelei (*Aquilegia alpina*)	—	—	—	—	—	—	—	H	—

	B	K	N	O	S	St	T	V	W
Trollblume (*Trollius europaeus*)	G	—	H	—	T	—	—	H	H
Eisenhut, Sturmhut (*Aconitum*), alle Arten	—	—	T	T	—	—	T	H	T
Alpen-Rittersporn (*Delphinium alpinum*)	—	—	—	—	G	—	—	—	—
Narzissen-Windröschen (*Anemone narcissiflora*)	—	—	—	—	—	—	H	H	—
Steppenwindröschen, großes Windröschen (*Anemone silvestris*)	H	H	H	—	—	T	—	—	H
Leberblümchen (*Hepatica nobilis = Anemone Hepatica*)	—	—	—	—	—	T	—	—	—
Kuhschellen (*Pulsatilla*), alle Arten	G	—	—	—	—	G	—	—	—
Große Kuhschelle (*Pulsatilla grandis = P. vulgaris* ssp. *grandis = Anemone grandis = A. Pulsatilla var. grandis*)	G	H	G	G	—	G	—	—	G
Innsbrucker Kuhschelle (*Pulsatilla vulgaris* ssp. *oenipontana = Pulsatilla oenipontana*)	—	—	—	—	—	—	G[3]	—	—
Wiesenkuhschellen (*Pulsatilla pratensis*= ssp. *nigricans = Pulsatilla nigricans*)	G	H	G	G	—	G	—	—	G
Steirische Kuhschelle (*Pulsatilla styriaca*)	—	—	—	—	—	G	—	—	—
Frühlingskuhschelle (*Pulsatilla vernalis = Anemone vernalis*)	—	H	G	G	G	G	H	—	G
Teufelsbart, Grantiger Jager (*Pulsatilla alpina = Anemone alpina*)	—	—	G	G	G	G	H[3]	H	G
Gletscher-Hahnenfuß (*Ranunculus glacialis*)	—	—	—	—	—	—	H	—	—
Frühlingsadonis (*Adonis vernalis*)	G	—	G	—	—	—	—	—	G
Teichrose (*Nuphar luteum*)	G	G	G	G	G	G	G	H	G
Nixenblume (*Nuphar pumilum*)	—	—	—	—	G	G	G	—	—
Seerose (*Nymphaea*), alle Arten	G	G	G	G	G	G	G	H[4]	G
Sonnentau (*Drosera*), alle Arten	G	T	T	—	—	G	—	H	T
Hauswurz (*Sempervivum*), alle Arten	H	—	H	H	—	T	H	—	H
Steinbrech (*Saxifraga*), alle Arten	—	H[5]	H	H	—	T	H	—	H
Geißbart (*Aruncus dioicus = Aruncus silvester*)	T	—	T	—	—	—	—	H	T
Felsenbirne (*Amelanchier ovalis*)	H	H	H	—	—	—	—	—	H
Zwergmandel (*Amygdalus nana = Prunus nana*)	G	—	G	—	—	—	—	—	G
Lorbeerblättriger oder Immergrüner Seidelbast (*Daphne Laureola*)	—	—	—	G	G	G	—	—	—
Gemeiner Seidelbast, Kellerhals (*Daphne Mezereum*)	G	G	G	G	G	G	H	H	G
Kahles Steinröserl, Alpensteinröserl (*Daphne Cneorum*)	G	G	G	G	—	G	—	—	G
Flaumiges Steinröserl (*Daphne striata*)	—	G	—	—	—	—	H	H	—
Sanddorn (*Hippophae Rhamnoides*)	—	H[6]	H[6]	H	—	—	T[13]	—	H[6]
Wassernuß (*Trapa natans*)	—	—	—	—	—	G	—	—	—
Diptam (*Dictamnus albus*)	G	—	G	—	—	—	—	—	G
Stechpalme, Schradl (*Ilex Aquifolium*)	—	—	T	H	G	—	H[12]	H	T
Wilde Weinrebe (*Vitis silvestris*)	—	—	—	—	—	—	—	—	G
Alpen-Mannstreu (*Eryngium alpinum*)	—	G	—	—	—	—	—	G	—

	B	K	N	O	S	St	T	V	W
Vereintkronblättrige (*Sympetalae*)									
Mannsschild (*Androsace* ssp.)	—	H	H	H	—	T	H	—	H
Schlüsselblumen (*Primula*), alle Arten ..	—	—	—	—	—	T	—	—	—
Himmelschlüssel, Arznei-Schlüsselblume (*Primula veris* = *P. officinalis*, einschließlich ssp. *canescens*[7] = *Primula pannonica* und *Primula elatior*[8])	T	T	T	T	—	T	—	—	T
Stengellose Primel (*Primula vulgaris* = *Primula acaulis*)	H	H	H	—	—	T	H	—	H
Aurikel, Petergstamm (*Primula Auricula*)	—	G	G	G	G	G	H	H	G
Klebrige Primel, Blauer Speik (*Primula glutinosa*)	—	—	—	—	G	—	H	—	—
Mehlprimel (*Primula farinosa*)	H	—	—	—	—	T	—	—	—
Langröhrige Primel (*P. longiflora*)	—	—	—	—	—	—	H[3]	—	—
Zyklame (*Cyclamen purpurascens* = *Cyclamen europaeum*)	H	H	H	H	G	T	—	H	H
Rauhblättrige Alpenrose (*Rhododendron hirsutum*)	—	T	T	T	—	—	—	H	T
Rostrote Alpenrose (*Rhododendron ferrugineum*)	—	T	T	T	—	—	—	H	T
Fingerhut (*Digitalis*), alle Arten	H	H	H	—	—	—	—	—	H
Wulfenie, Kuhtritt (*Wulfenia carinthiaca*)	—	G	—	—	—	—	—	—	—
Enzian (*Gentiana*), alle Arten	H	H	H	H	T	T	—	H	H
Gelber Enzian (*Gentiana lutea*)	—	G	—	—	—	—	T	H	—
Purpurenzian (*Gentiana purpurea*)	—	—	—	—	—	—	T	H	—
Pannonischer Enzian (*Gentiana pannonica*)	—	G	H	H	G	T	T	H	—
Punktierter Enzian (*Gentiana punctata*).	—	G	—	—	G	T	T	H	—
Schwalbenwurzenzian (*Gentiana asclepiadea*).......................	H	T	T	H	T	T	—	H	T
Lungenenzian (*Gentiana Pneumonanthe*)	H	H	H	H	G	T	H	H	—
Kreuzenzian (*Gentiana Cruciata*).......	H	H	H	H	T	T	H	H	—
Großer stengelloser Enzian (*Gentiana Kochiana* und *Gentiana Clusii* = *G. acaulis*)	—	G	H	H	G	T	H	H	—
Kurzblättriger Enzian (*Gentiana brachyphylla*)	—	H	—	H	T	T	—	H	—
Fransenenzian (*Gentiana ciliata*)........	H	H	H	H	G	T	—	H	—
Deutscher Enzian (*Gentiana germanica*) .	—	H	H	—	G	T	—	H	—
Frühlingsenzian (*Gentiana verna*)	—	—	—	—	—	—	H	—	—
Tausendguldenkraut (*Centaurium minus* = *Centaurium umbellatum*)	—	—	—	—	—	—	T	—	—
Echter Speik (*Valeriana celtica*)	—	T	—	G	G	T	H	—	—
Wetterdistel (*Carlina acaulis*)	—	—	—	—	—	—	—	H	—
Edelweiß (*Leontopodium alpinum*)	—	G	G	G	G	G	G	G	G
Edelrauten (*Artemisia Genipi* und *Artemisia Mutellina* = *Artemisa laxa*[9])	—	G	—	—	G	G	G	G	—
Arnika (*Arnica montana*)	—	—	—	—	—	—	—	H	—
Alpen-Aster (*Aster alpinus*)............	—	—	—	G	G	—	—	H	—

	B	K	N	O	S	St	T	V	W
Einkeimblättrige (*Monocotyledones*)									
Frühlings-Lichtblume, Frühlings-Zeitlose (*Bulbocodium vernum*)	—	G	—	—	—	—	—	—	—
Trichterlilie (*Paradisia Liliastrum*)	—	G	—	—	—	—	—	—	—
Gelbe Taglilie (*Hemerocallis Lilio-Asphodelus* = *Hemerocallis flava*)	G	—	—	—	—	—	—	—	—
Blaustern, Meerzwiebel (*Scilla bifolia*)	—	—	—	T	—	T	—	—	—
Traubenhyazinthe (*Muscari*), alle Arten	—	—	—	T	—	T	—	—	—
Hundszahn, Zahnlilie (*Erythronium Dens-canis*)	G	—	—	—	—	T	—	—	—
Schachblume (*Fritillaria Meleagris*)	G	—	—	—	—	G	—	—	—
Feuerlilie (*Lilium bulbiferum*)	—	H	G	G	G	G	H	G	G
Krainer Lilie (*Lilium carniolicum*)	—	G	—	—	—	—	—	—	—
Türkenbund (*Lilium Martagon*)	G	H	G	G	G	G	H	G	G
Maiglöckchen (*Convallaria majalis*)	T	T	T	T	—	T	T	H	T
Sommerknotenblume (*Leucojum aestivum*)	H	H	H	—	—	—	—	—	H
Frühlingsknotenblume (*Leucojum vernum*)	T	T	T	T	—	T	T	H	T
Schneeglöckchen (*Galanthus nivalis*)	T	T	T	T	G	T	—	—	T
Narzisse (*Narcissus poeticus*)	—	T	T	—	—	—	—	—	T
Sumpf-Siegwurz (*Gladiolus paluster*)	—	—	—	G	G	—	—	H	—
Schwertlilie (*Iris*), alle Arten	H	—	H	H	T	T	—	H	H
Sibirische Schwertlilie (*Iris sibirica* = *Iris pratensis*)	H	—	H	H	T	T	H	—	H
Wasserschwertlilie (*Iris Pseudacorus*)	H	—	T	H	T	T	H	H	T
Pfriemengras (*Stipa capillata*)	H	—	—	—	—	—	—	—	—
Federgras (*Stipa pennata*)	H	—	—	—	—	G	—	—	—
Orchideen (*Orchidaceae*), alle Arten	—	H	—	—	—	—	—	—	—
Frauenschuh (*Cypripedium Calceolus*)	G	G	G	G	G	G	H	G	G
Waldvögelein (*Cephalanthera*), alle Arten	G	H	G	G	G	—	—	—	G
Violetter Dingel (*Limodorum abortivum*)	—	H	—	—	—	—	—	—	—
Waldhyazinthe (*Platanthera*), alle Arten	G	H	G	—	G	—	—	—	G
Händelwurz (*Gymnadenia*), alle Arten	G	H	—	—	—	—	—	—	—
Kohlröserl (*Nigritella*), alle Arten	—	G	G	G	G	G	H[10]	H	G
Hundswurz (*Anacamptis pyramidalis*)	G	H	—	—	—	—	—	—	—
Knabenkraut (*Orchis*), alle Arten	G	H	—	T	T	T	—	—	H
Riemenzunge (*Himantoglossum hircinum*)	G	—	G	—	—	—	—	—	G
Ragwurz (*Ophrys*), alle Arten[11]	G	H	G	G	G	G	—	—	G
Aronstab (*Arum maculatum*)	—	—	—	—	—	G	—	—	—

[1] Der ganze Baum einschließlich der Äste und Zweige geschützt.

[2] Nicht aber die Beeren.

[3] Sammeln zwischen Innsbruck und Solbad Hall gänzlich verboten, ebenso im Gebiet des Kitzbüheler Horns.

[4] In Vorarlberg nur die Gewöhnliche Seerose (*Nymphaea alba*).

[5] Alle Arten, soweit es alpine Polsterpflanzen sind.

[6] Nicht aber die Beeren.

[7] Außer Oberösterreich.

[8] Außer Burgenland und Oberösterreich.

[9] In Tirol Sammeln überhaupt verboten; in Vorarlberg nur die Echte Edelraute (*Artemisia Mutellina* — *Artemisia laxa*) geschützt.

[10] Sammeln in der Nordkette zwischen Reitherspitze bis zum Vomperloch und im Gebiet der Hohen Mulde bei Telfs vollkommen verboten.

[11] In Salzburg nur der Fliegenständel (*Ophrys insectifera* = *Ophrys muscifera*).

[12] Roden bzw. Schlägern nur mit Bewilligung der Bezirksverwaltungsbehörde gestattet.

[13] Abschneiden von Ästen über 50 cm Länge nur mit Bewilligung der Bezirksverwaltungsbehörde gestattet.

Namen- und Sachverzeichnis

mit Beifügung der wissenschaftlichen Bezeichnungen